普通高等教育“十三五”规划教材

工程燃烧学

主　编　王春华　岳　悦

副主编　贾冯睿　刘　飞　陈东雨　张福群

中国石化出版社

内 容 提 要

本书共十一章。第一、二章简单介绍了燃料的种类、燃料的物理化学性质、燃料成分的表示方法等。第三、四、五章介绍了读者必须掌握的基本技能：燃烧计算、燃烧检测。介绍了燃烧用空气量、燃烧产物量、燃烧产物成分、燃烧温度、燃烧效率、燃烧设备实际过量空气系数、烟气分析结果的正确性评定的计算方法。燃料的燃烧计算除了常规空气燃烧计算，还引入了混合燃料燃烧计算和富氧燃烧计算。第六、七章介绍了燃烧基础，重点讲解了化学动力学和空气动力学的基础理论。为了更好地理解最基本的内容，尽可能采用简化的分析方法，避开严谨的数学推导。第八、九、十章着重介绍燃烧的基本原理，分别对着火理论、气体燃料、液体燃料和固体燃料的燃烧特点、燃烧技术和装置进行详细的介绍。第十一章针对燃烧过程中产生的污染问题讨论了污染物产生的机理及其控制方法，同时引入了节能减排燃烧技术。此外，上述章节均结合生产实际附有丰富的例题与思考题，便于读者将枯燥的理论运用于实际生产解决问题。

本书可作为能源与动力工程专业本科生教材，也可供从事能源动力系统设计及教学的人员参考。

图书在版编目(CIP)数据

工程燃烧学 / 王春华，岳悦主编. —北京：中国石化出版社，2018.9
普通高等教育“十三五”规划教材
ISBN 978-7-5114-5030-2

Ⅰ. ①工… Ⅱ. ①王…②岳… Ⅲ. ①燃烧理论-高等学校-教材 Ⅳ. ①TK16

中国版本图书馆 CIP 数据核字(2018)第 208050 号

中国石化出版社出版发行

地址：北京市朝阳区吉市口路 9 号
邮编：100020　电话：(010)59964500
发行部电话：(010)59964526
http://www.sinopec-press.com
E-mail：press@sinopec.com
北京柏力行彩印有限公司印刷
全国各地新华书店经销

*

787×1092 毫米 16 开本 16 印张 403 千字
2018 年 9 月第 1 版　2018 年 9 月第 1 次印刷
定价：48.00 元

前　言

本书以石油工业节能减排为主线，突出科学性、先进性、实用性，计算实例丰富，通俗易懂。系统介绍了燃烧的基本理论及技术，形成了鲜明的石油石化特色。在教材内容方面，摒弃繁琐的公式推导，紧密结合能源动力、石油、化工行业加热炉使用的燃烧装置，对燃烧理论进行针对性介绍，同时含有丰富的例题、思考题和习题，以帮助读者理解和掌握书中的核心内容，促进读者的工程实践应用能力的培养。同时，本书在选题特点方面，注重了工程燃烧在工程中的应用，不仅包括传统的常规空气燃烧技术，还增添了近年来节能燃烧技术富氧燃烧和蓄热燃烧理论和应用的最新进展，以帮助读者了解最新的燃烧理论，激发读者的学习兴趣，为读者从事与燃烧相关专业的研究工作奠定扎实的理论基础。编写过程中考虑不同程度读者群的需要，在内容的表述上，尽量做到通俗易懂，语言简练，结合生产实际，图文并茂，可操作性强。

本书共十一章。第一、二章简单介绍了燃料的种类、燃料的物理化学性质、燃料成分的表示方法等。第三、四、五章介绍了读者必须掌握的基本技能：燃烧计算、燃烧检测。介绍了燃烧用空气量、燃烧产物量、燃烧产物成分、燃烧温度、燃烧效率、燃烧设备实际过量空气系数、烟气分析结果的正确性评定的计算方法。燃料的燃烧计算除了常规空气燃烧计算，还引入了混合燃料燃烧计算和富氧燃烧计算。第六、七章介绍了燃烧基础理论，重点讲解了化学动力学和空气动力学的基础理论。为了更好地理解最基本的内容，尽可能采用简化的分析方法，避开严谨的数学推导。第八、九、十章，着重介绍燃烧的基本原理，分别对着火理论、气体燃料、液体燃料和固体燃料的燃烧特点、燃烧技术和装置进行详细的介绍。第十一章针对燃烧过程中产生的污染问题讨论了污染物产生的机理及其控制方法，同时引入了节能减排燃烧技术。此外上述章节均结合生产实际附有丰富的例题与思考题，便于读者将枯燥的理论运用于实际生产解决问题。

本书可作为能源与动力工程专业本科生教材，也可供从事能源动力系统设计及教学的人员参考。

辽宁石油化工大学王春华、岳悦担任本书主编，领导全书编写工作，辽宁石油化工大学贾冯睿、刘飞，沈阳农业大学陈东雨，沈阳化工大学张福群担任副主编，参加编写的还有辽宁石油化工大学潘颢丹和马丹竹。其中，第一、二、三、五章由岳悦编写，第四、八章由王春华编写，第七、十章由贾冯睿编写，绪论、第六章由刘飞编写，第九章由陈东雨和张福群编写，第十一章由潘颢丹和马丹竹编写。

限于编者水平，书中疏漏之处在所难免，恳请读者批评指正。

编　者

目　录

绪　论

工程燃烧学是能源与动力工程专业的一门专业基础课，是从事能源动力类行业工作者必须掌握的基本知识。

燃烧是可燃物与氧化剂在一定条件下发生的发光放热的剧烈氧化反应。这种发光发热的过程，就是“火”。此化学反应中含有的活泼氧原子称为氧化剂(如氧气，也可能是氟、氯等其他物质)，被氧化剂氧化的物质称为燃料，反应所生成的物质称为燃烧产物。

燃烧是一门人类最古老的技术，火是人类最早发现和应用的现象之一。大约80%的世界能量供应都是由燃烧生成的，其地位非常重要，无处不在，各行各业(动力、冶金、建材、化工、交通……)乃至日常生活均离不开能量，任何生产过程不投入必要的能量，都无法进行，所以它是国民经济的基础、龙头。Engles 说：“是火和燃烧的应用促进了人类和世界走向文明”。在今后一个相当长的时间里，燃料燃烧仍然是动力生产的主要来源。

在历史上，人们曾把燃料的燃烧看作是一种化学现象。但是，燃烧化学反应需具有一定的反应条件，例如反应物质的浓度和温度，这便与气体运动、分子扩散、热量传递等物理因素有关。因此，现代燃烧学认为从整个燃烧过程来看，燃料的燃烧是物理化学现象的综合过程，这些物理化学现象之间互相联系和制约，并以其综合关系决定着燃料燃烧的最终结果。特别是在工程燃烧设备的燃烧条件下，由于燃烧空间中燃料与空气的混合过程以及反应物质的浓度与温度的分布都与流体介质的速度分布密切相关，因此，燃烧空间的气体动力场的结构及其热力条件往往是影响整个燃烧过程的主要的甚至是决定性的因素。基于这一情况，所以在工程燃烧设备燃烧技术的研究和发展中，常把侧重点放在燃烧的物理过程方面。

工程燃烧学就是研究燃烧过程基本规律及其应用技术的科学。工程燃烧学的内容概况来说包括两部分，即燃烧理论和燃烧技术。燃烧理论着重研究燃烧过程所包括的各个基本现象。例如燃烧反应机理、预混可燃气体的着火和熄灭、火焰的传播机理、火焰的结构、单一油滴和碳粒的燃烧等。它主要是运用化学、传热传质学及流体力学的有关理论，由简及繁地说明各种燃烧基本现象的物理化学本质。燃烧技术主要是把燃烧理论中所阐明的物理概念和基本规律与实际工程中的燃烧问题联系起来，对现有的燃烧方法进行分析和改进，对新的燃烧方法进行探讨和实验，以不断提高燃料利用率和燃烧设备的技术水平。

工程燃烧学的研究方法包括数学分析和模型实验研究两方面。尽管大型电子计算机的出现为通过数值仿真分析解决实际问题预示了广泛的前景，但是，在世界范围内，对于生产中提出的燃烧技术问题主要还只能是通过实验来研究解决。目前燃烧理论的作用主要为各种燃烧过程的基本现象建立和提供一般性的物理概念，从物理本质上对各种影响因素做出定性的分析，从而对实验研究和数据处理指出合理的方向。因此，运用正确的物理概念，通过实验取得定量关系和结论，仍然是当前解决燃烧技术问题的主要手段。

在不同的领域对燃烧有着不同的要求。在工程燃烧设备应用领域中有关各类燃料的燃烧速度、燃烧稳定性、火焰的流场和结构、火焰辐射、燃烧声响、燃烧污染物生成机理以及燃烧过程数学模型的建立等都是燃烧理论要研究的重要课题。对各种燃烧设备来说，燃料的燃烧主要为取得热能，并以火焰为媒介将热能传给被加热的物体。随着生产技术的发展，以及工艺过程的要求，各种大型、快速、连续和自动化燃烧设备相继出现。这些现代化的大型燃烧设备不仅要求配备大功率的燃烧装置以满足燃烧设备热负荷的需要，而且还往往根据生产工艺的特点对燃烧技术提出一些特殊的要求。尤其是在降低能源消耗，节约燃料资源这一重大课题方面，根据生产工艺的特点，合理组织燃烧设备中的燃烧过程更是一项重要的措施。因此，当前燃烧设备燃烧技术研究的主要问题有：针对不同燃料的燃烧特性提出合理的燃烧方法；根据生产工艺的具体要求研究并设计特殊性能的新型燃烧装置；研究高效率节能型燃烧装置；研究低噪音、低污染的燃烧技术以及为实现燃烧设备的计算机控制提供燃烧过程的数学模型。

合理组织炉内的燃烧过程，历来就是提高燃料利用效率和改进燃烧设备工作的一项重要措施。随着科学技术的发展，特别是在广泛开展节能环保活动的推动下，我国科技工作者在开展燃烧新技术和研制各种新型燃烧装置方面做了大量工作，取得了可喜成果。燃烧技术对提高燃烧设备的热效率和改进燃烧设备热工所起的重要作用也日益引起各工业部门的重视。因此，本课程的学习，掌握有关燃料燃烧的基本原理和基本知识，不仅是进一步学习本专业各门专业课的基础，而且也是今后从事能源动力行业技术工作、不断发展和提高能源动力设备科学技术水平所不可缺少的一环。

第一章 燃料的种类及其性质

燃料广泛应用于工农业生产和人民生活，最常见的如煤炭、石油、天然气等等，这些物质能通过燃烧释放出能量。但是并不是能够燃烧并释放能量就可以称之为燃料。例如煤、石油等燃烧后能够获得大量的热量，而塑料制品、衣物、木制家具等也能燃烧，但所获得的热量少，我们一般不把这些作为燃料使用。因此，我们可以把燃料定义为通过燃烧能获得大量热能，且这些热能能为人们以各种方式所利用的可燃物质。通过该定义，作为燃料的物质必须满足的条件包括：

（1）能在燃烧时释放出大量的热量（单位数量物质）。根据经验，低位发热量高于3350kJ/kg 的物质可以单独作为燃料使用。

（2）能方便很好地燃烧。

（3）在自然界中蕴藏丰富，可大量开采且价格低廉。

（4）燃烧产物对人体、动植物和环境无害等。

第一节 燃料的种类

生产生活中应用的燃料多种多样，按照不同的分类原则也可以把燃料分成多种类型。

按照其生成的过程可分为天然燃料和人工燃料。天然燃料是指存在于自然界，未经过加工或转换的燃料，有煤炭、石油、天然气、木材以及页岩等；而人工燃料是指由天然燃料经过人工加工转换而成的燃料，例如木炭、焦炭、煤矸石、汽油、煤油、柴油、重油、高炉煤气、焦炉煤气、发生炉煤气、气化煤气以及沼气等。

按其来源的类型可以分为 3 种：化石燃料、生物燃料及核燃料。①化石燃料，亦称矿石燃料、石化燃料，是一种碳氢化合物或其衍生物，包括煤炭、石油和天然气等天然资源。化石燃料中的差异很大，可以从低碳氢比的挥发性物质到液态的石油到没有挥发性的无烟煤，如石油、煤、油页岩、甲烷、油砂、天然气等。②生物燃料，泛指由生物质组成或萃取的固体、液体或气体燃料，可以替代由石油制取的汽油和柴油，是可再生能源开发利用的重要方向。所谓的生物质是指利用大气、水、土地等通过光合作用而产生的各种有机体，即一切有生命的可以生长的有机物质，包括植物、动物和微生物，如乙醇（酒精）、生物柴油等。③核燃料，可在核反应堆中通过核裂变或核聚变产生实用核能的材料。重核的裂变和轻核的聚变是获得实用铀棒核能的两种主要方式。铀 233、铀 238 和钚 239 是能发生核裂变的核燃料，又称裂变核燃料，还有铀 235 和钍 232 等。核燃料在核反应堆中“燃烧”时产生的能量远大于化石燃料，1kg 铀 235 完全裂变时产生的能量约相当于 2500t 煤。

目前最常使用的分类方法是按照其形态分成的固体燃料、液体燃料和气体燃料。固体燃料是通过燃烧能产生热能或动力的固态可燃物质，大都含有碳或碳氢化合物。天然的有木材、泥煤、褐煤、烟煤、无烟煤、油页岩等。经过加工而成的有木炭、焦炭、煤砖、煤球等。固体燃料还有一些特殊品种，如固体酒精、固体火箭燃料。液体燃料是能产生热能或动力的液态可燃物质，主要含有碳氢化合物或其混合物。天然的有天然石油或原油。加工而成的有由石油加工而得的汽油、煤油、柴油、燃料油等，由油页岩干馏而得的页岩油，以及由一氧化碳和氢合成的人造石油等。气体燃料是能产生热能或动力的气态可燃物质，一般含有低分子量的碳氢化合物、氢气和一氧化碳等可燃气体，并常含有氮气和二氧化碳等不可燃气体。天然的有天然气。经过加工而成的有由固体燃料经干馏或气化而成的焦炉煤气、发生炉煤气等；石油加工而得的石油气，以及由炼铁过程中所产生的高炉煤气等。燃料分类见表 1-1。

表 1-1　燃料分类

类别	天然燃料		人工燃料
固体燃料	木质燃料	木柴、植物秸秆等	木炭等
	矿物质燃料	泥炭、烟煤、无烟煤、褐煤、石煤、油页岩等	焦炭、半焦炭、泥炭砖、煤矸石等
液体燃料	石油		汽油、柴油、煤油、重油、渣油、沥青、焦油、甲醇、乙醇等
气体燃料	天然气(气田气、油田气)		液化石油气、焦炉煤气、转炉煤气、高炉煤气、发生炉煤气、沼气等

第二节　固体燃料的一般性质

固体燃料可分为两大类，即木质燃料和矿物质燃料，前者在工业生产中很少使用，故不予介绍。

矿物质燃料主要是煤，它不仅是现代工业热能的主要来源，随着科学技术的发展，煤也更多地用于化学工业进行综合利用。

一、比热容、导热系数

煤在室温条件下的比热容约为 0.84~1.67kJ/(kg·℃)，并随碳化程度的提高而变小。如图 1-1 所示。碳化程度越高的煤种，其结构越接近于石墨，较易导热，故其比热容较小。一般来说，在常温下，泥煤比热容为 1.38kJ/(kg·℃)，褐煤为 1.21kJ/(kg·℃)，烟煤为 1.00~1.09kJ/(kg·℃)，石墨为 0.652kJ/(kg·℃)。实验发现常温条件下，煤的比热容与水分和灰分含量成线性关系，并可用下式计算：

$$c_p = 4.187(0.24C_{daf} + M + 0.165A)/100 \tag{1-1}$$

式中　c_p——恒压比热容，kJ/(kg·℃)；

C_{daf}——煤中碳的干燥无灰基成分,%；

M——煤中水分含量,%；

A——煤中灰分含量,%。

煤的比热容还与温度具有一定的关系，如图 1-2 所示。对不同挥发分含量的煤在 0~350℃范围内，比热容随着温度的提高而增大，在 270~350℃达到最大值；超过 350℃，随着温度的升高而减小。此外，煤的比热容随煤中水分的增加而提高。这是因为，水的比热容[5℃时为 4.184kJ/(kg·℃)]比煤的比热容大得多，大约为其 4 倍。

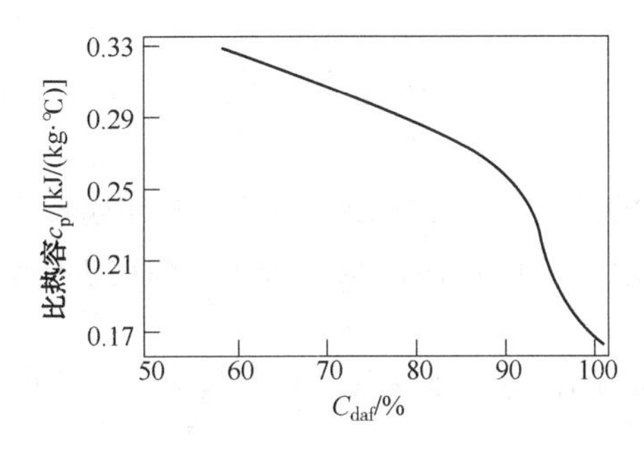

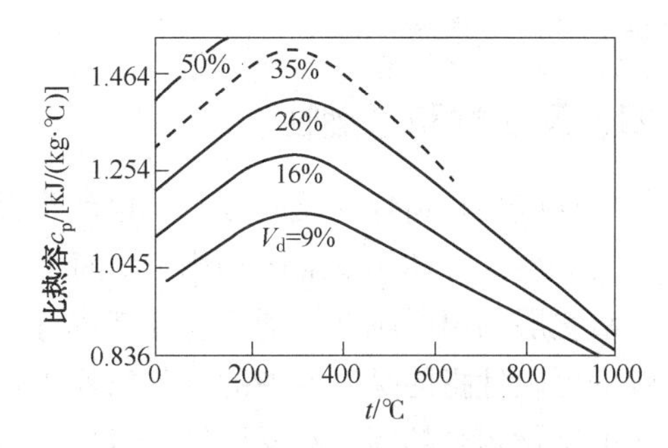

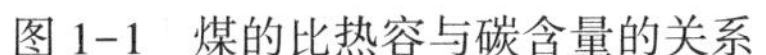
图 1-1　煤的比热容与碳含量的关系

图 1-2　煤的比热容与温度的关系

煤的导热系数一般为 0.232~0.348W/(m·K)，并随碳化程度和温度的升高而增大。同一煤种，随着煤中水分的增大，煤的导热系数增加。因为水的导热系数比煤的导热系数大[水在 4℃时的导热系数为 0.58W/(m·K)]。

二、黏结性、结焦性

所谓煤的黏结性指的是粉碎后的煤在隔绝空气的情况下加热到一定温度时，煤的颗粒相互黏结形成焦块的性质。

煤的结焦性是指煤在工业炼焦条件下，一种煤或几种煤混合后的黏结性，也就是煤能炼出冶金焦的性质。

因此，煤的黏结性和结焦性是两个不同的概念，但两者在本质上又有相同之处，一般来说，黏结性好的煤结焦性就比较强。

了解煤的黏结性和结焦性是很重要的，可以知道某种煤是否适于炼焦。煤的黏结性和结焦性对于煤的气化和燃烧性能也有很大的影响，例如具有强黏结性的煤在气化和燃烧时，由于煤的黏结，容易结成大块，严重影响气流的均匀分布。

煤的黏结性的测定方法以坩埚法最为普遍，它是在实验室条件下用坩埚法测定挥发分产率之后，对所形成的焦块进行观察，根据焦块的外形分为 7 个等级，称为黏结序数，以此来评定黏结性的强弱。各黏结序数的代表特征是：

(1) 焦炭残留物均为粉状；

(2) 焦炭残留物黏着，以手轻压即成粉状；

(3) 焦炭残留物黏结，以手轻压即碎成小块；

(4) 不熔化黏结，用手指用力压裂成小块；

(5) 不膨胀熔化黏结，成浅平饼状，表面有银白色金属光泽；

(6) 膨胀熔化黏结，表面有银白色金属光泽，且高度超过 15mm；

(7) 强膨胀熔化黏结，表面有银白色金属光泽，且高度大于 15mm。

三、煤的耐热性

煤的耐热性是指煤在加热时是否易于破碎而言。耐热性的强弱能直接影响到煤的燃烧和气化效果。耐热性差的煤(主要是无烟煤和褐煤)，气化和燃烧时容易破碎成碎片，妨碍气体在炉内的正常流通，并容易发生烧穿现象，使气化过程变坏。

无烟煤耐热性低的原因主要是由于其结构致密，加热时因内外温差而引起膨胀不均，造成了煤的破裂。但经过热处理后，可以改善其耐热性。至于褐煤的耐热性差，主要是由于内部水分大量蒸发所致。

四、反应性和可燃性

煤的反应性是指煤的反应能力，也就是燃料中的碳与二氧化碳及水蒸气进行还原反应的速度。反应性的好坏用反应产物中 CO 的生成量和氧化层的最高温度来表示。CO 的生成量越多，氧化层的温度越低，则反应性就越好。

煤的可燃性指的是燃料中的碳与氧发生氧化反应的速度，即燃烧速度。

煤的碳化程度越高，则反应性和可燃性就越差。

综合以上可以看出，不同品种和不同产区的煤，其物理化学和工艺性能往往差别很大。为了合理地利用煤的资源，必须根据煤的特性加以分类研究。

第三节　液体燃料的一般性质

液体燃料有天然液体燃料和人造液体燃料两大类。前者指石油；后者指石油加工产品，或从煤炭、油页岩热加工所获得的产物，再进行分馏得到的一系列液体燃料产品。

一、密度

密度即单位体积内所含物质的质量，用符号 ρ 表示，国际单位为 kg/m^3。我国标准规定，石油或石油产品的密度，以 20℃时的密度 ρ_{20} 为标准密度。同体积的油和水的质量比为相对密度，故相对密度为无因次数。

我国常用的油料相对密度为 20℃的油与 4℃时同体积的纯水(密度为 $1g/cm^3$)的质量之比，以符号 d_4^{20} 表示。可见油的密度与相对密度含义不同，但数值是一样的。

若测定相对密度时的油温不是 20℃，则可用下式进行换算：

$$d_4^t = d_4^{20} + \alpha(20 - t) \tag{1-2}$$

式中　d_4^t——油温为 t℃时油的相对密度测定值；

d_4^{20}——换算成 20℃时油的相对密度值；

t——测定相对密度时的油温,℃；

α——温度校正系数，1/℃。

石油产品的相对密度随馏分不同而不同。如汽油的相对密度不大于 0.76；溶剂油相对密度不大于 0.795；煤油的相对密度不大于 0.83；轻质润滑油相对密度在 0.86~0.90 之间；重质润滑油的相对密度可达 0.93；渣油的相对密度在 1.00 左右。燃料油因其组分不同，相对密度在 0.8~0.98 之间。

d_4^{20} 测定油料的方法可根据所要求测定相对密度的准确度而采用不同的方法，有相对密度计法、韦氏天平法和相对密度瓶法 3 种。应用相对密度计法较为简便，可自插入试油的恒重相对密度计上直接读出相对密度的数值，然后再根据测试的油温按上式换算成 20℃下的通用密度。在重油供应系统的设计中，重油相对密度是常用数据，又是表示油中水分和机械杂质沉淀难易程度的指标。相对密度越小，油中的水分和机械杂质越易沉淀，相对密度越大，越难沉淀。液体燃料一般是各种烃的混合物，其相对分子质量是一种平均相对分子质量。一般随馏程增高而增大，可以由一些经验式估算。

二、低温性能和流动性

低温性是指在低温下，燃料在燃料供应系统或使用中能否顺利地泵送和通过油滤，保证正常供油。液体燃料在低温下的流动性能不仅关系到燃料供给系统在低温能否正常供油，还与燃料的低温贮存、运输等能否正常进行有密切的关系。

不同液体燃料的低温性能参数表示不同。航空汽油的低温性用结晶点表示，喷气燃料的低温性一般用结晶点或冰点表示，同时还要求测定低温下的黏度。柴油的低温性用浊点、凝点(凝固点)和冷滤点表示，国外也有用倾点表示的。锅炉燃料油馏分较重，颜色较深，一般只要求测定凝点。

1. 结晶点和冰点

结晶点是在测定条件下冷却时，能用肉眼观察到燃料中有结晶出现时的最高温度。到达结晶点后，燃料温度逐渐升高，结晶完全消失时的最低温度称为液体燃料的冰点。同一燃料的冰点一般比结晶点高1~3℃。结晶点过高的燃料在寒区使用中会在低温堵塞油滤，影响发动机的正常供油。

结晶点的测试方法为：测定时将试样分别装入两支洁净干燥的双壁试管中，其中一支试管中的油样须按规定的条件进行冷却。当燃料中开始呈现为肉眼所能看见的晶体时，温度计上所示的温度就是该燃料的结晶点。

冰点的测试方法为：将25mL试样倒入洁净干燥的双壁试管中，在试管中装好搅拌器和温度计，将双壁试管放入有冷却介质的保温瓶中，在不断搅拌下使试样降温，直到试样中出现肉眼能看到的晶体，然后取出试管使试样缓慢升温直至结晶完全消失时的最低温度称为燃料冰点。

为防止燃料在低温下析出冰晶，需减少燃料中的水分含量，防止水分析出，降低水的冰点，避免形成冰晶，为此工程上通常采用冷冻过滤法除去冰晶，加热燃油，使用防冰添加剂(醇类和醚类化合物)等方法改善燃料的低温性能。

2. 黏度

低温黏度是表示石油产品低温下(0℃以下)流动性大小的指标。燃料的黏度对燃料输送、油泵寿命、喷嘴雾化、低温点火启动等有很大关系。黏度越大，喷雾质量越差。黏度主要取决于燃料中所含碳氢化合物的组成(黏度依如下次序降低：多环环烷烃、环烷烃、芳香烃、烷烃)，同时随温度而极为显著地变化(尤其低温)。

黏度是评价黏性油品流动性的指标。它对作为燃料油的重油卸车、脱水、管线压力降以及在炉膛中雾化质量有重要影响。和其它燃料油一样，重油的黏度随温度而变化。油温高黏度小，降低温度黏度增大。根据重油这一物理性质，采用加热方法降低其黏度以满足重油储运和雾化的要求。

液体的黏度实为液体分子之间的一种物性，一般的液体当受到外力作用，如果液体沿管道内流动时，管道截面上的各层液体的流速并不相同，管道中心的液体流速最大，而管壁上的液体流速为零。这是因为液体流动时，液体内部各流动层之间产生了摩擦力，它阻止靠近管壁的液体流动。液体流动时产生阻力的这种物性称为液体的黏度。液体种类不同，其分子结构型式各异，因而即使在相同温度下，不同液体的黏度也各不相同。在工程计算中，对同一种液体，有动力黏度、运动黏度及恩氏黏度等不同名称。这只是用不同的单位表示相同的黏度，它们之间的数值可以换算。

（1）动力黏度(μ)。动力黏度的国际单位为帕·秒(Pa·s)，或牛·秒/米^2(N·s/m^2)。温度为t℃的某种液体的动力黏度用符号μ_t表示。在有关的热工手册中可查到不同温度下各种油品的μ_t值。

（2）运动黏度(ν)。某一种液体在同一温度下，其动力黏度与密度之比值称为该液体的运动黏度，即：

$$\nu_t = \frac{\mu_t}{\rho_t} \tag{1-3}$$

式中　ν_t——液体在t℃时的运动黏度，m^2/s；

μ_t——液体在t℃时的动力黏度，N·s/ m^2；

ρ_t——液体在t℃时的密度，kg/m^3。

（3）恩氏黏度。200mL温度为t℃的燃油通过恩氏黏度度计的标准容器，全部流出所需时间与同体积的20℃的蒸馏水由同一标准容器中流出时间之比，称为该油在t℃时的恩氏黏度，用符号^0E_t表示。它和运动黏度的关系为：

$$\nu_t = 7.31^0E_t - \frac{6.31}{^0E_t} \tag{1-4}$$

燃油的黏度与温度有关，它随着温度升高而降低。燃油的黏度随着分子量的增大而增大。燃油的黏度按下列油品顺序依次递增，即汽油、宽馏分，煤油、柴油以及重油。对高黏度的重油，为了保证其在管道中顺利输送与在喷嘴处良好的雾化，需对它进行预热。

此外在压力较低时(1~2MPa)，压力对黏度也有影响，可以不计。但在压力较高时，黏度则随压力升高而变大。

重油就是按照其黏度的大小分成四个等级牌号：20号、60号、100号和200号，它的牌子是指它在50℃时的恩氏黏度值，如200号重油即表示该油在50℃时恩氏黏度为200°E。

3. 浊点、凝点和冷滤点

浊点是在规定条件下对液体燃料降低温度，燃料中开始产生蜡晶或冰晶而变浑浊的最高温度。

浊点的测定方法为：在与测定结晶点相同的仪器中进行。按规定方法冷却的油样，在预计浊点前5℃，开始与未进行冷却的油样比较。如未发现浑浊，应再进行冷却，每降低1℃观察一次，直到试油出现浑浊为止，试油开始出现浑浊的温度即为该油的浊点。浊点表示可能堵塞过滤器的温度，它是柴油的重要使用指标。为保证发动机低温下燃料的正常供应，柴油使用温度一般应高于浊点3~5℃。

凝点又称凝固点，是石油产品在低温下失去流动性的最高温度。

凝点测定方法为：将试油放在规定的玻璃试管中，当冷却到预期的温度时，将试管倾斜45°经过1 min，观察液面是否移动。反复试验，直至确定某温度下油样液面停留不动而提高2℃又能使液面移动，取使液面保持不动的温度，称为试油凝点。

燃油的凝点与它的组成有关。一般说，重质油较高，轻质油较低，如重油凝点一般在16~36℃，或更高，而柴油则在-35~20℃。按国家标准，柴油是按其凝点高低来分等级，如轻柴油可分成10号、0号、-10号、-20号和-35号五级，重柴油则分成RC3-10与RC3-20两级。等级号码就是它的凝点的数值，如-10号轻柴油就是指它的凝点为-10℃，RC3-20重柴油就是指它的凝点为-20℃。

冷滤点是在规定试验条件下，试油在1min内开始不能通过过滤器20mL时的最高温度。

冷滤点测定测定方法为：取45mL油样在规定条件下冷却后，在2kPa压力下抽吸，使试样通过一个363目的过滤器。当试油冷却到一定温度后，以1~2℃间隔降温，测定20mL油通过过滤器的时间。在1min内，过滤器滤网不能通过20mL油样的开始温度称为柴油的冷滤点。

冷滤点表示柴油的最低使用温度。冷滤点比浊点和凝点更具有实用性。柴油温度降至浊点时，蜡结晶颗粒很小，并不一定引起滤清器堵塞，而在温度尚未降至凝点之前，滤清器就已堵塞，所以浊点和凝点实用意义不大，许多国家用冷滤点取代了浊点和凝点。

工程上改善柴油低温性能的措施通常将柴油经过脱蜡工艺，脱蜡程度越深，柴油的低温性就越好。或是采用降凝剂，降低柴油的凝点和冷滤点。

三、馏程与沸点

馏程是指馏分的温度范围，馏程中的馏分组成则表达了不同温度下馏出物量的关系。燃油的馏程是极为重要的，它很大程度上决定了燃料的物理性质和燃烧性质，决定了每吨原油可产该种燃油的产出率。希望增大产出率则要加宽馏程，即多“切”一些。这时可以降低初馏点，或提高终馏点。这样在增大产量的同时，一定会影响到燃料的性质（例如闪点、冰点等）。

燃油是混合物，所以没有单一的沸点，常用50%馏点温度来表征燃油的沸点，然后其他各物性（如黏度、比热容等）又与平均沸点或中馏点来建立关系。常压下中馏点又称正常沸点。

四、蒸气压和临界参数

当燃料表面保持气液平衡时，饱和蒸气产生的分压称为饱和蒸气压。在任何压力下均能将气体液化的最低温度称为临界温度。换句话说，在临界温度之上无论加多大压力都不可能使气体液化，在临界温度时与液相处于平衡的气相压力为临界压力。在临界状态时，纯物质的气态和液态性质已经没有区别（密度一样，蒸发潜热为零）。临界参数在计算（例如密度、导热性等）时要用到。

五、比热容、导热系数

在传热计算及蒸发计算中用到燃油比热容。在很高飞行速度下的飞行器中，燃油可以用来吸收热量，这时比热容是燃油的重要性质。烷烃是最佳的，比环烷烃或芳烃的比热容都高。燃油的比热容与温度有关，在t℃下，其比热容可用下式计算：

$$c_{pt} = 1.737 + 0.0025t \tag{1-5}$$

式中　c_{pt}——t℃时的燃油比热容，kJ/(kg·℃)。

燃油导热系数在做传热计算时用到，它随温度升高而降低，对于运动黏度为$(2.0 \sim 13.5) \times 10^{-5} m^2/s$的燃油可用下式计算：

$$\lambda_t = \lambda_{20} - k_\lambda (t - 20) \tag{1-6}$$

式中　λ_{20}——20℃时的燃油导热系数，W/(m·℃)，高黏度裂化重油约为0.158W/(m·℃)，低黏度油约为0.145W/(m·℃)；

k_λ——常数，对裂化重油取0.00018，直馏渣油取0.00011。

六、燃烧性质

燃料的燃烧性质影响到火焰温度，影响到可燃边界、着火性、化学反应速率以及生成烟粒子的倾向。

1. 液体燃料热值

热值是燃料最重要的性质。单位质量或体积的燃料完全燃烧所放出的热量称为质量热值或体积热值。单位质量燃料(温度25℃)和空气(温度25℃)燃烧产物冷却下来最终温度回到25℃(在常压下)所放出的燃烧热(这时燃烧产物中水蒸气冷凝成水)称为高热值。在高热值中扣去由于水蒸气冷凝所放出的热称为低热值。在低热值中假设燃烧产物全部都是气态。

2. 自燃着火温度

自燃着火是在没有外界点火源时完全因燃油自身温度升高而使燃油自动着火的。自燃着火温度可测定如下：

将少量油样置于已加热处于高温的坩埚内，测量其达到着火的时间延迟。随后降低温度，重复试验，这时着火时间延迟增大，直到某个最小着火温度，比这温度再低，无论延迟时间多长，都不着火了。着火温度是随压力降低而增大的。

3. 闪点、燃点、着火点

闪点也称闪火点，是指油料的蒸气与空气的混合物在临近火焰时发生短暂(时间不超过5s)燃烧的温度。从火焰的物理化学本质来看，即是可燃气体与空气混合物极小的爆炸。如同所有的混合气体爆炸一样，闪火只能在一定混合物组成的情况下产生，当可燃气体过多或过少，爆炸都不能发生。因此，它和可燃液体的蒸发性以及在空气混合物中的最低含量有关。

在常温下，大多数液体燃料的蒸气是不能同空气中的氧气发生闪火的。为了测定油料的闪点，就需要将油料加热，并在加热过程中每隔一定时间试验闪点能否发生。测定是在严格的规定条件下进行的。它与使用的仪器及实验方法的每一个细节都有密切关系。所以闪点也是一个条件常数。闪点测定的方法有开口杯法(油表面暴露在大气中)和闭口杯法(油表面封闭在容器中)，开口杯法一般测定闪点较高的油，如重油等，闭口杯法一般测定闪点较低的油，如汽油。同一油品开口法测定的闪点值较闭口法高15~25℃。表1-2列出了常见石油产品的闪点。燃油的密度越低，相对分子质量越小，闪点越低；沸点越低，闪点也越低；燃油的压力越高，闪点越高。

表1-2　常见石油产品的闪点

燃油类别	汽油	煤油	轻柴油	重柴油	重油	石油
闪点/℃	-20(闭)	20~30(闭)	50~60(闭)	65~80(闭)	80~130(闭)	30~50(闭)

闪火只是瞬间的现象，它不会继续燃烧。如果油温超过闪点，使油的蒸发速度加快，以致闪火后能继续燃烧而不熄灭(不少于5s)的最低油温叫做油的燃点。燃点一般要高于闪点10~30℃(或更多)。如果继续提高油温，则油表面的蒸气会自己燃烧起来，这种现象叫自燃，这时对应的最低油温叫做油的着火点。

闪点、燃点和着火点是防止火灾，鉴别油着火、燃烧性能的重要指标。同时对于燃油贮存和运输的安全性以及燃油的燃烧性能具有重要的意义。为了安全起见，在开口容器中加热燃油时，加热温度至少应低于其闪点10℃，以免发生火灾。燃烧室或炉膛中的温度不应低于燃油的着火点，否则燃油不易着火，也不利于燃油的完全燃烧。

4. 可燃浓度极限

可燃物(如燃油蒸气)与空气混合，只能在一定浓度范围内才能进行燃烧。超过这个浓度(太稀或太浓)就燃不起来了。在这个浓度范围内，火焰一旦引发，就可以从点火源扩展出去，只要浓度合适，可以无限地传播下去。通常定义一个富燃极限、一个贫燃极限(亦叫富油、贫油极限)。

确切地表示，这两个极限应该叫不可燃边界而不是可燃边界。因为超过这两个边界，一定不可燃，但在这范围内不一定可燃。贫燃极限与闪点是相关联的。煤油类燃料在常温下其不可燃边界大致为油气质量比 0.035 和 0.28。

5. 生碳性(残炭)

燃料的生碳性代表在燃烧室中燃烧时生成烟粒子的倾向。生碳性与燃料的性质有密切关系，如密度、馏程、黏度、芳烃含量、碳氢比(氢含量)等。

燃料的生碳性是燃料性质与组成影响燃烧性能和燃烧室寿命的最明显的例子。生碳性高使排气冒烟多，燃烧区烟粒子浓度高，引起火焰辐射黑度高，辐射传热高，室壁温度高，引起火焰筒变形和裂纹，减少火焰筒寿命；生碳性高容易引起室壁积炭和喷嘴积炭，后者会影响到燃油的雾化质量，造成燃烧效率很低，出口温度分布质量降低，甚至燃烧不稳定。

七、使用性

一种液态燃料要能实际使用，必须在使用性上满足要求。显然所谓使用性和用途以及使用的环境有密切关系，不存在笼统的使用性要求。

1. 热安定性

热安定性是指燃料抵抗热影响，而保持其性质不发生永久性变化的性能。对于喷气燃料还分为动态热安定性和静态热安定性。在金属容器中静态条件下燃料的热氧化安定性为静态热安定性，油样受热后产生的沉积越少，表示其热安定性越好。动态热安定性是指流动条件下喷气燃料的热安定性，它模拟燃料在发动机滑油换热器表面(或加力燃烧室燃油总管中)的受热条件下，考察生成管壁沉淀物的颜色和通过一个过滤元件的压力降来评定。

2. 燃油的洁净性

燃料系统中有许多精密零件，对燃油中杂质十分敏感，尤其在航空领域。因此燃料在贮运和使用各环节对洁净要求很严，要无色水白，没有机械杂质沉淀，没有游离水，没有悬浮物等等。还有燃油存放期间会受到细菌微生物的污染，微生物都集中在罐底的油水界面处，因此定期及时清除油罐中的积水和沉积，是控制燃料受到微生物污染的重要措施。

综上所述，燃油的性能参数较多，表 1-3 列出了常用燃油的性质，表 1-4 列出了重柴油和重油的规定指标。

表 1-3 常用燃油的性质

燃油名称	元素成分/%					密度 ρ_{20}/	黏度/(mm^2/s)		闪点/	凝固点/	沸点/	高热值[①]/	低热值[①]/
	C	H	S	O	N	(kg/m^3)	80℃	100℃	℃	℃	℃	(kJ/kg)	(kJ/kg)
大庆原油减压渣油	86.5	12.56	0.17		0.37	930	281.51	129.69	339	33		44964	42292
胜利原油减压渣油	86.82[①]	11.16	1.32		0.7	989.5	606.5	1647		48.5		43624	41082
大港原油减压渣油	86.69	12.7	0.29	0.07		949.6	429.8	159.1	>300	41	>500	45378	42506

续表

燃油名称	元素成分/%					密度 ρ_{20}/(kg/m³)	黏度/(mm²/s)		闪点/℃	凝固点/℃	沸点/℃	高热值①/(kJ/kg)	低热值①/(kJ/kg)
	C	H	S	O	N		80℃	100℃					
江汉原油减压渣油	85.74	11.24	3.0			983.8		741.7			>557	43523	40982
大庆原油常压重油	87.57	12.26	0.17			916.2	58.4	29.2	257	38	>374	45114	42343
胜利原油常压重油	85.78	11.72	1.32			965.6	779.6	286.9			>350	43955	41304
大港原油常压重油	87.91	11.91	0.18			920.2	47.1	23.93	233	38	>350	44796	42146
江汉原油常压重油	84.84	12.17	3			921.8		15.71		43	>354	44382	41631
重柴油	86.26	13.74	0.1			850	5.95	3.0	92	19.5		46513	43406

① 计算值。

表 1-4 重柴油和重油的规定指标

项目		重柴油			重油			
		10 号	20 号	30 号	20 号	60 号	100 号	200 号
运动黏度(50℃)/(mm²/s)	不大于	13.5	20.5	36.2				
恩氏黏度(50℃)/°E	不大于			5.0				
恩氏黏度(80℃)/°E	不大于				5.0	11.0	15.5	
恩氏黏度(100℃)/°E	不大于							5.5~9.5
残炭/%	不大于	0.5	0.5	1.5				
灰分/%	不大于	0.04	0.06	0.08	0.3	0.3	0.3	0.3
硫含量/%	不大于	0.5	0.5	1.5	1.0	1.5	2.0	3.0
机械杂质/%	不大于	0.1	0.1	0.5	1.5	2.0	2.5	2.5
闪点(闭)/℃	不大于	65	65	65				
闪点(开)/℃	不小于				80	100	120	130
凝固点/℃	不高于	10	20	30	15	20	25	36

第四节 气体燃料的一般性质

锅炉及工业炉窑所用的气体燃料主要是高炉煤气、焦炉煤气、发生炉煤气和天然气等。在各种燃料中，气体燃料的燃烧过程最容易控制，也最容易实现自动调节。此外，气体燃料可以进行高温预热，因此可以用低热值燃料来获得较高的燃烧温度并有利于节约燃料，降低燃耗。

任何一种气体燃料都是由一些单一气体混合而成。其中，可燃性的气体成分有 CO、H_2、CH_4和其他气态碳氢化合物以及 H_2S。不可燃的气体成分有 CO_2、N_2 和少量的 O_2。除此之外，在气体燃料中还含有水蒸气、焦油蒸气及粉尘等固体微粒。

一、单一气体的主要性质

(1) 甲烷(CH_4)，无色气体，微有葱臭，相对分子质量 16.04，密度 0.715kg/m³，难溶于水，临界温度 190.58K，发热量 35740kJ/m³，爆炸范围 2.5%~15%，着火温度范围 803~1023K，火焰呈微弱亮火，当空气中甲烷浓度高达 25%~30%时才有毒性。

（2）乙烷（C_2H_6），无色无臭气体，相对分子质量 30.07，密度 1.341kg/m^3，难溶于水，临界温度 305.42K，发热量 63670kJ/m^3，爆炸范围 2.5%～15%，着火温度范围 783～903K，火焰有微光。

（3）氢气（H_2），无色无臭气体，相对分子质量 2.016，密度 0.0899kg/m^3，难溶于水，临界温度 33.25K，发热量 1079kJ/m^3，爆炸范围 4%～80%，着火温度范围 783～863K，火焰助燃时火焰传播速度 267cm/s，较其他气体均高。

（4）一氧化碳（CO），无色无臭气体，相对分子质量 28.00，密度 1.250kg/m^3，临界温度 132.91K，发热量 12630kJ/m^3，爆炸范围 12.5%～80%，着火温度范围 883～931K，在气体混合物中含有少量的水即可降低其着火温度，火焰呈蓝色，CO 毒性极大，空气中含有 0.06%即有害于人体，含 0.20%时可使人失去知觉，含 0.40%时迅速死亡。空气中可允许的 CO 浓度为 0.02g/m^3。

（5）乙烯（C_2H_4），具有窒息性的乙醚气味的无色气体，有麻醉作用，相对分子质量 28.06，密度 1.260kg/m^3，难溶于水，临界温度 282.5K，发热量 58770kJ/m^3，爆炸范围 2.75%～35%，着火温度范围 813～820K，火焰发光，空气中乙烯浓度达到 0.1%时对人体有害。

（6）硫化氢（H_2S），无色气体，具有浓厚的腐蛋气味，相对分子质量 34.07，密度 1.520kg/m^3，易溶于水，发热量 23074kJ/m^3，爆炸范围 4.3%～45.5%，着火温度范围 563～760K，火焰呈蓝色，毒性极大，室内大气中最大允许浓度为 0.01g/m^3，当浓度为 0.04%时有害于人体，0.10%可致死亡。

（7）二氧化碳（CO_2），略有气味的无色气体，相对分子质量 44.00，密度 1.977kg/m^3，易溶于水，临界温度 304.35K，空气中 CO_2 浓度达 25mg/L 时对人体有危险，浓度为 162mg/L 时即可致命。

（8）氧（O_2），无色无臭气体，相对分子质量 32.00，密度 1.429kg/m^3，临界温度 154.2K。

二、其他主要气体燃料的性质

1. 天然气

天然气是一种优质的天然气体燃料，它的产地或在石油产区或在煤炭产区，或为单纯的天然气田。在石油产区，与原油共存或是石油开采过程中由于压力降低析出的气体称为伴生天然气或油田天然气。在采煤过程中从煤层或岩石内释放出的可燃气体，常称矿井瓦斯或矿井气或煤田气。储集在地下岩石孔隙和裂缝中的纯气藏只有天然气，称为气田天然气，因不含有石油蒸气所以称为干天然气。这 3 类天然气由于来源不同，致使成分及其发热量不同。油田天然气的主要可燃成分为甲烷（CH_4）（75%～87%）和烷族重碳氢化合物（C_nH_{2n+2}）（10%左右），发热量为 39000～44000kJ/m^3。煤田气的主要可燃成分为甲烷（CH_4）（50%左右），其余为 H_2，O_2 和 CO_2 等，发热量为 13000～19000kJ/m^3。干天然气的主要可燃成分为甲烷（80%～99%），此外还有少量的烷族重碳氢化合物（C_nH_{2n+2}）（0.1%～7.5%）和硫化氢（约 1%以内）等，其他如氮（约 0～5%）和二氧化碳（约 1%以内）等不可燃气体则为数不多，发热量为 33500～37700kJ/m^3。

煤田气可以与天然气混输混用，而且燃烧后很洁净，几乎不产生任何废气，是上好的工业、化工、发电和居民生活燃料。煤田气空气浓度达到5%~16%时，遇明火就会爆炸，这是煤矿瓦斯爆炸事故的根源。煤田气直接排放到大气中，其温室效应约为CO_2的21倍，对生态环境破坏性极强。在采煤之前如果先开采煤田气，煤矿瓦斯爆炸率将降低70%~85%。煤田气的开发利用具有一举多得的功效：提高瓦斯事故防范水平，具有安全效应；有效减排温室气体，产生良好的环保效应；作为一种高效、洁净能源，商业化能产生巨大的经济效益。

2. 高炉煤气

高炉煤气是高炉炼铁过程中得到的副产品，其主要可燃成分是CO(25%~31%)和H_2(2%~3%)。高炉煤气的化学组成情况及其热工特性与高炉燃料的种类、所炼生铁的品种以及高炉冶炼工艺特点等因素有关。因为高炉煤气含有大量的N_2和CO_2(占63%~70%)，发热量不大，只有3762~4180kJ/m^3。当冶炼特殊生铁时，高炉煤气的发热量比冶炼普通炼钢生铁时高418~630kJ/m^3。理论燃烧温度为1673~1773K，与其他气体燃料相比较低，在许多情况下必须把空气和煤气预热来提高它的燃烧温度，才能满足用户的要求。高炉煤气从高炉出来时含有大量的粉尘，为60~80g/m^3或更多，必须经过除尘处理。另外由于高炉煤气中含有大量CO，在使用中应特别注意防止煤气中毒事故。

3. 焦炉煤气

焦炉煤气是炼焦的副产品。由焦炉出来的煤气因含有焦油蒸气，所以称荒焦炉煤气。1m^3荒焦炉煤气通常含有300~500g水和100~125g焦油以及其他可作为化工原料的气态化合物。为了回收焦油和各种化工原料气，必须将荒焦炉煤气进行加工处理，使其中的焦油蒸气和水蒸气冷凝下来，并将有关的化工原料收回，然后才送入煤气管网作为燃料使用。焦炉煤气的可燃成分主要是H_2(55%~60%)、CH_4(24%~28%)和CO(6%~8%)，三者含量共达85%~96%，因此它的发热量较高，为15890~17140kJ/m^3，和高炉煤气或发生炉煤气混合后配成发热量为8360kJ/m^3左右的混合煤气用于平炉和加热炉。

4. 发生炉煤气

发生炉煤气是将固体燃料在煤气发生炉内进行气化得到的气体燃料。在工业上根据所用气化剂的不同，可以分为空气发生炉煤气(气化剂为空气)，水煤气(气化剂为水蒸气)和混合发生炉煤气(气化剂为空气和水蒸气)。空气发生炉煤气的主要可燃成分为CO(20%~30%)和H_2(15%)，水煤气的主要可燃成分为CO(40%~45%)和H_2(45%~53%)，混合发生炉煤气的主要可燃成分为CO和H_2(40%左右)，3种煤气的发热量分别为3780~4620kJ/m^3、10080~11340kJ/m^3、5040~6720kJ/m^3。空气发生炉煤气的发热量较低，无法达到工业和民用煤气的使用要求，故没有获得广泛应用。水煤气的发热量较高，但由于其制取工艺和设备比较复杂，难以推广用作工业炉的燃料。由于水煤气CO含量高，不宜单独用作城市民用煤气的气源，可与干馏煤气等掺混，作为城市煤气的调度气源。混合发生炉煤气不能单独用作城市煤气，但广泛用作各类工业企业的燃料气，在城市煤气制气厂内用作煤干馏炉的加热燃气。

5. 液化煤气(液化石油气LPG)

液化煤气是原油开采和炼制过程中产生的一部分气态烃类，经液化后分离出干气而得到的可燃液体。主要可燃成分为3~4个碳原子的烃类，主要是丙、丁烷(烯)混合物。

液化煤气的发热量很高，气态时为87900~108900kJ/m^3，液态时为45200~46100kJ/m^3。

6. 人工沼气

人工沼气是利用人畜粪便、植物桔秆、野草、城市垃圾和工业的有机废物等经过厌氧发酵在菌解作用下产生的一种可燃气体。主要可燃成分为CH_4(60%左右)，此外还有少量的CO、H_2、H_2S等，发热量较高，为20900kJ/m^3。这种气体燃料价廉、简单，适于在农村推广。

7. 地下气化煤气

地下气化煤气就是对在技术上不宜开采的薄煤层或混杂大量硫和矿物杂质的煤层利用地下气化的方法获得的可燃气体。这是一种最经济、最合理利用煤矿资源的办法。我国目前还没有地下气化煤气的生产。

地下气化煤气的组分变化较大，它是属于发热量低的煤气，其发热量为3350~4190kJ/m^3。

三、煤气的腐蚀性和毒性

具有腐蚀性的煤气成分主要有：氨气(NH_3)、硫化氢(H_2S)、二氧化碳(CO_2)、氢氰酸(HCN)及氧气(O_2)。这些气体只有在有水存在时才具有腐蚀性。NH_3在水中呈碱性，H_2S、CO_2、HCN在水中呈酸性，O_2在水中则具有氧化性腐蚀。因此，为减少煤气对管道的腐蚀性，应除去煤气中的水分。

具有毒性的煤气成分有硫化氢(H_2S)、氢氰酸(HCN)、二氧化硫(SO_2)、一氧化碳(CO)、氨气(NH_3)和苯(C_6H_6)。其毒性极限如表1-5所示。

表1-5　气体的毒性极限

气体和蒸气名称	短时间内可致死亡的极限体积百分数	30~60min有危险的体积百分数	60min内无严重危险的极限体积百分数	长时间可允许的最高浓度体积百分数
硫化氢	0. 1~0. 2	0. 05~0. 07	0. 02~0. 03	0. 01~0. 015
氢氰酸	0. 3	0. 012~0. 015	0. 0005~0. 006	0. 0002~0. 0034
二氧化硫	0. 2	0. 04~0. 05	0. 005~0. 02	0. 001
一氧化碳	0. 5~1. 0	0. 2~0. 3	0. 05~0. 10	0. 04
氨气	0. 5~1. 0	0. 25~0. 45	0. 03~0. 05	0. 01
苯	1. 9	无实验数据	0. 31~0. 47	0. 15~0. 31
汽油	2. 4	1. 1~2. 2	0. 43~0. 71	无实验数据

练习与思考题

1. 对工业燃料的要求是什么？铁金属可以燃烧，能作为燃料使用吗？
2. 什么是燃油的闪点、燃点、着火点？了解它们有何实际意义？
3. 什么叫黏度？重油黏度有几种表示方法？各黏度的单位是什么？各黏度之间有什么关系？
4. 天然气可以分为哪几种？如何产生的？主要成分是什么？
5. 试说明常见气体燃料的来源，主要可燃成分及发热量。
6. 试将几种常见气体燃料的发热量进行排序。
7. 什么是煤的黏结性与结焦性？它们对燃烧有何影响？

第二章　燃料的化学组成与特性

第一节　固、液体燃料的化学组成及其表示方法

一、固体燃料的化学组成

1. 煤的分类

根据生物学、地质学和化学方面的判断，煤是由古代植物变来的，中间经过了极其复杂的变化过程。根据母体物质碳化程度的不同，可将煤分为 4 大类，即泥煤、褐煤、烟煤和无烟煤。表 2-1 示出了不同煤种的基本性质。

表 2-1　不同煤种的性质

名称	含碳量/%	挥发分含量/%	发热量/(kJ/kg)	着火点/℃	光泽度
泥煤	60~70	<70	9500~15000	225~280	灰黑色，无光泽
褐煤	70~80	40~60	10000~20000	250~450	棕褐色，少数呈黑色，光泽暗
烟煤	80~90	10~40	20000~30000	400~500	灰黑色，有光泽
无烟煤	90~98	≤10	25000~32500	>700	明亮的黑色光泽

（1）泥煤

泥煤是最年轻的煤，也就是由植物刚刚变来的煤。在结构上，它尚保留着植物遗体的痕迹，质地疏松、吸水性强，含天然水分高达 40% 以上，需进行露天干燥，风干后的堆积密度为 300~450kg/m^3。在化学成分上，与其他煤种相比，泥煤含氧量最多，高达 28%~38%，含碳较少。在使用性能上，泥煤的挥发分高，可燃性好，反应性强，含硫量低，机械性能很差，灰分熔点很低。在工业上，泥煤的主要用途是用来作小型锅炉燃料和作气化原料，也可制成焦炭供小高炉使用。由于以上特点，泥煤的工业价值不大，更不适于远途运输，只可作为地方性燃料在产区附近使用。另外，泥煤富含蛋白质、腐殖酸、矿物质等多种有益组分，具有良好的水物理、物理化学、生物学特性，使其在园艺和生产绿色有机复合肥中广泛应用。

（2）褐煤

褐煤是泥煤经过进一步变化后所生成的，由于能将热碱水染成褐色而得名。它已完成了植物遗体的炭化过程，在性质上与泥煤有很大的不同。与泥煤相比，它的密度较大，含碳量较高，氢和氧的含量较小，挥发分产率较低，堆积密度 750~800kg/m^3。褐煤的使用性能是黏结性弱，极易氧化和自燃，吸水性较强。新开采出来的褐煤机械强度较大，但在空气中极易风化和破碎，因而也不适于远地运输和长期储存，只能作为地方性燃料使用。

（3）烟煤

烟煤是一种碳化程度较高的煤。与褐煤相比，它的挥发分较少，密度较大，吸水性较小，含碳量增加，氢和氧的含量减小。烟煤是冶金工业和动力工业不可缺少的燃料，也是近

代炼焦的重要原料。烟煤的最大特点是具有黏结性，这是其他固体燃料所没有的，因此它是炼焦的主要原料。应当指出的是，不是所有的烟煤都具有同样的黏结性，也不是所有具有黏结性的煤都适于炼焦。为了适应炼焦和造气的工艺要求来合理地使用烟煤，有关部门又根据黏结性的强弱及挥发分产率的大小等物理化学性质，进一步将烟煤分为长焰煤、气煤、肥煤、结焦煤、瘦煤等不同的品种。其中，长焰煤和气煤的挥发分含量高，因而容易燃烧和适于制造煤气。结焦煤具有良好的结焦性，适于生产优质冶金焦炭，但因在自然界储量不多，为了节约使用起见，通常在不影响焦炭质量的情况下与其他煤种混合使用。

(4) 无烟煤

无烟煤是矿物化程度最高的煤，也是年龄最老的煤。它的特点是密度大，含碳量高，挥发分极少，组织致密而坚硬，吸水性小，适于长途运输和长期储存。无烟煤的主要缺点是受热时容易爆裂成碎片，可燃性较差，不易着火。但由于其发热量大(约为29260kJ/kg)，灰分少，含硫量低，而且分布较广，因此受到重视。据有关部门研究，将无烟煤进行热处理后，可以提高抗爆性，称为耐热无烟煤，可以用于气化，或在小高炉和化铁炉中代替焦炭使用。

2. 煤的化学组成

各种煤都是由某些结构极其复杂的有机化合物组成的，有关这些化合物的分子结构至今还不十分清楚。根据元素分析值，煤的主要可燃元素是碳，其次是氢，并含有少量的氧、氮和硫，它们与碳和氢一起构成可燃化合物，称为煤的可燃质。除此之外，在煤中还或多或少地含有一些不可燃的矿物质灰分(A)和水分(M)，称为煤的惰性质。一般情况下，主要是根据煤中C、H、O、N、S诸元素的分析值及水分和灰分的百分含量来了解该种煤的化学组成。不同煤种的元素组成如表2-2所示。现将各组分的主要特性说明如下：

表2-2 不同煤种的元素组成 %

煤种	C	H	O	N	S
泥煤	60~70	5~6	25~35	1~3	0.3~0.6
褐煤	70~80	5~6	15~25	1.3~1.5	0.2~3.5
烟煤	80~90	4~5	5~15	1.2~1.7	0.4~3
无烟煤	90~98	1~3	1~3	0.2~1.3	0.4

(1) 碳(C)

碳是煤的主要可燃元素，它在燃烧时放出大量的热。煤的碳化程度越高，含碳量就越大。各种煤的可燃质中含碳量如表2-1所示。

(2) 氢(H)

氢也是煤的主要可燃元素，它的发热量约为碳的3.5倍，但它的含量比碳小得多。煤的含氢量与碳化程度有一定的关系。当煤的碳化程度加深时，由于含氧量下降，氢的含量是逐渐增加的，并且在含碳量为85%时达到最大值。然后在接近无烟煤时，氢的含量又随着碳化程度的提高而不断减少。

应当指出，氢在煤中有两种存在形式。一种是和碳、硫结合在一起的氢，叫作可燃氢，它可以进行燃烧反应和放出热量，所以也叫有效氢。另一种是和氧结合在一起，叫作化合氢，它已不能进行燃烧反应。在计算煤的发热量和理论空气量时，氢的含量应以有效氢为准。

(3) 氧(O)

氧是煤中的一种有害物质，因为它和碳、氢等可燃元素构成氧化物而使它们失去了进行燃烧的可能性。煤中的含氧量与煤的碳化程度有关。煤的碳化程度越深，煤中的含氧量越少。

（4）氮（N）

氮在一般情况下不参加燃烧反应，是燃料中的惰性元素。但在高温条件下，氮和氧形成NO_x，这是一种对大气有严重污染作用的有害气体。煤中含氮量为0.5%～2%，对煤的干馏工业来说，是一种重要的氮素资源，例如，每100kg煤可利用其中氮元素回收7～8kg硫酸铵。

（5）硫（S）

硫在煤中有3种存在形态：

① 有机硫来自母体植物，与煤成化合状态，均匀分布；

② 黄铁矿硫与铁结合在一起，形成FeS_2；

③ 硫酸盐硫以各种硫酸盐的形式存在于煤的矿物杂质中。

有机硫和黄铁矿硫都能参与燃烧反应，因而总称为可燃硫或挥发硫。而硫酸盐硫则不能进行燃烧反应。

硫在燃料中是一种极为有害的物质。这是因为，硫燃烧后生成的SO_2、SO_3能危害人体健康和造成大气污染，在加热炉中能造成金属的氧化和脱碳，在锅炉中能引起锅炉换热面的腐蚀，而且，焦炭中的硫还能影响生铁和钢的质量。因此，作为冶金燃料，对其硫含量必须严格控制。例如炼焦用煤在入炉前必须进行洗选，以除掉黄铁矿硫和硫酸盐硫，根据有关资料介绍，焦炉洗精煤的硫含量应控制在0.6%以下为好。

（6）灰分（A）

所谓灰分，指的是煤中所含的矿物杂质（主要是碳酸盐、黏土矿物质及微量稀土元素等）在燃烧过程中经过高温分解和氧化作用后生成一些固体残留物，大致成分是：SiO_2 40%～60%；Al_2O_3 15%～35%；Fe_2O_3 5%～25%；CaO 1%～15%；MgO 0.5%～8%；Na_2O+K_2O 1%～4%。

煤中的灰分是一种有害成分，这不仅是因为它直接关系到冶金焦炭的灰分含量从而影响高炉冶炼的技术经济指标，而且，对一些燃煤的工业炉来说，灰分含量高的煤，不仅降低了煤的发热量，而且还容易造成不完全燃烧并给设备维护和操作带来困难。对炼焦用煤来说，一般规定入炉前的灰分不应超过10%。对各种燃煤的工业炉来说，除了应当注意灰分的含量以外，更要注意灰分的熔点。熔点太低时，灰分容易结渣，有碍于空气流通和气流的均匀分布，使燃烧过程遭到破坏。由于灰分是多种化合物构成的，因此它没有固定的熔点，只能以灰分试样软化到一定程度时的温度作为灰分的熔点。一般是将试样做成三角锥形，并以试样软化到半球形时的温度作为熔点。灰分的熔点与灰分的组成及炉内的气氛有关，其熔点在1000～1500℃之间。一般来说，含硅酸盐和氧化铝等酸性成分多的灰分，熔点较高，含氧化铁（Fe_2O_3）、氧化钙（CaO）、氧化镁（MgO）以及氧化钾（Na_2O+K_2O）等碱性成分多的灰分，熔点较低。如以酸性成分与碱性成分之比作为灰分的酸度，即：

$$\text{酸度}=\frac{w(SiO_2)+w(Al_2O_3)}{w(Fe_2O_3)+w(CaO)+w(MgO)} \tag{2-1}$$

式中　$w(SiO_2)$、$w(Al_2O_3)$、$w(Fe_2O_3)$、$w(CaO)$、$w(MgO)$——成分SiO_2、Al_2O_3、Fe_2O_3、CaO、MgO的含量，%。

则酸度接近1时灰分熔点低，酸度大于5时，灰分熔点高达1350℃以上。此外，灰分在还原性气氛中的熔点比在氧化性的气氛中高，二者相差 40~170℃。

(7) 水分(M)

水分也是燃料中的有害组分，它不仅降低了燃料的可燃质，而且在燃烧时还要消耗热量使其蒸发和将蒸发的水蒸气加热。

固体燃料中的水分包括两部分：

① 外部水分(也叫做湿分或机械附着水)。指的是不被燃料吸收而是机械地附着在燃料表面上的水分，它的含量与大气湿度和外界条件有关，当把燃料磨碎并在大气中自然干燥到风干状态后即可除掉。

② 内部水分。指的是达到风干状态后燃料中所残留的水分，它包括被燃料吸收并均匀分布在可燃质中的化学吸附水和存在于矿物杂质中的矿物结晶水。由此可见，内部水分只有在高温分解时才能除掉。通常在做分析计算和评价燃料时所说的水分就是指的这部分水分。

二、液体燃料的化学组成

1. 液体燃料的特点

石油是主要的天然液体燃料，是蕴藏在很深的地层下的液体矿物油。但石油一般不直接用于工程燃烧，而是将其经过炼制加工所得到的产品如重油、渣油和柴油广泛应用在锅炉、冶金炉等工业燃烧设备中。另外液体燃料还包括利用化学方法由煤、油页岩或天然气等提炼或合成的燃料，如通过煤液化制取的合成汽油、柴油、重油和甲醇燃料，以及通过化学合成法和发酵法制取的乙醇燃料。

与固体燃料相比，液体燃料具有以下特点。

(1) 发热量高

作为燃料，发热量是最为重要的特性指标。几种主要燃料的发热量见表 2-3。由表 2-3 中数据可知，液体燃料的发热量高于固体燃料，这是因为液体燃料的含氢量远高于煤。

表 2-3　几种主要燃料的发热量　　kJ/kg

燃料	木柴	烟煤	无烟煤	焦炭	石油	汽油	天然气
发热量	8373.6~10467	20934	27214	29307.6	41868	46054.8	29307.6~50241.6

(2) 灰分含量低

液体燃料的灰分含量极低，其中重油的灰分不大于 0.3%，而轻柴油的灰分不大于 0.01%~0.02%。正是因为柴油、汽油等液体燃料几乎不含灰分，所以可将其用于内燃机。此外，燃用固体燃料所必需的吹灰设备、除灰和灰渣排除装置以及除尘设备等在燃用液体燃料时根本不需要。

(3) 便于运输和储存

液体燃料流动性好，便于通过管道进行远距离输送或车辆运输和装卸，且储存场所不必靠近其用户，储存时所占空间较小，使用方便，易于实现管理过程的机械化和自动化。此外，只要储存条件合乎相关标准的规定，液体燃料的物理和化学性质可在较长的储存期内保持不变。

(4) 污染物排放低

液体燃料中灰分含量极低，因此燃用重油、柴油等的燃烧设备的烟尘排放量很低。燃油的硫含量较低，如轻柴油的硫含量不大于 0.2%，因此燃用轻柴油的小型燃烧设备的硫氧化物排放量要远低于燃煤设备。但是重油硫含量相对较高，有的牌号重油硫含量高达3%，而且在燃烧时，其全部转变为硫氧化物气体(而在燃用煤时，则约有一半硫分残留于灰渣之中)。由此燃用重油时，硫氧化物的生成量往往可能多于燃用煤时硫氧化物的生成量。

2. *石油的化学组成*

石油也叫原油。它是一种黑褐色的黏稠液体，从元素组成上看，石油也是由C、H、O、N、S、水分和灰分组成，其中主要可燃元素碳的含量为84%~87%，氢含量11%~14%，氧含量0.1%~1%，氮含量小于0.2%，绝大部分O、N化合物呈胶状沥青物质存在。S以化合物形式存在，硫酸、亚硫酸、硫化氢、硫化铁等，大部分不稳定，受热易分解。从物质组成来看，石油主要有碳氢化合物混合组成，它们主要是烷烃、环烷烃、芳香烃和烯烃，此外，含有少量的硫化物、氧化物、氮化物、水分和矿物杂质。

燃油中硫元素的含量为0.5%~3%。重油含硫较高时，对燃烧设备尾部受热面的腐蚀、堵灰和环境污染影响很大。燃油中含硫的破坏作用较煤更为严重，这是由于燃油中的含氢量较煤高得多，燃烧生成的水蒸气也较多，因而硫燃烧后生成的氧化物很容易生成硫酸和亚硫酸。按硫含量的多少，原油可分为低硫油(<0.5%，如大庆原油)、中硫油(0.5%~1%，如胜利原油)及高硫油(>1%，如中东原油)。我国原油的硫含量大都较低。

燃油中的灰分大多是碱金属或碱土金属的氯化物或硫酸盐，其含量一般在0.05%以上。虽然它们的含量不大，但当燃油燃烧后，它们将以灰渣的形式随烟气流动，遇冷后会附着在固体壁面上形成灰垢，从而影响传热、堵塞气流通道和腐蚀设备。有时燃油中还会有机械杂质，这些物质并不溶于油，而是在开采、运输、储存过程中混入的。它们的数量虽不多，但会磨损设备，堵塞油道、油嘴，从而影响燃烧设备的正常运行。一般在重油系充中均会安装过滤设施。

燃油中的水分规定在2%以下。在贮存、装卸、运输过程中，水分可能会增加，在炼制过程中水分也会发生变化。燃油中含水在大多数情况下都是不利的。自然混入的水以游离状态存在，会使设备受到腐蚀，水分过多将降低燃料的热值(即发热量)，当油水分层时会造成无法燃烧。

3. *石油的分类*

按照石油中所含主要碳氢化合物的种类，可将石油分为烷基石油、烯基石油、芳香基石油以及烷基-环烷基石油和环烷基-芳香基石油等。

(1) 烷基石油

含石蜡族(烷烃 C_nH_{2n+2})碳氢化合物较多。烷基石油又常称为石蜡基石油，其高沸点馏分中含有大量石蜡。通过加工烷基石油可得到黏度指数较高的润滑油和燃烧性能良好的煤油。但是，由其生产的汽油辛烷值较低，加工时需要采用专门的脱蜡系统。

(2) 烯基石油

烯基石油中含有较多的烯烃(C_nH_{2n})，从这种石油中可得到少量辛烷值高的汽油和大量优质沥青。烯基石油的优点是含蜡量低，便于加工炼制柴油和润滑油；其缺点是汽油产量低，润滑油黏度指数低，煤油容易冒烟。

(3) 芳香基石油

这种石油含有较多的芳香烃(环状结构的不饱和烃，C_nH_{2n-6})，从中可得到辛烷值很高的汽油和溶解力很强的溶剂。芳香基石油在自然界的储藏量不大，而且以其为原料生产的煤油容易冒烟。

(4) 中间基石油

当石油由不同的烃类组成且它们的含量大体相当时，该类石油称为中间基石油或混合基石油，如烷基-环烷基石油和环烷基-芳香基石油等。从中间基石油可得到大量直馏汽油和优质煤油，缺点是汽油的辛烷值不高而含蜡量较高。

4. *燃油种类及石油炼制的方法*

燃油主要是指从石油中炼制出的各种成品油。但汽油、柴油等轻质油也可以从天然气及煤加氢和水煤气合成的方法获得。燃油可以概括地分为馏分油和含灰分油。馏分油基本上是不含灰的，只要在贮运过程中处置得当，不存在什么杂质，从炼油厂出来马上可以用，不需要再作什么处理。而含灰分油则有相当量的灰分，这种油在燃气轮机中使用前必须作相应处理，但在工业窑炉中使用一般可不作预处理。

将石油炼制成燃油的基本方法分为两种，即直接蒸馏法和裂解法。直接蒸馏法是按石油中各组分的沸点不同，在常压下直接对石油加热(300~325℃左右)分馏，石油中各馏分按其沸点高低先后馏出。最先馏出的是沸点最低的馏分如汽油(沸点范围约 40~180℃)，然后依次为重汽油(沸点范围为 120~230℃)，煤油(沸点范围约 200~350℃)等，剩下沸点高的重质油则从分馏塔塔底排出，称之为常压重油。

裂解法就是使分子较大的烃类断裂分解成分子较小的烃类，以取得轻质石油产品。裂解目的是为了增产轻质油、增加品种和提高质量，炼油厂还采用裂化的方法从某些重质油中生产出汽油、柴油以及一些高级车用汽油和航空汽油等。裂化的方法有多种，如热裂化、催化裂化等。经裂化分解，分离出气体、汽油和润滑油后，残留下的是高沸点的缩合物，称裂化重油或裂化渣油。显然，裂化重油特性与所采用的裂化原料的性质、裂化深度和分馏情况有关。裂化所得燃油的黏度与相对密度均较普通直馏燃油大，且含有较多的固体杂质，它易于沉淀，堵塞管路及燃油预热器。与直馏油相比，裂化油较不易燃烧。

燃油的主要种类有：汽油、煤油、柴油、重馏分油和重油。

① 汽油是质量非常好的油，燃烧性能很好，其黏度很低，润滑性不好，同时闪点低，挥发性好，在安全上需要注意，航空汽油的典型馏程为 40~180℃。汽油中的辛烷值是汽油中抗爆震的指标。

② 煤油与汽油相比，馏程温度范围高些，密度大些，润滑性好。蒸气压低，在高空时由蒸发引起的损失减少。正是这一点决定航空燃气轮机使用煤油而不是汽油。

③ 柴油比煤油、轻挥发油重些，适合于柴油机的特定要求(主要是十六烷值)。最常用的是二号柴油。

④ 重馏分油常常是炼油厂的副产品，基本上不含灰分。但黏度高，难以雾化，在输送过程中要求加热。

⑤ 重油(含灰分油)这种油含相当数量的灰分(但与煤的灰分比较又是少的)，较重，便宜，黏度非常高。

燃油锅炉首先应燃用重油。重油可分为燃料重油和渣油。燃料重油是由裂化重油、减压重油、常压重油和蜡油等不同比例调合制成的。不同的炼油厂选用的原料和比例常不相同，但根据国家标准，应有一定的质量要求，按 80℃时黏度分为 20、60、100、200 等 4 个牌号。牌号的数字约等于该油在 50℃时的恩氏黏度。

各种燃料重油的应用范围为：20 号重油用在较小喷嘴(30kg/h 以下)的燃油炉上；60 号重油用在中等喷嘴的船用蒸汽锅炉或工业炉上；100 号重油用在大型喷嘴的陆用炉或具有余

热设备的炉上；200 号重油用在与炼油厂有直接管路送油的具有大型喷嘴的炉上。

渣油是原油在炼制过程中的残余物，不经处理可直接作为锅炉燃料，一般习惯上称为渣油。因此，也没有质量标准。渣油可以是常压重油、减压重油和裂化重油等。

渣油、燃料重油的共同特点是：重度和黏度较大，重度大脱水困难，黏度大则流动性就差。为了保证顺利运输和良好雾化，必须将油加热到较高的温度。沸点和闪点较高，不易挥发，因此，相对轻质油和原油来说，火灾的危险要小一些。

柴油主要用来作为锅炉点火和清洗渣油管线用，一般不作为锅炉的主要燃料。

三、固、液体燃料组成表示方法

对固体、液体燃料的化学组成通常采用元素分析和工业分析两种表示方法。通过元素分析可以测定燃料中 C、H、O、N、S、水分、灰分的质量含量。通过工业分析可以测定燃料中水分、灰分、可燃质(挥发分和固定碳)的质量含量。

固、液体燃料的元素分析如下：

(1) 元素分析成分基准

① 收到基(以下用角标 ar 表示)。前面已经谈到，各种固、液体燃料都是由 C、H、O、N、S、灰分(A)、水分(M)7 种组分所组成，包括全部组分在内的成分，习惯上把它叫作收到基，也叫作应用基。上述各种组分在收到基中的质量百分数叫作燃料的收到基成分，即

$$C_{ar}\% + H_{ar}\% + O_{ar}\% + N_{ar}\% + S_{ar}\% + A_{ar}\% + M_{ar}\% = 100\% \qquad (2-2)$$

式中 C_{ar}、H_{ar}、O_{ar}、N_{ar}、S_{ar}、A_{ar}、M_{ar}——燃料中各组分的收到基质量百分数。

收到基成分反映了燃用燃料的实际应用成分，用于燃烧设备的燃烧、传热、通风和热工试验的计算。

② 空气干燥基(以下用角标 ad 表示)。以除去外部水分后的燃料成分总量作为计算基准，也称分析基。此时燃料中的外部水分经过风干后已经去除，燃料中仅剩内部水分。即

$$C_{ad}\% + H_{ad}\% + O_{ad}\% + N_{ad}\% + S_{ad}\% + A_{ad}\% + M_{ad}\% = 100\% \qquad (2-3)$$

式中 C_{ad}、H_{ad}、O_{ad}、N_{ad}、S_{ad}、A_{ad}、M_{ad}——燃料中各组分的空气干燥基质量百分数。

通常实验室中进行的燃料分析是空气干燥基成分。因此煤质分析资料中给出的水分含量一般为空气干燥基水分。

③ 干燥基(以下用角标 d 表示)。燃料的含水量(全水分)很容易受到季节、运输和存放条件的影响而发生变化，所以燃料的应用成分经常受到水分的波动而不能反映出燃料的固有本质。为了便于比较，常以不含水分的干燥基中的各组分的百分含量来表示燃料的化学组成，称为“干燥成分”，即

$$C_{d}\% + H_{d}\% + O_{d}\% + N_{d}\% + S_{d}\% + A_{d}\% = 100\% \qquad (2-4)$$

式中 C_{d}、H_{d}、O_{d}、N_{d}、S_{d}、A_{d}——燃料中各组分的干燥基质量百分数。

④ 干燥无灰基(以下用角标 daf 表示)。燃料中的灰分也常常受到运输和存放条件的影响而有所波动，为了更确切地说明燃料的化学组成特点，可以只用 C、H、O、N、S 5 种元素在干燥无灰基中的百分含量来表示燃料的成分，也叫作可燃成分，即

$$C_{daf}\% + H_{daf}\% + O_{daf}\% + N_{daf}\% + S_{daf}\% = 100\% \qquad (2-5)$$

式中 C_{daf}、H_{daf}、O_{daf}、N_{daf}、S_{daf}——燃料中各组分的干燥无灰基质量百分数。

燃料的干燥无灰基成分不再受水分和灰分变化的影响，是一种稳定的组成成分，常用于判断燃料的燃烧特性和进行分类的依据，如干燥无灰基挥发分。煤矿提供的煤质成分，通常

也是干燥无灰基各组成成分。

(2) 元素分析成分基准间的换算

在工程燃烧计算应用中，往往需对上述的 4 种基准成分进行换算。两种基准成分之间的换算遵循元素质量守恒，由此得出表 2-4 所示的换算系数。

表 2-4　不同基准的换算系数 k

已知组成	角标	需求基准成分			
		收到基	空气干燥基	干燥基	干燥无灰基
收到基	ar	1	$\frac{100-M_{ad}}{100-M_{ar}}$	$\frac{100}{100-M_{ar}}$	$\frac{100}{100-M_{ar}-A_{ar}}$
空气干燥基	ad	$\frac{100-M_{ar}}{100-M_{ad}}$	1	$\frac{100}{100-M_{ad}}$	$\frac{100}{100-M_{ad}-A_{ad}}$
干燥基	d	$\frac{100-M_{ar}}{100}$	$\frac{100-M_{ad}}{100}$	1	$\frac{100}{100-A_d}$
干燥无灰基	daf	$\frac{100-M_{ar}-A_{ar}}{100}$	$\frac{100-M_{ad}-A_{ad}}{100}$	$\frac{100-A_d}{100}$	1

表 2-4 中的换算系数不能用于水分间的换算。水分间换算如式(2-6)所示。

$$M_{ar} = M_f + M_{ad} \times \frac{100 - M_f}{100} \tag{2-6}$$

式中　M_f——外部水分,%。

[**例 2-1**]　已知某一煤种的干燥无灰基成分、干燥基灰分和收到基水分如下：

成分	C_{daf}	H_{daf}	O_{daf}	N_{daf}	S_{daf}	A_d	M_{ar}
%	75	4	18	2	1	12. 5	20

求该煤种的收到基成分。

解：该煤种的收到基灰分含量为：

$$A_{ar}=A_d\times\frac{100-M_{ar}}{100}=12.5\times\frac{100-20}{100}=10$$

干燥无灰基到收到基成分的换算系数由表 2-4 查得：

$$k=\frac{100-A_{ar}-M_{ar}}{100}=\frac{100-10-20}{100}=70\%$$

则

$$C_{ar}=C_{daf}\times k=75\times70\%=52.5$$

同理可得出其他收到基成分，结果汇总如下：

成分	C_{ar}	H_{ar}	O_{ar}	N_{ar}	S_{ar}	A_{ar}	M_{ar}
%	52. 5	2. 8	12. 6	1. 4	0. 7	10	20

[**例 2-2**]　下雨前煤的收到基成分如下：

成分	C_{ar}	H_{ar}	O_{ar}	N_{ar}	S_{ar}	A_{ar}	M_{ar}
%	34. 2	3. 4	5. 7	0. 8	0. 5	46. 8	8. 6

雨后煤的收到基水分变为 $M''_{ar}=14.3\%$，求雨后收到基其他成分的含量。

解：取 1kg 雨后煤，设雨后水分增加量为 ΔMkg，则雨前煤质量为$(1-\Delta M)$kg。于是

$$(1-\Delta M)\times 8.6\% = 1\times 14.3\% - \Delta M$$

求得：

$$\Delta M = 0.0624\text{kg}$$

根据雨前后元素质量守恒得到：

$$\frac{X'_{ar}}{100}(1-\Delta M)=\frac{X''_{ar}}{100}\times 1$$

求得雨前、雨后收到基成分之间的关系为：

$$X''_{ar}=X'_{ar}(1-\Delta M)$$

则雨后收到基其他成分的含量为：

$$C''_{ar}=C'_{ar}(1-\Delta M)=34.2\times(1-0.0624)=32.07(\%)$$

$$H''_{ar}=H'_{ar}(1-\Delta M)=3.4\times(1-0.0624)=3.19(\%)$$

$$O''_{ar}=O'_{ar}(1-\Delta M)=5.7\times(1-0.0624)=5.34(\%)$$

$$N''_{ar}=N'_{ar}(1-\Delta M)=0.8\times(1-0.0624)=0.75(\%)$$

$$S''_{ar}=S'_{ar}(1-\Delta M)=0.5\times(1-0.0624)=0.47(\%)$$

$$A''_{ar}=A'_{ar}(1-\Delta M)=46.8\times(1-0.0624)=43.88(\%)$$

第二节　气体燃料的化学组成及其表示方法

一、气体燃料的特点

气体燃料可直接用作锅炉、工业炉、内燃机等的燃料，也可用作合成氨、人造石油和有机合成等工业的原料。气体燃料是一种优质、高效、清洁的燃料，其着火温度相对较低，火焰传播速度快，燃烧速度快，燃烧非常容易和简单，很容易实现自动输气、混合、燃烧过程。

1. 气体燃料的特点

气体燃料主要有以下特点：

① 基本无污染。气体燃料基本上无灰分，含氮量和含硫量都比煤和液体燃料要低很多，燃烧烟气中粉尘含量极少。硫化物和氮氧化物含量很低，对环境保护非常有利，基本上是无污染燃料，环保要求最严格的区域也能适用。同时，气体燃料由于采用管道输送，没有灰渣，基本上消除了运输、贮存过程中发生的有害气体、粉尘和噪声。

② 容易调节。气体是通过管道输送的，只要对阀、风门进行相应的调节，就可以改变耗气量，对负荷变化适应快，可实现低氧燃烧，提高燃烧设备热效率。

③ 燃烧炉内气体可根据需要进行调节为氧化气氛或还原气氛等。

④ 作业性好。与液体燃料相比，气体燃料输送是管道直供，不需贮油槽、日用油箱等部件，可实现远距离运输。特别是与重油相比，着火温度较低，可免去加热、保温等措施，使燃气系统简单，操作管理方便，容易实现自动化。

⑤ 容易调整发热量，燃烧容易控制。在燃烧液化石油气时，加入部分空气，既可避开部分爆炸范围，又能调整发热量。

⑥ 某些气体燃料是生产过程的副产品，如高炉煤气、焦炉煤气等，如加以利用，可达到节能效果。

⑦ 可利用低级固体燃料制得。

2. 气体燃料的缺点

① 与空气按一定比例混合会形成爆炸性气体。

② 气体燃料大多成分对人和动物是有窒息性或有毒的，故对安全性要求较高。

③ 气体燃料所用的贮气柜和管道，要比相等热量的液体燃料所用的大得多。

二、气体燃料的化学组成

任何一种气体燃料都是由一些单一气体混合而成。其中，可燃性的气体成分有 CO、H_2、CH_4和其他气态碳氢化合物以及 H_2S。不可燃的气体成分有 CO_2、N_2 和少量的 O_2。除此之外，在气体燃料中含有水蒸气、焦油蒸气及粉尘等固体微粒。表 2-5 给出了各种常用气体燃料的组成。

表 2-5 各种常用气体燃料的组成

燃气种类名称			燃气成分(体积分数)/%													密度/(kg/m^3)
			H_2	CO	CH_4	C_{2+}							O_2	N_2	CO_2	
						C_2H_4	C_2H_6	C_3H_6	C_3H_8	C_4H_8	C_4H_{10}	C_{5+}				
人造燃气	煤制气	炼焦煤气	59.2	8.6	23.4								1.2	3.6	2.0	0.4686
		直立炉气	56.0	17.0	18.0								0.3	2.0	5.0	0.5527
		混合煤气	48.0	20.0	13.0								0.8	12.0	4.5	0.6695
		发生炉气	12.4	30.4	1.8								0.4	50.4	4.2	1.1627
		水煤气	52.0	34.4	1.2								0.2	4.0	8.2	0.7005
	油制气	催化制气	58.1	10.5	16.6	5.0							0.7	2.5	6.6	0.5374
		热裂化制气	31.5	2.7	28.5	23.8	2.6	5.7					0.6	2.4	2.1	0.7909
天然气	四川干气					98.0				0.3		0.3	0.4		1.0	
	大庆石油伴生气					81.7				6.0		4.7	4.9	0.2	1.8	0.7
	天津石油伴生气					80.1		7.4		3.8		2.3	2.4		0.6	3.4
液化石油气	北京					1.5		1.0	9.0	4.5	54.0	26.2	3.8			
	大庆					1.3		0.2	15.8	6.6	38.5	23.2	12.6		1.0	0.8

三、气体燃料组成表示方法

气体燃料的化学组成用所含各种单一气体的体积百分数来表示，并有所谓“湿成分”和“干成分”两种表示方法。所谓气体燃料的湿成分，指的是包括水蒸气在内的成分，以上角标 s 表示，即：

$$CO^s+H_2^s+CH_4^s+\cdots+CO_2^s+N_2^s+O_2^s+H_2O^s=100 \tag{2-7}$$

式中 CO^s、H_2^s、CH_4^s……——气体燃料中各湿成分组分的体积百分数,%。

气体燃料的干成分则不包括水蒸气，以上角标 g 表示，即：

$$CO^g+H_2^g+CH_4^g\cdots+CO_2^g+N_2^g+O_2^g=100 \tag{2-8}$$

式中 CO^g、H_2^g、CH_4^g……——气体燃料中各干成分组分的体积分数,%。

气体燃料中所含的水分在常温下都等于该温度下的饱和水蒸气量。当温度变化时，气体中的饱和水蒸气量也随之变化，因而气体燃料的湿成分也将发生变化。为了排除这一影响，所以在一般技术资料中都用气体燃料的干成分来表示其化学组成的情况。

在进行燃烧计算时，则必须用气体燃料的湿成分作为计算的依据，因此应首先根据该温度下的饱和水蒸气含量将干成分换算成湿成分。

气体燃料干湿成分的换算关系是：

$$X^s = X^g \frac{100 - H_2O^s}{100} \tag{2-9}$$

式中　X^g、X^s——气体燃料中各干、湿成分组分的体积分数,%。

在上述干、湿成分换算时，需要知道水蒸气的湿成分 H_2O^s。从饱和水蒸气表中可以查到 $1m^3$ 干气体所吸收的水蒸气的质量(g)，即含湿量 h。根据下式可将其换算成水蒸气的湿成分 H_2O^s。

$$H_2O^s = \frac{0.124h}{1+0.00124h} \tag{2-10}$$

［**例 2-3**］　某锅炉采用天然气作为燃料，其成分如下：

成分	CO_2	C_2H_6	C_3H_8	CH_4	N_2
%	0.74	0.71	0.04	97.93	0.58

已知每立方米天然气中的水分为19g，求：天然气的湿成分。

解：把干成分换算成湿成分：

$$H_2O^s = \frac{0.124h}{1+0.00124h} = \frac{0.124\times19}{1+0.00124\times19} = 2.30$$

$$CO_2^s = CO_2^g \times \frac{100-H_2O^s}{100} = 0.74\times\frac{100-2.30}{100} = 0.72$$

同样计算出其他湿成分；

$$C_2H_6^s = 0.69,\ C_3H_8^s = 0.04,\ CH_4^s = 95.68,\ N_2^s = 0.57$$

第三节　燃料的发热量

一、燃料发热量概念

发热量是评价燃料质量的一个重要指标，也是计算燃烧温度和燃料消耗量时不可缺少的依据。单位质量或体积的燃料完全燃烧时所放出的热量，称为燃料的发热量(或称热值)，单位为 kJ/kg(对固、液体燃料)或 kJ/m^3(对气体燃料)，用符号 Q 表示。燃料的发热量有高位和低位之分。高位发热量(用 Q_{gr} 表示)包括了燃烧产物中全部水蒸气凝结成水所释放的汽化潜热。但是当燃烧产物中水蒸气未凝结时，燃料所放出的热量称为低位发热量(用 Q_{net} 表示)。

发热量是衡量燃料作为能源的重要指标，是计算热平衡、燃料量、热效率，并以此进行燃烧方式选择或者燃烧设备选型等的依据。它是燃料自身的重要特性，只取决于燃料本身的化学组成，与燃烧过程中外部的燃烧条件无关。

各种燃料的发热量差别很大，即使同一品种燃料也会因水分和灰分不同而不同。为了便于考核燃用不同燃料的各种燃烧设备工作情况及燃料消耗量指标，引用了“标准燃料”的概念。目前国际上习惯采用的标准燃料有三种：即标准煤(也称煤当量)、标准油(也称油当量）和标准气。规定以热值为 29310kJ/kg（7000kcal/kg）的煤作为标准煤，以热值为 41860kJ/kg（10000kcal/kg）的油作为标准油，以热值为 41860kJ/m^3（10000kcal/m^3）的气体燃料作为标准气。这样就可把各种实际燃料消耗量折算为标准燃料消耗量。

标准煤（油）消耗量：

$$B_b = B\frac{Q_{net}}{Q_{net,b}} \tag{2-11}$$

式中　B_b——标准燃料消耗量，kg；

B——实际燃料消耗量，kg；

$Q_{net,b}$——标准煤或标准油热值。

标准气消耗量：

$$B'_b = B'\frac{Q_{net}}{41860} \tag{2-12}$$

式中　B'_b——标准气消耗量，m^3；

B'——实际燃气消耗量，m^3。

［例 2-4］　一种动力用煤的工业分析和发热量如下：

M_{ar}/%	A_{ar}/%	V_{ar}（挥发分）/%	FC_{ar}（固定碳）/%	Q_{net}/（kJ/kg）
10	20	20	50	23000

请计算，该煤属于哪一种煤？1000t 该煤相当于多少吨标准煤。

解：判断煤的种类需将收到基下挥发分含量转换成干燥无灰基下挥发分含量。由表 2-4 查得收到基到干燥无灰基的转换系数则可得干燥无灰基下挥发分含量为：

$$V_{daf} = V_{ar}\frac{100}{100-M_{ar}-A_{ar}} = 20\times\frac{100}{100-10-20} = 28.6$$

由表 2-1 可知该煤属烟煤。

将煤的发热量代入式（2-11）可得标准煤消耗量，即：

$$B_b = B\frac{Q_{net}}{Q_{net,b}} = 1000\times\frac{23000}{29310} = 784.72(t)$$

二、发热量的计算

1. 固、液体燃料发热量的计算

（1）高、低位发热量之间的关系

高位发热量和低位发热量之间相差燃料燃烧后生成水分所吸收的汽化潜热。

当已知烟气成分时，固、液体燃料高、低位发热量的关系为：

$$Q_{gr} = Q_{net} + L_m w \tag{2-13}$$

式中　L_m——水分以质量计量的汽化热，kJ/kg，其值等于 2500kJ/kg；

w——烟气中水蒸气的质量分数。

燃料燃烧后所生成的烟气中所含水蒸气来源于燃料中的水分以及氢的燃烧产物。由氢与氧的化学反应式：

$$4H+O_2 \rightarrow 2H_2O \tag{2-14}$$

可知，1kg 的 H 经燃烧可生成 9kg 的 H_2O，因此，当已知燃料成分时，固、液体燃料高位、低位热值之间的关系可表示为：

$$Q_{gr} = Q_{net} + 25(9H + M) \tag{2-15}$$

式中　H、M——燃料中氢和水分的质量分数，%。

式(2-15)适用于描述燃料收到基和空气干燥基的高位、低位发热量之间的关系。对于干燥基和干燥无灰基，由于不存在水分，则有：

$$Q_{gr,d} = Q_{net,d} + 225H_d \tag{2-16}$$

$$Q_{gr,daf} = Q_{net,daf} + 225H_{daf} \tag{2-17}$$

(2) 不同基准发热量间的换算

对于固、液体燃料，由通过元素分析所得到的结果以及式(2-15)，可对不同基准的发热量进行换算。

对于高位发热量来说，水分只是占据了一定的质量份额而使发热量降低；而对于低位发热量，水分不仅占据一定的质量份额，而且还要吸收汽化潜热。因此，在各种基准的高位发热量之间可以直接乘以表 2-4 中相应的换算系数进行换算。而对于低位发热量，则必须考虑水分的汽化潜热，即对于各种基准的低位发热量之间的换算，必须首先根据式(2-15)将低位发热量换算成高位发热量之后才可进行。表 2-6 给出了各种基准低位发热量间的换算公式。

表 2-6　不同基准低位发热量间的换算公式

已知组成	角标	需求基准成分			
		收到基	空气干燥基	干燥基	干燥无灰基
收到基	ar	—	$Q_{net,ad}=(Q_{net,ar}+25M_{ar})\times\frac{100-M_{ad}}{100-M_{ar}}-25M_{ad}$	$Q_{net,d}=(Q_{net,ar}+25M_{ar})\times\frac{100}{100-M_{ar}}$	$Q_{net,daf}=(Q_{net,ar}+25M_{ar})\times\frac{100}{100-M_{ar}-A_{ar}}$
空气干燥基	ad	$Q_{net,ar}=(Q_{net,ad}+25M_{ad})\times\frac{100-M_{ar}}{100-M_{ad}}-25M_{ar}$	—	$Q_{net,d}=(Q_{net,ad}+25M_{ad})\times\frac{100}{100-M_{ad}}$	$Q_{net,daf}=(Q_{net,ad}+25M_{ad})\times\frac{100}{100-M_{ad}-A_{ad}}$
干燥基	d	$Q_{net,ar}=Q_{net,d}\times\frac{100-M_{ar}}{100}-25M_{ar}$	$Q_{net,ad}=Q_{net,d}\times\frac{100-M_{ad}}{100}-25M_{ad}$	—	$Q_{net,daf}=Q_{net,d}\times\frac{100}{100-A_d}$
干燥无灰基	daf	$Q_{net,ar}=Q_{net,daf}\times\frac{100-M_{ar}-A_{ar}}{100}-25M_{ar}$	$Q_{net,ad}=Q_{net,daf}\times\frac{100-M_{ad}-A_{ad}}{100}-25M_{ad}$	$Q_{net,d}=Q_{net,daf}\times\frac{100-A_d}{100}$	—

(3) 固、液体燃料发热量经验公式

煤的发热量一般用氧弹测热仪测出。没有测量数据时，可用经验公式：

$$Q_{gr,ar} = (339C_{ar} + 1256H_{ar} + 109S_{ar} - 109O_{ar})\ (\text{kJ/kg}) \tag{2-18}$$

来估算。

也可以根据我国煤炭科学院提出的公式计算：

① 按照工业分析值计算发热量：

褐煤　$$Q_{net} = 4.187(10FC + 6500 - 10M - 5A - \Delta Q)\ (\text{kJ/kg}) \tag{2-19}$$

烟煤　$$Q_{net} = 4.187(50FC - 9A + K - \Delta Q)\ (\text{kJ/kg}) \tag{2-20}$$

无烟煤　$$Q_{net} = 4.187[100FC + 3(V - M) - K' - \Delta Q]\ (\text{kJ/kg}) \tag{2-21}$$

式中 FC、M、A、V——煤的固定碳、水分、灰分、挥发分含量；

K——常数，其值见表 2-7；

K'——常数，当 $V\%<3.5\%$时为 1300；当 $V\%>3.5\%$时为 1000；

ΔQ——高发热量与低发热量的差值。

表 2-7 工业分析值计算发热量时的常数 K

$V/\%$	≤20		>20~30		>30~40		>40	
黏结序数	<4	>5	<4	>5	<4	>5	<4	>5
K	4300	4600	4600	5100	4800	5200	5050	5500

$V\%>18\%$时：
$$\Delta Q=2.97(100-M-A)+6M \tag{2-22}$$

$V\%\leqslant 18\%$时：
$$\Delta Q=2.16(100-M-A)+6M \tag{2-23}$$

② 按照元素分析值计算发热量。

门捷列夫公式：

$$Q_{gr,ar}=4.187[81C_{ar}+300H_{ar}-26(O_{ar}-S_{ar})](kJ/kg) \tag{2-24}$$

$$Q_{net,ar}=4.187[81C_{ar}+246H_{ar}-26(O_{ar}-S_{ar})-6M_{ar}](kJ/kg) \tag{2-25}$$

2. 气体燃料发热量的计算

(1) 高、低位发热量之间的关系

已知烟气成分时，气体燃料高、低位发热量之间的关系为：

$$Q_{gr}=Q_{net}+L_v\varphi \tag{2-26}$$

式中 L_v——水分以体积计量的汽化热，其值等于 2000kJ/m³；

φ——烟气中水蒸气的体积分数。

气体燃料燃烧所生成的水分由燃料中的氢组分计算，因此已知燃料成分时气体燃料高位、低位热值之间的关系可表示为：

$$Q_{gr}^{s}=Q_{net}^{s}+20\left(H_2^s+H_2S^s+\sum\frac{m}{2}C_nH_m^s+H_2O^s\right) \tag{2-27}$$

干、湿气体燃料高位热值转换可按下式计算：

$$Q_{gr}^{s}=Q_{gr}^{g}\frac{100-H_2O^s}{100} \tag{2-28}$$

(2) 气体燃料的发热量计算

气体燃料的发热量可由实验测定(容克式量热计)，也可根据其化学成分用下式计算：

$$Q_{gr}=4.187\times(3046\times CO^s\%+3050\times H_2^s\%+9530\times CH_4^s\% \\ +15250\times C_2H_4^s\%+\cdots+6000\times H_2S^s\%) \tag{2-29}$$

$$Q_{net}=4.187(3046\times CO^s\%+2580\times H_2^s\%+8550\times CH_4^s\% \\ +14100\times C_2H_4^s\%+\cdots+5520\times H_2S^s\%) \tag{2-30}$$

式中 Q_{gr}、Q_{net}——气体燃料的高位发热量和低位发热量，kJ/m³；

3046、3050、9530、15250、…、6000——CO、H_2、CH_4、C_2H_4、…、H_2S 等气体的高位发热量，kcal/m³；

3046、2580、8550、14100、…、5520——CO、H_2、CH_4、C_2H_4、…、H_2S 等气体的低位发热量，kcal/m³。

注：1kcal=4.187kJ。

练习与思考题

1. 什么是燃料的高、低位发热量？两者之间有何关系？为什么热力计算中要用燃料的收到基低位发热量？

2. 根据母体物质碳化程度的不同，可将煤分为哪几类？

3. 说明煤的化学组成、挥发分及灰分、水分、碳分等对煤质特性的影响？

4. 什么是标准煤/标准油/标准气？有何实际意义？

5. 煤中水分有几种存在形式？同一种煤，不同含水量之间如何换算？

6. 煤中硫分有几种存在形式？简要说明它们对燃烧性能的影响。

7. 煤的化学成分有几种表示方法？

8. 何谓煤的元素分析法？元素分析基准有几种？为什么要用不同的成分分析基准？试推导各种基准之间的换算系数。

9. 气体燃烧的成分表示方法有几种？不同表示方法之间燃料成分如何换算？

10. 气体燃料与燃油和煤相比，有什么优越性？

第三章　空气量及燃烧产物量计算

第一节　空气需要量计算

一、有关燃烧的几个基本概念

1. 燃烧

燃烧实质上是一种快速氧化反应过程，物质在激烈快速氧化反应过程中产生光和热，并使温度升高。

2. 完全燃烧与不完全燃烧

当空气充足和过程进行完善时，燃料中的可燃元素将分别与氧发生反应：

$$C+O_2 \longrightarrow CO_2 \qquad H_2+0.5O_2 \longrightarrow H_2O \qquad S+O_2 \longrightarrow SO_2$$

这时产物中将包含CO_2、H_2O、SO_2、剩余氧气和氮气，没有可燃气体，这种燃烧称为完全燃烧。

当空气不足或燃烧过程进行不够完善时，燃烧产物中除了上述成分外，还可能含有CO、H_2、CH_4等未燃尽气体及固态碳粒，构成所谓的不完全燃烧。

燃料不完全燃烧情况有两种：

(1) 气体不完全燃烧

燃烧时燃料析出的气体可燃物，没有得到足够的氧气，或与氧接触不良，因而燃烧产物中还含有一部分未燃尽的可燃气体，这种现象叫作气体不完全燃烧现象。

(2) 固体不完全燃烧

燃烧时燃料中有些固体可燃物未经燃烧就从炉栅条间掉落，有些是夹杂在燃渣中排掉或夹杂在烟气中带走，这种现象叫做固体不完全燃烧现象。

二、燃烧计算的依据、内容及假设条件

实际燃烧过程都很复杂，存在着许多中间过程，但在工程燃烧计算中，所关心的是燃烧的宏观结果，即消耗多少燃料，生成哪些产物，放出多少热量，而不探索反应的内部过程。因此燃烧计算的依据是燃料中的可燃成分与氧的总反应方程式，依据化学反应方程式确定燃料和空气的消耗量、燃烧产物的生成量等。

燃料燃烧计算以单位质量(或体积)的燃料为基础，计算内容包括燃料燃烧时所需理论空气量、实际空气量和过量空气系数的计算，燃烧产物组成量的计算，空气与烟气焓的计算，燃烧效率的计算等。

在上述计算之前需作一些假设：

① 燃料中可燃成分都完全燃烧。

② 空气和烟气的所有组成成分，包括水蒸气当作理想气体进行计算，每千摩尔气体在

标准状态(温度为0℃，压力为101.325kPa)下的体积为22.4m³。

③ 所有气体的容积都折算到标准状态，这时的容积计算单位为标准立方米。以后章节燃烧计算、热平衡计算涉及的气体的体积均是标准状态下的体积，除非有特殊说明。

④ 计算空气时，忽略空气中的微量稀有气体和二氧化碳，即看作空气是由氮气和氧气组成，氮气和氧气的质量比为76.8∶23.2，体积比为79∶21。

三、固体燃料和液体燃料的理论空气需要量

已知燃料成分(质量分数)为

$$C_{ar}\%+H_{ar}\%+O_{ar}\%+N_{ar}\%+S_{ar}\%+A_{ar}\%+M_{ar}\%=100\%$$

按化学反应完全燃烧方程式，其中碳燃烧时为：

$$C + O_2 = CO_2$$

数量关系为： 12　32(kg)　(3-1a)

或1kg碳需氧量： 1　8/3(kg/kg)

氢燃烧时：

$$H_2+\frac{1}{2}O_2 = H_2O \tag{3-1b}$$

2　16(kg)

1kg氢需氧量： 1　8(kg/kg)

硫燃烧时：

$$S + O_2 = SO_2 \tag{3-1c}$$

32　32(kg)

1kg硫需氧量： 1　1(kg/kg)

完全燃烧可少供氧量 O_{ar}/100kg

由此可知，1kg燃料完全燃烧时所需要的氧气量(质量)为：

$$L_{0,O_2}=\left(\frac{8}{3}C_{ar}+8H_{ar}+S_{ar}-O_{ar}\right)\times\frac{1}{100} \tag{3-2}$$

按标准状况下氧的密度为32/22.4=1.429(kg/m³)，故换算为体积需要量为：

$$V_{0,O_2}=\frac{1}{1.429}\left(\frac{8}{3}C_{ar}+8H_{ar}+S_{ar}-O_{ar}\right)\times\frac{1}{100} \tag{3-3}$$

上述氧气需要量是按照化学反应式的配平系数计算的，而不估计任何其他因素的影响，称“理论氧气需要量”(L_{0,O_2}或V_{0,O_2})，即1kg(或1m³)燃料完全燃烧时所需的最小氧气量(燃烧产物中氧气为零)，单位为kg氧气/kg燃料或m³氧气/kg燃料，简写为kg/kg或m³/kg。

如果是在空气中燃烧，将式(3-2)和式(3-3)除以空气中氧的含量，便得到1kg燃料完全燃烧时需要的最少空气量，并称为“理论空气需要量”(L_0或V_0)。计算式为：

$$L_0=\frac{1}{0.232}\left(\frac{8}{3}C_{ar}+8H_{ar}+S_{ar}-O_{ar}\right)\times\frac{1}{100} \tag{3-4}$$

$$=0.1149(C_{ar}+0.375S_{ar})+0.3448H_{ar}-0.0431O_{ar}$$

或：

$$V_0=\frac{1}{1.429\times0.21}\left(\frac{8}{3}C_{ar}+8H_{ar}+S_{ar}-O_{ar}\right)\times\frac{1}{100} \tag{3-5}$$

$$=0.0889(C_{ar}+0.375S_{ar})+0.265H_{ar}-0.0333O_{ar}$$

式中　L_0、V_0——以质量和体积为计量的理论空气量，单位分别是kg/kg、m³/kg。

四、气体燃料的理论空气需要量

已知燃料成分(体积分数)为：

$CO^s\%+H_2^s\%+CH_4^s\%+C_nH_m^s\%+H_2S^s\%+CO_2^s\%+O_2^s\%+N_2^s\%+H_2O^s\%=100\%$

其中各可燃成分的化学反应式为：

$$\left.\begin{aligned}&CO+\frac{1}{2}O_2=CO_2\\&H_2+\frac{1}{2}O_2=H_2O\\&C_nH_m+\left(n+\frac{m}{4}\right)O_2=nCO_2+\frac{m}{2}H_2O\\&H_2S+\frac{3}{2}O_2=H_2O+SO_2\end{aligned}\right\}\tag{3-6}$$

因各气体的千摩尔分子体积均相等(22.4m³)，故知 1m³CO 燃烧需要 0.5m³ 的氧，1m³ 的 H_2 燃烧需氧 0.5m³；余类推。

故 1m³ 气体燃料完全燃烧的理论氧量 V_{0,O_2} 为：

$$V_{0,O_2}=\left[\frac{1}{2}CO^s+\frac{1}{2}H_2^s+\sum\left(n+\frac{m}{4}\right)C_nH_m^s+\frac{3}{2}H_2S^s-O_2^s\right]\times10^{-2}\tag{3-7}$$

式中 V_{0,O_2}——1m³ 气体燃料完全燃烧的理论需氧量，m³/m³。

将式(3-7)乘以(1/0.21)=4.76，则得到 1m³ 气体燃烧的理论空气需要量 V_0 为：

$$V_0=4.76\left[0.5CO^s+0.5H_2^s+\sum\left(n+\frac{m}{4}\right)C_nH_m^s+1.5H_2S^s-O_2^s\right]\times10^{-2}\tag{3-8}$$

式中 V_0——1m³ 气体燃料燃烧所需的理论空气量，m³/m³。

五、实际空气需要量

上述空气(氧气)需要量均为理论值，实际上，不论在设计或操作中，炉内实际消耗的空气量与上述计算值均有区别。例如，在实际条件下为保证炉内燃料完全燃烧，便常常供给炉内比理论值多一些的空气；而有时为了得到炉内的还原性气氛，便供给少一些空气。因此，要求确定“实际空气消耗量”(L_n或 V_n)。

实际空气消耗量表示为：

$$L_n=\alpha L_0\tag{3-9a}$$

或

$$V_n=\alpha V_0\tag{3-9b}$$

式中 α 值称为“空气消耗系数”，即：

$$\alpha=\frac{L_n}{L_0}=\frac{V_n}{V_0}\tag{3-10}$$

空气消耗系数存在以下 3 种情况：

① $\alpha>1$，表明实际空气供给量大于理论空气需要量，为贫燃料燃烧；混合气称为“富空气”或“贫油”混合气，此时空气消耗系数又称为过量空气系数。

② $\alpha=1$，表明实际空气供给量正好等于理论空气需要量，为化学恰当燃烧；

③ $\alpha<1$，表明实际空气供给量小于理论空气需要量，为富燃料燃烧。混合气称为“富燃料”或“富油”混合气。

α 值是在设计锅炉或燃烧装置时根据经验预先选取的，或是根据实测确定的。这样一来，预先确定 α 值，用前述计算公式计算 L_0 或 V_0 值，便可以按式(3-9)计算实际空气消耗量 L_n 或 V_n 值。一般，各种炉型选取的空气消耗系数如表 3-1 所示。

表 3-1　空气消耗系数经验取值

燃烧装置	α 值	燃烧装置	α 值
火床炉	1.3~1.4	旋风炉	1.1 左右
固态除渣煤粉炉	1.2~1.25	燃油炉	1.1 左右
液态除渣煤粉炉	1.15~1.2	燃气轮机燃烧室	4~10

此外，上面的计算未计入空气中的水分。实际上，即使在常温下空气中也是含有水蒸气的。当空气中含有较多水分，或要求精确计算的时候，应该把空气中的水分估计在内。空气中的水分含量 h 通常表示为 $1m^3$ 干气体中的水分含量(g/m^3)，它通常与空气的温度有关，相当于某温度下的饱和水蒸气含量。

将空气中的水分含量 h 换算为体积含量，即为：

$$h \times \frac{22.4}{18} \times \frac{1}{1000} = 0.00124h(m^3/m^3)$$

则估计到水分的湿空气消耗量为：

$$V_n = \alpha V_0 + 0.00124h \times \alpha V_0$$

即：

$$V_n = (1 + 0.00124h) \times \alpha V_0 \tag{3-11}$$

一般认为空气中含有的水蒸气量为 0.01kg/kg 干空气，由此可导出每标准立方米空气中含有的水蒸气的体积为 $0.0161m^3/m^3$ 干空气。则式(3-11)可转化为：

$$V_n = (1 + 0.0161) \times \alpha V_0 = 1.0161\alpha V_0 \tag{3-12}$$

在实际计算中是否要计入空气中的水分，应根据计算的精确度要求而定。

由上述计算可以看出，V_0 值决定于燃料的成分，燃料中可燃物含量越高，则 V_0 值也就越大。而 V_n 值与 α 值有关，而 α 值是与燃烧条件有关的。根据燃烧设备和操作选取的 α 值越大，V_n 值也就越大。

六、漏风系数

对于负压运行的锅炉等热能设备，环境空气会通过不严密处漏入炉内及烟道内，致使烟气中空气消耗系数增加。对 1kg 燃料，漏入的空气量 ΔV 与理论空气量 V^0 之比称为漏风系数，用 $\Delta\alpha$ 表示，即：

$$\Delta\alpha = \frac{\Delta V}{V^0} \tag{3-13}$$

漏风使烟道内的空气消耗系数沿烟气流程逐渐增大。从炉膛出口开始，烟道内任意截面处的过量空气系数为：

$$\alpha_i = \alpha''_1 + \sum_i \Delta\alpha_i \tag{3-14}$$

式中　α_i——烟道内任意截面处的过量空气系数；

α''_1——炉膛出口处的过量空气系数；

$\sum_i \Delta\alpha_i$——炉膛出口与计算截面间各段烟道漏风系数之和。

漏入烟道内的冷空气，会使烟气与受热面的热交换变差，排烟热损失和引风机电耗增加，从而使锅炉的经济性降低。根据统计，对于电厂煤粉锅炉，一般炉膛漏风系数每增加0.1~0.2，排烟温度将升高3~8℃，锅炉的热效率降低0.2%~0.5%。

第二节　完全燃烧的燃烧产物量及其成分计算

燃料经过燃烧后所生成的烟气称为燃烧产物。严格地说，燃烧产物不仅限于烟气，还应包括烟气中所携带的灰粒和未燃尽的固体碳粒。

燃烧产物的生成量及成分是根据燃烧反应的物质平衡进行计算的。完全燃烧时，单位质量(或体积)燃料燃烧后生成的燃烧产物包括CO_2、SO_2、H_2O、N_2、O_2，其中O_2是当$\alpha>1$时才会有的。燃烧产物的生成量，当$\alpha\neq1$时称“实际燃烧产物生成量”或“实际烟气量”(V_y)，当$\alpha=1$时称为“理论燃烧产物生成量”或“理论烟气量”(V_{y0})。

实际燃烧产物生成量V_y为：

$$V_y = V_{CO_2} + V_{SO_2} + V_{H_2O} + V_{N_2} + V_{O_2} \tag{3-15}$$

式中　V_y——实际燃烧产物生成量，m^3/kg或m^3/m^3；

V_{CO_2}、V_{SO_2}、V_{H_2O}、V_{N_2}、V_{O_2}——燃烧产物中所包含的CO_2、SO_2、H_2O、N_2、O_2的体积，m^3/kg或m^3/m^3。

为计算V_y，可求出上述烟气中各种气体的体积即可。

V_y和V_{y0}的差别在于$\alpha>1$时比$\alpha=1$时的燃烧产物生成量多一部分过剩空气量以及随过剩空气量带入的水蒸气量，故可写出：

$$V_y - V_{y0} = (\alpha - 1)V_0 + 0.0161(\alpha - 1)V_0$$

即：

$$V_y = V_{y0} + 1.0161(\alpha - 1)V_0 \tag{3-16}$$

一、固、液体燃料燃烧产物生成量的计算

对于固体或液体燃料，由(3-1)各式，并估计到燃料成分的N及M值和空气带入的N_2及过剩O_2，并计入空气中的水分。即得到：

$$\left.\begin{aligned}
V_{CO_2} &= \frac{11}{3} \times C_{ar} \times \frac{1}{100} \times \frac{22.4}{44} = \frac{C_{ar}}{12} \times \frac{22.4}{100} = 0.01866C_{ar} \\
V_{SO_2} &= \frac{S_{ar}}{32} \times \frac{22.4}{100} = 0.007S_{ar} \\
V_{H_2O} &= \left(\frac{H_{ar}}{2} + \frac{M_{ar}}{18}\right) \times \frac{22.4}{100} + 0.0161V_n = 0.111H_{ar} + 0.0124M_{ar} + 0.0161V_n \\
V_{N_2} &= \frac{N_{ar}}{28} \times \frac{22.4}{100} + \frac{79}{100}V_n = 0.008N_{ar} + 0.79V_n \\
V_{O_2} &= \frac{21}{100}(V_n - V_0) = 0.21(\alpha - 1)V_0
\end{aligned}\right\} \tag{3-17}$$

将式(3-17)代入式(3-15)，即可得到 V_y。整理得：

$$V_y = \left(\frac{C_{ar}}{12}+\frac{S_{ar}}{32}+\frac{H_{ar}}{2}+\frac{M_{ar}}{18}+\frac{N_{ar}}{28}\right)\times\frac{22.4}{100}+\left(\alpha-\frac{21}{100}\right)V_0+0.0161V_n$$

$$= 0.01866C_{ar}+0.007S_{ar}+0.111H_{ar}+0.0124M_{ar}+0.008N_{ar}+(\alpha-0.21)V_0+0.0161\alpha V_0 \quad (3-18)$$

式中　V_y——1kg 固、液燃料完全燃烧后的实际燃烧产物生成量，m^3/kg。

如 $\alpha=1$ 时，即得到：

$$V_{y0} = 0.01866C_{ar}+0.007S_{ar}+0.111H_{ar}+0.0124M_{ar}+0.008N_{ar}+0.8061V_0 \quad (3-19a)$$

式中　V_{y0}——1kg 固、液燃料完全燃烧后的理论燃烧产物生成量，m^3/kg。

若不计空气中的水分时，理论燃烧产物生成量为：

$$V_{y0} = 0.01866C_{ar}+0.007S_{ar}+0.111H_{ar}+0.0124M_{ar}+0.008N_{ar}+0.79V_0 \quad (3-19b)$$

二、气体燃料燃烧产物生成量的计算

对于气体燃料，同理可得：

$$\left.\begin{aligned}
V_{CO_2} &= (CO^s+\sum nC_nH_m{}^s+CO_2{}^s)\times\frac{1}{100}\\
V_{SO_2} &= H_2S^s\times\frac{1}{100}\\
V_{H_2O} &= (H_2{}^s+\sum\frac{m}{2}C_nH_m{}^s+H_2S^s+H_2O^s)\times\frac{1}{100}+0.0161V_n\\
V_{N_2} &= N_2{}^s\times\frac{1}{100}+\frac{79}{100}V_n\\
V_{O_2} &= \frac{21}{100}(V_n-V_0)=\frac{21}{100}(\alpha-1)V_0
\end{aligned}\right\} \quad (3-20)$$

将式(3-20)代入式(3-15)，即可计算气体燃料燃烧产物生成量 V_y。也可经整理后得到：

$$V_y = \left[CO^s+H_2{}^s+\sum\left(n+\frac{m}{2}\right)C_nH_m{}^s+2H_2S^s+CO_2{}^s+N_2{}^s+H_2O^s\right]\times\frac{1}{100}+\left(\alpha-\frac{21}{100}\right)V_0+0.0161V_n \quad (3-21)$$

式中　V_y——$1m^3$ 气体燃料完全燃烧后的实际燃烧产物生成量，m^3/m^3。

如 $\alpha=1$ 时，即得到理论燃烧产物生成量：

$$V_y = \left[CO^s+H_2{}^s+\sum\left(n+\frac{m}{2}\right)C_nH_m{}^s+2H_2S^s+CO_2{}^s+N_2{}^s+H_2O^s\right]\times\frac{1}{100}+0.8061V_0 \quad (3-22a)$$

若不计空气中水分时，理论燃烧产物生成量为：

$$V_{y0} = \left[CO^s+H_2{}^s+\sum\left(n+\frac{m}{2}\right)C_nH_m{}^s+2H_2S^s+CO_2{}^s+N_2{}^s+H_2O^s\right]\times\frac{1}{100}+0.79V_0 \quad (3-22b)$$

式中　V_{y0}——$1m^3$ 气体燃料完全燃烧后的理论燃烧产物生成量，m^3/m^3。

三、混合燃料燃烧产物生成量的计算

对于混合燃料，要分别计算。因为基准不同，必须特别注意，液体燃料是以 1kg 燃料作基准；而气体燃料是以 $1m^3$ 燃料为基准。建议对混合燃料以 1kg 作为基准，按照气、液体燃料的比值，就可以得到燃烧后所产生的烟气的组成。烟气组成仍以体积分数表示比较方便。设气、液体燃料的用量分别为 $B_g(m^3/h)$ 和 $B_l(kg/h)$，则混合燃料中气、液的比值为：

$$r_f = \frac{B_g M_{fu}}{22.4 B_l} \quad (3-23)$$

式中　M_{fu}——气体燃料的平均相对分子质量，kg/kmol。

1kg 混合燃料中，液体燃料为 $1/(1+r_f)$kg，气体燃料为 $r_f/(1+r_f)$kg。1kg 混合燃料所产生的烟气中，含有 CO_2、O_2、N_2、H_2O、SO_2 等的摩尔数，可以按下式分别计算，即：

$$m = \frac{m''}{1 + r_f} + \frac{m' r_f}{M_{fu}(1 + r_f)} \quad (3-24)$$

式中　m''——1kg 液体燃料燃烧产生的烟气中某一组分的摩尔数，mol/kg 燃料；

m'——1kmol 分子气体燃料燃烧产生的烟气中某一组分的摩尔数，mol/kmol 燃料。

四、燃烧产物成分及其密度的计算

燃烧产物成分表示为烟气中各组分所占的体积分数，为与燃料成分相区别，燃烧产物成分的分子式上加“′”，即：

$$CO'_2\%+SO'_2\%+H_2O'\%+N'_2\%+O'_2\% = 100\%$$

按式(3-17)或式(3-20)求出各组成的生成量，并按(3-15)求出 V_y，便可得到燃烧产物成分，即：

$$\left.\begin{aligned} CO'_2 &= \frac{V_{CO_2}}{V_y} \times 100 \\ SO'_2 &= \frac{V_{SO_2}}{V_y} \times 100 \\ H_2O' &= \frac{V_{H_2O}}{V_y} \times 100 \\ N'_2 &= \frac{V_{N_2}}{V_y} \times 100 \\ O'_2 &= \frac{V_{O_2}}{V_y} \times 100 \end{aligned}\right\} \quad (3-25)$$

$$\sum = 100$$

由上述计算公式可以看出，燃料完全燃烧的理论燃烧产物生成量 V_{y0}，只与燃料成分有关。燃料中的可燃成分含量越高，发热量越高，则 V_{y0} 也就越大。实际燃烧产物生成量 V_y 及其成分除与燃料的成分有关外，还与空气消耗 α 值有关，如 α 值越大，V_y 越大，气氛的氧化性增强。

燃烧产物的密度(ρ)有两种计算方法；一是用参加反应的物质(燃料与氧化剂)的总质量除以燃烧产物的体积；二是以燃烧产物的质量除以燃烧产物的体积。这是因为反应前后的物质质量应当是相等的。

按参加反应物质的质量，对于固体和液体燃料：

$$\rho = \frac{\left(1 - \frac{A_{ar}}{100}\right) + 1.293V_n}{V_y} \tag{3-26}$$

式中 ρ——燃烧产物密度，kg/m^3。

对于气体燃料：

$$\rho = \frac{(28CO^s + 2H_2^s + \sum(12n+m)C_nH_m^s + 34H_2S^s + 44CO_2^s + 32O_2^s + 28N_2^s + 18H_2O^s) \cdot \frac{1}{100 \times 22.4} + 1.293V_n}{V_y} \tag{3-27}$$

按燃烧产物质量计算：

$$\rho = \frac{44CO'_2 + 64SO'_2 + 18H_2O' + 28N'_2 + 32O'_2}{100 \times 22.4} \tag{3-28}$$

［例 3-1］ 已知某锅炉用重油，其成分为：

成分	C	H	N	S	A
含量/%	74.72	9.13	0.54	0.36	10.12

计算：

（1）理论空气需要量(m^3/kg)；

（2）理论烟气生成量(m^3/kg)；

（3）如某锅炉用该重油作燃料，锅炉热负荷为 15000000kJ/h，重油的低位发热量为 35127kJ/kg，需要空气消耗系数 1.1，求每小时供风量和烟气生成量。

解：（1）由表中数据可知，该重油成分为收到基，且收到基水分含量 $M_{ar}=5.13\%$。

该重油燃烧的理论空气需要量为：

$$V_0 = \frac{1}{1.429 \times 0.21}\left[\frac{8}{3}C_{ar} + 8H_{ar} + S_{ar} - O_{ar}\right] \times \frac{1}{100}$$

$$= \frac{1}{1.429 \times 0.21}\left[\frac{8}{3} \times 74.72 + 8 \times 9.13 + 0.36 - 0\right] \times \frac{1}{100}$$

$$=9.09(m^3/kg)$$

（2）理论燃烧产物生成量为：

$$V_{y0} = V_{CO_2} + V_{SO_2} + V_{H_2O} + V_{N_2}$$

$$= \frac{C_{ar}}{12} \times \frac{22.4}{100} + \frac{S_{ar}}{32} \times \frac{22.4}{100} + \left(\frac{H_{ar}}{2} + \frac{M_{ar}}{18}\right)\frac{22.4}{100} + \frac{N_{ar}}{28} \times \frac{22.4}{100} + \frac{79}{100}V_0$$

$$= 9.67(Nm^3/kg)$$

（3）每小时供给锅炉的煤量为：

$$B = \frac{15000000}{35127} = 427(kg/h)$$

当空气消耗系数为 1.1，每小时供给炉子的空气量为：

$$V = 1\alpha V_0 B$$
$$= 1.1 \times 9.09 \times 427$$
$$= 4270(m^3/h)$$

每小时烟气量：

$$V_y = B[V_{y0} + (\alpha - 1)V_0]$$
$$= 427 \times [9.67 + (1.1 - 1) \times 9.09]$$
$$= 4517(m^3/h)$$

[例 3-2] 某加热炉用天然气作燃料，其成分为：

成分	CO_2	C_2H_4	O_2	H_2	CH_4	CO	N_2
含量/%	1.1	4.4	0.2	0.5	91.8	0.2	1.8

每立方米天然气中的水分为 21g，该加热炉天然气消耗量为 1200m³/h，空气消耗系数为 1.1。求：

(1) 该加热炉风机每小时的供风量；

(2) 燃烧产物生成量；

(3) 燃烧产物的成分。

(计算时忽略加热炉的吸气和漏气且忽略空气中的水分)

解：由给出的燃料成分可知此成分为干成分，在进行燃烧计算时需将干成分换算成湿成分：

$$H_2O^s = \frac{0.00124 \times 21}{1 + 0.00124 \times 21} \times 100 = 2.54$$

$$CO_2^s = CO_2^g \times \frac{100 - H_2O^s}{100} = 1.1 \times \frac{100 - 2.54}{100} = 1.07$$

同样计算出其他湿成分：

$$C_2H_4{}^s = 4.29, O_2^s = 0.19, H_2^s = 0.49, CH_4^s = 89.47, CO^s = 0.19, N_2^s = 1.76$$

该天然气燃烧的理论空气需要量为：

$$V_0 = \frac{1}{0.21}\left[\frac{1}{2}CO^s + \frac{1}{2}H_2^s + \sum\left(n + \frac{m}{4}\right)C_nH_m^s + \frac{3}{2}H_2S^s - O_2^s\right] \times \frac{1}{100}$$
$$= \frac{1}{0.21}\left[\frac{0.19}{2} + \frac{0.49}{2} + 2 \times 89.47 + 3 \times 4.29 - 0.19\right] \times \frac{1}{100}$$
$$= 9.14(m^3/m^3)$$

α=1.1 时的实际空气消耗量为：

$$V_n = \alpha V_0 = 1.1 \times 9.14 = 10.05(m^3/m^3)$$

则每小时供给锅炉的空气量为：

$$V = 10.05 \times 1200 = 12060(m^3/h)$$

α=1.1 时，1m³ 天然气燃烧，各燃烧产物生成量为：

$$V_{CO_2} = (CO^s + \sum nC_nH_m^s + CO_2^s) \times \frac{1}{100}$$
$$= (0.19 + 89.47 + 2 \times 4.29 + 1.07) \times \frac{1}{100}$$
$$= 0.993(m^3/m^3)$$

$$V_{H_2O} = (H_2^s + \sum \frac{m}{2} C_n H_m^s + H_2O^s) \times \frac{1}{100}$$

$$= (0.49 + 2 \times 89.47 + 2 \times 4.29 + 2.54) \times \frac{1}{100}$$

$$= 1.906(m^3/m^3)$$

$$V_{N_2} = N_2^s \times \frac{1}{100} + \frac{79}{100} V_n$$

$$= \frac{1.76}{100} + \frac{79}{100} \times 10.05$$

$$= 7.957(m^3/m^3)$$

$$V_{O_2} = \frac{21}{100}(V_n - V_0)$$

$$= \frac{21}{100}(10.05 - 9.14)$$

$$= 0.191(m^3/m^3)$$

则燃烧产物生成量为：

$$V_y = V_{CO_2} + V_{H_2O} + V_{N_2} + V_{O_2}$$

$$= 0.993 + 1.906 + 7.957 + 0.191$$

$$= 11.047(m^3/m^3)$$

则实际燃烧产物生成量为：$V = 11.047 \times 1200 = 13256(m^3/h)$

燃烧产物成分为：

$$CO_2'\% = \frac{V_{CO_2}}{V_y} \times 100\%$$

$$H_2O'\% = \frac{V_{H_2O}}{V_y} \times 100\%$$

$$N_2'\% = \frac{V_{N_2}}{V_y} \times 100\%$$

$$O_2'\% = \frac{V_{O_2}}{V_y} \times 100\%$$

代入数据得：

$$CO_2'\% = 8.99\%, H_2O'\% = 17.25\%, N_2'\% = 72.03\%, O_2'\% = 1.73\%$$

[例 3-3] 已知某煤粉锅炉用煤种如下表所示。某污水处理厂经过处理的污泥含有一定量的有机成分，具有一定的使用价值，现向锅炉用煤中掺混 4%这种污泥。

燃料名称	$C_{ar}/\%$	$H_{ar}/\%$	$N_{ar}/\%$	$O_{ar}/\%$	$S_{ar}/\%$	$A_{ar}/\%$	$M_{ar}/\%$	$Q_{ar,net}/(kJ/kg)$
煤	59.94	4.05	0.99	6.45	0.39	22.37	5.81	23590
污泥	5.65	0.76	0.95	3.20	0.18	3.56	85.70	370

锅炉热负荷为 20948673kJ/h，需要空气消耗系数 1.1，试计算掺混污泥后：

(1) 理论空气需要量；

（2）理论烟气量；

（3）燃料消耗量；

（4）锅炉每小时供风量和烟气生成量。

解：（1）掺混污泥之后的煤成分如下表所示。

成分	C_{ar}	H_{ar}	N_{ar}	O_{ar}	S_{ar}	A_{ar}	M_{ar}
含量/%	57.77	3.92	0.99	6.32	0.38	21.62	9.00

该燃料燃烧的理论空气需要量为：

$$V_0=\frac{1}{1.429\times 0.21}\left[\frac{8}{3}C_{ar}+8H_{ar}+S_{ar}-O_{ar}\right]\times\frac{1}{100}$$

$$=\frac{1}{1.429\times 0.21}\left[\frac{8}{3}\times 57.77+8\times 3.92+0.38-6.32\right]\times\frac{1}{100}$$

$$=5.98(\text{m}^3/\text{kg})$$

（2）理论燃烧产物生成量：

$$V_{y0}=V_{CO_2}+V_{SO_2}+V_{H_2O}+V_{N_2}$$

$$=\frac{C_{ar}}{12}\times\frac{22.4}{100}+\frac{S_{ar}}{32}\times\frac{22.4}{100}+\left(\frac{H_{ar}}{2}+\frac{M_{ar}}{18}\right)\times\frac{22.4}{100}+\frac{N_{ar}}{28}\times\frac{22.4}{100}+0.8061V_0$$

$$=\left(\frac{57.77}{12}+\frac{0.38}{32}+\frac{3.92}{2}+\frac{9.00}{18}+\frac{0.99}{28}\right)\times\frac{22.4}{100}+0.8061\times 5.98=6.45(\text{m}^3/\text{kg})$$

（3）掺混污泥后，燃料的发热量为22661kJ/kg。

每小时供给锅炉的燃料量为：

$$B=\frac{20948673}{22661}=924(\text{kg/h})$$

当空气消耗系数为1.1，每小时供给锅炉的空气量为：

$$V=\alpha V_0 B$$

$$=1.1\times 5.98\times 924$$

$$=6078(\text{m}^3/\text{h})$$

每小时烟气量：

$$V_y=B[V_{y0}+(\alpha-1)V_0]$$

$$=924[6.45+(1.1-1)\times 5.98]$$

$$=6512(\text{m}^3/\text{h})$$

第三节　不完全燃烧的燃烧产物量及其成分计算

不完全燃烧发生的情况有两种，一种是炉内要求还原性气氛，便供给少一些空气，即$\alpha<1$。一种是$\alpha>1$，空气过剩，但因燃料与空气混合不好而发生不完全燃烧。不完全燃烧产物量的计算方法有两种，一是利用燃料成分计算，一是利用烟气成分计算。一般第一种计算方法应用于求解$\alpha<1$造成的不完全燃烧时烟气量的计算，且燃料与空气混合均匀。第二种计算方法对上述的两种不完全燃烧发生情况均适用。

一、利用燃料成分计算

和完全燃烧计算原理一样，氧化剂供应不足($\alpha<1$)而造成的不完全燃烧计算也是按反应前后的物质平衡计算的，并认为混合充分均匀。在这样的条件下，燃烧产物的组成除了 CO_2、SO_2、H_2O、N_2 外，尚有可燃物。可燃物包括可燃气体及固体碳粒(烟粒)，它的具体组成与燃料成分、温度和氧气消耗系数有关。不完全燃烧产物中的可燃气体包括 CO、H_2、CH_4、H 等，其中 H 只有在高温下含量才较多，而 CH_4 只是在低温下才较多。按照静力学计算结果，产物中固体碳粒的含量只是在低温和氧气消耗系数很小的情况下才较多。对于一般用还原性气氛的工业炉，如无氧化加热炉或热处理炉，其温度大多在 1000~1600K，而氧气(空气)消耗系数多在 0.3 以上。因此为了简化计算，碳粒含量可忽略，故不完全燃烧产物生成量 V_{yb} 为：

$$V_{yb} = V_{CO_2} + V_{CO} + V_{H_2O} + V_{H_2} + V_{CH_4} + V_{N_2} \tag{3-29}$$

成分组成为：

$$CO_2'\% + CO'\% + H_2O'\% + H_2'\% + CH_4'\% + N_2'\% = 100\% \tag{3-30}$$

此处

$$CO_2' = \frac{V_{CO_2}}{V_{yb}} \times 100 \quad CO' = \frac{V_{CO}}{V_{yb}} \times 100$$

其余类推。

因此，为计算 V_{yb} 或成分，需求出 V_{CO_2}、V_{CO}、V_{H_2O}……等 6 个未知数。

已知燃料成分，空气消耗系数和燃烧反应的平衡温度，可列出以下 6 个方程式，以求上述 6 个未知量(未计空气中的水分)。

(1) 碳平衡方程

$$\sum C_{燃料} = V_{CO_2} + V_{CO} + V_{CH_4} \tag{3-31}$$

对于固、液体燃料，可写为：

$$C \times \frac{1}{100} = V_{CO_2} \times \frac{44}{22.4} \times \frac{12}{44} + V_{CO} \times \frac{28}{22.4} \times \frac{12}{28} + V_{CH_4} \times \frac{16}{22.4} \times \frac{12}{16}$$

即

$$C \times \frac{22.4}{12} \times \frac{1}{100} = V_{CO_2} + V_{CO} + V_{CH_4} \tag{3-32}$$

对于气体燃料，可写为：

$$\left(CO + CO_2 + \sum nC_nH_m \right) \times \frac{1}{100} = V_{CO_2} + V_{CO} + V_{CH_4} \tag{3-33}$$

(2)氢平衡方程

$$\sum H_{燃料} = V_{H_2} + V_{H_2O} + 2V_{CH_4} \tag{3-34}$$

对于固、液体燃料：

$$\left(H + M \times \frac{2}{18} \right) \times \frac{22.4}{2} \times \frac{1}{100} = V_{H_2} + V_{H_2O} + 2V_{CH_4} \tag{3-35}$$

对于气体燃料：

$$\left(H_2 + \sum \frac{m}{2} C_nH_m + H_2O \right) \times \frac{1}{100} = V_{H_2} + V_{H_2O} + 2V_{CH_4} \tag{3-36}$$

（3）氧平衡方程

$$\sum O_{燃料+空气} = V_{CO_2} + \frac{1}{2}V_{CO} + \frac{1}{2}V_{H_2O} \tag{3-37}$$

对于固、液体燃料：

$$\left[\left(O + M \times \frac{16}{18}\right) \times \frac{1}{100} + \alpha L_{0,O_2}\right] \times \frac{22.4}{32} = V_{CO_2} + \frac{1}{2}V_{CO} + \frac{1}{2}V_{H_2O} \tag{3-38}$$

对于气体燃料：

$$\left(\frac{1}{2}CO + CO_2 + O_2 + \frac{1}{2}H_2O\right) \times \frac{1}{100} + \alpha V_{0,O_2} = V_{CO_2} + \frac{1}{2}V_{CO} + \frac{1}{2}V_{H_2O} \tag{3-39}$$

（4）氮平衡方程

$$\sum N_{燃料+空气} = V_{N_2} \tag{3-40}$$

对于固、液体燃料：

$$\left(N \times \frac{1}{100} + 3.31\alpha L_{0,O_2}\right) \times \frac{22.4}{28} = V_{N_2} \tag{3-41}$$

对于气体燃料：

$$N_2 \times \frac{1}{100} + 3.76\alpha V_{0,O_2} = V_{N_2} \tag{3-42}$$

（5）水煤气反应的平衡常数

$$CO + H_2O \rightleftharpoons CO_2 + H_2$$

$$K_1 = \frac{p_{CO_2} \times p_{H_2}}{p_{CO} \times p_{H_2O}} \tag{3-43}$$

（6）甲烷反应的平衡常数

$$CH_4 \rightleftharpoons 2H_2 + C$$

$$K_2 = \frac{p_{H_2}^2}{p_{CH_4}} \tag{3-44}$$

在式(3-43)和式(3-44)中的平衡常数仅是温度的函数，如已知燃烧产物的实际平衡温度，可由表3-2中查到。

表3-2　化学反应平衡常数

温度/℃	$K_1 = \frac{p_{CO}^2}{p_{CO_2}}$	$K_2 = \frac{p_{H_2}^2}{p_{CH_4}}$	$K_3 = \frac{p_{CO_2} \times p_{H_2}}{p_{CO} \times p_{H_2O}}$	$K_4 = \frac{p_{CO}}{p_{CO_2}}$	$K_5 = \frac{p_{H_2}}{p_{H_2O}}$
400	8.1×10^{-5}	0.071	11.7		9.35
450	6.9×10^{-4}	0.166	7.32	0.870	6.33
500	4.4×10^{-3}	0.427	4.98	0.952	4.67
550	0.0225	1.00	3.45	1.02	3.53
600	0.0947	2.14	2.55	1.18	2.99
650	0.341	3.98	1.96	1.36	2.65
700	1.07	7.24	1.55	1.52	2.35
750	3.01	12.6	1.26	1.72	2.16

续表

温度/℃	$K_1=\frac{p_{CO}^2}{p_{CO_2}}$	$K_2=\frac{p_{H_2}^2}{p_{CH_4}}$	$K_3=\frac{p_{CO_2}\times p_{H_2}}{p_{CO}\times p_{H_2O}}$	$K_4=\frac{p_{CO}}{p_{CO_2}}$	$K_5=\frac{p_{H_2}}{p_{H_2O}}$
800	7.65	20.0	1.04	1.89	2.00
850	17.8	31.6	0.88	2.05	1.83
900	38.6	47.9	0.755	2.20	1.69
950	78.3	70.8	0.657	2.38	1.60
1000	150	105	0.579	2.53	1.50
1050	273	141	0.516	2.67	1.41
1100	474	190	0.465	2.85	1.35
1150	791	275	0.422	2.99	1.30
1200	1273	342	0.387	3.16	1.26
1250	1982	436	0.358	3.28	1.21
1300	2999	550	0.333	3.46	1.18

在运算时，如果燃烧室(或炉膛)内的气体平衡压力接近1大气压(大多数工业炉如此)，那么式中各组成的成分相等。即：

$$p_{CO_2}=CO'_2\%$$
$$p_{CO}=CO'\%$$
$$\cdots\cdots$$

按上式之间的关系，可以换算为V_{CO_2}、V_{CO}等。

这样一来，联立求解式便可求出V_{CO_2}、V_{CO}、V_{H_2}、V_{CH_4}、V_{N_2}、V_{H_2O} 6个组分的生成量，以及燃烧产物生成量和燃烧产物成分。

二、利用烟气成分计算

在实用中，不论$\alpha<1$还是$\alpha>1$发生的不完全燃烧时燃烧产物的体积均可根据测定的烟气成分进行计算。烟气分析仪测定的烟气成分为干成分，所以可以利用烟气干成分计算干烟气体积，进而再计算湿烟气体积。

不完全燃烧时，燃烧产物中包括可燃气体中CO、CH_4、H_2的一种或多种。对于固、液体燃料，实际不完全燃烧时CH_4和H_2的数量极少，工程计算中可忽略，只认为烟气中不完全燃烧产物只有CO。

设1kg燃料中含碳量为$\frac{C_{ar}}{100}$kg，不完全燃烧时生成CO_2的碳量为$\frac{C_{ar,CO_2}}{100}$kg，生成CO的碳量为$\frac{C_{ar,CO}}{100}$kg，则：

$$\frac{C_{ar}}{100}=\frac{C_{ar,CO_2}}{100}+\frac{C_{ar,CO}}{100} \tag{3-45}$$

碳燃烧生成CO的体积为：

$$V_{CO}=\frac{22.4}{12}\times\frac{C_{ar,CO}}{100}(m^3/kg) \tag{3-46}$$

碳燃烧生成 CO_2 的体积为：

$$V_{CO_2}=\frac{22.4}{12}\times\frac{C_{ar,CO_2}}{100}(m^3/kg) \tag{3-47}$$

燃料中硫的含量为$\frac{S_{ar}}{100}$kg，由其产生的 SO_2 的体积为：

$$V_{SO_2}=\frac{22.4}{32}\times\frac{S_{ar}}{100}(m^3/kg) \tag{3-48}$$

则：

$$CO'_2+SO'_2+CO'=\frac{V_{CO_2}+V_{SO_2}+V_{CO}}{V_{gy}}\times 100 \tag{3-49}$$

于是：

$$\begin{aligned}V_{gy}&=\frac{V_{CO_2}+V_{SO_2}+V_{CO}}{CO'_2+SO'_2+CO'}\times 100\\&=\frac{\frac{22.4}{12}\times\frac{C_{ar}}{100}+\frac{22.4}{32}\frac{S_{ar}}{100}}{CO'_2+SO'_2+CO'}\times 100\\&=\frac{1.866(C_{ar}+0.375S_{ar})}{CO'_2+SO'_2+CO'}\end{aligned} \tag{3-50}$$

烟气分析中常将碳和硫的燃烧产物 CO_2 和 SO_2 的体积一起测定，记为 RO_2，因此式(3-50)可改写为：

$$V_{gy}=\frac{1.866(C_{ar}+0.375S_{ar})}{RO'_2+CO'}(m^3/kg) \tag{3-51}$$

对于气体燃料不完全燃烧时，假设烟气中剩余 CO 和 CH_4 两种可燃气体，干烟气量推导思路同上，得到：

$$\begin{aligned}V_{gy}&=\frac{V_{CO_2}+V_{CO}+V_{CH_4}+V_{SO_2}}{CO'_2+SO'_2+CO'+CH'_4}\times 100\\&=\frac{CO^s+CO_2{}^s+\sum nC_nH_m{}^s+H_2S^s}{RO'_2+CO'+CH'_4}(m^3/kg)\end{aligned} \tag{3-52}$$

因此，如果已知燃料的组成(元素分析)和烟气分析(即测出 RO'_2、CO'、CH'_4)，根据式(3-51)和式(3-52)就可求得未完全燃烧时干烟气的体积 V_{gy}。至于未完全燃烧时水汽的体积 V_{H_2O}，其计算方法和完全燃烧时相同。于是不完全燃烧时湿烟气的体积为

$$V_y=V_{gy}+V_{H_2O}(m^3/kg) \tag{3-53}$$

[例 3-4] 某敞焰无氧化加热炉，采用焦炉煤气加热，空气消耗系数为 0.5，炉气实际温度控制在 1300℃。焦炉煤气成分如下。试求炉内的气体成分和烟气量(炉气成分中的 CH_4 和烟粒含量可忽略不计)。

成分	CO_2	C_2H_4	O_2	H_2	CH_4	CO	N_2	H_2O
含量/%	3.02	2.83	0.39	56.50	24.80	8.77	1.26	2.43

解：当 $\alpha=0.5$ 时，为不完全燃烧。根据题意，炉内烟气的组成包括 CO_2、H_2O、CO、

H_2 和 N_2。

该焦炉煤气完全燃烧的理论 O_2 需要量，按式(3-7)为：

$$V_{0,O_2} = \left[\frac{1}{2}CO^s + \frac{1}{2}H_2^s + \sum\left(n + \frac{m}{4}\right)C_nH_m^s + \frac{3}{2}H_2S^s - O_2^s\right] \times 10^{-2}$$

$$= \left[\frac{1}{2} \times 8.77 + \frac{1}{2} \times 56.50 + 2 \times 24.80 + 3 \times 2.83 - 0.39\right] \times 10^{-2}$$

$$= 0.9(m^3/m^3)$$

实际供给的 O_2 量为：

$$\alpha V_{0,O_2} = 0.5 \times 0.9 = 0.45(m^3/m^3)$$

烟气中的 N_2 含量可直接由式(3-41)求出：

$$V_{N_2} = N_2 \times \frac{1}{100} + 3.76\alpha V_{0,O_2} = \frac{1.26}{100} + 3.76 \times 0.45 = 1.7(m^3/m^3)$$

其余 4 个未知量 V_{CO_2}、V_{CO}、V_{H_2O}、V_{H_2} 可根据式(3-33)、式(3-36)、式(3-39)和式(3-43)列出 4 个方程式联立求解。水煤气反应的平衡常数由表 3-2 查出，当温度为 1300℃时 K_3=0.333，列出方程式组为：

$$(8.77 + 3.02 + 2 \times 2.83 + 24.80) \times \frac{1}{100} = V_{CO_2} + V_{CO} \tag{1}$$

$$(56.50 + 2 \times 2.83 + 2 \times 24.80 + 2.43) \times \frac{1}{100} = V_{H_2} + V_{H_2O} \tag{2}$$

$$\left(\frac{1}{2} \times 8.77 + 3.02 + 0.39 + \frac{1}{2} \times 2.43\right) \times \frac{1}{100} + 0.45 = V_{CO_2} + \frac{1}{2}V_{CO} + \frac{1}{2}V_{H_2O} \tag{3}$$

$$0.333 = \frac{V_{CO_2} \times V_{H_2}}{V_{CO} \times V_{H_2O}} \tag{4}$$

联立求解(1)~(4)，得：

$V_{CO_2} = 0.10(m^3/m^3)$，$V_{CO} = 0.32(m^3/m^3)$，$V_{H_2O} = 0.56(m^3/m^3)$，$V_{H_2} = 0.58(m^3/m^3)$

烟气流量为：

$$V_y = 0.10+0.32+0.56+0.58+1.7=3.26(m^3/m^3)$$

烟气成分为：

$$CO'_2 = \frac{0.10}{3.26} \times 100 = 3.07$$

$$H_2O' = \frac{0.56}{3.26} \times 100 = 17.18$$

$$CO' = \frac{0.32}{3.26} \times 100 = 9.82$$

$$H'_2 = \frac{0.58}{3.26} \times 100 = 17.79$$

$$N'_2 = \frac{1.7}{3.26} \times 100 = 52.14$$

第四节　富氧燃烧的助燃剂量及其燃烧产物计算

一、富氧燃烧简介

富氧燃烧是利用空气分离获得氧气量大于21%的空气作燃料燃烧时的氧化剂来助燃。富氧燃烧技术能够提高火焰温度，降低燃料的燃点温度，加快燃烧速度，促进燃烧完全，减少燃烧后烟气量的排放，降低过量空气系数和提高热量利用率等优点，是一种高效节能技术，已经逐渐进入各个工业生产及热工领域。

富氧燃烧是以 O_2/CO_2(一般氧浓度为30%左右)混合物作为循环初始的燃烧气，首先与燃料进入炉膛燃烧，产生烟气，循环开始后，部分烟气被抽取作为循环烟气，经脱硫等一系列工艺后与空气分离器(ASU)分离出来的 O_2 共同作为下次燃烧的燃烧气，如此往复，以实现富氧燃烧锅炉的烟气再循环过程。

此外，富氧燃烧根据循环气干湿情况，分为干烟气循环和湿烟气循环两种方式，干湿烟气循环的定义标准为二次循环烟气的干湿情况。就目前而言，大多的富氧锅炉，是在传统电厂锅炉基础上改造的，也沿袭了传统常规锅炉的烟气循环方式，分为：一次循环烟气和二次循环烟气。一次循环烟气首先要经过除尘和干燥，使其达到一定的清洁度与足够的干燥度以用来干燥和运输煤粉。二次循环烟气用来满足炉膛温度和换热需求，在进行除尘脱硫后，不做其他处理，直接作为燃烧气进入炉膛，则称为二次湿烟气循环，又称为湿烟气循环；若二次烟气在脱硫除尘工作后，又对其进行脱水处理，再送入炉膛，那么这样的循环就称为二次干烟气循环，又称为干烟气循环。

二、固、液体燃料燃烧气及循环烟气体积计算

目前，富氧燃烧在煤粉锅炉上应用较为广泛，下面以煤粉锅炉为例，介绍富氧燃烧下烟气量及烟气成分的计算。

1. 理论燃烧气量及其组分计算

富氧燃烧时初始理论燃烧气量是由一定比例的纯氧气和纯二氧化碳组成，在此后的循环中，理论燃烧气中其他气体组分不断变化，但氧气含量维持在一个定值，所以理论燃烧气量也会维持在一个不变的状态。在这里用 $V_{O_2}^0$ 表示1kg燃料燃烧所需理论氧气量，用 r_{O_2} 和 V_y^0 分别表示氧气所占份额和所需理论燃烧气量。

(1) 理论燃烧气量

1kg燃料所需的理论燃烧气量为：

$$V_r^0 = \frac{1}{r_{O_2}}(1.866C_{ar} + 5.60H_{ar} + 0.7S_{ar} - 0.7O_{ar}) \times \frac{1}{100} \tag{3-54}$$

式中　V_r^0——1kg燃料所需的理论燃烧气量，m^3/kg；

r_{O_2}——燃烧气中 O_2 所占的份额。

(2) 燃烧气中 O_2 体积为：

$$V_r^{O_2} = (1.866C_{ar} + 5.60H_{ar} + 0.7S_{ar} - 0.7O_{ar}) \times \frac{1}{100} \tag{3-55}$$

式中　$V_r^{O_2}$——1kg燃料所需的理论燃烧气中的 O_2 体积，m^3/kg。

（3）燃烧气中 CO_2 体积

$$(V_r^{CO_2})_n = (V_{CO_2}^{rec1})_n + (V_{CO_2}^{rec2})_n \tag{3-56}$$

$$(V_{CO_2}^{rec1})_n = (r_{CO_2})_{n-1}(V_y^{rec1})_n \tag{3-57}$$

$$(V_{CO_2}^{rec2})_n = (r_{CO_2})_{n-1}(V_y^{rec2})_n \tag{3-58}$$

式中　$(V_r^{CO_2})_n$——第 n 次循环时燃烧气中 CO_2 体积，m^3/kg；

$(V_{CO_2}^{rec1})_n$——第 n 次循环时一次循环烟气中 CO_2 体积，m^3/kg；

$(V_{CO_2}^{rec2})_n$——第 n 次循环时二次循环烟气中 CO_2 体积，m^3/kg；

$(V_y^{rec1})_n$，$(V_y^{rec2})_n$——第 n 次循环时一、二次循环烟气量；

$(r_{CO_2})_{n-1}$——第 $n-1$ 次循环时燃烧产物中 CO_2 份额。

（4）燃烧气中 N_2 体积

N_2 的体积计算方式和 CO_2 的体积计算方式一样，将公式中的 CO_2 换成 N_2，通过相同的运算来求得相应的数值，即可以得到 N_2 的体积。

（5）水蒸气体积

该气体在燃烧气中的体积计算方式与上述 CO_2 的体积计算相同，只需要将所需要的公式中的气体进行相应转换，但二次循环烟气中水蒸气体积的算法在干、湿循环方式下有所不同。

干烟气循环方式：

$$(V_{H_2O}^{rec2})_n = 4.28\%(V_y^{rec2})_n \tag{3-59}$$

式中　$(V_{H_2O}^{rec2})_n$——第 n 次循环时二次循环烟气中水蒸气体积，m^3/kg。

湿烟气循环方式：

$$(V_{H_2O}^{rec2})_n = (r_{H_2O})_{n-1}(V_y^{rec2})_n \tag{3-60}$$

不同方式下的烟气组成不同，在其为干烟气下脱水后水蒸气份额为 4.28%，$(r_{H_2O})_{n-1}$ 为湿烟气在第 $n-1$ 次循环时燃烧产物中水蒸气份额。

2. 循环烟气量及其组分计算

由上文可知，除初次外，其余各次理论燃烧气量都是由空气分离器（ASU）分离出来的理论氧气与抽取的部分烟气组成。而烟气循环分为干烟气循环和湿烟气循环两种情况，因此，理论燃烧气量可以用以下两个等式表达。

干烟气循环：

理论燃烧气量＝理论氧气量＋干烟气量

湿烟气循环：

理论燃烧气量＝理论氧气量＋一次干烟气量＋二次湿烟气量

下面假设空气分离器分离氧气量为 $(V_{O_2}^{ASU})$，m^3/kg；第一次抽取循环烟气量为 $(V_1^{rec})_1$，m^3/kg；$r_{O_2}^0$、$r_{N_2}^0$、$r_{CO_2}^0$ 分别为循环初始时燃烧产物中 O_2，N_2，CO_2 体积分数。这样，第一次循环时理论氧气量为：

$$r_{O_2}^0(V_y^{rec})_1 + (V_{O_2}^{ASU})_0 = V_{O_2}^0 \tag{3-61}$$

由于硫的含量极低，根据苏联 1973 年锅炉热力计算标准算法，SO_2 含量可以忽略不计（下文涉及 SO_2 含量的计算，都以此处为参考）。此时理论燃烧气量为：

$$(V_{O_2}^{ASU}) + r_{O_2}^0 V_y^{rec} + r_{CO_2}^0 V_y^{rec} + r_{N_2}^0 V_y^{rec} = V_r^0 \tag{3-62}$$

综合式（3-61）和式（3-62），易推导出循环第一次时所抽取的循环烟气量：

$$(V_y^{rec})_n = \frac{V_r^0 - V_{O_2}^0}{(r_{CO_2}^0)_{n-1} + (r_{N_2}^0)_{n-1}} \tag{3-63}$$

这样，就不难推断出第 n 次时所抽取的循环烟气体积量：

$$(V_y^{rec})_n = \frac{V_r^0 - V_{O_2}^0}{(r_{CO_2}^0)_{n-1} + (r_{N_2}^0)_{n-1}} \tag{3-64}$$

一次循环烟气，主要是用来干燥和输送煤粉，且一次循环烟气必须为脱水后的干烟气，一次循环烟气量占总循环烟气量的 25%；二次循环烟气量，主要用来满足炉膛温度和换热需求，若经脱水，为干烟气循环，未经脱水处理为湿烟气循环，未经脱水的二次循环烟气量占总循环烟气量的 75%。

假设富氧锅炉的脱水装置为直接接触式脱水装置(DCC)，工作温度保持在 30℃，根据已有的实验数据可得，烟气中理论蒸汽量占总烟气量的 4.28%。

根据这一实验结果，就可以推导出干烟气循环下，脱水后总循环干烟气量：

$$r_{N_2}^{n-1}(V_y^{rec})_n + r_{O_2}^{n-1}(V_y^{rec})_n + r_{CO_2}^{n-1}(V_y^{rec})_n + 4.28\%(V_y^{rec'})_n = (V_y^{rec'})_n \tag{3-65}$$

即为：

$$(V_y^{rec'})_n = \frac{r_{N_2}^{n-1}(V_y^{rec})_n + r_{O_2}^{n-1}(V_y^{rec})_n + r_{CO_2}^{n-1}(V_y^{rec})_n}{1 - 4.28\%} \tag{3-66}$$

式中 $(V_y^{rec'})_n$——第 n 次循环时脱水后的一次或二次循环烟气体积，m^3/kg；

$r_{N_2}^{n-1}$，$r_{O_2}^{n-1}$，$r_{CO_2}^{n-1}$——第 n-1 次循环时烟气中 N_2、O_2、CO_2 所占份额,%；

$(V_y^{rec})_n$——第 n 次循环时未脱水后的一次或二次循环烟气体积，m^3/kg。

(1) CO_2 体积计算

富氧燃烧下，CO_2 的主要来源有 3 部分。第一部分为，初始燃烧气中所携带的大量 CO_2 气体；第二部分是燃料，也就是煤中所含的主要元素碳，燃烧生成 CO_2；第三部分是循环开始后，抽取尾部烟气作为燃烧气体的一部分，烟气中携带一部分 CO_2。但循环前没有循环气体的参与，循环前 CO_2 体积由上述前两部分过程产生。此外，因燃料中硫含量较低，将硫燃烧生成的 SO_2 也计入到 CO_2 中。

因此，循环前 CO_2 的体积计算为：

$$V_{CO_2} = 0.01866C_{ar} + 0.007S_{ar} + (1 - r_{O_2})V_r^0 \tag{3-67}$$

式中 V_{CO_2}——循环前烟气中 CO_2 的体积，m^3/kg。

当循环开始后，CO_2 的主要来源为煤燃烧产生和由循环烟气带入。此时其计算方法为：

$$(V_{CO_2})_n = 0.01866C_{ar} + 0.007S_{ar} + (V_{CO_2}^r)_n \tag{3-68}$$

式中 $(V_{CO_2})_n$——第 n 次循环后烟气中 CO_2 的总体积，m^3/kg；

$(V_{CO_2}^r)_n$——第 n 次循环时由循环烟气带入的 CO_2 体积，m^3/kg。

(2) N_2 体积计算

在初始燃烧气中，只有 O_2 和 CO_2 气体的混合物。所以，初始时 N_2 的体积量由燃料中含氮量和炉体本身漏风所带入的空气中的氮气量组成。

因此，循环前 N_2 体积为：

$$V_{N_2} = 0.008N_{ar} + 0.79\sum \Delta\alpha V_r^0 \tag{3-69}$$

式中 V_{N_2}——循环前烟气中 N_2 的体积，m^3/kg；

$\sum \Delta\alpha$——炉膛漏风系数之和。

循环开始后，N_2 来源不仅仅局限于燃料中含氮和漏风漏入，还包含循环烟气所携带的 N_2。所以在计算第 n 次循环后 N_2 体积时，需要加上这一部分 N_2 量。

则计算表达式为：

$$(V_{N_2})_n = 0.008N_{ar} + 0.79\sum \Delta\alpha V_r^0 + (V_{N_2}^r)_n \tag{3-70}$$

式中 $(V_{N_2})_n$——第 n 次循环后烟气中 N_2 的总体积，m^3/kg；

$(V_{N_2}^r)_n$——第 n 次循环时由循环烟气带入的 N_2 体积，m^3/kg。

（3）水蒸气体积计算

循环开始前，水蒸气是由燃料中氢元素燃烧生成，外加燃料中本身含有的水分及漏风系数所引起的漏入炉膛空气中所含有的水分。

其计算表达式为：

$$V_{H_2O} = 0.111H_{ar} + 0.0124M_{ar} + 0.0161\sum \Delta\alpha V_r^0 \tag{3-71}$$

式中 V_{H_2O}——循环前烟气中水蒸气的体积，m^3/kg。

循环开始后，燃烧气中会存在循环烟气中携带的水分，所以在计算时应该包含这一部分水分带入。

此时水蒸气体积为：

$$(V_{H_2O})_n = 0.111H_{ar} + 0.0124M_{ar} + 0.0161\sum \Delta\alpha V_r^0 + (V_{H_2O}^r)_n (m^3/kg) \tag{3-72}$$

式中 V_{H_2O}——第 n 次循环后烟气中水蒸气的总体积，m^3/kg；

$(V_{H_2O}^r)$——第 n 次循环时由循环烟气带入的水蒸气体积，m^3/kg。

循环烟气中水蒸气的携带量根据循环方式不同而改变，因此在计算时应从干、湿两种循环方式下考虑。

当为干烟气循环时，水蒸气体积为：

$$(V_{H_2O}^r)_n = (V_{H_2O}^{rec1})_n + (V_{H_2O}^{rec2})_n = 4.28\%(V_y^{rec'})_n \tag{3-73}$$

当为湿烟气循环时，水蒸气体积为：

$$(V_{H_2O}^r)_n = (V_{H_2O}^{rec1})_n + (V_{H_2O}^{rec2})_n = 4.28\%(V_y^{rec1'})_n + (V_{H_2O})_{n-1}(V_y^{rec2})_n \tag{3-74}$$

式中 $(r_{H_2O})_{n-1}$——第 $n-1$ 次时，烟气中水蒸气的份额。

（4）O_2 体积计算

V_{O_2} 指的是，在富氧条件下的 O_2 气的体积，这个数值与循环次数无关，只是由空气中所漏入的 O_2 和自通入锅炉的过量 O_2 体积所决定。

则循环 O_2 量为：

$$V_{O_2} = 0.21\sum \Delta\alpha V_r^0 + (\alpha_{O_2} - 1)V_{O_2}^0 \tag{3-75}$$

式中 α_{O_2}——过氧量系数。

（5）燃烧产物量计算

燃烧产物即为富氧燃烧产生的烟气，其组分在以上分析计算中已经列出，因此循环开始前燃烧产物量为：

$$V_y = V_{CO_2} + V_{H_2O} + V_{N_2} + V_{O_2} \tag{3-76}$$

式中 V_y——循环前烟气体积，m^3/kg。

循环开始后为：

$$(V_y)_n = (V_{CO_2})_n + (V_{H_2O})_n + (V_{N_2})_n + V_{O_2} \tag{3-77}$$

式中 $(V_y)_n$——第 n 次循环后烟气总体积，m^3/kg。

三、气体燃料燃烧气及循环烟气体积计算

对于气体燃料，富氧燃烧燃烧气及循环烟气体积计算与上述思路相同，结果整理如下。

1. 理论燃烧气量及其组分的计算

（1）理论燃烧气量

$$V_r^0 = \frac{1}{r_{O_2}}\left[\frac{1}{2}CO^s + \frac{1}{2}H_2^s + \sum\left(n + \frac{m}{4}\right)C_nH_m^s + \frac{3}{2}H_2S^s - O_2^s\right] \times 10^{-2} \tag{3-78}$$

式中 V_r^0——$1m^3$ 气体燃料所需的理论燃烧气量，m^3/m^3。

（2）燃烧气中 O_2 体积的计算

$$V_r^{O_2} = \left[\frac{1}{2}CO^s + \frac{1}{2}H_2^s + \sum\left(n + \frac{m}{4}\right)C_nH_m^s + \frac{3}{2}H_2S^s - O_2^s\right] \times 10^{-2} \tag{3-79}$$

式中 $V_r^{O_2}$——$1m^3$ 气体燃料所需的理论燃烧气中的氧气体积，m^3/m^3。

（3）燃烧气体中 CO_2 体积的计算

如固、液体燃料所述，式(3-56)和式(3-58)，但单位为 m^3/m^3。

（4）燃烧气体中水蒸气体积的计算

如固、液体燃料所述，式(3-59)和式(3-60)，但单位为 m^3/m^3。

2. 燃烧产物及其组分的计算

（1）N_2 容积

循环开始前：

$$V_{N_2} = 0.01N_2^s + 0.79\sum \Delta\alpha V_r^0 (m^3/m^3) \tag{3-80}$$

式中 V_{N_2}——循环前烟气中 N_2 的体积，m^3/m^3；

循环开始后：

$$(V_{N_2})_n = 0.01N_2^s + 0.79\sum \Delta\alpha V_r^0 + (V_{N_2}^r)_n (m^3/m^3) \tag{3-81}$$

式中 $(V_{N_2})_n$——第 n 次循环后烟气中 N_2 的总体积，m^3/m^3。

（2）RO_2 容积

循环开始前：

$$V_{RO_2} = (CO^s + \sum nC_nH_m^s + CO_2^s + H_2S^s) \times \frac{1}{100} + (1 - r_{O_2})V_r^0 \tag{3-82}$$

循环开始后：

$$(V_{RO_2})_n = (CO^s + \sum nC_nH_m^s + CO_2^s + H_2S^s) \times \frac{1}{100} + (V_{CO_2}^r)_n \tag{3-83}$$

式中 V_{RO_2}、$(V_{RO_2})_n$——循环前和第 n 次循环后烟气中 RO_2 的体积，m^3/m^3。

（3）水蒸气的容积

循环开始前：

$$V_{H_2O}=(H_2^s+\sum\frac{m}{2}C_nH_m^s+H_2S^s+H_2O^s)\times\frac{1}{100}+0.0161\sum\Delta\alpha V_r^0 \tag{3-84}$$

循环开始后：

$$(V_{H_2O})_n=(H_2^s+\sum\frac{m}{2}C_nH_m^s+H_2S^s+H_2O^s)\times\frac{1}{100}+0.0161\sum\Delta\alpha V_r^0+(V_{H_2O}^r)_n \tag{3-85}$$

式中　V_{H_2O}、$(V_{H_2O})_n$——循环前和第 n 次循环后烟气中水蒸气的体积，m^3/m^3。

(4) O_2 容积

如固、液体燃料所述，式(3-75)，但单位为 m^3/m^3。

(5) 燃烧产物容积

如固、液体燃料所述，式(3-76)和式(3-77)，但单位为 m^3/m^3。

［**例 3-5**］　某电厂 600MW 燃煤锅炉，燃用烟煤采用富氧燃烧。为了得到与空气燃烧方式下近似的理论燃烧温度，富氧燃烧方式下，O_2 含量在 26%左右，烟气循环开始用纯 O_2 和 CO_2 通入炉膛燃烧，过氧量系数为 1.15，且在其后的循环过程中通入炉膛的燃烧气中 O_2 含量始终保持 26%不变。烟煤收到基低位发热量为 18289kJ/kg，其收到基成分如下所示。

成　分	C_{ar}	H_{ar}	O_{ar}	N_{ar}	S_{ar}	A_{ar}	M_{ar}
含量/%	61.54	3.65	8.63	0.98	0.62	17.98	6.6

试计算燃烧所需的燃烧气体积及产生的烟气成分，同时分析烟气量、烟气成分、漏风系数随烟气循环次数的变化规律。(注：由于 SO_2 体积很少，可将烟气中 RO_2 体积中忽略 SO_2 体积。烟道中各处受热面漏风系数设为一样，分别是 0、0.01、0.02 的 3 种情况。)

解：伴随着计算机技术的不断发展，出现了多种以计算机高级语言为基础的计算机程序，如 C 语言、Java 语言、Bacisic 语言等。高级语言的运用更接近人类自然语言，帮助人们简化或者解决许多生活中的问题和科研难题。高级语言的运用也是顺应时代科技发展的一种有前景的技术之一。这里将运用 VB6.0 程序将富氧燃烧过程综合起来，解决富氧燃烧计算问题。程序设计流程如图 3-1 所示。

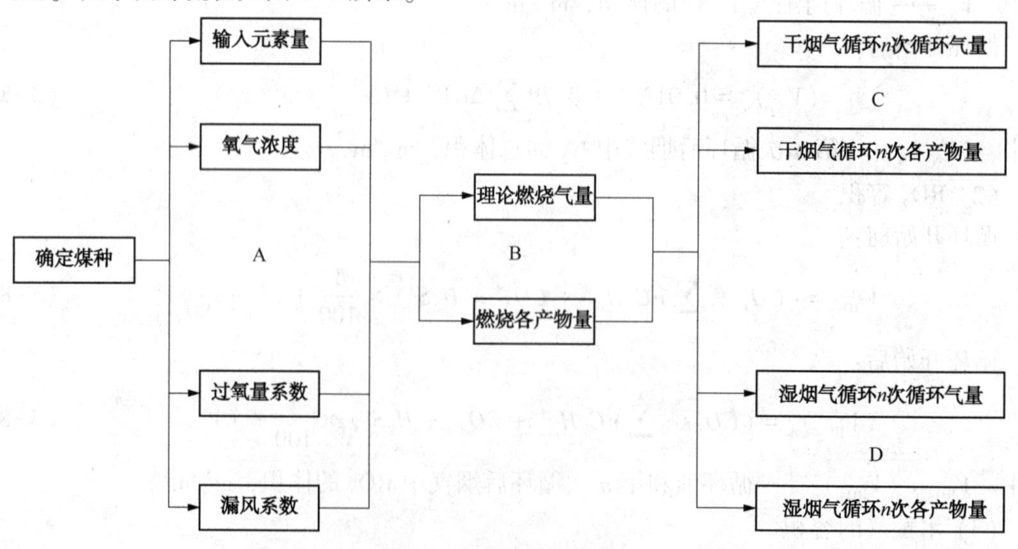

图 3-1　程序设计流程

此时，将以上参数输入程序，进行计算，得出循环前气体各组分量的值，如下所示。

项　目	理论燃烧气体积		烟气中各种气体体积				
	V_r^0	$V_{O_2}^0$	V_{CO_2}	V_{O_2}	V_{N_2}	V_{H_2O}	V_y
数值/(m^3/kg)	4.980	1.295	4.838	0.9373	0.661	0.503	6.376

通过计算表明以下再循环烟气体积的变化规律。

(1) 总循环烟气体积随循环次数的变化规律如图 3-2 所示。

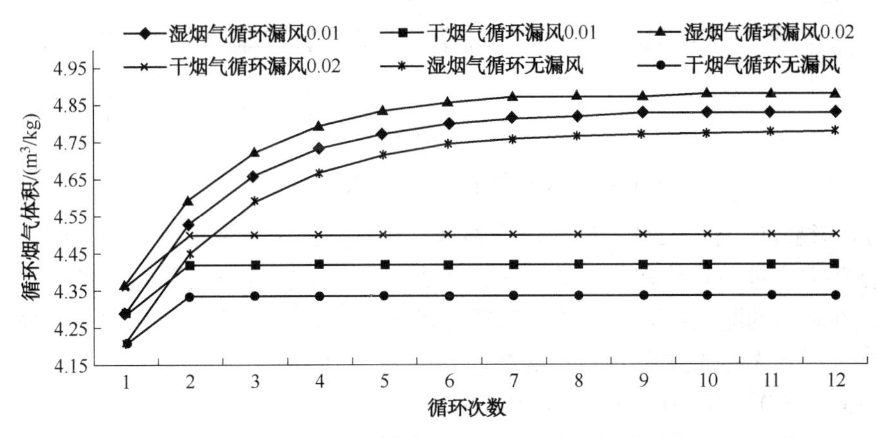

图 3-2　总循环烟气体积随循环次数的变化规律

由图 3-2 可以看出，湿烟气循环方式下总循环烟气量刚开始呈上升趋势，到第 8 次时就已经渐进平稳；干烟气循环方式下，由于第一次抽取的循环烟气量与刚开始循环前的燃烧产物有关，初始循环条件是纯的 CO_2 和 O_2 的混合气体，与循环气体中含有 N_2 和携带有水分的条件不同，所以除了第一次以外，总循环烟气量基本保持不变；在相同的循环方式下循环烟气量随着漏风系数的增大而增大。

(2) 燃烧产物中 CO_2 和 O_2 体积分数变化规律如图 3-3 和图 3-4 所示。

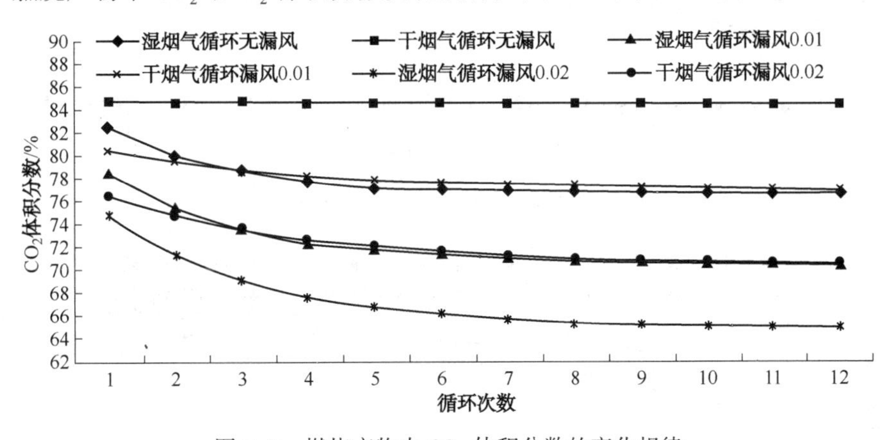

图 3-3　燃烧产物中 CO_2 体积分数的变化规律

由图 3-3 和图 3-4 可知，O_2 和 CO_2 的体积分数有一个减少的过程，这与水蒸气体积分数和 N_2 体积分数增加过程有着密切的联系，其中 O_2 的体积分数变化与 N_2 体积分数的变化有相似之处，相同的漏风系数下不同循环方式的 O_2 体积分数数值接近，且干烟气循环方式下 O_2 体积分数基本不变，在相同漏风系数情况下干烟气循环方式下的 O_2 体积分数比湿烟气循环方式下的数值略大，O_2 体积分数随着漏风系数的增大而增大，最大值为漏风系数为

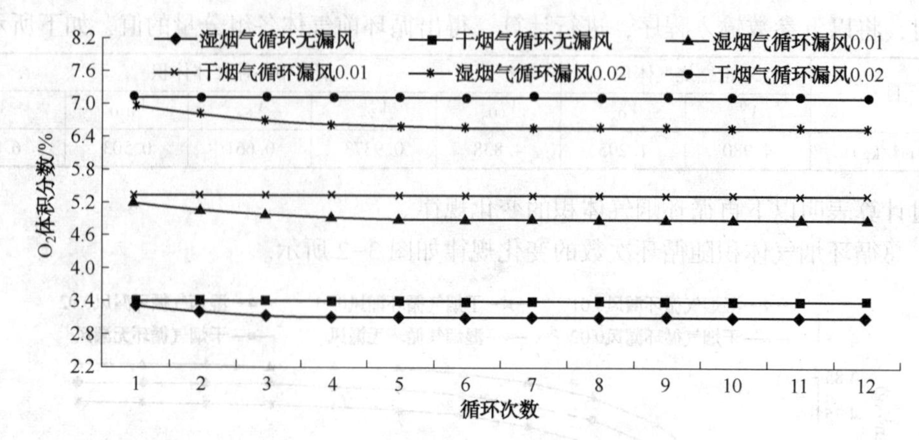

图 3-4　燃烧产物中 O_2 体积分数的变化规律

0.02 下干烟气循环时的 7.12%，最小值为湿烟气循环方式下无漏风时的 3.09%。而与水蒸气一样，循环方式对 CO_2 体积分数的影响比较大，相同的循环方式下 CO_2 的体积分数变化趋势近似，在相同的漏风系数下干烟气循环方式下的 CO_2 的体积分数比湿烟气循环方式下的大，干烟气循环无漏风方式下 CO_2 的浓度达到最大值 84.75%，漏风系数为 0.02 时的湿烟气循环方式下 CO_2 浓度为最小值 64.91%。

（3）燃烧产物中 N_2 和水蒸气体积分数的变化规律如图 3-5 和图 3-6 所示。

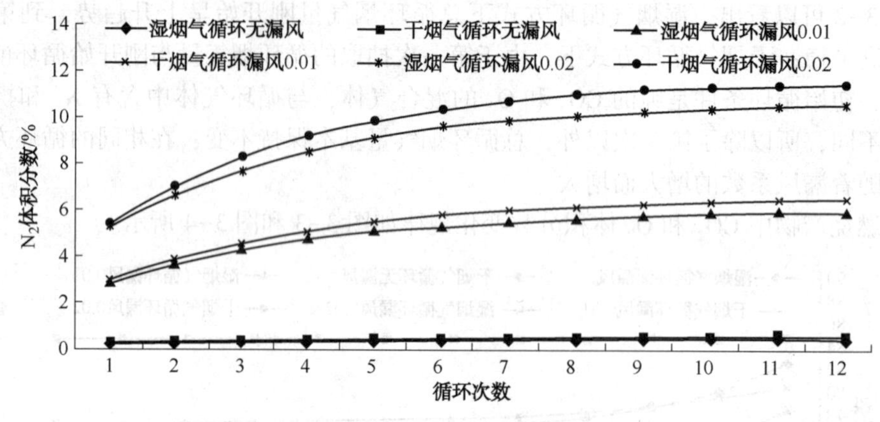

图 3-5　燃烧产物中 N_2 体积分数的变化规律

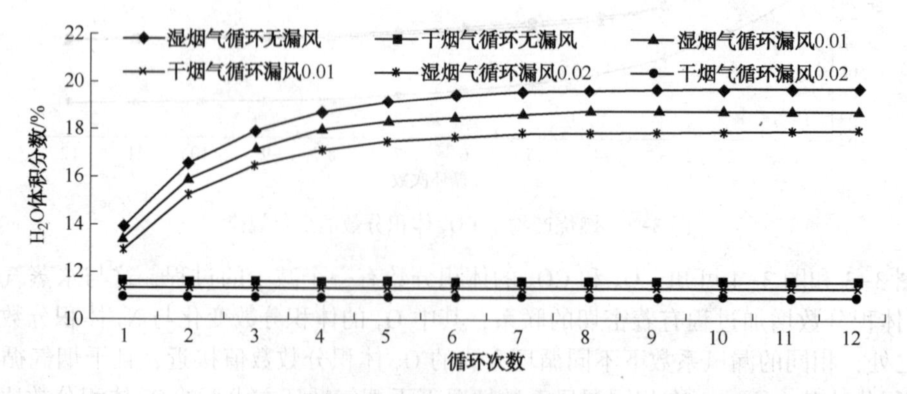

图 3-6　燃烧产物中水蒸气体积分数的变化规律

由图 3-5 和图 3-6 可以看出，N_2 和水蒸气的体积分数不断增加且循环到 10 次左右时开始趋于稳定。随着尾部烟气的不断循环，循环烟气携带的 N_2 和水蒸气进入锅炉不断累积，当循环带入的量与燃烧产物的量达到平衡时，循环趋于稳定。对比上述两个图可以看出，N_2 的体积分数在相同的漏风系数的情况下两种不同循环方式的变化趋势基本一致，而水蒸气的体积分数在相同烟气循环方式下不同漏风系数的变化趋势基本一致，由此可知漏风系数影响 N_2 体积分数，不同循环方式影响水蒸气体积分数。在相同漏风系数的情况下干烟气循环方式下的 N_2 体积分数比湿烟气循环方式下的 N_2 体积分数略大，最大可达到干烟气循环方式下漏风系数为 0.02 时的 11.49%，最小的是湿烟气循环方式下无漏风时的 0.56%。在相同循环方式下，漏风系数越大水蒸气体积分数反而减小，干烟气循环方式下水蒸气体积分数基本稳定，最小值出现在漏风系数为 0.02 干烟气循环方式时的 10.95%，最大值出现在湿烟气循环无漏风情况下的 19.73%，后者近似前者的两倍。

（4）炉膛出口烟气体积变化规律如图 3-7 所示。

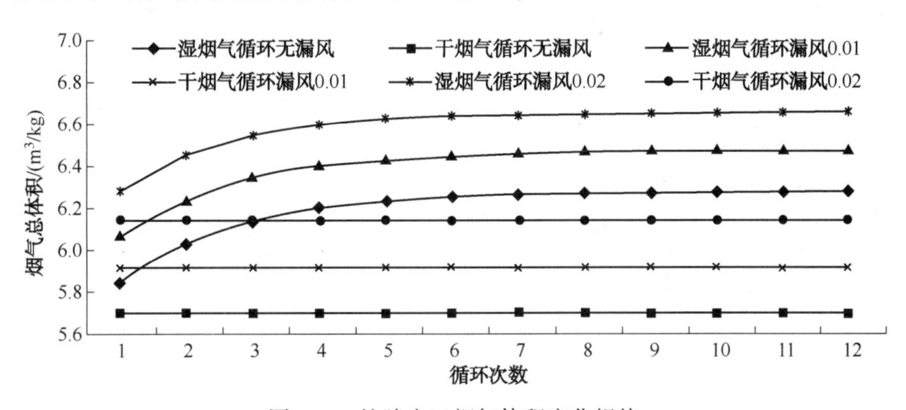

图 3-7　炉膛出口烟气体积变化规律

由图 3-7 可以看出，炉膛出口烟气总体积的曲线变化趋势与总循环烟气体积基本相同，且干烟气循环方式下炉膛出口烟气总体积在循环过程中很稳定，相同漏风系数下湿烟气循环方式下的烟气体积比干烟气循环方式下的大，且漏风系数越大烟气体积越大。

根据前面计算所得的总循环烟气体积和炉膛出口烟气体积，可以得到两者的比例，具体计算结果见下表。由表可以看出，相同循环方式下抽取的循环烟气比例是相同的，这个比例只跟漏风系数有关，漏风系数越大，抽取的比例反而减小。

漏风系数	循环方式	
	湿烟气循环	干烟气循环
0	75.44	75.44
0.01	74.84	74.84
0.02	74.24	74.24

练习与思考题

1. 燃料在不同条件下燃烧，可以有 4 种不同的情况：(1) 空气消耗系数 $\alpha=1$，完全燃烧；(2) $\alpha>1$，完全燃烧；(3) $\alpha>1$，不完全燃烧；(4) $\alpha<1$，不完全燃烧。

假设燃料与空气混合均匀，燃烧产物的热分解反应忽略不计，试列出4种情况下燃烧产物中可能包含的成分。假设燃烧产物是CO_2、SO_2、H_2O、N_2、O_2、CO、CH_4、H_2中的几种气体。

2. 同样1kg煤，在供应等量空气的条件下，在有气体不完全燃烧产物时，烟气中O_2的体积比较完全燃烧时是多了还是少了？不完全燃烧与完全燃烧所生成的烟气体积量是否相等？为什么？

3. 1kg燃料完全燃烧时所需的理论O_2量和生成的理论烟气量2倍哪个数值大？为什么？

4. 燃料燃烧计算的基本原则？何谓过量空气系数α？α变化时对燃料燃烧有何影响？

5. 何谓理论烟气量？何谓实际烟气量？其烟气成分中有何差别？为什么？

6. 何谓过量空气系数？过量空气系数的大小对燃烧及设备效率有何影响？

第四章　油田热力系统的热平衡及燃烧温度计算

第一节　油田热力系统热平衡计算

一、油田热力系统概念

热力系统是指利用锅炉(加热炉)或其他设备生产热能，利用水或其他热媒，通过热力管道，将热能输送至用热设备的系统，以满足生产工艺或生活采暖等方面的需要。该系统一般由锅炉房(加热炉)、热力管网、用热设备3部分组成。

热力系统作为石油工业从油气采输到处理外销重要的生产辅助工艺，其作用是为了改善易凝原油的流动性能，降低其黏度使之易于输送，并防止在管壁结蜡、阻塞管线、增加回压，确保其正常集输和初加工。该系统主要由热能的产、供和用3部分组成，并具有设备多、分布广、管网密、调节难和热损失大等特点，不仅是油田能耗“五大”设备(系统)中重要的组成部分，而且能源消耗量占企业综合能耗较大的比重。

二、油田热力系统常用燃料

1. 固体燃料

锅炉用固体燃料大部分以煤为主，它分为烟煤、无烟煤、贫煤、褐煤、煤矸石等，个别地区因资源情况也有选用木材、稻糠、甘蔗渣等作燃料的。在油田大部分地区使用的固体燃料是烟煤。

2. 液体燃料

锅炉用液体燃料为轻油、重油、原油。在油田主要以原油为主，重油为辅。浆体燃料为液体燃料的一种。锅炉用浆体燃料包括水煤浆、油泥沙、油焦浆、煤焦浆等。

3. 气体燃料

燃气就是在常温常压下呈气体状态的气体燃料。因为它是可燃性气体，所以一般称为燃气。在油田燃气多数是天然气，成分以甲烷为主。

三、油田热力系统的热平衡及热效率

在油田企业中最常用的主要以卧式外燃燃油(气)锅炉为主。锅炉的任务是组织好燃料的燃烧过程，使燃料的化学热充分释放出来形成高温烟气，烟气再将其热量传递给容器内的工质，以获得所需压力和温度的热水或蒸汽。锅炉是一种较为复杂的燃烧设备，故这里以注汽锅炉为例分析其热平衡与热效率。锅炉的热平衡是指其输入的热量和输出热量之间的平衡。输入热量主要来源于燃料燃烧放出的热量。由于各种原因，进入炉内的燃料不可能完全燃烧，而且燃料放出的热量也不会被全部有效地利用，不可避免地要产生一部分损失。热平衡可以反映燃料的热量有多少被有效地利用，有多少变为热损失，这些损失又表现在哪些方

面。因此通过热平衡可以找出引起热量损失的原因，提出减少热损失的措施，以提高燃烧设备效率，节约能源。

在锅炉运行稳定时，以 1kg 或 $1m^3$ 燃料为基准，锅炉燃烧过程存在下面热平衡关系：

$$Q_f = Q_1 + Q_2 + Q_3 + Q_4 + Q_5 + Q_6 \tag{4-1}$$

式中 Q_f——1kg 燃料带入炉内的热量，kJ/kg；

Q_1——有效利用的热量，kJ/kg；

Q_2——排烟热损失，kJ/kg；

Q_3——化学（气体）不完全燃烧热损失，kJ/kg；

Q_4——机械（固体）不完全燃烧热损失，kJ/kg；

Q_5——散热热损失，kJ/kg；

Q_6——其他热损失，kJ/kg。

上述各热量对于气体燃料，单位为 kJ/m^3。

锅炉的平衡还可以用占输入热量的百分比来表示：

$$q_1 + q_2 + q_3 + q_4 + q_5 + q_6 = 100 \tag{4-2}$$

式中 q_i——有效利用热或各项热损失占输入热量的比例，$q_i = \frac{Q_i}{Q_f} \times 100$。

锅炉的热效率是指被加热工质的有效热量所占输入热量的比例，即：

$$\eta = \frac{Q_1}{Q_f} \times 100 \tag{4-3}$$

式（4-3）一般称作正平衡式热效率。

另一种是在锅炉设计或热效率实验时常用的反平衡法，即求出各项热损失后，用下式求出锅炉的热效率：

$$\eta = 100 - (q_2 + q_3 + q_4 + q_5 + q_6) \tag{4-4}$$

锅炉正平衡实验法简单易行，用于热效率较低（$\eta<80\%$）的工业锅炉时比较准确；反平衡法较为复杂，且通过反平衡法测定锅炉热效率可以发现影响锅炉热效率的主要热损失，从而找出提高锅炉热效率的措施。反平衡法适用于大容量、高效率的锅炉，因此时燃料消耗量测不准，蒸发量的测量误差也较大。当全面鉴定锅炉时，两种实验都需做。

对于燃油或燃气的油田锅炉，式（4-1）、式（4-2）和式（4-4）可简化为：

$$Q_f = Q_1 + Q_2 + Q_3 + Q_5 \tag{4-5}$$

$$q_1 + q_2 + q_3 + q_5 = 100 \tag{4-6}$$

$$\eta = 100 - (q_2 + q_3 + q_5) \tag{4-7}$$

四、锅炉输入热量

对应于 1kg 燃料输入锅炉的热量为：

$$Q_f = Q_{ar,net} + Q_{ph} + Q_{ex} + Q_{at} \tag{4-8}$$

式中 $Q_{ar,net}$——燃烧的收到基低位发热量，kJ/kg；

Q_{ph}——燃料物理热，kJ/kg；

Q_{ex}——外来热源加热空气时带入的热量，kJ/kg；

Q_{at}——雾化燃油所用蒸汽带入的热量，kJ/kg。

燃料的物理热：

$$Q_{ph} = c_f t_f \tag{4-9}$$

式中 c_f——燃料的定压热容，kJ/(kg·℃)；

t_f——燃料温度,℃。

当用外来热源加热燃料(用蒸汽加热重油或蒸汽干燥器等)时，及开式系统使燃料干燥时，应计算此项。若燃料未经预热，则只有当燃料水含量 $M_{ar} \geqslant \frac{Q_{ar,net}}{628}$时才需计算此项。

固体燃料比热容 c_f为：

$$c_f = c_{p,ar} = c_{p,d} \frac{100 - M_{ar}}{100} + 4.187 \frac{M_{ar}}{100} \tag{4-10}$$

式中 $c_{p,ar}$、$c_{p,d}$——燃料的收到基比热容与干燥基比热容，kJ/(kg·℃)，$c_{p,d}$的数值按表 4-1 取用。若已知干燥无灰基成分，也可按式(1-1)计算燃料的比热容 c_f。

表 4-1 燃料干燥基比热容 $c_{p,d}$ kJ/(kg·℃)

燃料	温度/℃				
	0	100	200	300	400
无烟煤和贫煤	0.92	0.96	1.05	1.13	1.17
烟煤	0.96	1.09	1.26	1.42	
褐煤	1.09	1.26	1.47		
页岩	1.05	1.13	1.30		
切铲泥煤	1.30	1.51	1.80		

重油的比热容 c_f可按式(1-5)计算。

外来热源加热空气时带入的热量：

$$Q_{ex} = \alpha' V_0 (h_{rk}^0 - h_{lk}^0) \tag{4-11}$$

式中 α'——空气预热器入口处的过量空气系数；

h_{rk}^0——加热后空气温度下的理论空气焓，kJ/kg；

h_{lk}^0——基准温度下的理论空气焓，kJ/kg。

雾化燃油所用蒸汽带入的热量：

$$Q_{at} = G_{at}(h_{at} - 2510) \tag{4-12}$$

式中 G_{at}——1kg 燃油雾化所用蒸汽量，kg/kg；

h_{at}——雾化蒸汽焓，kJ(蒸汽)/kg(油)；

2510——雾化蒸汽随排烟离开锅炉时的焓，取其汽化潜热，即 2510kJ/kg。

若燃料和空气均不预热，且固体燃料水分 $M_{ar} < \frac{Q_{ar,net}}{628}$时或液体燃料不采用蒸汽雾化时，则输入热量 $Q_f = Q_{ar,net}$。

对于气体燃料，上式中各热量值都对应于单位体积燃气，单位为 kJ/m^3。

五、锅炉各项热损失

1. 机械不完全燃烧热损失 q_4

机械不完全燃烧热损失是指部分固体燃料颗粒在炉内未能燃尽就被排出炉外而造成的热损失。这些未燃尽的颗粒可能随灰渣从炉膛中被排除掉，或以飞灰形式随烟气一起逸出。不同的燃烧方式，机械不完全燃烧热损失包含的内容也不相同。

对于流化床锅炉：

$$q_4 = \frac{32700A_{ar}}{Q_f}\left(\alpha_{yl}\frac{C_{yl}}{100 - C_{yl}} + \alpha_{lh}\frac{C_{lh}}{100 - C_{lh}} + \alpha_{yh}\frac{C_{yh}}{100 - C_{yh}} + \alpha_{fh}\frac{C_{fh}}{100 - C_{fh}}\right) \tag{4-13}$$

$$\alpha_{yl} + \alpha_{lh} + \alpha_{yh} + \alpha_{fh} = 1 \tag{4-14}$$

对于煤粉炉：

$$q_4 = \frac{32700A_{ar}}{Q_f}\left(\alpha_{lh}\frac{C_{lh}}{100 - C_{lh}} + \alpha_{yh}\frac{C_{yh}}{100 - C_{yh}} + \alpha_{fh}\frac{C_{fh}}{100 - C_{fh}}\right) \tag{4-15}$$

$$\alpha_{lh} + \alpha_{yh} + \alpha_{fh} = 1 \tag{4-16}$$

式中　α_{yl}、α_{lh}、α_{yh}、α_{fh}——溢流灰、冷灰、烟道灰、飞灰中灰量占入炉燃料总灰分的质量份额；

C_{yl}、C_{lh}、C_{yh}、C_{fh}——溢流灰、冷灰、烟道灰、飞灰中可燃物含量的百分数，32700为每kg纯碳的发热量(kJ)。

式(4-14)和式(4-16)称为灰平衡方程式，即锅炉燃料中的总灰分等于排出锅炉各种灰渣的总和。在锅炉热效率试验中，就是用灰平衡测定法测出各种灰渣的质量份额和其中的可燃物含量，然后用上述公式计算出 q_4 的。

机械未完全燃烧热损失是燃煤锅炉主要的热损失之一，通常仅次于排烟热损失。影响这项损失的主要因素有燃烧方式、燃料性质、过量空气系数、燃烧器和炉膛结构以及运行工况等。对固态排渣煤粉炉来说，这项损失一般在0.5%~6%，对液态排渣煤粉炉，一般在0.5%~4%，对卧室旋风炉，一般0.2%~1%，而燃用气体或液体燃料的锅炉，在正常情况下这项损失近似为0。

燃煤的挥发分越高，煤粉越细，灰分越少，则这项损失也就越小。

炉膛出口过量空气系数 α''_f 对 q_4 的影响趋势相对复杂：当 α''_f 的值比较小，以至不能保证燃料燃烧的空气量需求时，显然 q_4 是比较大的，而增大 α''_f 将降低 q_4；但若 α''_f 已经能够满足燃烧的需求，此时增大 α''_f 将使烟气的流速增加，燃料在炉膛内的停留时间缩短，且烟气对大颗粒燃料的携带能力增强，都将使机械未完全燃烧热损失增大。因此，存在一个最佳的 α''_f，既能保证燃料燃烧的空气量需求，又能保证燃烧的时间长度需求，这时锅炉 q_4 将达到最小值。

2. 化学未完全燃烧热损失 q_3

化学未完全燃烧热损失也叫可燃气体未完全燃烧热损失。它是指锅炉排烟中残留的可燃气体如CO、H_2、CH_4 和重碳氢化合物 C_mH_n 等未放出其燃烧热而造成的热损失。一般烟气中的 C_mH_n 数量极少，可略去不计。

$1m^3$ CO的发热量为12640kJ，H_2 为10800kJ，CH_4 为35820kJ。化学未完全燃烧热损失应等于烟气中各可燃气体的容积与其发热量乘积的总和，即：

$$Q_3 = V_{gy}(126.4CO' + 108H'_2 + 358.2CH'_4)\left(1 - \frac{q_4}{100}\right) \tag{4-17}$$

式中　Q_3——化学未完全燃烧热损失，kJ/kg；

CO'、H'_2、CH'_4——干烟气中CO、H_2、CH_4 所占的容积份额。

在计算式中乘以$\left(1-\frac{q_4}{100}\right)$，是因为有机械未完全燃烧存在时，1kg燃料中只有$\left(1-\frac{q_4}{100}\right)$kg的燃料参与燃烧并生成烟气，故应对生成的干烟气容积进行修正。

燃用固体燃料时，气体未完全燃烧产物只考虑 CO，故：

$$
\left.\begin{aligned}
Q_3 &= 236(C_{ar}+0.375S_{ar})\frac{CO}{RO_2+CO}\left(1-\frac{q_4}{100}\right)(\text{kJ/kg})\\
q_3 &= \frac{Q_3}{Q_f}\times 100 = 236(C_{ar}+0.375S_{ar})\frac{CO}{RO_2+CO}\frac{100-q_4}{Q_f}
\end{aligned}\right\} \tag{4-18}
$$

煤粉炉中 q_3 一般不超过 0.5%。燃油、燃气炉一般在 0.5%左右。

化学未完全燃烧热损失与燃料性质、炉膛过量空气系数、炉膛结构以及运行工况等因素有关。

一般燃用挥发分较多的燃料时，炉内可燃气体量增多，容易出现不完全燃烧。

炉膛容积过小、烟气在炉内流程过短时，会使一部分可燃气体来不及燃尽就离开炉膛，从而使 q_3 增大。

炉膛过量空气系数的大小和燃烧过程的组织方式直接影响炉内可燃气体与氧气的混合工况，所以它们与未完全燃烧损失密切相关。若过量空气系数取的过小，可燃气体将得不到充足的氧气而无法燃尽；若过量空气系数取的过大，又会使炉内温度降低，不利于燃烧反应的进行，这都会增大 q_3。因此应该根据燃料性质和燃烧方式取用合理的过量空气系数。

3. 排烟热损失

烟气离开锅炉的最后一个受热面时，还具有相当高的温度，该烟温称为排烟温度，以 t_{py} 表示。排烟所拥有的热量将随烟气排入大气而不能得到利用，造成排烟热损失。但排烟的热量并非全部来自于输入热量，其中包括冷空气代入炉内的那部分热量。因此，在计算排烟热损失时应扣除这部分热量。故锅炉的排烟热损失为：

$$
\left.\begin{aligned}
Q_2 &= (H_{py}-H_{lk})\left(1-\frac{q_4}{100}\right) = [H_{py}-\alpha_{py}V_0(ct)_{lk}]\left(1-\frac{q_4}{100}\right)\\
q_2 &= \frac{Q_2}{Q_f}\times 100
\end{aligned}\right\} \tag{4-19}
$$

式中 H_{py}——排烟焓，按排烟过量空气系数 α_{py} 和排烟温度 t_{py} 计算，kJ/kg；

H_{lk}——冷空气的焓，kJ/kg；

$(ct)_{lk}$——$1m^3$(标准状况下)冷空气的焓，kJ/m^3，计算中一般取 $t_{lk}=20\sim30$℃。

排烟热损失是锅炉各项热损失中最大的一项，现代电厂锅炉的排烟热损失一般为 5%～6%，工业锅炉为 10%～20%，油田注汽锅炉为 10%～15%。排烟温度 t_{py} 越高，则排烟热损失就越大。一般 t_{py} 每升高 15～20℃，会使 q_2 增加约 1%。

对于运行中的锅炉，排烟热损失可按下式计算：

$$
Q_2 = V_y c_{py} t_{py} \tag{4-20}
$$

式中 V_y——排烟量，m^3/kg；

c_{py}——烟气平均比热容，$kJ/(m^3 \cdot K)$；

t_{py}——排烟温度,℃。

烟气的平均比热容可按所含成分由下式加权平均计算得出：

$$
c_{py} = c_{p,CO_2}\frac{V_{CO_2}}{V_y} + c_{p,H_2O}\frac{V_{H_2O}}{V_y} + c_{p,N_2}\frac{V_{N_2}}{V_y} + c_{p,O_2}\frac{V_{O_2}}{V_y} \tag{4-21}
$$

合理的排烟温度应该根据排烟热损失和受热面的金属消耗费用，通过技术经济比较来确定。

排烟热损失的大小还与燃料性质有关。当燃用水分和含硫量较高的燃料时，为了避免或减轻低温受热面的腐蚀，不得不采用较高的排烟温度。同时燃料中水分增大，排烟容积也增大，结果都会使排烟热损失变大。

炉膛出口过量空气系数 α''_f 以及沿烟气流程各处烟道的漏风，都会影响排烟的过量空气系数 α_{py}，因而也将影响排烟热损失。漏风使 q_2 增大的原因，不仅是由于它增大了排烟的容积，同时也会使排烟温度升高。这是因为漏入烟道的冷空气使漏风点处的烟气温度降低，从而使漏风点以后所有受热面的传热量都减少，故会使排烟温度升高，而且漏风点越靠近炉膛，这个影响就越大。

锅炉运行中，当某些受热面上发生结渣、积灰或结垢时，烟气与这部分受热面的传热量减小，锅炉的排烟温度也会升高。因此，为了保证锅炉的经济运行，必须保持受热面的清洁。

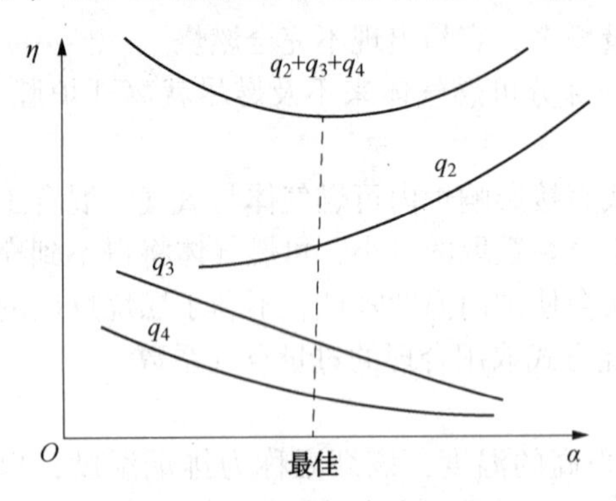

图 4-1　最佳过量空气系数数值确定

综合上述分析，炉膛出口过量空气系数不仅影响排烟热损失 q_2，而且也会影响化学和机械未完全燃烧损失 q_3 和 q_4，最合理的炉膛出口过量空气系数应当使$(q_2+q_3+q_4)$为最小。最佳过量空气系数值可由图 4-1 的曲线法求得。油田注汽锅炉一般最佳过量空气系数为 1.05~1.2。

4. 散热损失 q_5

当锅炉工作时，炉墙、金属结构以及锅炉机组范围内的烟内道、汽水管道和联箱外表面温度高于周围环境温度，这样就会通过自然对流和辐射向周围散热，这个热量称为散热损失。散热损失的大小主要决定于锅炉散热表面积的大小、水冷壁的敷设程度、管道的保温以及周围环境情况等。

锅炉容量小于 2t/h 时，锅炉散热损失按下式计算：

$$q_5 = \frac{1650A}{BQ_f} \tag{4-22}$$

式中　A——锅炉散热面积，m^2；

B——锅炉燃料消耗量，kg/h。

锅炉容量超过 2t/h 时，锅炉散热损失按表 4-2 选取。

表 4-2　锅炉散热损失选取

额定蒸发量 D/(t/h)	4	6	10	15	20	35	65
没有尾部受热面	2.1	1.5					
有尾部受热面	2.9	2.4	1.7	1.5	1.3	1.0	0.8

散热损失 q_5随锅炉容量的增大而减小。随着现代锅炉容量的大型化，锅炉散热损失很小。对于更大容量锅炉散热损失可根据锅炉容量由图 4-2 查取。

对于循环流化床锅炉，其散热损失按图 4-3 查取。

当锅炉的实际蒸发量与额定蒸发量相差大于 25%时，q_5按下式计算：

$$q_5 = q_5^e \frac{D_e}{D} \tag{4-23}$$

式中　q_5^e——额定蒸发量时的散热损失，%，按表 4-2、图 4-2 或图 4-3 确定，%；

D_e——额定蒸发量；

D——实际蒸发量。

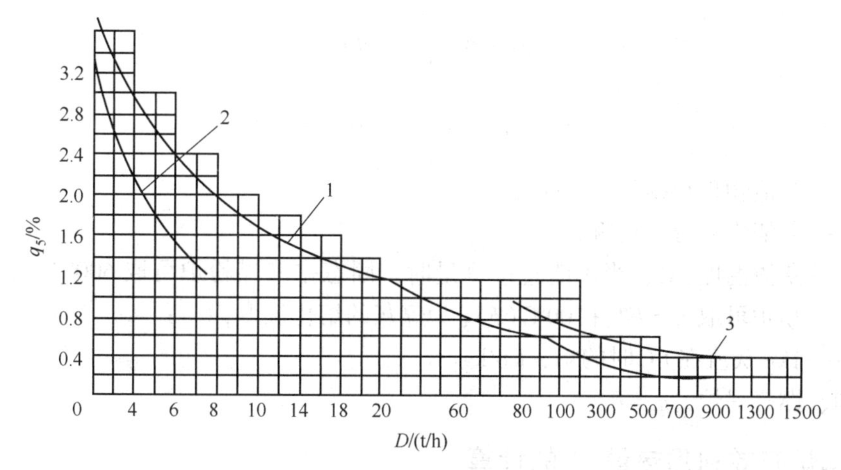

图 4-2　锅炉散热损失 q_5

1—有尾部受热面的锅炉机组；2—无尾部受热面的锅炉机组；

3—我国电站锅炉性能验收规范中有尾部受热面的锅炉机组的散热曲线

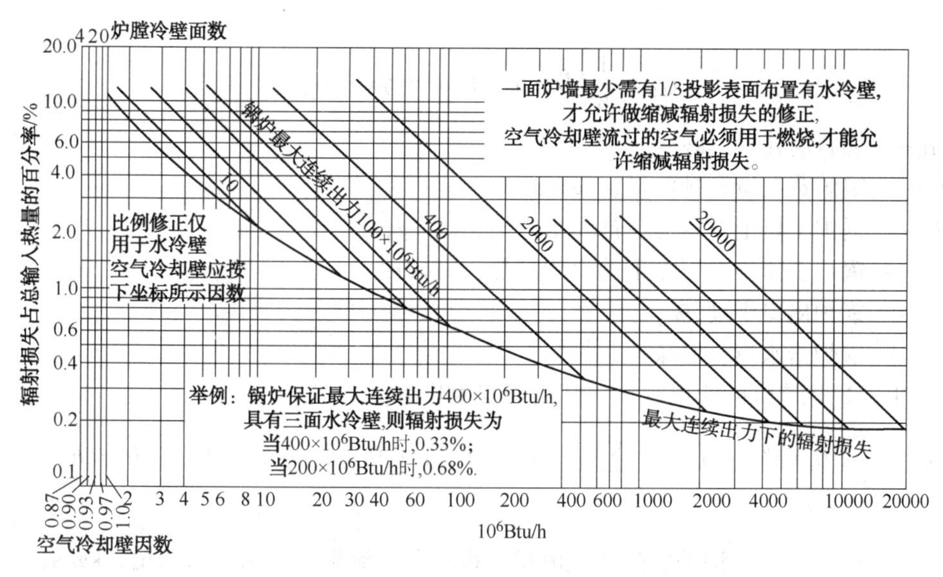

图 4-3　循环流化床锅炉散热损失 q_5

5. 其他热损失 q_6

锅炉机组的其他热损失主要是指灰渣带走的物理热损失 q_6。

灰渣物理热损失是指锅炉排出的炉渣，飞灰与沉降灰所携带的热量未被利用而引起的热损失。

燃用固体燃料时，由于从锅炉中排除的灰渣还具有相当高的温度（600~800℃）而造成的热量损失称为灰渣热物理损失。它的大小取决于燃料的灰分、燃料的发热量和排渣方式等。灰分高或发热量低或排渣率高的锅炉这项热损失就大。例如，液态排渣方式的锅炉以及沸腾炉等锅炉，灰渣物理热损失就比较大。对于固态排渣的煤粉炉，只有当燃用多灰燃料 $\left(A_{ar} \geqslant \frac{Q_{net,ar}}{419}\right)$ 时才计入灰渣物理热损失。

灰渣物理热损失用下式计算：

$$Q_6 = \alpha_{hz} \frac{A_{ar}}{100} (ct)_{hz} \tag{4-24}$$

$$q_6 = \frac{Q_6}{Q_f} \times 100 \tag{4-25}$$

式中 Q_6——灰渣物理热损失，kJ/kg；

α_{hz}——灰渣中灰分的份额；

t——灰渣温度,℃，当不能直接测量时，固态排渣煤粉炉可取 600℃，液态排渣煤粉炉可取 $t_{lz}=FT_3+100$℃(FT_3 为煤灰的熔化温度,℃)；

$(ct)_{hz}$——1kg 灰渣在 t℃时的焓，kJ/kg。

对燃油、燃气锅炉，$q_6=0$。

六、锅炉有效利用热量 Q_1 的计算

锅炉有效利用热量就是炉水和蒸汽所吸收的那部分热量。其算法根据锅炉出口是过热蒸汽还是饱和蒸汽的不同而不同，对于生产饱和蒸汽的油田注汽锅炉 1h 产生的蒸汽所吸收的热量为：

$$Q_1 = \frac{1}{B}(D + D_{pw})(h' + \gamma x - h_{gs}) \tag{4-26}$$

式中 B——燃料消耗量，kg/s；

D、D_{pw}——锅炉蒸发量和排污量，kg/s；

h'——锅炉工作绝对压力下饱和水的焓，kJ/kg；

γ——锅炉工作绝对压力下的汽化潜热，kJ/kg；

x——锅炉出口干度,%；

h_{gs}——锅炉给水焓，kJ/kg。

对于生产过热蒸汽的注汽锅炉，其有效利用热为：

$$Q_1 = \frac{1}{B}[D_{gr}(h''_{gr} - h_{gs}) + \sum D_{zr}(h''_{zr} - h'_{zr}) + D_{zy}(h_{zy} - h_{gs}) + D_{pw}(h' - h_{gs})] \tag{4-27}$$

式中 D_{gr}、D_{zr}、D_{zy}——锅炉过热蒸汽流量、再热蒸汽流量和自用蒸汽流量，kg/s；

h''_{gr}、h_{zy}——出口过热蒸汽焓和自用蒸汽焓，kJ/kg；

h''_{zr}、h'_{zr}——再热器出口和进口蒸汽焓，kJ/kg。

符号∑表示具有一次以上再热时，应将各次再热器的吸热量叠加。对于有分离器的直流锅炉，锅炉排污量为分离器的排污量。当排污量小于蒸发量的 2%时，排污水的热耗可以忽略不计。

需要特别指出的是，在以式(4-26)和式(4-27)计算锅炉的有效利用热时，锅炉排污的吸热是作为一种有效热量来处理的。但锅炉排污水吸收的热量与饱和水、过热蒸汽及再热蒸汽吸热有本质的不同，后三者的吸热将会被锅炉机组系统转化为最终的产品——热能，并供给油田进行热力采油；而排污热量并不会转化成机组系统的产品，最多会被回收利用一部分。因此，从机组系统的角度看，排污吸收的热量是一种损失，故若要提高机组系统的整体效率，锅炉排污吸收的热量越少越好。所以简单由式(4-26)和式(4-27)分析排污吸热对锅炉有效利用热量的影响是不符合实际的。

七、锅炉燃料消耗量的计算

根据锅炉机组的有效利用热 Q_1、输入热量 Q_f和燃料消耗量 B，由式(4-3)可以计算锅炉的热效率 η；或者如果已知输入热量 Q_f、有效利用热 Q_1及热效率 η，可以求出锅炉机组的燃料消耗量 B。

如将式(4-26)和式(4-27)写成：

$$Q_1 = \frac{Q_{yx}}{B} \tag{4-28}$$

式中 Q_{yx}——工质(水，蒸汽)的总有效利用热，kJ/s。

则锅炉机组的燃料消耗量 B 为：

$$B = \frac{100Q_{yx}}{\eta Q_f} \tag{4-29}$$

由式(4-29)计算出的 B 称为锅炉的实际燃料消耗量，即锅炉在运行过程中单位时间内的实际耗用的燃料量，kg/s。在进行燃料运输系统和制粉系统(燃煤锅炉)计算时要用 B 来计算。但是对于燃煤锅炉，由于机械不完全燃烧热损失 q_4 的存在，使部分燃料未能参加燃烧，实际上，1kg 燃料只有$(1-q_4/100)$kg 参加了燃烧反应。因此，在计算燃烧所需的空气量和生成的烟气量时，必须对 B 进行修正，即扣除 q_4 造成的影响。实际参加燃烧的燃料量为：

$$B_j = B\left(1 - \frac{q_4}{100}\right) \tag{4-30}$$

这里 B_j称为计算燃烧消耗量，即扣除机械不完全燃烧热损失 q_4 后的燃料消耗量，也即炉内实际参与燃烧反应的燃料消耗量，kg/s。

八、燃烧效率

如前所述的锅炉各项热损失可将它们分成两类：q_2、q_5、q_6表示燃料燃烧放出的热量中以各种形式离开锅炉而造成的损失；q_3、q_4 则表示进入锅炉的燃料由于没有燃烧而未能放出热量所造成的损失，它们反映了燃烧的完全程度。

基于第二类热损失，这里引入燃烧效率以表征燃料燃烧完全程度，反映燃烧设备的经济性。定义式为：

$$\eta_c = 100 - (q_3 + q_4) \tag{4-31}$$

式中 η_c——燃烧效率,%。

性能良好的燃烧设备应保证在所有运行工况下燃料能够最大限度地燃烧完全，尽量减小不完全燃烧损失，保证高的燃烧效率和不冒黑烟。不同类型燃烧设备的燃烧效率差别很大，例如燃油(气)锅炉、现代电站煤粉锅炉和燃气轮机的燃烧效率通常可达 99%，而许多小型燃煤工业锅炉燃烧效率低于 60%，某些燃煤工业炉窑甚至只有 20%、30%。

[例 4-1] 某油田注汽锅炉蒸发量为 23t/h，锅炉出口蒸汽压力表显示压力为 7.9MPa，蒸汽干度为 70%，锅炉给水温度为 20℃，每小时耗油量为 1500kg，若燃油的低位发热量为 41030.6kJ/kg，求此锅炉热效率。(注：排污吸热不考虑)

解：锅炉表压力为 7.9MPa，则绝对压力为：7.9+0.1=8.0MPa

从饱和水和饱和蒸汽表中查得，绝对压力 8.0MPa 时饱和水焓 $h'=1309.63$kJ/kg，汽化潜热 $\gamma=1451.14$kJ/kg，锅炉给水在 20℃时焓 $h_{gs}=83.7$kJ/kg

将已知数值代入式(4-26)求得锅炉有效利用热：

$$Q_1 = \frac{1}{B}D(h' + \gamma x - h_{gs})$$

$$= \frac{23000/3600}{1500/3600} \times (1309.63 + 1451.14 \times 0.7 - 83.7)$$

$$= 3437.3(\text{kJ/kg})$$

因燃料和空气均不预热，燃油不采用蒸汽雾化，则输入热量 $Q_f = Q_{ar,net} = 41030.6\text{kJ/kg}$。

运用式(4-3)即得锅炉热效率：

$$\eta = \frac{Q_1}{Q_f} \times 100 = \frac{3437.3}{41030.6} \times 100 = 83.8\%$$

第二节　燃烧温度计算

一、燃烧温度的定义

燃烧设备多在高温下工作，炉内温度的高低是保证设备工作的重要条件，而决定炉内温度的最基本因素是燃料燃烧时燃烧产物达到的温度，即所谓燃烧温度。在实际条件下的燃烧温度与燃料种类、燃料成分、燃烧条件和传热条件等各方面的因素有关，并且归纳起来，将决定于燃烧过程中热量收入和热量支出的平衡关系。所以从分析燃烧过程的热量平衡，可以找出估计燃烧温度的方法和提高燃烧温度的措施。

1. 热收入项

如前所述，对于1kg或 1m^3 燃料，热收入项包括：

① 燃料的收到基低位发热量 $Q_{ar,net}$；

② 燃料物理热 Q_{ph}；

③ 外来热源加热空气时带入的热量 Q_{ex}(即空气的物理热)；

④ 雾化燃油所用蒸汽带入的热量 Q_{at}(燃烧器为介质雾化燃油燃烧器时)。

2. 热支出项

热支出项包括：

① 燃烧产物拥有的物理热 Q_y，一部分热量传递给工作介质，一部分以排烟的形式离开炉膛造成的排烟热损失。换言之，Q_y 包括前述的有效利用热 Q_1 和排烟热损失 Q_2，即 $Q_y = Q_1 + Q_2$。

② 燃烧产物传递给热力管道等的散热 Q_5；

③ 不完全燃烧热损失 Q_{wr}，包括机械不完全燃烧热损失 Q_4 和气体不完全燃烧热损失 Q_3，即 $Q_{wr} = Q_4 + Q_3$；

④ 当炉膛温度高于1800℃时，热支出项还有燃烧产物发生裂解吸收的热量 Q_{lj}。

根据热量平衡原理，当热量收入与支出相等时，燃烧产物达到一个相对稳定的燃烧温度。

列热平衡方程式：

$$Q_{ar,net} + Q_{ph} + Q_{ex} + Q_{at} = Q_y + Q_5 + Q_{wr} + Q_{lj} \tag{4-32}$$

将式(4-15)代入式中，得到燃烧产物的温度为：

$$t_{py} = \frac{(Q_{ar,net} + Q_{ph} + Q_{ex} + Q_{at}) - (Q_5 + Q_{wr} + Q_{lj})}{V_y \times c_{py}} \tag{4-33}$$

t_{py}便是在实际条件下的燃烧产物的温度，也称为实际燃烧温度。由式(4-33)可以看出，影响实际燃烧温度的因素很多，而且随锅炉的工艺过程，热工过程和锅炉结构的不同而变化。实际燃烧温度是不能简单计算出来的。

若假设燃料是在绝热系统中燃烧($Q_5=0$)，并且完全燃烧($Q_{wr}=0$)，则按式(4-32)计算出来的燃烧温度称为"理论燃烧温度"，以 t_{ad}表示，即

$$t_{ad}=\frac{(Q_{ar,net}+Q_{ph}+Q_{ex}+Q_{at})-Q_{lj}}{V_y \times c_{py}} \tag{4-34}$$

理论燃烧温度是燃料燃烧过程的一个重要指标，它表明某种成分的燃料在某一燃烧条件下所能达到的最高温度。理论燃烧温度是分析锅炉的热工工作和热工计算的一个重要依据，对燃料和燃烧条件的选择、温度制度和炉温水平的估计及热交换计算方面，都有实际意义。

式(4-34)中，Q_{lj}只有在高温下(>1800℃)才予以考虑。如果忽略 Q_{lj}不计，便得到不考虑热分解的理论燃烧温度，也有称"量热计温度"，即：

$$t_{ad}=\frac{Q_{ar,net}+Q_{ph}+Q_{ex}+Q_{at}}{V_y \times c_{py}} \tag{4-35}$$

如果把燃烧条件规定为空气和燃料均不预热($Q_{ph}=Q_{ex}=0$)，燃油不采用蒸汽雾化($Q_{at}=0$)，空气消耗系数 $\alpha=1.0$，则燃烧温度便只与燃料性质有关。这时所计算的燃烧温度称"燃料理论发热温度"或"发热温度"，以 t_{fr}表示，即：

$$t_{fr}=\frac{Q_{ar,net}}{V_{y0} \times c_{py}} \tag{4-36}$$

燃料的理论发热温度是从燃烧温度的角度评价燃料性质的一个指标。

在实际燃烧过程中，由于 Q_5、Q_{wr}计算很复杂，且与燃烧装置、结构及热工过程有关。为简化其计算过程，引入一个燃烧温度修正系数 φ(其值约为0.6~0.9)，则实际燃烧温度可按下式计算，即：

$$t_{py}=\varphi t_{ad} \tag{4-37}$$

燃料理论发热温度和理论燃烧温度是可以根据燃料性质和燃烧条件计算的。

二、燃烧温度的计算

1. *无热分解时理论燃烧温度的计算*

此时，理论燃烧温度由式(4-35)计算，计算步骤如下：

① 根据已知条件计算($Q_{ar,net}+Q_{ph}+Q_{ex}+Q_{at}$)值；

② 根据燃料性质和给定的空气消耗系数计算燃烧产物生产量 V_y；

③ 计算燃烧产物中各组分的体积百分数；

④ 假设燃烧温度 $t_{ad}=t_1$，计算各成分在该温度下的平均比热容；

⑤ 根据式(4-21)计算燃烧产物的平均比热容 c_{py}：

⑥ 计算乘积 $V_y c_{py} t_1$；

⑦ 检验 $V_y c_{py} t_1$和 $Q_{ar,net}+Q_{ph}+Q_{ex}+Q_{at}$是否相等。如果不相等，则根据检验结果再假定新的温度值，这样重复数次就可找到所求的燃烧温度。

2. *有热分解时理论燃烧温度的计算*

此时，理论燃烧温度由式(4-34)计算。与无热分解理论燃烧温度计算的不同点是：

① 添加了分解热损失 Q_{lj}；

② 有分解时，燃烧产物中除了 CO_2，SO_2，H_2O，N_2，O_2，还会出现 H_2，CO，H，O，N，OH 等离解产物，在一般工业炉的工作温度和压力下，通常只考虑 CO_2 和 H_2O 的热分解反应：

$$\begin{cases} CO_2 \rightarrow CO+0.5O_2 \\ H_2O \rightarrow H_2+0.5O_2 \end{cases} \tag{4-38}$$

可见有热分解时燃烧产物的体积将增大；

③ 热分解使燃烧产物中的三原子气体减少，双原子气体增加，燃烧产物的平均比热容减小。

（a）认为乘积 $V_y c_{py}$ 不受热分解的影响。热分解的存在，一方面使燃烧产物的体积增加，一方面使燃烧产物的比热容减小。实践表明，在一般工业炉的工作温度和压力条件下，热分解对燃烧产物体积和比热容的乘积影响不明显，因此可近似采用无分解时的 $V_y c_{py}$ 值。

（b）按分解度计算分解热损失。通常，工业燃烧装置的分解热损失只考虑两部分：一是 CO_2 热分解吸收的热量，一是 H_2O 热分解吸收的热量。据分解式，热分解所生成的 CO 容积与热分解所消耗的 CO_2 容积相等，热分解所生成的 H_2 体积与消耗的 H_2O 体积相等。因此，这两部分热分解所引起的热损失可分别表示为：

CO_2 的分解热损失为

$$Q_{li,CO_2} = 12600V_{CO} \tag{4-39}$$

式中 Q_{li,CO_2}——CO_2 的分解热，kJ/kg 或 kJ/m^3；

V_{CO}——由 CO_2 分解生成的 CO 的体积，m^3/kg 或 m^3/m^3；

12600——1m^3 CO_2 分解所要吸收的热量，kJ/(m^3CO_2)。

H_2O 的分解热损失为：

$$Q_{li,H_2O} = 10800V_{H_2} \tag{4-40}$$

式中 Q_{li,H_2O}——CO_2 的分解热，kJ/kg 或 kJ/m^3；

V_{H_2}——由 H_2O 分解生成的 H_2 的体积，m^3/kg 或 m^3/m^3；

10800——1m^3 H_2O 分解所要吸收的热量，kJ/(m^3H_2O)。

V_{CO}、V_{H_2} 可根据 CO_2 和 H_2O 的分解度确定。

CO_2 的分解度为：

$$f_{CO_2} = \frac{(V_{CO_2})_1}{(V_{CO_2})_w} \tag{4-41}$$

H_2O 的分解度为：

$$f_{H_2O} = \frac{(V_{H_2O})_1}{(V_{H_2O})_w} \tag{4-42}$$

$(V_{CO_2})_w$、$(V_{H_2O})_w$ 分别为不考虑热分解的产物中 CO_2 和 H_2O 的体积，按完全燃烧条件求得。$(V_{CO_2})_1$、$(V_{H_2O})_1$ 分别表示产物中已分解的 CO_2 和 H_2O 的体积，显然：

$$V_{CO} = (V_{CO_2})_1 \tag{4-43}$$

$$V_{H_2} = (V_{H_2O})_1 \tag{4-44}$$

则：

$$Q_{lj} = 12600f_{CO_2}(V_{CO_2})_w + 10800f_{H_2O}(V_{H_2O})_w \tag{4-45}$$

表 4-3 和表 4-4 示出了不同温度、不同分压下水蒸气和 CO_2 的分解度 f，由此可知，分解度 f 与温度和分解成分的分压力有关。温度越高，分解度越大；分压越高，分解度越小。CO_2 和 H_2O 的分压可根据无分解条件下的燃烧产物中各自的体积分数来确定。

表 4-3　水蒸气的分解度

%

t/℃	水蒸气的分压/10^5Pa																						
	0.03	0.04	0.05	0.06	0.07	0.08	0.09	0.10	0.12	0.14	0.16	0.18	0.20	0.25	0.30	0.35	0.40	0.45	0.50	0.60	0.70	0.80	0.90	1.00
1600	0.90	0.85	0.80	0.75	0.70	0.65	0.63	0.60	0.58	0.56	0.54	0.52	0.50	0.48	0.46	0.44	0.42	0.40	0.38	0.35	0.32	0.30	0.29	0.28
1700	1.60	1.45	1.35	1.27	1.20	1.16	1.15	1.08	1.02	0.95	0.90	0.85	0.80	0.76	0.73	0.70	0.67	0.64	0.62	0.60	0.57	0.54	0.52	0.50
1800	2.70	2.40	2.25	2.10	2.00	1.90	1.85	1.80	1.70	1.60	1.53	1.46	1.40	1.30	1.25	1.20	1.15	1.10	1.05	1.00	0.95	0.90	0.86	0.83
1900	4.45	4.05	3.80	3.60	3.40	3.05	3.10	3.00	2.85	2.70	2.60	2.50	2.40	2.20	2.10	2.00	1.90	1.80	1.70	1.63	1.56	1.50	1.45	1.40
2000	6.30	5.55	5.35	5.05	4.80	4.60	4.45	4.30	4.00	3.80	3.55	3.50	3.40	3.15	2.95	2.80	2.65	2.57	2.50	2.40	2.30	2.20	2.10	2.00
2100	9.35	8.50	7.95	7.50	7.10	6.80	6.55	6.35	6.00	5.70	5.45	5.25	5.10	4.80	4.55	4.30	4.10	3.90	3.70	3.55	3.40	3.25	3.10	3.00
2200	13.4	12.3	11.5	10.8	10.3	9.90	9.60	9.30	8.80	8.35	7.95	7.65	7.40	6.90	6.55	6.25	5.90	5.65	5.40	5.10	4.90	4.70	4.55	4.40
2300	17.5	16.0	15.4	15.0	14.3	13.7	13.3	12.9	12.2	11.6	11.1	10.7	10.4	9.60	9.10	8.7	8.4	8.0	7.7	7.3	6.9	6.7	6.4	6.2
2400	24.4	22.5	21.0	20.0	19.1	18.4	17.7	17.2	16.3	15.6	15.0	14.4	13.9	13.0	12.2	11.7	11.2	10.8	10.4	9.9	9.4	9.0	8.7	8.4
2500	30.9	28.5	26.8	25.6	24.5	23.5	22.7	22.1	20.9	20.0	19.3	18.6	18.0	16.9	15.9	15.2	14.6	14.1	13.1	12.9	12.3	11.7	11.3	11.0
2600	39.7	37.1	35.1	33.5	32.1	31.0	30.1	29.2	27.8	26.7	25.9	24.8	24.1	22.6	21.5	20.5	19.7	19.1	18.5	17.5	16.7	16.0	15.5	15.0
2700	47.3	44.7	42.6	40.7	39.2	37.9	36.9	35.9	34.2	33.0	31.8	30.8	29.9	28.2	26.8	25.7	24.8	24.0	23.3	22.1	21.1	20.3	19.6	19.0
2800	57.6	54.5	52.2	50.3	48.7	47.3	46.1	45.0	43.2	41.6	40.4	39.3	38.3	36.2	34.6	33.3	32.2	31.1	30.2	28.8	27.6	26.6	25.8	25.0
2900	65.5	62.8	60.5	58.6	56.9	55.5	54.3	53.2	51.3	49.7	48.3	47.1	46.0	43.7	41.9	40.5	39.2	38.1	37.1	35.4	34.1	32.9	31.9	31.0
3000	72.9	70.6	68.5	66.7	65.1	63.8	62.6	61.6	59.6	58.0	56.6	55.4	54.3	51.9	50.0	48.4	47.0	45.8	44.7	42.9	41.4	40.1	39.0	38.0

表 4-4　二氧化碳的分解度

%

t/℃	二氧化碳的分压/10^5Pa																						
	0.03	0.04	0.05	0.06	0.07	0.08	0.09	0.10	0.12	0.14	0.16	0.18	0.20	0.25	0.30	0.35	0.40	0.45	0.50	0.60	0.70	0.80	0.90	1.00
1500	0.6	0.5	0.5	0.5	0.5	0.5	0.5	0.5	0.5	0.5	0.4	0.4	0.4	0.4	0.4	0.4	0.4	0.4	0.4	0.4	0.4	0.4	0.4	0.4
1600	2.2	2.0	1.9	1.8	1.7	1.6	1.55	1.5	1.45	1.4	1.35	1.3	1.3	1.2	1.1	1.0	0.95	0.9	0.85	0.83	0.79	0.75	0.72	0.70
1700	4.1	3.8	3.5	3.3	3.1	3.0	2.9	2.8	2.6	2.5	2.4	2.3	2.2	2.0	1.9	1.8	1.75	1.7	1.65	1.6	1.5	1.4	1.3	1.3
1800	6.9	6.3	5.9	5.5	5.2	5.0	4.8	4.6	4.4	4.2	4.0	3.8	3.7	3.5	3.3	3.1	3.0	2.9	2.75	2.6	2.5	2.4	2.3	2.2
1900	11.1	10.1	9.5	8.9	8.5	8.1	7.8	7.6	7.2	6.8	6.5	6.3	6.1	5.6	5.3	5.1	4.9	4.7	4.5	4.3	4.1	3.9	3.7	3.6
2000	18.0	16.5	15.4	14.6	13.9	13.4	12.9	12.5	11.8	11.2	10.8	10.4	10.0	9.4	8.8	8.4	8.0	7.7	7.4	7.1	6.8	6.5	6.2	6.0
2100	25.9	23.9	22.4	21.3	20.3	19.6	18.9	18.3	17.3	16.6	15.9	15.3	14.9	13.9	13.1	12.5	12.0	11.5	11.2	10.5	10.1	9.7	9.3	9.0
2200	37.6	35.1	33.1	31.5	30.3	29.2	28.3	27.5	26.1	25.0	24.1	23.3	22.6	21.2	20.1	19.2	18.5	17.9	17.3	16.4	15.6	15.0	14.5	14.0
2300	47.6	44.7	42.5	40.7	39.2	37.9	36.9	35.9	34.3	33.9	31.8	30.9	30.0	28.2	26.9	25.7	24.8	24.0	23.2	22.1	21.1	20.3	19.6	19.0
2400	59.0	56.0	53.7	51.8	50.2	48.8	47.6	46.5	44.6	43.1	41.8	40.6	39.6	37.5	35.8	34.5	33.3	32.3	31.4	29.9	28.7	27.7	26.8	26.0
2500	69.1	66.3	64.1	62.2	60.6	59.3	58.0	56.0	55.0	53.4	52.0	50.7	49.7	47.3	45.4	43.9	42.6	41.4	40.4	38.7	37.2	36.0	34.9	34.0
2600	77.7	75.2	73.3	74.6	70.2	68.9	67.8	66.7	64.9	63.4	62.0	60.8	59.7	57.4	55.5	53.8	52.4	51.2	50.1	48.2	46.6	45.3	44.1	43.0
2700	84.4	82.5	81.1	79.8	78.6	77.6	76.5	75.7	74.1	72.8	71.6	70.5	69.4	67.3	65.5	63.9	62.6	61.3	60.3	58.4	56.8	55.4	54.1	54.0
2800	89.6	88.3	87.2	86.1	85.2	84.4	83.7	83.0	81.7	80.6	79.6	78.7	77.9	76.1	74.5	73.2	71.9	70.8	69.9	68.1	66.6	65.3	64.1	63.0
2900	93.2	92.2	91.4	90.6	90.0	89.4	88.8	88.3	87.4	86.5	85.8	85.1	84.5	83.0	81.8	80.7	79.7	78.8	78.0	76.5	75.2	74.0	73.0	72.0
3000	95.6	94.9	94.4	93.9	93.5	93.1	92.7	92.3	91.7	91.1	90.6	90.1	89.6	88.5	87.6	84.8	86.0	85.4	84.7	83.6	82.5	81.7	72.8	80.0

最终确定有分解情况下的理论燃烧温度仍需采用重复迭代计算的方法计算，具体过程与前面无分解时理论燃烧温度的计算相同。

燃烧产物的热分解程度受温度的控制，燃烧产物的生成量和成分都是温度的函数，燃烧产物的比热容与温度和成分有关，但最终也是温度的函数，这将使理论燃烧温度的计算更加复杂，一般利用计算机计算。但对锅炉和其他工业炉进行热工计算时，可采用简化处理。

3. 工程上理论燃烧温度的计算

由上述计算过程可知，理论燃烧温度的计算涉及到重复迭代过程，比较麻烦。为简化计算，工程上通常采用烟气焓温表插值计算。

空气焓和烟气焓是指在定压条件下，将 1kg 燃料(固、液燃料)或 $1m^3$ 气体燃料所需的空气量或所产生的烟气量从 0℃加热到 t℃(空气)或 t℃(烟气)时所需的热量，单位为 kJ/kg 或 kJ/m^3。

(1) 理论空气焓

$$H_{k0} = V_0 \,(ct)_k \tag{4-46}$$

式中 H_{k0}——理论空气焓，kJ/kg 或 kJ/m^3。

如果空气为湿空气时，即需要计入空气中水分时，则上式理论空气焓变为理论湿空气焓：

$$H_{k0} = 1.0161 V_0 \,(ct)_k \tag{4-47}$$

此时式中的$(ct)_k$为标准状态下 $1m^3$ 湿空气在温度 t℃时的焓，kJ/m^3，见表 4-5。

表 4-5 $1m^3$ 空气、各种气体及 1kg 灰的焓

温度 t/℃	$(ct)_{CO_2}$/(kJ/m^3)	$(ct)_{N_2}$/(kJ/m^3)	$(ct)_{O_2}$/(kJ/m^3)	$(ct)_{H_2O}$/(kJ/m^3)	干空气$(ct)_{gk}$/(kJ/m^3)	湿空气$(ct)_k$/(kJ/m^3)	$(ct)_{CO}$/(kJ/m^3)	$(ct)_{fh}$/(kJ/kg)
20						26		
30						39		
100	170.03	129.58	131.76	150.52	130.04	132.43	130.17	80.8
200	357.46	259.92	267.04	304.46	261.42	266.36	261.42	169.1
300	558.81	392.01	406.83	462.72	395.16	402.69	395.01	263.7
400	771.88	526.52	551.00	626.16	531.56	541.76	531.56	360.0
500	994.35	663.80	694.50	794.85	671.35	684.15	671.35	458.5
600	1224.66	804.12	850.08	968.88	813.90	829.74	814.44	559.8
700	1461.88	947.52	1004.08	1148.84	959.56	978.32	960.40	663.2
800	1704.88	1093.60	1159.92	1334.40	1107.36	1129.12	1108.96	767.2
900	1952.25	1241.55	1318.05	1526.04	1257.84	1282.32	1259.64	873.9
1000	2203.50	1391.70	1477.50	1722.90	1409.70	1437.30	1412.60	984.0
1100	2458.39	1543.74	1638.23	1925.11	1563.54	1594.89	1567.25	1096.0
1200	2716.56	1697.16	1800.00	2132.28	1917.24	1753.44	1723.32	1206.0
1300	2996.74	1852.76	1963.78	2343.64	1876.16	1914.25	1880.45	1360.0
1400	3239.01	2008.72	2128.28	2559.20	2033.92	2076.20	2038.40	1571.0
1500	3503.10	2166.00	2294.10	2779.05	2193.00	2238.90	2198.70	1758.0

续表

温度 t/℃	$(ct)_{CO_2}$/(kJ/m³)	$(ct)_{N_2}$/(kJ/m³)	$(ct)_{O_2}$/(kJ/m³)	$(ct)_{H_2O}$/(kJ/m³)	干空气$(ct)_{gk}$/(kJ/m³)	湿空气$(ct)_k$/(kJ/m³)	$(ct)_{CO}$/(kJ/m³)	$(ct)_{fh}$/(kJ/kg)
1600	3768.80	2324.48	2460.48	3001.76	2353.28	2402.88	2359.36	1830.0
1700	4036.31	2484.04	2628.54	3229.32	2513.96	2569.34	2520.25	2066.0
1800	4304.70	2643.66	2797.38	3458.34	2676.06	2731.86	2682.18	2184.0
1900	4574.06	2804.21	2967.23	3690.37	2838.41	2898.83	2844.68	2358.0
2000	4844.20	2965.00	3138.40	3925.60	3002.00	3065.00	3007.8	2512.0
2100	5155.39	3127.53	3309.39	4163.25	3165.33	3233.79	3171.42	2640.0
2200	5386.48	3289.22	3482.60	4401.98	3329.70	3401.64	3335.20	2760.0
2300	5658.46	3452.30	3656.31	4643.47	3494.64	3570.75	3499.45	
2400	5930.40	3615.36	3831.36	4887.60	3660.72	3739.92	3664.56	
2500	6202.75	3778.50	4006.75	5132.00	3825.75	3909.50	3830.00	

（2）实际空气焓

$$H_k = \alpha V_0 (ct)_k \tag{4-48}$$

式中 H_k——实际空气焓，kJ/kg 或 kJ/m³；

α——过量空气系数。

（3）理论烟气焓

$$H_{y0} = V_{RO_2} (ct)_{RO_2} + V_{y0,N_2} (ct)_{N_2} + V_{y0,H_2O} (ct)_{H_2O} \tag{4-49}$$

式中 H_{y0}——理论烟气焓，kJ/kg 或 kJ/m³；

$(ct)_{RO_2}$、$(ct)_{N_2}$、$(ct)_{H_2O}$——理论烟气中 RO_2，N_2，H_2O 各组分在温度 t℃时的焓，kJ/m³，见表 4-5。

（4）飞灰焓

$$H_{fh} = \frac{A_{ar}}{100}\alpha_{fh} (ct)_{fh} \tag{4-50}$$

式中 H_{fh}——飞灰焓，kJ/kg；

$(ct)_{fh}$——1kg 灰在 t℃时的焓，kJ/kg，见表 4-5。

飞灰的焓数值较小，只有在 $4187 \dfrac{\alpha_{fh}A_{ar}}{Q_{ar,net}} \geqslant 6$ 时才计算。

（5）实际烟气焓

从热力学中知道，燃烧产物的焓应等于它各组成成分焓的总和。在通常计算中，可认为它等于理论烟气的焓、过量空气的焓和飞灰的焓三者之和。即：

$$H_y = H_{y0} + (\alpha - 1)H_{k0} + H_{fh} (kJ/kg) \tag{4-51}$$

式中 H_y——实际烟气焓，kJ/kg 或 kJ/m³。

在燃烧设备烟道中，沿着烟气的流程，不同部位的过量空气系数和烟温不同，因此烟气的焓也不同。在受热面的传热计算中，必须分别计算各个受热面所在部位的烟气焓并制成焓温表，如表 4-6 所示。利用焓温表，根据过量空气系数和烟气温度，可求出烟气焓；反之，也可以由过量空气系数和烟气焓查出烟气温度。烟气温焓表(图)是进行锅炉热力计算的基本计算图表之一。

表 4-6　烟气焓温表

温度	$V_{RO_2}=$		$V_{y0,N_2}=$		$V_{y0,H_2O}=$		H_{y0}	$V_0=$		$H_y=H_{y0}+(\alpha-1)H_{k0}+H_{fh}$		
t/℃	$(ct)_{RO_2}$	H_{RO_2}	$(ct)_{N_2}$	H_{y0,N_2}	$(ct)_{H_2O}$	H_{y0,H_2O}		$(ct)_k$	H_{k0}	$\alpha_1=$	$\alpha_2=$	$\alpha_3=$
100	170. 03		129. 58		150. 52			130. 04				
200	357. 46		259. 92		304. 46			261. 42				
300	558. 81		392. 01		462. 72			395. 16				
400	771. 88		526. 52		626. 16			531. 56				
500	994. 35		663. 80		794. 85			671. 35				
…												
2400	5930. 40		3615. 36		4887. 60			3660. 72				
2500	6202. 75		3778. 5		5132. 00			3825. 75				

炉膛内实际燃烧温度计算很复杂，一般计算出理论燃烧温度 t_{ad}后，按经验公式(4-37)获得炉膛内的实际燃烧温度。

[例 4-2]　某锅炉燃用重油，其成分如下表。重油的发热量为 39805kJ/kg。为了降低重油的黏度，燃烧前将重油加热到 110℃。燃烧器用空气作雾化剂。过量空气系数 1. 10，空气不预热。求实际烟气量及重油的理论燃烧温度。如果将空气预热到 250℃，理论燃烧温度将达到多少?

成分	C_{ar}	H_{ar}	N_{ar}	O_{ar}	S_{ar}	A_{ar}	M_{ar}
含量/%	85. 60	10. 50	0. 50	0. 50	0. 70	0. 20	2. 00

解：(1)实际烟气量计算

1kg 重油完全燃烧需要的理论空气量为：

$$V_0=0.0889(C_{car}+0.375S_{ar})+0.265H_{ar}-0.0333Q_{ar}$$
$$=0.0889(85.60+0.375\times0.70)+0.265\times10.50-0.0333\times0.50=10.41(m^3/kg)$$

理论湿空气量为：

$$V_{S0}=V_0+0.0161V_0=1.0161\times10.41$$
$$=10.57m^3/h$$

1kg 燃料的理论烟气中各成分的量为：

$$V_{RO_2}=0.01866C_{ar}+0.007S_{ar}$$
$$=0.01866\times85.60+0.007\times0.70$$
$$=1.60(m^3/kg)$$
$$V_{y0,H_2O}=0.111H_{ar}+0.0124M_{ar}+0.0161V_0$$
$$=0.111\times10.50+0.0124\times2.00+0.0161\times10.41$$
$$=1.36(m^3/kg)$$
$$V_{y0,N_2}=0.008N_{ar}+0.79V_0$$
$$=0.008\times0.50+0.79\times10.41$$
$$=8.23(m^3/kg)$$

则理论烟气量为：

$$V_{y0} = V_{RO_2} + V_{y0,H_2O} + V_{y0,N_2}$$
$$= 1.60 + 1.36 + 8.23$$
$$= 11.19(m^3/kg)$$

实际烟气量为：

$$V_y = V_{y0} + 1.0161(\alpha - 1)V_0$$
$$= 11.19 + 1.0161 \times (1.10 - 1) \times 10.41$$
$$= 12.25(m^3/kg)$$

（2）空气不预热时的理论燃烧温度

重油在110℃下的比热容为：

$$c_f = 1.737 + 0.0025t = 1.737 + 0.0025 \times 110 = 2.012[kJ/(kg \cdot ℃)]$$

重油带入的物理热：

$$Q_{ph} = c_f t_f = 2.012 \times 110 = 221(kJ/kg)$$

空气不预热，空气带入的物理热较少，可忽略。同时忽略离解热，则燃料完全燃烧传递给燃烧产物的热量为：

$$H_y = Q_{ar,net} + Q_{ph} = 39805 + 222 = 40027(kJ/kg)$$

假设理论燃烧温度在1800~2200℃，计算该区域的间的焓温(见表4-7)。

表4-7　1800~2200℃焓温表

t	$V_{RO_2}=1.60m^3/kg$	$V_{y0,N_2}=8.23m^3/kg$	$V_{y0,H_2O}=1.36m^3/kg$	H_{y0}	$V_0=10.57m^3/kg$	$H_y=H_{y0}+(\alpha-1)H_{k0}$
	H_{RO_2}	H_{y0,N_2}	H_{y0,H_2O}		H_{k0}	
℃	kJ/kg	kJ/kg	kJ/kg	kJ/kg	kJ/kg	kJ/kg
1800	6887.5	21757.32	4703.3	33348.18	28875.76	36235.76
1900	7318.5	23078.65	5018.9	35416.05	30640.63	38480.11
2000	7750.7	24401.95	5338.8	37491.49	32397.05	40731.19
2100	8248.6	25739.57	5662.0	39650.22	34181.16	43068.33
2200	8618.4	27070.28	5986.7	41675.34	35955.33	45270.87

由焓温表查得烟气焓40026kJ/kg对应的理论燃烧温度为：

$$t'_{ad} = \frac{2000 - 1900}{40731.19 - 38480.11} \times (40026 - 38480.11) + 1900 = 1969(℃)$$

（3）空气预热至250℃时的理论燃烧温度

空气带入的物理热：

$$Q_{ex} = \alpha V_{S0}(ct)_k = 1.1 \times 10.57 \times 334.53 = 3890(kJ/kg)$$

忽略离解热，空气预热时，燃料完全燃烧传递给燃烧产物的热量为：

$$H_y = Q_{ar,net} + Q_{ph} + Q_{ex} = 39805 + 221 + 3890 = 43916(kJ/kg)$$

由焓温表查得烟气焓43916kJ/kg对应的理论燃烧温度为：

$$t''_{ad} = \frac{2200 - 2100}{45270.87 - 43068.33} \times (43916 - 43068.33) + 2100 = 2138(℃)$$

可见，空气预热后，使理论燃烧温度提高2138-1969=169℃，如果其他条件不变，炉温也将随之提高；如果炉温不需要提高，就可减少每小时供入炉内的燃料量。这样预热空气便达到了节约燃料的目的。

三、燃烧室(炉膛)有效理论燃烧温度的计算

一个燃烧室燃烧燃料，由于存在固体及气体不完全燃烧热损失 q_4 及 q_3 以及灰渣物理热损失 q_6，炉膛中单位时间实际可用来加热燃烧产物的热量为：

$$Q'_e = Q_f \frac{100 - (q_3 + q_4 + q_6)}{100} \tag{4-52}$$

而 1kg 燃烧实际参与炉内燃烧反应的燃料消耗量为$(1-q_4/100)$kg，则 1kg 燃料的燃烧产物在炉膛内可以得到燃料的热量为：

$$Q'_e = Q_f \frac{100 - (q_3 + q_4 + q_6)}{100 - q_4} \tag{4-53}$$

除燃料燃烧放出的热量外，燃烧空气带入的热量，因此 1kg 燃料带入炉内的有效热，包括燃料的有效放热和随燃烧空气带入的热量，即：

$$Q_e = Q'_e + Q_k \tag{4-54}$$

$$Q_k = (\alpha''_f - \Delta\alpha_f - \Delta\alpha_{pcs})H_{rk0} + (\Delta\alpha_f + \Delta\alpha_{pcs})H_{lk0} \tag{4-55}$$

式中 Q_f——1kg 燃料送入炉膛的可用热量，kJ/kg；

Q_k——1kg 燃料送入炉膛的空气的热量，kJ/kg；

$\Delta\alpha_f$、$\Delta\alpha_{pcs}$——炉膛及制粉系统的漏风系数；

H_{rk0}——理论热空气焓，kJ/kg；

H_{lk0}——理论冷空气焓，kJ/kg。

根据有效热 Q_e，过量空气系数 α 由焓温表查出有效理论燃烧温度。

[**例 4-3**]　一台 600MW 超临界变压运行直流锅炉，单炉膛、一次中间再热、四角切圆燃烧方式，固态排渣。燃烧器采用直流式燃烧器。燃料为神府东胜煤，燃料收到基低位发热量为 21805kJ/kg，煤的收到基成分如下：

成分	C_{ar}	H_{ar}	N_{ar}	O_{ar}	S_{ar}	A_{ar}	M_{ar}
含量/%	57.33	3.62	0.70	9.94	0.41	15.00	13.00

其结构主要有炉膛，前后屏过热器，高、低温再热器，对流过热器，省煤器，空气预热器。冷风温度为 20℃，热风温度为 325℃。设计时机械不完全燃烧热损失 q_4 和气体不完全燃烧热损失 q_3 分别选取 0.6 和 0。试计算其理论空气量、理论烟气量和各受热面的实际烟气量，确定燃烧效率、理论燃烧温度和炉膛出口的实际燃烧温度。

解：①对该锅炉的各受热面进出口过量空气系数和漏风系数按相关标准进行风平衡计算，结果如表 4-8 所示。

表 4-8　过量空气系数和漏风系数结果

项　目	前屏至省煤器	空气预热器热段	空气预热器冷段
入口处 a'	1.2	1.20	1.24
漏风 Δa	0	0.04	0.04
出口处 a''	1.2	1.24	1.28

② 理论空气量、理论烟气量和烟气中各组分的体积计算结果如表 4-9 所示。

表 4-9　理论空气量、理论烟气量和烟气中各组分的体积计算结果

序号	名　称	符号	单位	来　源	数值
1	理论空气量	V_0	m^3/kg	$0.0889\times(C_{ar}+0.375\times S_{ar})+0.265\times H_{ar}-0.0333\times O_{ar}$	5.739
2	理论 N_2 容积	V_{y0,N_2}	m^3/kg	$0.79\times V_0+0.008\times N_{ar}$	4.539
3	三原子气体 RO_2 的容积	V_{RO_2}	m^3/kg	$0.01866\times(C_{ar}+0.375\times S_{ar})$	1.073
4	理论水蒸汽容积	V_{y0,H_2O}	m^3/kg	$0.111\times H_{ar}+0.0124\times M_{ar}+0.0161\times V_0$	0.655
5	理论烟气容积	V_{y0}	m^3/kg	$V_{y0,N_2}+V_{RO_2}+V_{y0,H_2O}$	6.267

③ 各受热面处实际烟气量及烟气特性如表 4-10 所示。

表 4-10　各受热面处实际烟气量及烟气特性

序号	名称及公式	符号	单位	前屏至省煤器	空预器热段	空预器冷段
1	烟道进口过量空气系数	a'	—	1.20	1.20	1.24
2	烟道出口过量空气系数	a''	—	1.20	1.24	1.28
3	烟道平均过量空气系数$(\alpha'+\alpha'')/2$	a_{av}	—	1.20	1.22	1.26
4	过剩空气量$(\alpha_{av}-1)V_0$	ΔV	m^3/kg	1.148	1.262	1.492
5	水蒸气容积 $V_{y0,H_2O}+0.0161\Delta V$	V_{y0,H_2O}	m^3/kg	0.674	0.676	0.679
6	烟气总容积 $V_{y0}+1.0161\Delta V$	V_y	m^3/kg	7.433	7.550	7.783
7	RO_2 占烟气容积份额 V_{RO_2}/V_y	RO'_2	—	0.1443	0.1421	0.1378
8	H_2O 占烟气容积份额 V_{H_2O}/V_y	H_2O'	—	0.0907	0.0895	0.0873
9	RO_2+H_2O 的容积份额 RO'_2+H_2O'	r_g	—	0.2350	0.2316	0.2251
10	烟气质量 $1-A_{ar}/100+1.306\alpha_{av}V_0$	G_y	kg/kg	9.844	9.993	10.293
11	飞灰浓度，α_{fh}取 $0.95\alpha_{fh}A_{ar}/(100G_y)$	μ_{ash}	kg/kg	0.0145	0.0143	0.0138

④ 烟气焓温表见表 4-11。

表 4-11　烟气焓温表

温度/℃	理论烟气焓 $H_{y0}/(kJ/kg)$	理论湿空气焓 $H_{k0}/(kJ/kg)$	飞灰的焓 $H_{fh}/(kJ/kg)$	$H_y=H_{y0}+1.0161(\alpha-1)H_{k0}+H_{fh}$		
				$\alpha=1.2$	$\alpha=1.24$	$\alpha=1.28$
20		151.6				
30		227.4				
100	870.3	769.7	11.5	1033.3	1052.1	1082.4
200	1762.3	1551.1	24.1	2091.7	2128.7	2189.7
300	2682.4	2349.9	37.6	3182.5	3237.4	3330.0
400	3630.5	3160.4	51.3	4303.9	4377.0	4501.4
500	4602.7	3988.4	65.3	5453.0	5544.7	5701.8
600	5594.0	4839.7	79.8	6626.4	6737.1	
700	6612.9	5708.6	94.5	7831.0	7961.2	
800	7664.0	6589.0	109.3	9070.2		
900	8733.7	7469.6	124.5	10328.4		

续表

温度/℃	理论烟气焓 H_{y0}/(kJ/kg)	理论湿空气焓 H_{k0}/(kJ/kg)	飞灰的焓 H_{fh}/(kJ/kg)	$H_y=H_{y0}+1.0161(\alpha-1)H_{k0}+H_{fh}$		
				$\alpha=1.2$	$\alpha=1.24$	$\alpha=1.28$
1000	9820.1	8373.3	140.2	11608.4		
1100	10910.7	9300.5	156.2	12897.5		
1200	12004.8	10227.6	171.9	14189.8		
1300	13125.8	11154.6	193.8	15515.2		
1400	14271.0	12105.1	223.9	16877.6		
1500	15402.5	13055.6	250.5	18222.7		
1600	16551.9	14011.9	260.8	19570.7		
1700	17709.2	14962.4	294.4	20948.7		
1800	18874.3	15912.7	311.2	22317.6		
1900	20052.4	16892.4	339.9	23717.2		
2000	21221.9	17866.2	358.0	25096.5		
2100	22407.5	18845.8	376.2	26493.1		
2200	23595.1	19819.5	393.3	27889.5		

⑤ 设计燃烧效率为 $\eta_c=100-(q_3+q_4)=100-(0+0.6)=94\%$

⑥ 理论燃烧温度的计算。由焓温表查得理论热空气焓为 2552.5kJ/kg，理论冷空气焓为 151.6kJ/kg，炉膛和制粉系统的总漏风系数为 0.06，则空气带入炉内的热量为：

$$\begin{aligned}Q_k &= (\alpha''_f-\Delta\alpha_f-\Delta\alpha_{pcs})H_{rk0}+(\Delta\alpha_f+\Delta\alpha_{pcs})H_{lk0}\\&=(1.2-0.06)\times 2552.5+0.06\times 151.6\\&=2918.9(\text{kJ/kg})\end{aligned}$$

由于燃料和空气未利用外界热量预热，且燃料水分含量满足关系式 $M_{ar}<\dfrac{Q_{ar,net}}{628}$，则 1kg 燃料带入炉内的热量 Q_f 可近似为燃料的发热量。

则 1kg 燃料带入炉内的有效热为：

$$\begin{aligned}Q_e &= Q_f\frac{100-(q_3+q_4+q_6)}{100-q_4}+Q_k\\&=21805\times\frac{100-(0+0.06+0.06)}{100-0.06}+2918.9\\&=24710.8(\text{kJ/kg})\end{aligned}$$

由烟气焓温表用插值法按 $\alpha=1.2$ 查得理论燃烧温度为 1972.0℃。

[例 4-4] 一台 9.2t/h 油田注汽锅炉，已知设计参数和燃油成分如表 4-12 所示。冷风温度为 20℃，排烟温度为 180℃。设计时机械不完全燃烧热损失 q_4、气体不完全燃烧热损失 q_3、散热损失分别选取 0、0.5、1.83。试计算其理论空气量、理论烟气量和实际烟气量，确定锅炉热效率、有效利用热与燃料消耗量。

表 4-12 已知的设计参数和燃油成分

序 号	名 称	数 值
1	介质入口温度 t_{gs}/℃	20
2	介质出口温度 t'/℃	370
3	流量 D/(t/h)	9.2
4	入口压力 p_{gs}/MPa	21.00
5	出口压力 p'/MPa	21.00
6	出口干度 γ	0.75
7	过量空气系数 α	1.20
8	C_{ar}(燃油成分)/%	74.72
9	H_{ar}(燃油成分)/%	9.13
10	S_{ar}(燃油成分)/%	0.36
11	O_{ar}(燃油成分)/%	0.06
12	N_{ar}(燃油成分)/%	0.54
13	A_{ar}(燃油成分)/%	0.3
14	M_{ar}(燃油成分)/%	14.89
15	雾化蒸汽耗量 D_{at}/[kg(蒸汽)/kg(燃油)]	0.15

解：

(1) 理论空气量、理论烟气量、实际烟气量和烟气中各组分的体积计算结果如表 4-13 所示。

表 4-13 理论空气量、理论烟气量、实际烟气量和烟气中各组分的体积计算结果

序号	名 称	符号	单 位	来 源	数 值
1	理论空气量	V_0	m^3/kg	$0.0889\times(C_{ar}+0.375\times S_{ar})+0.265\times H_{ar}-0.0333\times O_{ar}$	9.072
2	理论氮气容积	V_{y0,N_2}	m^3/kg	$0.79\times V_0+0.008\times N_{ar}$	7.171
3	三原子气体 RO_2 的容积	V_{RO_2}	m^3/kg	$0.01866\times(C_{ar}+0.375\times S_{ar})$	1.397
4	理论水蒸汽容积	V_{y0,H_2O}	m^3/kg	$0.111\times H_{ar}+0.0124\times M_{ar}+0.0161\times V_0$	1.344
5	雾化水蒸汽容积	V_{at}	m^3/kg	$D_{at}/(18/22.4)$	0.187
6	理论烟气容积	V_{y0}	m^3/kg	$V_{y0,N_2}+V_{RO_2}+V_{y0,H_2O}$	9.912
7	实际烟气容积	V_y	m^3/kg	$V_{y0}+1.0161(\alpha-1)V_0+V_{at}$	11.943

(2) 烟气焓温表如表 4-14 所示。

表 4-14 烟气焓温表

温度/℃	理论烟气 H_{y0}/(kJ/kg)	理论湿空气焓 H_{k0}/(kJ/kg)	雾化蒸汽焓 H_{at}/(kJ/kg)	$H_y=H_{y0}+(\alpha-1)H_{k0}+H_{at}$/(kJ/kg)
20		239.7		
30		359.5		
100	1369.1	1220.7	28.1	1637.5
200	2772.5	2455.3	56.9	3312.7
300	4213.7	3712.0	86.5	5030.8
400	5695.6	4994.0	117.1	6795.7

续表

温度/℃	理论烟气 H_{y0}/(kJ/kg)	理论湿空气焓 H_{k0}/(kJ/kg)	雾化蒸汽焓 H_{at}/(kJ/kg)	$H_y=H_{y0}+(\alpha-1)H_{k0}+H_{at}$/(kJ/kg)
500	7217.6	6306.6	148.6	8607.5
600	8779.4	7648.7	181.2	10466.1
700	10381.0	9018.3	214.8	12370.9
800	12017.4	10408.3	249.5	14315.6
900	13681.5	11820.6	285.4	16293.6
1000	15373.9	13249.2	322.2	18304.0
1100	17092.0	14701.8	360.0	20345.8
1200	18831.3	16163.4	398.7	22411.5
1300	20622.6	17645.8	438.3	24534.1
1400	22369.1	19138.6	478.6	26614.8
1500	24161.4	20638.4	519.7	28743.4
1600	25968.4	22150.1	561.3	30889.5
1700	27792.2	23684.5	603.9	33057.9
1800	29619.6	25182.6	646.7	35223.0
1900	31459.0	26721.8	690.1	37408.8
2000	33305.6	28253.6	734.1	39600.9

(3) 锅炉热效率、有效利用热及燃料消耗量计算结果如表4-15所示。

表4-15　锅炉热效率、有效利用热及燃料消耗量计算结果

序号	名　称	符号	单位	来　源	数　值
1	燃料带入的热量	Q_f	kJ/kg	$\approx Q_{ar,net}$	35127
2	排烟温度	t_{py}	℃	给定	180
3	排烟焓	H_{py}	kJ/kg	查焓温表	2977.6
4	冷空气温度	t_{lk0}	℃	给定	20
5	理论冷空气焓	H_{lk0}	kJ/kg	查焓温表	239.7
6	机械不完全燃烧热损失	q_4	%	取用	0.00
7	化学不完全燃烧热损失	q_3	%	取用	0.5
8	排烟热损失	q_2	%	$(H_{py}-\alpha_{py}H_{lk0})\cdot(1-q_4/100)/Q_f\times100$	7.66
9	散热损失	q_5	%	取用	1.83
10	灰渣热损失	q_6	%	取用	0.00
11	总热损失	Σq	%	$q_2+q_3+q_4+q_5+q_6$	9.99
12	锅炉热效率	η	%	$100-\Sigma q$	90.01
13	饱和水焓	h'	kJ/kg	根据压力查饱和水与饱和蒸汽表	1886.3
14	给水焓	h_{gs}	kJ/kg	根据压力、温度查未饱和水与过热蒸汽表	103.5
15	汽化潜热	γ	kJ/kg	根据压力查饱和水与饱和蒸汽表	461.3
16	出口干度	x	%	给定	75
17	锅炉有效利用热量	Q_1	kJ/h	$D(h'+\gamma x-h_{gs})$	19584730
18	锅炉实际燃料消耗量	B	kg/h	$Q_1/(\eta Q_f/100)$	619.4
19	锅炉计算燃料消耗量	B_j	kg/h	$B(1-q_4/100)/3600$	619.4

四、影响燃烧温度的因素

影响燃烧温度的因素包含于式(4-33)中。下面仅就实际中感兴趣的几个因素作一简要讨论。

(1) 燃料种类和发热量

由式(4-33)可知，当发热量增加时，理论燃烧温度提高，但提高幅度与发热量的增加幅度不同，这是因为随着燃料发热量的增加，燃烧产物量也增加。所以燃烧温度的增加幅度主要看 $Q_{ar,net}/V_y$ 比值的增加幅度。表 4-16 示出了几种气体燃烧温度与 $Q_{ar,net}/V_y$ 比值的变化。

表 4-16　烷烃的发热温度

气体名称	低发热量/(kJ/m³)	发热温度/℃	$R=\dfrac{Q_{ar,net}}{V_y}$	$P=\dfrac{Q_{ar,net}}{V_{gy}}$
甲烷	35831	2043	3391	4208
乙烷	63769	2097	3517	4208
丙烷	91272	2110	3538	4187
丁烷	118675	2118	3559	4178
戊烷	146119	2119	3559	4166

表 4-16 中 R 表示 $1m^3$ 燃烧产物的热含量，P 为 $1m^3$ 干理论燃烧产物的热含量。由表 4-16 中看出，由甲烷到戊烷，发热量由 $35831kJ/m^3$ 提高到 $146119kJ/m^3$，即增加了约 4 倍，但发热温度由 2043℃提高到 2119℃，即仅提高大约 4%。由此可以更明显地得到结论，各种燃料的理论燃烧温度与其说与 $Q_{ar,net}$ 有关，不如说与 P 值和 R 值有关。

(2) 空气消耗系数

在完全燃烧时，增大空气消耗系数将使烟气量显著增加，致使烟气温度降低。则在这种条件下，可以说空气消耗系数值越大，燃烧温度就越低。如图 4-4 所示。对于一般工业炉而言，为了得到高的燃烧温度，空气消耗系数稍大于 1.0，以保证完全燃烧。但空气消耗系数也不宜过大。换言之，为提高燃烧温度，应该在保证完全燃烧的前提下，尽可能减小空气消耗系数。

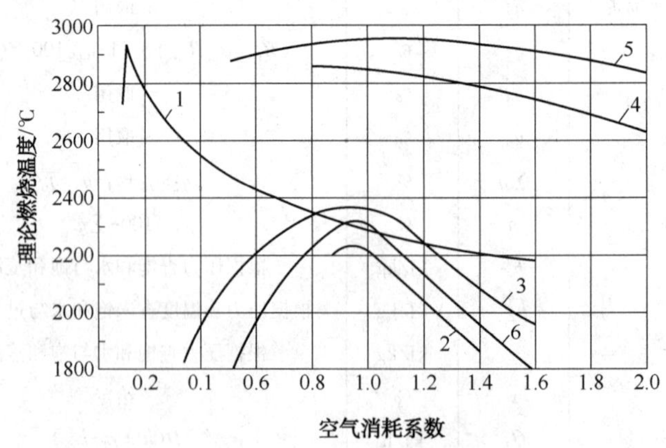

图 4-4　空气消耗系数对理论燃烧温度的影响

1—H_2 在空气中燃烧；2—CH_4 在空气中燃烧；3—CO 在空气中燃烧；4—CO 在富氧空气中燃烧(O_2 占 60%，N_2 占 40%)；5—CO 在富氧空气中燃烧(O_2 占 98.5%，N_2 占 1.5%)；6—汽油在空气中燃烧

(3) 空气(或燃料)的预热温度

由式(4-33)可知，空气(或煤气)的预热温度越高，燃烧温度也越高，这是显而易见的。图 4-5 也说明了这点。同时由图 4-6 可以清晰看出，仅把燃料用的空气预热，即可显著提高燃烧温度，而且对发热量高的燃料比对发热量低的燃料效果更为显著。例如对发生炉煤气和高炉煤气，空气预热温度提高 200℃，可提高燃烧温度约 100℃；而对于重油、天然气等燃料，预热温度提高 200℃，则可提高燃烧温度约 150℃。此外，对于发热量高的煤气，预热空气比预热煤气(达到同样温度)的效果更大。这是因为，发热量越高，理论空气需要量则越大，空气带入的物理热便越多。

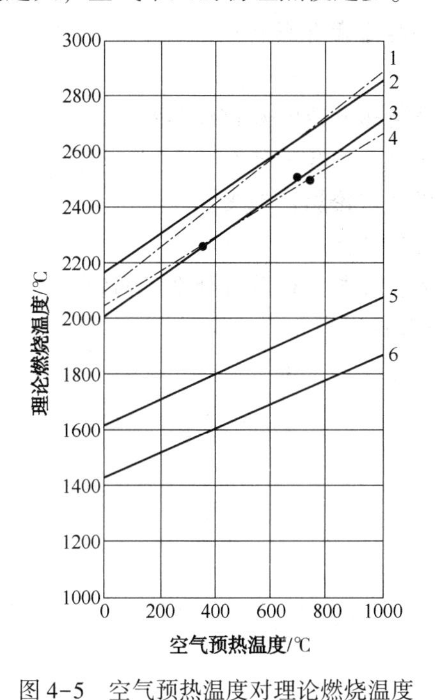

图 4-5 空气预热温度对理论燃烧温度(不考虑热分解)的影响

1—重油；2—烟煤(发热量 28900kJ/kg)；3—天然气；4—焦炉煤气；5—发生炉煤气(发热量 4760kJ/kg)；6—高炉煤气

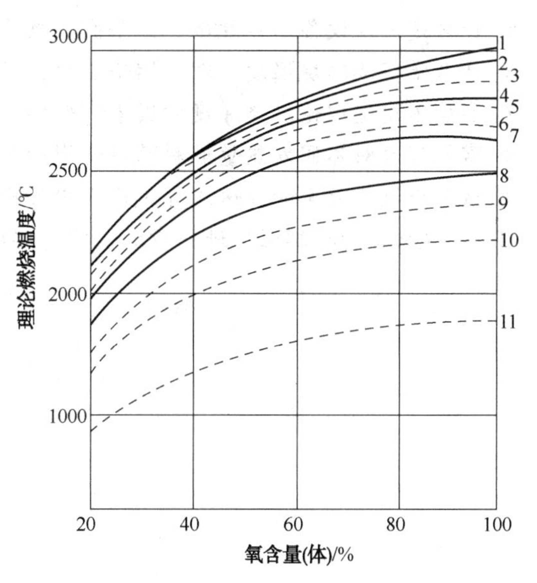

图 4-6 助燃剂中 O_2 含量对理论燃烧温度的影响

1—焦炭；2—无烟煤；3—苯；4—肥煤；5—重油；6—焦炉煤气；7—褐煤；8—木柴；9—烟煤发生炉煤气；10—焦炭发生炉煤气；11—高炉煤气

一般情况下，空气(或煤气)是利用锅炉废气的热量，采用换热装置来预热的。因而从经济观点来看，用预热的方法比用提高发热量等其他方法提高理论燃烧温度更为合理。

(4) 空气的富氧程度

若增加燃烧用空气中 O_2 的浓度，由于相对地减少了 N_2 的含量，也就相应地减少了燃烧后的烟气量，将使燃烧温度提高。图 4-6 示出了 O_2 浓度与理论燃烧温度(不考虑热分解)的关系。所以在实用上多采用富氧鼓风与 O_2 助燃，不过增加空气中 O_2 的浓度，不宜超过 28%~30%。因为过多的增加空气中 O_2 的浓度，会增强燃烧产物的高温离解，反而会使燃烧温度增加不明显或下降。一般各种燃料的理论燃烧温度受 O_2 浓度的影响程度不同，发热量高的燃料比发热量低的燃料受的影响较大一些，而且在 O_2 浓度小于 40%时对燃烧温度的影响比较显著。

(5) 热量损失

实际燃烧温度之所以较理论燃烧温度低，其中一个主要原因是存在着各种热量损失(燃烧不完全损失与散热损失），使燃料的化学能不能得到充分利用。所以为了提高燃烧温度就需尽量设法减少各种热损失。这可以采用合理的燃烧技术，加快燃烧速度，尽量使燃料获得充分燃烧。此外，还应注意炉体的保温防止炉体的散热，把炉体散热损失降低到最少。

练习与思考题

1. 什么是燃烧设备的热平衡与热平衡方程？
2. 什么是输入热量？输入热量来自哪几方面？
3. 燃烧设备的热损失有哪些？各项热损失主要和哪些因素有影响？
4. 什么是燃烧设备的有效利用热？
5. 什么是燃烧设备的热效率、正平衡热效率、反平衡热效率？如何计算？
6. 什么是实际燃烧温度、理论燃烧温度、理论发热温度？各有什么意义？
7. 影响燃烧室理论燃烧温度的因素有哪些？如何提高理论燃烧温度？
8. 富氧程度对不同发热量燃料的燃烧影响如何？为什么？
9. 试写出燃烧效率的表达式并说出式中各项的含义？其与热效率有什么不同？
10. 燃烧设备的排烟温度进一步降低将受哪些条件限制？

第五章　燃烧检测

为了判断燃烧室中所实际达到的反应物和生成物的数量关系，以便控制燃烧过程，还必须对正在进行的实际燃烧过程进行检测控制。燃烧过程检测控制的主要内容是空气消耗系数和燃烧完全程度的检测。空气消耗系数及燃烧完全程度的实用检测方法，是对燃烧产物(烟气)的成分进行分析，然后按燃料性质和烟气成分反算各项指标。

第一节　烟气成分的测定和验证

烟气成分的分析是检验燃烧过程的基本手段之一。在进行燃烧过程的检测计算之前，必须先获得准确的燃烧产物成分的实测数据。

测定气体成分的方法是先用一取样装置由燃烧室(或烟道系统中)中规定的位置(称取样点)抽取气体试样，然后用气体分析仪器进行成分的分析。燃烧室或烟道内各点气体成分是不均匀的。因此取样点选择必须适当，力求该处成分具有代表性，或者设置合理分布的多个取样点而求各点成分的平均值。取样过程中不允许混入其他气体，也不允许在取样装置中各种气体之间进行化学反应。气体分析器的种类很多，如奥氏气体分析器，气体色层分析仪，光谱分析仪，等等。总之，要有正确的方法和精密的仪器，才能得到准确的气体成分数据。

有关气体分析的知识将在热工测量仪表的课程中专门讲授，这里不再细述。

问题在于，如何判断气体分析的结果是否准确。

利用燃烧计算的基本原理，可以建立起燃烧产物各组成之间的关系式。这些关系式可以用来验证气体成分分析的准确性。同时，这些关系式还进一步反映出燃料和燃烧产物的特性。下面推导这些关系式。

用烟气分析仪测定的是干烟气中各种成分的体积分数，即干成分。主要测定的气体是烟气中 RO_2(CO_2和 SO_2)、O_2和 CO 的体积分数。实际测定中，由于烟气中 CO 含量很少，不易测准，故一般用烟气分析仪测定出 RO_2和 O_2，CO 借助与 RO_2和 O_2的关系计算得出。

一、烟气中 CO 含量的计算

当不完全燃烧时，烟气中可能会含有可燃物 CO、H_2、CH_4 等，由于实际中不完全燃烧中的 H_2、CH_4 含量很少，一般可忽略，因此这里认为烟气中只含有 CO 一种可燃物，则干烟气体积为：

$$V_{gy}=V_{RO_2}+V_{CO}+V_{N_2}+V_{O_2} \tag{5-1}$$

式中　V_{N_2}——干烟气中 N_2 体积，由燃料本身的氮和空气中的氮组成。对固、液体燃料而言，燃料本身的氮较小，可忽略，因此：

$$V_{N_2}=0.79V_k \tag{5-2}$$

设燃烧用的空气量为 V_k，则空气中的 O_2 量为：

$$V_{O_2}^{k}=0.21V_k \tag{5-3}$$

而这些氧气，在燃料燃烧时分别表示用来燃烧 C、H、S 等，剩余的转入到烟气中，成为烟气中的自由氧。因此：

$$V_{O_2}^{k}=V_{O_2}^{CO_2}+V_{O_2}^{SO_2}+V_{O_2}^{CO}+V_{O_2}^{H_2O}+V_{O_2} \tag{5-4}$$

式中　$V_{O_2}^{CO_2}$、$V_{O_2}^{SO_2}$、$V_{O_2}^{CO}$、$V_{O_2}^{H_2O}$——用来燃烧生成 CO_2、SO_2、CO、H_2O 所需消耗空气中的 O_2 量；

V_{O_2}——干烟气中剩余的 O_2 量。

根据 C、S 的燃烧反应式可知：

$$V_{O_2}^{CO_2}=V_{CO_2}，V_{O_2}^{CO}=0.5V_{CO}，V_{O_2}^{SO_2}=V_{SO_2} \tag{5-5}$$

消耗于氢燃烧的氧容积是不能用烟气中水气的容积来表示的，因为烟气中水气还包括了燃料中含有的水分和随燃烧空气带入的水气，而这些水气都不需消耗氧。所以，消耗于氢燃烧所需的氧容积可用下式来表示：

$$V_{O_2}^{H_2O}=8\frac{H_{ar}-\frac{O_{ar}}{8}}{100}\times\frac{22.4}{32}=5.59\frac{H_{ar}-\frac{O_{ar}}{8}}{100} \tag{5-6}$$

将式(5-5)、式(5-6)代入式(5-4)中，得到：

$$V_{O_2}^{k}=V_{CO_2}+V_{SO_2}+0.5V_{CO}+V_{O_2}+5.59\frac{H_{ar}-\frac{O_{ar}}{8}}{100} \tag{5-7}$$

将式(5-2)、式(5-3)、式(5-7)代入式(5-1)中，得到：

$$V_{gy}=V_{RO_2}+V_{CO}+V_{O_2}+\frac{0.79}{0.21}\left(V_{RO_2}+0.5V_{CO}+V_{O_2}+5.59\frac{H_{ar}-\frac{O_{ar}}{8}}{100}\right) \tag{5-8}$$

将式(5-8)两边同除以 V_{gy}，再乘以 100，得：

$$100=RO'_2+CO'+O'_2+\frac{0.79}{0.21}\left(RO'_2+0.5CO'+O'_2+5.59\frac{H_{ar}-\frac{O_{ar}}{8}}{V_{gy}}\right) \tag{5-9}$$

式中　RO'_2、CO'、O'_2——干烟气中 RO_2，CO 和 O_2的体积分数。进一步整理得：

$$21=RO'_2+0.605CO'+O'_2+4.42\frac{H_{ar}-\frac{O_{ar}}{8}}{V_{gy}} \tag{5-10}$$

将式(3-50)代入式(5-10)得：

$$21=RO'_2+0.605CO'+O'_2+2.37\frac{H_{ar}-\frac{O_{ar}}{8}}{C_{ar}+0.375S_{ar}}(RO'_2+CO') \tag{5-11}$$

令

$$\beta=2.37\frac{H_{ar}-\frac{O_{ar}}{8}}{C_{ar}+0.375S_{ar}}\approx2.37\frac{H_{ar}-\frac{O_{ar}}{8}}{C_{ar}} \tag{5-12}$$

经过整理可得烟气中 CO 的体积分数为：

$$CO'=\frac{21-RO'_2(1+\beta)-O'_2}{0.605+\beta} \tag{5-13}$$

式中 β——无量纲比例系数，称为燃料特性系数，它仅取决于燃料的元素成分，与灰分和水分无关。其值为燃料中自由氢与碳之比(固、液体燃料)。

气体燃料的 CO' 也可按式(5-13)计算，不过 β 取值不同，因为气体燃料需考虑燃料本身含有的氮量，此时 β 取值按下式计算：

$$\beta=0.21\frac{0.01N_2+0.79V_0}{V_{RO_2}}-0.79 \tag{5-14}$$

式中 N_2——气体燃料本身含有的氮气量。

其中 $$V_{RO_2}=\left[CO^s+\sum nC_nH_m{}^s+H_2S^s+CO_2{}^s\right]\times\frac{1}{100}$$

二、燃烧方程式

1. 不完全燃烧方程式

将式(5-13)变形，可得：

$$RO'_2(1+\beta)+(0.605+\beta)CO'+O'_2=21 \tag{5-15}$$

此式表明，发生不完全燃烧时，烟气中各组分应满足的关系，称为不完全燃烧方程式。

当燃烧产物中含有较多的 H_2 和 CH_4 等未燃成分时，可用式(5-16)代替式(5-15)

$$RO'_2(1+\beta)+(0.605+\beta)CO'+O'_2-0.185H'_2-(0.58-\beta)CH'_4=21 \tag{5-16}$$

2. 完全燃烧方程式

如果是完全燃烧，即式(5-13)中 $CO'=0$，得：

$$RO'_2(1+\beta)+O'_2=21 \tag{5-17}$$

式(5-15)～式(5-17)便可用来验证燃烧产物(废气)气体分析的准确性。根据燃料成分确定 β 值(或参考表5-1)后，实际分析的气体成分应满足式(5-15)～式(5-17)，否则即说明分析值有误差，应检查分析方法及仪器。

总之，燃烧产物各成分之间存在着一定的联系，根据这种联系可以讨论燃烧过程的质量，并且可以验证气体分析的准确性。

三、RO'_2 和 $RO'_{2,max}$ 的计算

将式(5-17)变形，得：

$$RO'_2=\frac{21-O'_2}{1+\beta} \tag{5-18}$$

由式(5-18)可知，RO'_2 与 O'_2 成反比关系。烟气中过剩的 O_2 量越大，则 RO'_2 越小，过量空气系数越大。如果烟气中 RO'_2 过小，则可能意味着供应的空气过多，可能存在烟道漏风等问题。

当烟气中剩余 O_2 量为零，即 $\alpha=1$ 时，烟气中 RO'_2 值达到最大，即：

$$RO'_{2,max}=\frac{21}{1+\beta} \tag{5-19}$$

由此可见，$RO'_{2,max}$ 只取决于燃料特性系数 β，即仅取决于燃料的元素成分。对于一定的燃料，β 为定值，$RO'_{2,max}$ 也是确定的。β 值越大，$RO'_{2,max}$ 越小。在工程燃烧中，烟气中或多或少存在一些过剩 O_2 和可燃性气体，因而烟气中实际的 RO_2 量总是小于其最大值。一般说来，烟气中 RO'_2 越接近其最大值，相应燃烧过程的完全燃烧程度越好。常用燃料的燃料特

性系数 β 和 $RO'_{2,max}$ 如表 5-1 所示。

表 5-1　常用燃料的燃料特性系数 β 和 $RO'_{2,max}$

燃　料	$RO'_{2,max}$	β
C	21	0
H_2	0	—
CO	34.7	-0.395
CH_4	11.7	0.79
天然煤气(富气)	12.2	0.72
天然煤气(贫气)	11.8	0.78
焦炉煤气	11.0	0.90
烟煤发生炉煤气	19.0	0.10
无烟煤发生炉煤气	20	0.05
高炉煤气	25	-0.16
重油	16.2~15.6	0.29~0.35
烟煤	18~19	0.167~0.105
无烟煤	20.6~19.1	0.02~0.10

第二节　空气消耗系数的检测计算

在燃烧设备中，空气消耗系数对燃烧有重大影响，直接影响燃烧效率和热效率，其值过大将造成过大的排烟热损失并使炉温偏低，不利于燃烧；其值过小会造成固体及气体不完全燃烧损失过大，且污染物排放浓度过高。对于不同燃料和不同的燃烧方式，空气消耗系数存在一个最佳值，应在设计和运行中尽量采用此最佳值。

空气消耗系数 α 的数值确定，可分两种情况：

① 当在设计制造新型燃烧设备时，选用多大的 α 值，则应按照所设计的燃烧设备的用途、结构形式、使用的燃料种类以及运行条件等，并参照已有的类似装置运行有效的经验数据来加以选定；

② 对运行的燃烧设备，α 值可由测定其燃烧后所产生的烟气组成加以计算获得。这是本节讨论的重点。

燃烧设备运行时，空气消耗系数 α 是根据烟气分析结果计算的，计算方法很多，比较成熟的有两种，下面给予介绍。

一、按氧平衡原理计算

已知空气消耗系数的定义式：

$$\alpha=\frac{V_k}{V_0}=\frac{V_{k,O_2}}{V_{0,O_2}} \tag{5-20}$$

$$V_{k,O_2}=V_{0,O_2}+V_{g,O_2} \tag{5-21}$$

式中　V_k、V_0——实际空气量和理论空气量；

V_{k,O_2}、V_{0,O_2}——实际空气和理论空气中的氧量；

V_{g,O_2}——过剩空气中的 O_2 量。

过剩空气中的 O_2 量：

$$V_{g,O_2}=O'_2\times V_y\times\frac{1}{100} \tag{5-22}$$

当燃料完全燃烧时，理论空气中的 O_2 量完全用来参与燃烧生成燃烧产物中的 RO_2 和 H_2O，即：

$$V_{0,O_2}=aV_{RO_2}+bV_{H_2O} \tag{5-23}$$

式中　a 和 b——在燃烧产物中生成 $1m^3$ RO_2 和 $1m^3$ H_2O 所消耗的 O_2 量，由燃料成分计算得出。

将式(5-21)~式(5-23)代入式(5-20)，结合式(3-24)得到：

$$\alpha=\frac{O'_2+aRO'_2+bH_2O'}{aRO'_2+bH_2O'} \tag{5-24}$$

或表示为下式：

$$\alpha=\frac{O'_2+KRO'_2}{KRO'_2} \tag{5-25}$$

$$K=\frac{aRO'_2+bH_2O'}{RO'_2} \tag{5-26}$$

式中　K——理论需氧量与燃烧产物中 RO'_2 的比值，即：

$$K=\frac{V_{0,O_2}}{V_{RO_2}} \tag{5-27}$$

K 值可根据燃料成分计算得出。计算表明，对于成分波动不大的同一燃料，K 值可近似取常数。各种燃料的 K 值如表 5-2 所示。

表 5-2　式(5-25)和式(5-28)中的 K 值

燃　料	K	燃　料	K
甲烷	2.0	碳	1.0
一氧化碳	0.5	焦炭	1.05
焦炉煤气	2.28	无烟煤	1.05~1.10
高炉煤气	0.41	贫煤	1.12~1.13
天然煤气	2.0	气煤	1.14~1.16
烟煤发生炉煤气	0.75	长焰煤	1.14~1.15
无烟煤发生炉煤气	0.64	褐煤	1.05~1.06
重油	1.35	泥煤	1.09

根据计算或由表 5-2 确定燃料的 K 值，即可按式(5-25)计算出 α 值。

当燃料不完全燃烧时，燃烧产物中还会存在 CO、H_2、CH_4 等可燃性气体，此时式(5-25)应进行修正，式中的 O_2 量应减去这些可燃气体如果燃烧时将消耗的 O_2 量；RO'_2 量应包含这些可燃气体如果燃烧时将生成的 RO_2。于是不完全燃烧时 α 的计算式为：

$$\alpha=\frac{O'_2-(0.5CO'+0.5H'_2+2CH'_4)+K(RO'_2+CO'+CH'_4)}{K(RO'_2+CO'+CH'_4)} \tag{5-28}$$

上述计算方法对于常规空气燃烧、富氧燃烧、纯氧燃烧均适用。

二、按氮平衡原理计算

已知空气消耗系数的定义式：

$$\alpha=\frac{V_k}{V_0}=\frac{V_k}{V_k-V_g}=\frac{1}{1-\frac{V_g}{V_k}} \tag{5-29}$$

式中　V_k——实际空气量；

V_g——过剩空气量。

1. 固、液体燃料

如前所述，烟气中 N_2 体积由燃料本身的氮和空气中的氮组成。对固、液体燃料而言，燃料本身的氮可忽略，所以进入炉内的实际空气量表示为：

$$V_k=\frac{V_{N_2}}{0.79} \tag{5-30}$$

烟气中的 N_2 的体积为：

$$V_{N_2}=\frac{N'_2}{100}V_{gy} \tag{5-31}$$

所以

$$V_k=\frac{1}{0.79}\times\frac{N'_2}{100}\cdot V_{gy}=\frac{N'_2}{79}V_{gy} \tag{5-32}$$

完全燃烧时，过剩空气量可以用烟气中过剩的氧量来计算，即：

$$V_g=\frac{V_{O_2}}{0.21}=\frac{O'_2}{21}V_{gy} \tag{5-33}$$

将式(5-32)、式(5-33)代入式(5-29)，得：

$$\alpha=\frac{1}{1-\frac{79}{21}\left[\frac{O'_2}{100-(RO'_2+O'_2)}\right]} \tag{5-34}$$

引入完全燃烧方程式，得：

$$\alpha=\frac{21(79+\beta RO'_2)}{(79+100\beta)RO'_2} \tag{5-35}$$

将式(5-35)分子、分母同除以 $21\beta RO'_2$，得：

$$\alpha=\frac{\frac{79}{RO'_2}+\beta}{\frac{79(1+\beta)}{21}+\beta}=\frac{\frac{79}{RO'_2}+\beta}{\frac{79}{RO'_{2,max}}+\beta} \tag{5-36}$$

对于含 H、N 少的固、液体燃料，β 较小，可忽略。式(5-34)可表示成：

$$\alpha=\frac{RO'_{2,max}}{RO'_2}=\frac{21}{21-O'_2} \tag{5-37}$$

因此，若已知运行中燃烧设备的烟气的 O_2 含量，就可以计算出空气消耗系数。

不完全燃烧时，烟气中的氧既来自过量空气，也来自理论空气中由于 C、H、S 不完全燃烧而未消耗的氧。对于固、液体燃料仅考虑 C 未完全燃烧产生的 CO，此时根据燃烧反应方程可知，未消耗的 O_2 的体积为烟气中 CO 体积的 0.5 倍，即：

$$V_g=\frac{V_{O_2}-0.5V_{CO}}{0.21}=\frac{1}{0.21}\times\frac{O'_2-0.5CO'}{100}V_{gy} \tag{5-38}$$

将式(5-38)、式(5-32)代入式(5-29)得出不完全燃烧时固、液体燃料的过量空气系数计算式：

$$\alpha=\frac{1}{1-\frac{79}{21}\cdot\frac{O'_2-0.5CO'}{N'_2}} \tag{5-39}$$

不完全燃烧时，干烟气的组分为 $RO'_2+O'_2+CO'+N'_2=100$，所以：

$$\alpha=\frac{1}{1-\frac{79}{21}\times\frac{O'_2-0.5CO'}{100-(RO'_2+O'_2+CO')}} \tag{5-40}$$

式(5-40)即为确定固、液体燃料不完全燃烧时空气消耗系数的表达式。

2. 气体燃料

对于气体燃料，空气消耗系数的推导同上述过程相同，但需考虑燃料本身含有的氮量和 H_2、CH_4不完全燃烧的影响，可推得气体燃料不完全燃烧时的空气消耗系数为：

$$\alpha=\frac{21}{21-79\frac{O'_2-0.5CO'-0.5H'_2-2CH'_4}{100-(RO'_2+O'_2+CO'+H'_2+CH'_4)-\frac{N_2^s}{V_{gy}}}} \tag{5-41}$$

式中干烟气量 V_{gy} 可按式(3-51)计算。

完全燃烧时空气消耗系数为：

$$\alpha=\frac{21}{21-79\frac{O'_2-0.5CO'-0.5H'_2-2CH'_4}{100-(RO'_2+O'_2)-\frac{N_2^s}{V_{gy}}}} \tag{5-42}$$

[例 5-1] 一台 4t/h 的锅炉，运行中用奥氏烟气分析仪测得炉膛出口处 $RO'_2=13.8\%$，$O'_2=5.9\%$，$CO'=0$；省煤器出口处 $RO'_2=10.0\%$，$O'_2=9.8\%$，$CO'=0$。已知燃料特性系数 $\beta=0.1$，则试校核烟气分析结果是否正确？计算出炉膛和省煤器出口处的空气消耗系数。由炉膛到省煤器这一段烟道的漏风系数为多少？

解：由题意知，此锅炉燃料燃烧为完全燃烧。在完全燃烧工况下，烟气中各组分应满足完全燃烧方程式：$RO'_2(1+\beta)+O'_2=21$

将炉膛出口处和省煤器出口处的 RO_2 和 O_2 含量代入完全燃烧方程式：

$$13.8\times(1+0.1)+5.9=21.08$$

$$10.0\times(1+0.1)+9.8=20.8$$

测试误差分别是 $(21.08-21)/21.08\times100\%=0.4\%$

$(20.8-21)/20.8\times100\%=-0.9\%$。

两者误差均较小，其烟气分析结果正确。

空气消耗系数：$\alpha=\frac{21}{21-O'_2}$

将已知数据代入得到炉膛和省煤器出口处的空气消耗系数分别为 1.39 和 1.88。

炉膛到省煤器这一段烟道的漏风系数为 $1.88-1.39=0.49$。

[**例 5-2**]　一台高炉煤气的燃烧装置，测得烟气成分为 $RO'_2=14.0\%$，$O'_2=9.0\%$，$CO'=1.2$。试校核烟气分析结果是否正确和计算其空气消耗系数。

高炉煤气湿成分为：

成　分	RO_2	H_2	CH_4	CO	N_2
含量/%	10.66	1.05	0.20	29.96	57.46

解：由题意知，此燃料燃烧为不完全燃烧。在不完全燃烧工况下，烟气中各组分应满足不完全燃烧方程式：$RO'_2(1+\beta)+(0.605+\beta)CO'+O'_2=21$

由表 5-1 查得高炉煤气的燃料特性系数 $\beta=-0.16$，代入不完全燃烧方程式：

$14.0\times(1-0.16)+(0.605-0.16)\times1.2+9.0=21.3$

测试误差为 $(21.3-21)/21.3\times100\%=1.4\%$，可以满足工程需要，烟气分析结果正确。

空气消耗系数运用式(5-28)。由表 5-2 查得 $K=0.41$，则：

$$\alpha=\frac{9.0-0.5\times1.2+0.41\times(14.0+1.2)}{0.41\times(14.0+1.2)}=2.35$$

空气消耗系数运用式(5-41)，需先计算干烟气体积。干烟气体积采用式(3-51)计算，将数据代入得到：

$$V_{gy}=\frac{29.96+10.66+0.27}{14.0+1.2}=2.690(m^3/m^3)$$

则空气消耗系数为：

$$\alpha=\frac{21}{21-79\dfrac{9.0-0.5\times1.2}{100-(14.0+9.0_2+1.2)-\dfrac{57.46}{2.690}}}=2.38$$

由此可知，运用氧平衡的计算式(5-28)和运用氮平衡的计算式(5-41)的计算结果相近，只是式(5-41)的计算比较麻烦。

[**例 5-3**]　已知天然气成分如下(水分可忽略)：

成　分	CO_2	H_2	CH_4	C_2H_4	CO	N_2
含量/%	0.21	0.47	96.35	0.41	0.10	2.46

在不同燃烧条件下测得两组烟气成分：

编　号	成分/%					
	CO_2	O_2	H_2	CH_4	CO	N_2
1	8.00	7.00	0.55	0	0.10	84.35
2	8.05	0.70	4.40	0.60	4.50	81.75

试计算：(1)验证两组烟气分析值的精确性；(2)计算两种条件下的空气消耗系数。

解：(1)验证分析误差。将各烟气成分及 β 值代入气体分析方程式(5-16)：

$RO'_2(1+\beta)+(0.605+\beta)CO'+O'_2-0.185H'_2-(0.58-\beta)CH'_4=21$，即

第一组烟气成分为：

$$8.00\times(1+0.79)+(0.605+0.79)\times0.10+7.00-0.185\times0.55=21.3$$

测试误差为(21.3−21)/21.3×100%=1.4%，可以满足工程需要，烟气分析结果正确。

第二组烟气成分为：

$$8.05\times(1+0.79)+(0.605+0.79)\times4.50+0.70-0.185\times4.40-(0.58-0.79)\times0.60=20.7$$

测试误差为(20.7−21)/20.7×100%=−1.5%

由上述计算可看出，两组气体分析的烟气成分的误差不大，可以认为是在工程计算允许误差范围之内，故可以做为进一步计算的原始数据。

(2) 求空气消耗系数。

空气消耗系数运用式(5−28)，需先求 K 值，根据燃料成分可计算出 K 值。

$$V_{0,O_2}=\left[\frac{1}{2}\times0.10+\frac{1}{2}\times0.47+2\times96.35+3\times0.41\right]\times10^{-2}=1.94(m^3/m^3)$$

$$V_{CO_2}=(0.10+96.35+2\times0.41+0.21)\cdot\frac{1}{100}=0.97(m^3/m^3)$$

则

$$K=\frac{1.94}{0.97}\approx2.0$$

两组烟气成分所代表的空气消耗系数为：

$$\alpha_1=\frac{7.00-(0.5\times0.1+0.5\times0.55)+2.0\times(8.00+0.10)}{2.0\times(8.00+0.10)}=1.41$$

$$\alpha_2=\frac{0.70-(0.5\times4.50+0.5\times4.40+2\times0.6)+2.0\times(8.05+4.50+0.60)}{2.0\times(8.05+4.50+0.60)}=0.81$$

同样空气消耗系数也可以运用式(5−41)计算，此时需先计算干烟气体积。干烟气体积采用式(3−51)计算，读者可自行计算出。

第三节　污染物的检测计算

污染物的排放水平是与燃烧设备热力性能密切相关的一般燃烧产物中污染物包括 SO_2，NO_x和粉尘。在测量排烟氧量时，采用的烟气分析仪器通常可以顺便测出 SO_2，NO_x等体积分数。无论哪种污染物，其体积分数均与烟气量有关。为便于比较，一般将其折算到烟气 O_2 体积分数为某个确定值即基准 O_2 体积分数下，并且烟气量为干烟气，折算关系为：

$$E^0=\frac{21\%-r_{O_2}^0}{21\%-r_{O_2}^{ms}}E_{ms} \tag{5-43}$$

式中　E^0——污染物排放折算值，mg/m³；

$r_{O_2}^0$——烟气中折算基准 O_2 体积分数，%；

$r_{O_2}^{ms}$——污染物实测时烟气中 O_2 体积分数，%；

E_{ms}——污染物排放测量值，mg/m³。

在折算过程中，折算到的基准 O_2 量随燃料的不同有所差异，各国对此规定不同，我国规定，对于燃煤锅炉，基准 O_2 体积分数为 6%；对于燃油锅炉及燃气锅炉，基准 O_2 体积分数为 3%；对于燃气轮机组，基准 O_2 体积分数为 15%。

在计算脱硫效率时，一般不考虑自脱硫的影响：

$$\eta_s=\frac{r_{SO_2}^0-r_{SO_2}}{r_{SO_2}^0}\times100\% \tag{5-44}$$

式中　r_{SO_2}——折算到基准 O_2 量时干烟气时排烟中 SO_2 气体实测值，mg/m^3；

$r^0_{SO_2}$——排烟中 SO_2 气体在基准 O_2 体积分数的理论计算排放值，mg/m^3。可计算如下：

$$r^0_{SO_2}=2\frac{S_{ar}}{V_{y,0}}\times 10^6 \tag{5-45}$$

式中　$V_{y,0}$——基准氧条件下的实际干烟气体积，m^3/mg。

练习与思考题

1. 某锅炉炉膛出口烟气测得 O_2 量值为3.5%，求锅炉的炉膛出口空气消耗系数是多少？

2. 烟道中随着空气消耗系数的增加，干烟气成分中 RO'_2 及 O'_2 的数值是增加还是减小？为什么？为什么 β 值越大，$RO'_{2,max}$ 数值则越小？

3. 一个锅炉燃用两种不同燃料，在锅炉出口用奥式烟气分析仪测得 RO'_2 值不相同，RO'_2 值大的那种燃料的燃烧工况是否一定好些？

4. 为什么烟气分析中 RO'_2、O'_2 和 CO' 之和要比21%小？

5. 试写出煤的燃料特性系数的意义？

6. 公式 $RO'_{2,max}=\frac{21}{1+\beta}$ 中，$RO'_{2,max}$ 的含义是什么？写出完全燃烧和不完全燃烧的方程式。

7. 燃烧设备运行过程中，如何确定空气消耗系数？

第六章　燃烧化学反应动力学基础

燃烧实质是物质之间的化学反应过程，所以学习燃烧，要理解其内在的化学反应过程。在燃烧过程中，燃烧的强烈程度、燃烧产物的成分、着火与熄火均与化学反应速率密切相关。化学反应动力学，就是研究反应物到生成物的详细化学途径，测定或计算它们相应的化学反应速率，是物理化学的一个专门领域。

本章将引入最基本的化学反应动力学概念及工程燃烧中常见的一些燃料的主要反应机理。

第一节　化学反应速率

在燃烧化学反应过程中，燃料、助燃剂和燃烧产物的质量都会发生变化，如何表征化学反应过程中各种物质的量的变化或反应进行的剧烈程度，这里引入化学反应速率。知道化学反应速率，对于了解化学反应机理，掌握和控制化学反应进行的程度，是十分重要的。

化学反应速率是指单位时间内参与反应的初始反应物或最终生成物的浓度变化量，单位是 mol/(m^3 · s)。

比如 $a$mol 的燃料 A 和 $b$mol 氧化剂 B 反应生成 $c$mol 燃烧产物 C 和 $d$mol 燃烧产物 D，其化学反应方程式为：

$$aA+bB \longrightarrow cC+dD \tag{6-1}$$

则化学反应速率有 3 种表示方法：

化学反应速率，对反应物而言是消耗速率，对生成物而言是生成速率，即：

$$\begin{cases} W_A = -\dfrac{dc_A}{d\tau}, & W_B = -\dfrac{dc_B}{d\tau} \\ W_C = \dfrac{dc_C}{d\tau}, & W_D = \dfrac{dc_D}{d\tau} \end{cases} \tag{6-2}$$

式中　W_i——化学反应过程中组分 i 的化学反应速率，mol/(m^3 · s)；

c_i——混合物中第 i 种组分的浓度，kmol/m^3；

τ——化学反应时间，s。

在反应过程中，各物质的浓度变化是不同的，显然各物质的化学反应速率也不同，但各反应速率之间存在着下列关系：

$$W_A : W_B : W_C : W_D = a : b : c : d$$

也即

$$-\frac{dc_A}{a d\tau} = -\frac{dc_B}{b d\tau} = \frac{dc_C}{c d\tau} = \frac{dc_D}{d d\tau} = W \tag{6-3}$$

这样化学反应速率既可以运用任一作用的物质的浓度变化来确定，只要弄清运用哪一种物质的浓度变化来计算。实际上通常采用较易测定的物质的浓度变化来表示反应速率。

第二节　化学反应类型

一、以化学反应机理分类

基元反应(简单反应)也称元反应，能够一步完成的化学反应，即其反应物粒子(分子、原子、离子、自由基等)只经过一次分子间碰撞而实现的化学变化。

总反应(复杂反应，总包反应)是化学动力学中被研究的宏观化学反应，由两个或两个以上基元反应构成的。

例如，在 H_2 和 O_2 燃烧生成水的过程中包含有以下几个化学反应式：

$$2H_2+O_2 \longrightarrow 2H_2O \tag{6-4}$$

$$H_2+O_2 \longrightarrow HO_2+H \tag{6-5}$$

$$H+O_2 \longrightarrow OH+O \tag{6-6}$$

$$OH+H_2 \longrightarrow H_2O+H \tag{6-7}$$

$$H+O_2+M \longrightarrow HO_2+M \tag{6-8}$$

显然，在以上化学反应式中，化学键断裂一次形成新物质的化学变化的反应式是式(6-5)~式(6-8)，为基元反应。而反应式(6-4)中产物是经过多次化学键的断裂与形成产生的，则为总反应。但是，a 个氧化剂分子同时与一个燃料分子碰撞并形成 b 个产物的分子，就需要同时断裂几个键并同时形成多个新键，实际上这是不可能的。事实上，这个过程发生了一系列连续的包含许多中间组分的反应。也就是说上述氢气和氧气的燃烧过程中涵盖了多个甚至无数个基元反应。

在这一氢燃烧的部分反应机理中，从反应(6-5)看到，当氧分子与氢分子碰撞并反应时，不是直接形成水. 而是形成了多个中间产物过氧氢基 HO_2 和另一自由基氢原子 H。基团或自由基是指具有反应力的分子或原子，拥有不成对的电子。H_2 和 O_2 形成 HO_2，只有一个断裂和一个键形成。还可以想到另外一种可能性，H_2 和 O_2 反应会形成两个羧基 OH，但这反应不可能，因为这要断裂两个键并形成两个键。从反应(6-5)产生氢原子，然后与氧反应形成两个新的基团，OH 和 O[反应(6-6)]。下一个反应(6-7)中，基团 OH 和氢分子反应形成水。对于 H_2 和 O_2 燃烧的完全描述，需要考虑20个以上的基元反应。由此可以看出，总反应方程式只能表达反应前后物质种类的变化及各种物质间的计量关系，但不能确定地表达反应机理。元反应方程式不但能表达反应前后物质种类的变化及各种物质间的计量关系，而且能反映该化学变化的历程。

[**例 6-1**]　分析下列反应是总反应还是基元反应。

(1) $CO+H_2O \longrightarrow CO_2+H_2$

(2) $H_2+O_2 \longrightarrow 2OH$

(3) $OH+CO \longrightarrow H+CO_2$

(4) $CO+O \longrightarrow CO_2$

答案：(1)、(2)是总反应，(3)、(4)是基元反应。

二、以反应级数分类

1mol 燃料 A 和 $a$mol 氧化剂 B 反应生成 $b$mol 燃烧产物 C，其反应可按下面反应机理来表示：

$$A+aB \longrightarrow bC \tag{6-9}$$

通过实验测量，反应中燃料消耗的速率可以用下式表示

$$\frac{dc_A}{d\tau}=-k_G c_A^n c_B^m \tag{6-10}$$

式(6-10)表明燃料的消耗速率与各反应物浓度的幂次方成正比。比例系数 k_G 叫作总反应速率常数，但不是常数，是温度的高相关函数。负号"-"表示燃料的浓度随时间变化而减少。指数 n 和 m 叫作反应级数。式(6-10)表示反应对于燃料是 n 级的，对于氧化剂是 m 级的，对于总反应是($n+m$)级的。对于总反应，n 和 m 不一定是整数，需要通过实验数据的曲线拟合获得。对于基元反应，反应级数总是整数。一般地，形如式(6-10)的一个特定的总包反应表达式只在特定的温度和压力范围适用，并且与用于确定反应速率参数的实验装置有关。

注意：不同反应级数的反应，它们的反应速率常数的单位不同。一级、二级、n 级反应，反应速率常数单位分别是 1/s、$m^3/(mol \cdot s)$、$(mol/m^3)^{1-n}/s$。

某些燃料燃烧反应的级数如表 6-1 所示。

表 6-1　常用的固体、液体和气体燃料的反应级数的范围

燃　料	反应级数	燃　料	反应级数
煤气	2	重油	1
轻油	1.5~2	煤粉	1

[例 6-2]　已知 $a$mol 的燃料 A 与 $b$mol 的氧化剂 B 反应生成 $c$mol 的燃烧产物 C，其总反应为 $aA+bB \longrightarrow cC$。经实验测定，反应中燃料消耗的速率可用下式表示：

$$\frac{dc_A}{d\tau}=-k_G(T)c_A c_B^{0.5}$$

则此式表示反应对于燃料是(　　)级的，对于氧化剂是(　　)级的，对于总反应是(　　)级的。

答：1，0.5，1.5

三、以反应前后物质状态分类

若在一个系统内各个组成物质都是同一物态，例如都是气态或液态，则称此系统为单相系统。在此系统内进行的化学反应称为单相反应(或均相反应)。

若在一个系统内各个组成物质不属同一物态，例如固态和气态同时存在，则称此系统为多相系统。在此系统内进行的化学反应称为多相反应(或异相反应)。

四、基元反应类型

在基元反应里又可按照参与反应的分子数量进行分类。

(1) 单分子反应。化学反应时只有一个分子参与反应。分子的分解和分子内部的重新排列即属单分子反应。即如：

$$I_2 \longrightarrow 2I \tag{6-11}$$

(2) 双分子反应。在反应时有两个不同种类或相同种类的分子同时碰撞而发生的反应。

例如甲烷燃烧中含有的下面反应式：

$$O+CH_4 \longrightarrow CH_3+OH_2 \tag{6-12}$$

$$CH_3+CH_3 \longrightarrow C_2H_5+H \tag{6-13}$$

(3) 三分子反应。反应时有三个不同种类或相同种类的分子同时碰撞而发生的反应。如：

$$OH+H+M \longrightarrow H_2O+M \tag{6-14}$$

$$H+O_2+O_2 \longrightarrow HO_2+O_2 \tag{6-15}$$

式中，M是任意分子，通常被称为第三体。第三体的作用是携带走在形成稳定的组分时释放出来的能量。在碰撞的过程中，新形成的分子的内能传递给第三体 M，成为 M 的动能。没有这一能量的传递，新形成的分子将重新离解为组成它的原子。实际上，多于 3 个分子同时碰撞的机率很小。更多分子参与的反应都是经过 2 个或 2 个以上的单分子、双分子或三分子反应来实现的。

注意上述参与反应的分子不仅仅是分子，还可以是原子或离子。另外，反应的级数和反应的分子数截然不同。反应级数按实验测定的动力学方程来确定，而反应的分子数是根据引起反应所需的最少分子数目来确定。对于基元反应，它的反应级数就是按化学反应式所表示的参与反应的分子数目来确定，即单分子反应就是一级反应，双分子反应就是二级反应，反过来亦然。但对于总反应，它的反应级数就不是参与化学反应的分子数目，而是根据实验测定的化学动力学方程式，即式(6-10)进行确定。

第三节 化学反应基本定律

一、质量作用定律

实验表明，对于单相化学反应，在温度不变的条件下，任何瞬间的反应速率是与该瞬间参与反应的反应物的浓度乘积成正比，而各反应物浓度的幂次即为化学反应式中各反应物的化学计量数(物质的量)。这个表示反应速率与反应物浓度之间关系的规律称为质量作用定律。

化学反应起因于能起反应的各组成分子间的碰撞。在单位体积中分子数目愈多，即反应物的浓度愈大，分子碰撞次数就愈多，因而反应过程进行就愈迅速。所以在其他条件相同的情况下，化学反应速率与反应物的浓度成正比。基于质量作用定律，化学反应速率就可以按照上述定律表达为

$$W=kc_A^a c_B^b \tag{6-16}$$

式中 k——反应速率常数，它的大小与反应的种类和温度有关。它表示各反应物都为单位浓度时的反应速率。

注意，质量作用定律适用于单相基元反应的化学反应，严格讲，仅适用于理想气体。实际上，可假设气体是理想气体，而应用质量作用定律及由它所导出的各种推论。

二、碰撞理论与阿累尼乌斯定律

反应物分子要发生反应首先要进行碰撞，但并不是每次碰撞都能发生化学反应，只有能量超过一定数值的分子间的碰撞才能发生反应。

(1) 碰撞频率

设气体 A 和 B 按下式进行反应：

$$A+B \longrightarrow C+D \tag{6-17}$$

下面以上述双分子反应为例，扼要叙述碰撞理论的具体内容。

假定反应物 A、B 的分子都是刚性球体，n_A、n_B分别表示单位体积中 A、B 两种物质的分子数目，d_A、d_B分别表示 A、B 两种物质的分子直径，m_A、m_B分别表示 A、B 两种物质的相对分子质量，根据分子运动理论，两种分子单位体积、单位时间内的碰撞数为：

$$z=\left(\frac{d_A+d_B}{2}\right)^2\left(8\pi RT\frac{m_A+m_B}{m_A m_B}\right)^{0.5} n_A n_B \tag{6-18}$$

单位体积、单位时间内分子碰撞数 z 叫做碰撞频率。如果是同种分子间的碰撞，则碰撞频率为：

$$z=4n^2d^2\left(\frac{\pi RT}{m}\right)^{0.5} \tag{6-19}$$

若把以单位体积内分子数为单位的 n 折合成浓度，则 $n=N_0C\times10^{-3}\text{kmol/m}^3$，则

$$z=z_0c_Ac_B \tag{6-20}$$

式中 N_0——阿伏伽德罗常数；

z_0——c_A、c_B均等于 1kmol/m^3时的碰撞频率。

(2) 有效碰撞分数

化学反应是反应物分子相互碰撞，破坏原来的分子结构重新形成新的物质分子的过程。但并不是每次碰撞都能发生化学反应。如果两分子之间的碰撞强度不足以使反应物分子的原有键松动和破坏，则不能发生化学反应。只有足够能量的两分子间的碰撞才能发生反应。这种具有足够能量的分子间能够引起化学反应的碰撞称之为有效碰撞，否则称为无效碰撞。在碰撞理论中，把一组活化分子所需达到的最小能量称为反应的活化能。而发生化学反应的分子称之为活化分子。

根据 Maxwell 速率分布定律和由此推出的能量分布公式，活化碰撞数在总碰撞数总所占比例叫作有效碰撞分数，即：

$$\frac{z^*}{z}=\int_E^\infty \frac{1}{RT}\exp\left(-\frac{E}{RT}\right)\mathrm{d}E=\exp\left(-\frac{E}{RT}\right) \tag{6-21}$$

则有效碰撞频率，即单位时间、单位体积内反应物活化分子间的碰撞数为：

$$z^*=z\exp\left(-\frac{E}{RT}\right) \tag{6-22}$$

若每次有效碰撞能够发生化学反应，则有效碰撞频率等于化学反应速率，即：

$$W=z\exp\left(-\frac{E}{RT}\right)=z_0\exp\left(-\frac{E}{RT}\right)c_Ac_B \tag{6-23}$$

与前述质量作用定律表达式(式 6-16)(当 $a=1$、$b=1$ 时)相对比可知：

$$k=z_0\exp\left(-\frac{E}{RT}\right) \tag{6-24}$$

由此可知，当反应物温度升高时，反应物分子的能量增加，活化分子数增多，有效碰撞频率增多，致使化学反应速率常数 k 增加，最终引起化学反应速率的增加。温度对化学反应速率的影响，集中反映在反应速率常数上。经过大量的实验测定，瑞典科学家 Arrhenius(阿

累尼乌斯)在1889年由实验总结出了化学反应速率与温度之间的具体关系，为：

$$k=k_0\exp\left(-\frac{E}{RT}\right) \tag{6-25}$$

式中 k——化学反应速率常数，单位和反应级数有关，$k=\frac{W}{c^n}$；

R——通用气体常数，kJ/(kg·K)；

T——反应温度，K；

k_0——频率因子，与 k 的单位相同；

E——活化能，kJ/mol。

Arrhenius 认为对一定的反应，k_0与物质浓度和温度无关，不同的反应 k_0值不同。后来实验研究发现，k_0与反应温度微弱相关。

上式表达的公式即为阿累尼乌斯定律，它不仅适用于基元反应或总反应中的每一步基元反应，还适用于有明确反应级数和速率常数的总反应。如果化学反应没有明确的反应级数及速率常数，就不能使用阿累尼乌斯定律。

[例 6-3] 已知总反应 $C_4H_{10}+6.5O_2 \longrightarrow 4CO_2+5H_2O$

丁烷反应级数为0.15，氧气反应级数为1.6，频率因子 $k_0=4.16\times10^9(\text{kmol/m}^3)^{-0.75}/\text{s}$，活化能 $E=125500\text{kJ/kmol}$，求丁烷消耗速率的表达式。

解：根据反应级数的定义，总反应的速率可写成：

$$\frac{dc_{C_4H_{10}}}{d\tau}=-kc_{C_4H_{10}}^m c_{O_2}^n$$

结合阿累尼乌斯定律，$k=k_0\exp\left(-\frac{E}{RT}\right)$，于是：

$$\frac{dc_{C_4H_{10}}}{d\tau}=-k_0\exp\left(-\frac{E}{RT}\right)c_{C_4H_{10}}^m c_{O_2}^n$$

代入数据得：

$$\frac{dc_{C_4H_{10}}}{d\tau}=-k_0\exp\left(-\frac{E}{RT}\right)c_{C_4H_{10}}^m c_{O_2}^n$$

$$=-4.16\times10^9\exp\left(-\frac{125500}{RT}\right)c_{C_4H_{10}}^{0.15} c_{O_2}^{1.6}$$

第四节 化学反应速率影响因素

一、温度对化学反应速率的影响

化学反应速率与温度的关系可以用下面两条规则来表示。

(1) 范特荷夫规则

范特荷夫由试验数据归纳了反应速率随温度升高而增加的近似规律，即温度每升高10℃，化学反应速率在其他条件不变的情况下增大2~4倍；当温度升高100℃，化学反应速率将增大 2^{10}~4^{10}倍。也就是说，当温度以算术级数升高时，反应速率将作几何级数增长。但并非所有化学反应都遵循此规律。它只能决定各种化学反应中大部分反应的反应速率随温度变化的数量级。在粗略地估计温度对反应速率的影响时，具有重要的意义。

（2）阿累尼乌斯定律

由阿累尼乌斯定律的数学表达式（6-25），结合碰撞理论可知，随着温度升高，分子运动速度加快，碰撞能量超过活化能的部分增大，反应速率加快。例如某一双分子反应，反应温度从 300K 增加到 600K，活化能约为 167.44kJ/mol，气体常数 R 为 8.314J/（mol·K），则反应速率 W 正比于化学反应速率常数，而化学反应速率常数由式（6-25）求出。严格意义上，频率因子 k_0 并非常数，根据分子碰撞理论，它取决于温度的平方根 $T^{0.5}$。则反应速率 W 的变化为：

$$\frac{W_{600}}{W_{300}}=\frac{k_{600}}{k_{300}}=\frac{\sqrt{600}\exp\left(-\frac{167440}{8.314\times600}\right)}{\sqrt{300}\exp\left(-\frac{167440}{8.314\times300}\right)}=4.23\times10^{14}$$

可见，对一般的双分子反应，温度增加 1 倍，反应速率提高 10^{14} 倍。对燃烧反应，反应生热引起温度增加，从而会使反应速率急剧增加。

但是后来研究发现，温度对反应速率的影响非常复杂，有的反应的速率随温度的增加而增加，符合上述两条规则之一，但也有的反应的速率随温度的增加而减小。到目前为止，反应速率与温度的关系大致有下列 6 种类型，如图 6-1 所示。

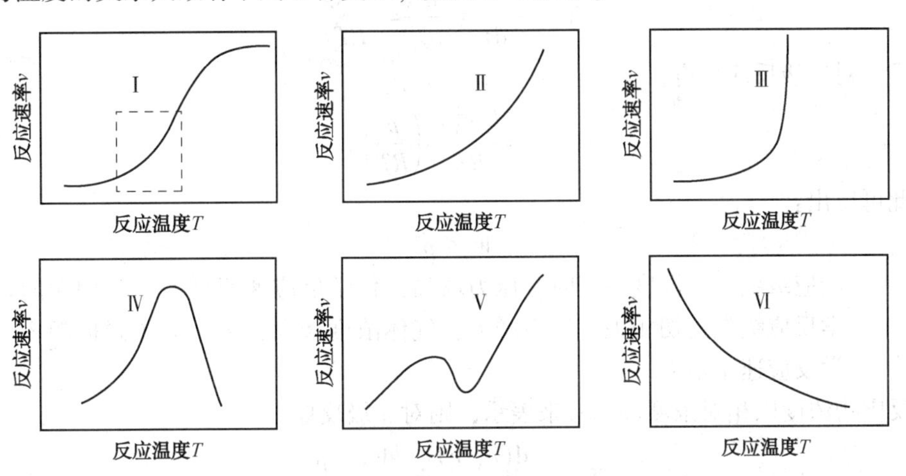

图 6-1　温度对化学反应速率的影响

其中Ⅰ型表示依阿累尼乌斯定律所得完整的 S 形曲线。当 T 趋于零时，反应速率趋于零；当 T 趋于无穷大时，反应速率趋于常数。但一般反应只在有限的温度范围中进行，因此实际上曲线仅为Ⅰ型的局部，即Ⅰ中方框所示部分。将这一部分放大后即为图 6-1 之Ⅱ，接近于此图的情况时，即认为是阿累尼乌斯型反应。Ⅲ型出现于一些支链反应中，低温时反应缓慢进行，基本符合阿累尼乌斯定律；当温度上升到某一临界值时，反应速率突然增加，趋于无限，以致爆炸。Ⅳ型出现于高温阻化或逆向反应显著的情况，在酶化学反应中常见。某些碳氢化合物的氧化属于Ⅴ型，反应速率不仅出现了Ⅳ型所具有的极大点，而且还出现了极小点，这可能是由于其反应机理包含了Ⅱ型与Ⅳ型所示两类反应的平行过程综合的结果，Ⅵ图则表示出一氧化氮的氧化反应，这是一个不需要活化能的三分子反应，其反应速率依温度增加而单调地下降，具有负的表观活化能。总反应速率对温度依赖关系还有其他形式，在此不再赘述。

二、压力对化学反应速率的影响

按照理想气体的状态方程：

$$pV=mRT \tag{6-26}$$

式中　m——气体的量。

或者：

$$p=\frac{m}{V}RT=cRT \tag{6-27}$$

式中　c——气体的浓度。对混合气体，有 $p_A V=m_A RT$，$p_A=c_A RT$。其中 p_A、m_A 分别表示 A 物质的分压力和物质的量。

已知 A 物质的分压力与系统的总压力的关系为：

$$p_A=y_A p \tag{6-28}$$

式中　y_A——A 物质的摩尔分数。

按照化学反应速率 W 的定义，对于一级反应：

$$W_1=-\frac{dc_A}{d\tau}=-k_1 c_A \tag{6-29}$$

把上述关系式代入：

$$W_1=-\frac{dc_A}{d\tau}=\frac{k_1 p_A}{RT}=\frac{k_1 y_A p}{RT} \tag{6-30}$$

同理，对二级反应应有：

$$W_2=\frac{k_2 y_A^2 p}{RT}\times\left(\frac{p}{RT}\right)^2 \tag{6-31}$$

由此可得出：

$$W_n \propto p^n \tag{6-32}$$

式中　n——反应级数。当温度不变时，压力增高，化学反应速率增大，其增大的程度与化学反应级数密切相关。压力增大，气体浓度增大，由于分子碰撞频率增大，化学反应速率增大。

若反应物浓度以相对浓度(c_A/c)来表示，则对 n 级反应有：

$$W_{nx}=-\frac{d(c_A/c)}{d\tau}=-\frac{dc_A}{cd\tau}\propto\frac{p^n}{c} \tag{6-33}$$

结合式(6-27)可得：

$$W_{ny}\propto\frac{p^n}{p}RT\propto p^{n-1} \tag{6-34}$$

注脚 y 表示相对浓度。即用相对浓度表示反应速率时，压力对反应速率的影响少一次幂。

三、反应物浓度对化学反应速率的影响

浓度对反应速率的影响可用质量作用定律来表示，即反应在等温下进行时，反加速率只是反应物浓度的函数。

对于单分子反应：

$$W_1=k_1 c_A \tag{6-35}$$

对于二分子反应：

$$W_2 = k_2 c_A c_B \tag{6-36}$$

对于三分子反应：

$$W_3 = k_3 c_A c_B c_C \tag{6-37}$$

对于 n 级反应：

$$W_3 = k_3 c^n \tag{6-38}$$

此时反应物分子或是同一类型的分子有相等的原始浓度且均等的消耗。

从上述各反应速率表达式中可看出，随着反应的进行，由于反应物逐渐消耗，浓度减少，因而反应速率也随之减小。此外，随着反应级数的提高，反应进行得愈慢(见图 6-2)。这是因为为了完成反应而必须参加碰撞的分子数愈多，发生这类碰撞的机会也就愈少。

当活化能很小时，尤其 $E \to 0$ 时，化学反应速率基本上由反应物的浓度来决定，此时温度对反应速率的影响很小，而化学反应速率很大，因为分子碰撞几乎每次都是有效的。

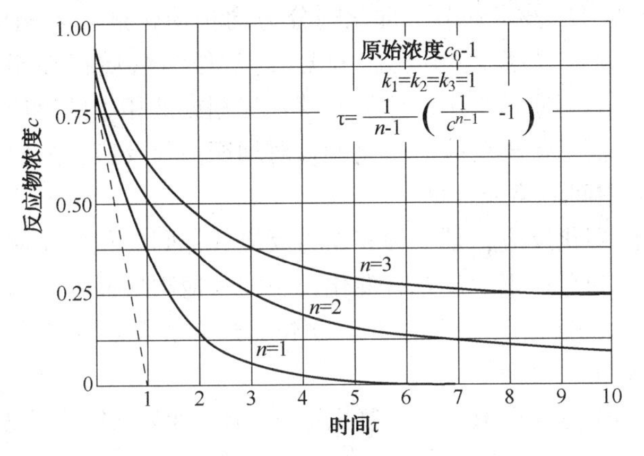

图 6-2　等温下各级反应中反应物浓度随时间的变化

四、反应物成分对化学反应速率的影响

一双分子反应 A+B→C+D 中，其反应速率可表示为：

$$W = -k c_A c_B$$

设 A、B 物质的摩尔分数分别为 y_A、y_B。设容器中只包含 A、B 两种物质，$y_A + y_B = 1$。$c_A = y_A p/(RT)$，$c_B = y_B p/(RT)$，代入反应速率公式中，得：

$$W = -k y_A y_B \left(\frac{p}{RT}\right)^2 = -k \left(\frac{p}{RT}\right)^2 y_A (1 - y_A) \tag{6-39}$$

在一定温度和压力下，$-k\left(\frac{p}{RT}\right)^2$ 是定值，令 $\frac{dW}{dy_A} = 0$，则可以得到最大反应速率时的反应物成分为：

$$(y_A)_{max} = (y_B)_{max} = 0.5$$

这说明当反应物的相对组成符合化学当量比时，化学反应速率最大。

图 6-3 表示反应物成分对反应速率的影响。当混合气中含有惰性成分时，即含有不参加反应的成分时，化学反应速率要降低。例如空气中的氮对燃烧过程就是惰性杂质。假若混气中包含燃料 A 和带惰性气体的氧化剂 B，若用 ε 表示氧化剂中氧的含量，β 表示氧化剂中

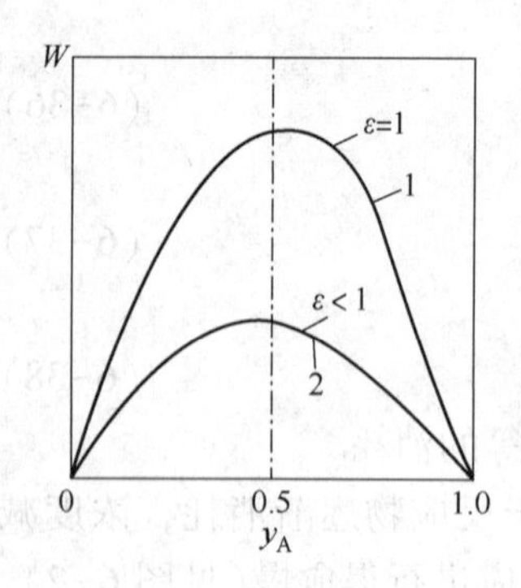

图 6-3　反应速率与混合气成分的关系
1—纯净的混合气；
2—带惰性组分的混合气；
ε—B 成分中反应物含量的相对值

惰性杂质的含量，则 $y_A+y_B(\varepsilon+\beta)=1$。由此看出，浓度为 y_A 的燃料和浓度为 $y_B\varepsilon$ 的氧进行反应，则反应速率：

$$W=-k\left(\frac{p}{RT}\right)^2\varepsilon y_A(1-y_A) \tag{6-40}$$

由于混合气中含有惰性杂质，$\varepsilon<1$，使化学反应速率降低，所以最大化学反应速率对应的燃料 A 与氧化剂 B 混合气体的相对组成关系仍与纯混合气相同，即 $(y_A)_{max}=(y_B)_{max}=0.5$。

五、催化剂对化学反应速率的影响

催化剂是能够改变化学反应速率而其本身在反应前后的组成、数量和化学性质保持不变的一种物质，催化剂对反应速率所起的作用叫做催化作用，催化也是化工领域应用最多的关键技术环节。催化剂分为均相催化剂和多相催化剂，均相催化剂与反应物同处一相，通常作为溶质存在于液体反应混合物中；多相催化剂一般自成一相，通常是用固体物质催化气相或液相中的反应。催化剂之所以能加快反应速率，是因为降低了化学反应的活化能。对均相催化反应，一般认为催化剂加快反应速率的原因是形成了“中间活化配合物”。

有固体物质参与的催化反应，是一种表面与反应气体间的化学反应，属于表面反应的一种。表面反应速率会因为存在很少量具有催化作用的其他物质而显著增大或减小，一般是用“吸附作用"来说明。表面催化反应的关键是气体分子或原子必须先被表面所吸附，然后才能发生反应，反应产物再从表面解吸。

催化反应的一个例子是氨(NH_3)燃烧氧化得到 NO。如果 NH_3燃烧发生在金属铂 Pt 的表面时，发生的反应为：

$$4NH_3+5O_2\longrightarrow 4NO+6H_2O$$

反应中几乎所有的 NH_3都转化为 NO，气体反应能力的增加是由于气体分子被吸附在 Pt 的表面，Pt 起到催化剂的作用。当不存在催化剂时，几乎得不到 NO，而是得到 N_2，反应式为：

$$4NH_3+3O_2\longrightarrow 2N_2+6H_2O$$

气体分子被吸附在表面，气体分子与表面分子间发生化学反应以及反应产物从表面解吸的过程均为化学动力学过程。因此，吸附反应速率常数 k_x 与解吸反应速率常数 k_j 均可写成阿累尼乌斯定律的形式，即：

$$k_x=k_{0x}\exp\left(-\frac{E_x}{RT}\right) \tag{6-41}$$

$$k_j=k_{0j}\exp\left(-\frac{E_j}{RT}\right) \tag{6-42}$$

式中　k_{0x}、k_{0j}——前置因子；

E_x、E_j——吸附与解吸动力学过程的活化能。

气体分子在表面的吸附率存在一个上限值，不可能超过气相分子与表面的碰撞率。吸附与解吸是同一化学过程的正反应过程与逆反应过程，吸附、解吸与化学反应并存，同时发生。

第五节　链锁反应

链锁反应是一种在反应历程中含有被称为链载体(活化分子)的低浓度活性中间产物的反应。这种链载体参加到反应的循环中，从而使它在每次循环之后都重新生成。链载体最先是在链产生过程中生成的，然后它们参与链的传播过程，最后被链终止或断链过程从反应中除去。最常见的链反应是以自由基为链载体，阳离子或阴离子也可以起活性中间产物的作用。链反应在许多工业过程中存在。例如低温时磷、乙醚的蒸气氧化出现冲焰就是链反应。冷焰就是反应温度并没有达到正常着火温度时出现的火焰，这说明其反应速率已经相当大了。又如反应中加入少量的其他物质，可以大大地加快或降低反应速率，水蒸气对 $2CO+O_2 \longrightarrow 2CO_2$ 的反应起了很大的加速作用，而水蒸气本身并不燃烧。以上诸现象都不能用分子热活化理论解释，而链锁反应理论可以解释这些现象，即活性中间产物的发生和发展决定了化学反应的历程。

一、链锁反应过程

以氢和氯的反应过程阐述链锁反应过程。氢和氯在光的作用下，总反应方程如下：

$$H_2+Cl_2 \longrightarrow 2HCl \tag{6-43}$$

该反应的历程主要为：

$$Cl_2+M \longrightarrow 2Cl+M \tag{6-44}$$

$$Cl+H_2 \longrightarrow HCl+H \tag{6-45a}$$

$$H+Cl_2 \longrightarrow HCl+Cl \tag{6-45b}$$

$$H+HCl \longrightarrow H_2+Cl \tag{6-45c}$$

………………

$$2Cl+M \longrightarrow Cl_2+M \tag{6-46}$$

基于以上反应历程，链锁反应可分下述 3 个过程。

1. 链的形成

这是由原物质生成活性中间产物(活化分子、自由基)的过程。如式(6-44)所示。这一过程是反应中最困难的阶段，它需要足够的能量来分裂原物质(反应物)分子内部的键以生成中间活性产物(链载体，如自由原子或基)。此过程一般是借光化作用、局部电磁辐射或微量活性物质的引入来实现。

如式(6-44)所示，由于氯离解所需活化能比氢离解所需的小，故在光的作用下氯吸收光能而离解为自由原子，成为反应的活化中心，这是反应的开始，称为链的形成。自由氯原子和氢分子合成 HCl 的反应所需的活化能很小，$E=25.12$kJ/mol，而总反应 $H_2+Cl_2 \rightarrow 2HCl$ 所需活化能却很大，$E=167.47$kJ/mol，所以氯原子浓度虽然很小，并与氢分子碰撞次数也很少，但反应速率却较氢分子和氯分子直接反应要大得多。

2. 链的增长

这是由活性中间产物与原物质作用产生新的活性中间产物的过程。由反应(6-45a)形成的氢原子又与氯分子作用形成 HCl 和一个氯原子，这一反应[反应(6-45b)]较反应(6-45a)所需活化能更小。因此，它的反应速率则更快，而由此产生的氯原子又立即重复前述反应。此后反应(6-45a)和(6-45b)就不断地交替进行。从这一反应过程中可以看出，通过这样一个链的增长过程，链锁反应才能持续进行下去。

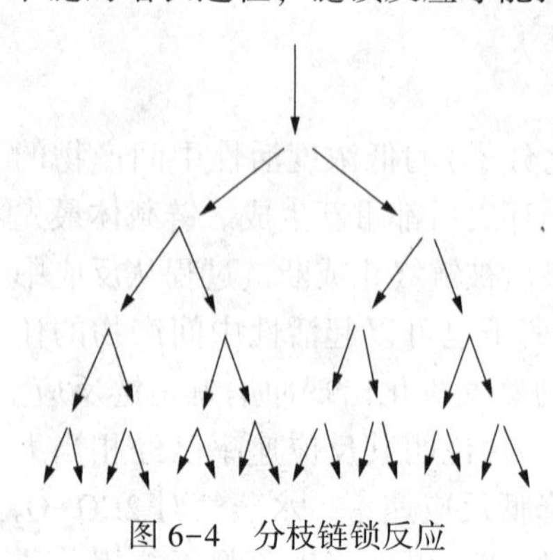

图 6-4　分枝链锁反应

如果在每一步中间反应中都是由一个中间活性产物与原物质作用产生一个新的中间活性产物，这样，链是以直线形式增长，整个反应则是以恒定的速率进行。这样的链锁反应称为直链反应或不分枝链锁反应。如果在一个中间活性产物与原物质作用后，产生的新的中间活性产物的数目多于一个，即多于初始时原有的活化中心数目。那么此时链就形成了分枝(见图 6-4)，反应速率将会急剧地增长，以致最后引起爆炸(即使在等温下也会这样)。这种反应就称为分枝链锁反应。前述的氢的氧化反应就是这类分枝链锁反应的典型例子。此外，还有着火、爆炸反应以及碳氧燃料的燃烧反应都带有分支链锁反应的性质。

3. 链的中断

在反应过程中活性中间产物将会不断地产生并分枝，但也会由于各种原因而消失。活性中间产物的消失，就是所谓“链的中断”。每一次链的中断都引起反应速率减缓以致中断反应继续的发展，如式(6-46)。在某些不利场合下甚至还可使反应完全停止。

链的中断可能由于下述几种情况产生：

a. 两个自由原子(活化分子、活化中间产物)同时与另一个稳定的分子或器壁相碰撞，此时该分子或器壁将两个自由原子在碰撞时所释放出的能量带走，使它失去活性而成为正常分子。

b. 若自由原子较大，当彼此碰撞而生成分子时所释出的能量无需第三者将其带走而可分配在产物分子的各键中而致使链的中断。

c. 一个自由原子如果碰在器壁上导致失去部分能量而停留在器壁上，一旦有其他自由原子碰到它就会变成正常分子而使链中断。

[例 6-4]　H_2和 Br_2反应生成稳定产物 HBr。反应机理如下：(A) $M+Br_2 \rightarrow Br+Br+M$ (B) $Br+Br+M \rightarrow M+Br_2$　(C) $Br+H_2 \rightarrow HBr+H$ (D) $HBr+H \rightarrow Br+H_2$。

判断各基元反应的类型：如单分子、双分子等，并指出其在链式反应中的作用，如哪个是链的激发反应。

答：(A)、(C)和(D)是双分子反应，(B)是三分子反应。

(A)是链的形成反应，(B)是链的中断反应，(C)和(D)是链的增长反应。

二、不分枝链锁反应

如前所述，在反应的循环中，活性中间产物的数目保持不变的反应称为不分枝链反应。反应中的 H 和 Cl 原子即为活性中间产物(链载体)。由质量作用定律知，反应物浓度的变化直接决定化学反应速率的大小。因此有必要了解链锁反应中反应系统中各物质的浓度变化。

HCl 浓度的变化率为：

$$\frac{dc_{HCl}}{d\tau}=k_2c_{Cl}c_{H_2}+k_3c_Hc_{Cl_2}-k_4c_Hc_{HCl} \tag{6-47}$$

式中　k_2、k_3、k_4——反应(6-45a)、(6-45b)和(6-45c)的反应速率常数。

Cl 原子浓度的变化率为：

$$\frac{dc_{Cl}}{d\tau}=k_1c_Mc_{Cl_2}-k_2c_{Cl}c_{H_2}+k_3c_Hc_{Cl_2}+k_4c_Hc_{HCl}-k_5c_Mc_{Cl}^2 \tag{6-48}$$

而 H 原子浓度的变化率为：

$$\frac{dc_H}{d\tau}=k_2c_{Cl}c_{H_2}-k_3c_Hc_{Cl_2}-k_4c_Hc_{HCl} \tag{6-49}$$

由于 H_2 和 Cl_2 的反应中，活化分子的浓度很低，经历很短的时间后，约为 1×10^{-9} s，H 和 Cl 原子浓度达到稳态，$\frac{dc_{Cl}}{d\tau}\approx0$ 及 $\frac{dc_H}{d\tau}\approx0$。因此可得出：

$$k_1c_Mc_{Cl_2}-k_5c_Mc_{Cl}^2\approx0$$

即

$$c_{Cl}\approx\left(\frac{k_1}{k_5}\right)^{0.5}(c_{Cl_2})^{0.5} \tag{6-50}$$

把它代入 H 原子浓度的表达式中得出：

$$c_H\approx\frac{k_2c_{Cl}c_{H_2}}{k_3c_{Cl_2}+k_4c_{HCl}} \tag{6-51}$$

于是 HCl 反应速率可表达为：

$$\frac{dc_{HCl}}{d\tau}=2k_3c_Hc_{Cl_2}=2k_2\ (k_1/k_5)^{0.5}\frac{(c_{Cl_2})^{0.5}}{1+k_4c_{HCl}/(k_1c_{Cl_2})} \tag{6-52}$$

在等温情况下，不分枝链反应的速率随时间增加开始迅速增加，因为在这段时间里氯原子的浓度不断积累，当它的浓度变化率为零时，氯原子浓度就保持不变。再进一步反应，由于 H_2 和 Cl_2 的浓度下降，反应速率就要下降，这从式(6-52)可以看出来。因此在等温条件下，不分枝链锁反应不会成为无限制的加速反应，即反应不会发展成爆炸。不分枝链反应的速率变化见图 6-5。

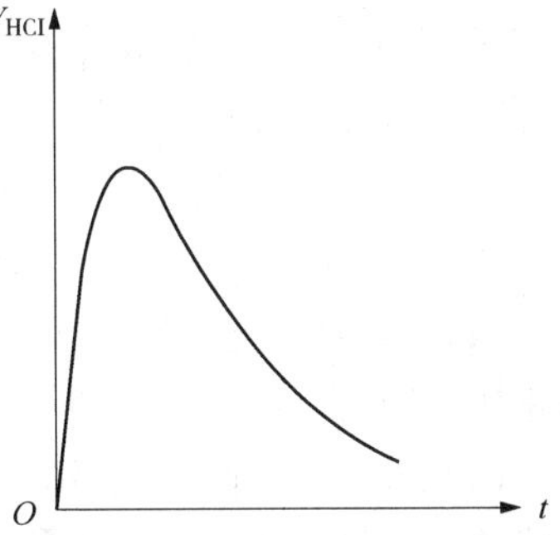

图 6-5　等温不分枝链锁反应速率与时间的关系

三、分枝链锁反应

如果在一个活性中间产物与原物质作用后，产生的新的活性中间产物的数目多于一个，即多于初始时原有的活化中心数目。那么此时链就形成了分枝链锁反应，如前述的氢-氧反应。这里以一种活化分子 R 的分枝链锁反应阐述其机理。

链的产生过程：

$$D\xrightarrow{k_1}R$$

链的增长过程：

$$R+D\xrightarrow{k_2}\alpha R+D,\quad \alpha>1$$

$$R+D\xrightarrow{k_3}P$$

$$R\xrightarrow{k_4}\text{消失，}(R\text{ 碰撞器壁})$$

$$R\xrightarrow{k_5}\text{消失，}(R\text{ 互相碰撞})$$

式中　D——任意一个参加反应的分子；

R——活化分子式或自由基；

P——产物。

在稳态条件下，产物生成的速率为：

$$\frac{dc_P}{d\tau}=k_3c_Rc_D \tag{6-53}$$

化学反应过程中，自由基的浓度在开始时增长迅速，之后其消耗的速率和形成的速率很快趋近，即其生成和消耗速率相等。对这些中间产物和自由基采用稳态近似进行分析，以减少对系统的分析工作量。即在反应经过感应期以后，自由基的净生成速率近似为零。

$$\frac{dc_R}{d\tau}=k_1c_D+k_2(\alpha-1)c_Rc_D-k_3c_Rc_D-k_4c_R-k_5c_R\approx 0$$

$$c_R=\frac{k_1c_D}{k_3c_D+k_4+k_5-k_2(\alpha-1)c_D} \tag{6-54}$$

将其代入产物生成速率公式中：

$$c_R=\frac{k_1c_D}{k_3c_D+k_4+k_5-k_2(\alpha-1)c_D}$$

$$\frac{dc_P}{d\tau}\approx\frac{k_1k_3c_D^2}{k_3c_D+k_4+k_5-k_2(\alpha-1)c_D} \tag{6-55}$$

当分母为零时，产物生成速率为无穷大，即该反应系统发生了爆炸。此时的 α 值为临界 α 值，即：

$$\alpha_{lj}=1+\frac{k_3c_D+k_4+k_5}{k_2c_D}=1+\frac{k_3}{k_2}+\frac{k_4+k_5}{k_2c_D} \tag{6-56}$$

当 $\alpha<\alpha_{lj}$ 时，反应是缓慢进行的，反之，反应就是爆炸性的。另外，分子浓度 c_D 与压力成正比，即气体的压力影响 α_{lj} 值，从而影响了反应速率及爆炸的产生。

由此可知，有两种类型的爆炸，一种是热爆炸，另一种是链爆炸。当由放热反应引起的释热速率超过由传导、对流和辐射的热耗散速率时就造成了热量的积累，最后会导致热爆炸。而链爆炸并不借助于热量的积累和升温而发生爆炸。在分枝链锁反应中，随着反应的进行，活化分子浓度不断增加，当活化分子浓度达到某临界值时，就会发生爆炸。因此，从理论上得出，热理论可以解释热爆炸，而分枝链锁反应理论可以解释链爆炸。

第六节　燃烧化学反应中的化学平衡

燃烧过程中包含许多可逆反应。同样对于基元反应也不例外。可逆反应最终必然达到化学平衡，此时的正向反应速率与逆向反应速率相等，系统内的组分浓度不再变化，除非温度或压力改变，或者增减某一组分的数量而破坏了化学平衡。

譬如，对任一可逆反应：

$$a\mathrm{A}+b\mathrm{B}\underset{\overleftarrow{k}_b}{\overset{\overrightarrow{k}_f}{\rightleftharpoons}}c\mathrm{C}+d\mathrm{D} \tag{6-57}$$

式中　k_f、k_b——正向反应速率常数和逆向反应速率常数，它们只是温度的函数，与反应中各组分的浓度无关。

正向反应速率：

$$\overrightarrow{W}=k_f c_A^a c_B^b \tag{6-58}$$

逆向反应速率：

$$\overleftarrow{W}=k_b c_C^c c_D^d \tag{6-59}$$

总反应速率：

$$W=\overrightarrow{W}-\overleftarrow{W}=k_f c_A^a c_B^b-k_b c_C^c c_D^d \tag{6-60}$$

正向反应速率与逆向反应速率相等或总(净)反应速率等于零，也就是系统浓度达到一个动平衡的不变状态时，系统就达到了所谓化学平衡，这时 $W=0$，即：

$$k_f c_A^a c_B^b=k_b c_C^c c_D^d \tag{6-61}$$

引入变量 $K_C=\dfrac{k_f}{k_b}$，则式(6-61)变换为：

$$K_C=\frac{k_f}{k_b}=\frac{c_C^c c_D^d}{c_A^a c_B^b} \tag{6-62}$$

K_C称为按浓度定义的平衡常数。

当反应系统中各种物质服从理想气体定律时，其浓度与分压的关系为：

$$c_i=\frac{n_i}{V}=\frac{p_i}{RT} \tag{6-63}$$

式中 n_i——某种 i 物质的摩尔数，mol；

p_i——i 物质的分压，Pa；

V——反应系统的体积；

T——反应系统的温度，K；

R——通用气体常数，8.314J/(mol·K)。

则平衡常数又可写成

$$K_c=\frac{[p_C/(RT)]^c\,[p_D/(RT)]^d}{[p_A/(RT)]^a\,[p_B/(RT)]^b}=(RT)^{-(c+d-a-b)}\times\frac{p_C^c p_D^d}{p_A^a p_B^b} \tag{6-64}$$

令

$$K_p=\frac{p_C^c p_D^d}{p_A^a p_B^b}=\frac{c_C^c c_D^d}{c_A^a c_B^b}p^{(c+d)-(a+b)} \tag{6-65}$$

则 K_p称为按压力定义的平衡常数。

两平衡常数之间的关系为：

$$K_c=(RT)^{-(c+d-a-b)}K_p \tag{6-66}$$

平衡常数是化学反应的特性常数，它不随物质的初始浓度或分压而改变，仅取决于反应的本性。一定的反应，只要温度一定，平衡常数就是定值。平衡常数的大小是反应进行程度的标志，表示出反应进行的完全程度。平衡常数越大，说明平衡时生成物的浓度越大，反应物剩余浓度越小，反应物的转化率越大，即正反应的趋势越强。

基于上述推导可知，已知某反应的一方向的反应速率常数时，就可以求出另一反应速率常数，而不必同时测定两个反应速率常数。化学反应速率常数是由实验测定的，过程复杂，难度很大，且实验条件难以统一，结果具有较大的不确定度。不同文献给出的数据差距较大，甚至会相差一倍，选用时应在所研究的温度区间采用相对准确可靠的反应速率常数测量值，而平衡常数是基于热力学的测量或计算得到的，属于较准确的热力学基础数据，这样计算得到的另一反应速率常数值也较准确。

因此，在解决化学动力学问题时，如果能够确定该反应处于平衡态，根据反应速率常数及平衡常数的关系[式(6-64)]，通过已知的正向(或逆向)反应速率常数及平衡常数就可以计算得到逆向(或正向)反应速率常数。

[例6-5] 已知一基元反应 $NO+O \rightarrow N+O_2$，其反应速率常数为 $k_f=3.8\times10^9 T\exp\left(-\frac{20820}{T}\right)$，在温度2300K时，平衡常数 $K_p=1.94\times10^{-4}$，求逆反应速率常数 k_b。

解：在温度2300K时，其正反应速率常数为：

$$k_f=3.8\times10^9\times2300\exp\left(-\frac{20820}{2300}\right)=1.024\times10^9$$

结合式(6-66)和式(6-62)得到：

$$k_b=\frac{k_f}{K_C}=\frac{k_f}{K_p}(RT)^{(c+d-a-b)}=\frac{k_f}{K_p}=\frac{1.024\times10^9}{1.94\times10^{-4}}=5.28\times10^{12}$$

第七节　重要的化学机理

本节将对燃烧过程及燃烧生成污染物过程中重要的化学机理所涉及的基元反应进行阐述。值得注意的是，复杂的机理是化学家们的思想与实验推演的结果，因此随着时间的推延，会有不同的机理出现，与热力学第一定律或其他众所周知的守恒原理是不同的。

一、H_2-O_2系统

氢的氧化反应是最典型的、研究最多的同时理解最深入的分枝链锁反应。其总反应为：

$$2H_2+O_2 \longrightarrow 2H_2O \tag{6-67}$$

初始激发反应是：

$$H_2+M \longrightarrow H+H+M\text{(温度很高时)} \tag{6-68}$$

$$H_2+O_2 \longrightarrow HO_2+H\text{(其他温度)} \tag{6-69}$$

包含自由基O、H、OH的链的传播反应是：

$$H+O_2 \longrightarrow OH+O \tag{6-70}$$

$$O+H_2 \longrightarrow OH+H \tag{6-71}$$

$$OH+H_2 \longrightarrow H_2O+H \tag{6-72}$$

$$O+H_2O \longrightarrow OH+OH \tag{6-73}$$

包含自由基O、H、OH的链的中断反应是：

$$H+H+M \longrightarrow H_2+M \tag{6-74}$$

$$O+O+M \longrightarrow O_2+M \tag{6-75}$$

$$O+H+M \longrightarrow OH\cdot+M \tag{6-76}$$

$$H+OH+M \longrightarrow H_2O+M \tag{6-77}$$

完整地表达此机理，还需要包含过氧羟自由基 HO_2 和过氧水 H_2O_2参与的反应，当反应

$$H+O_2+M \longrightarrow HO_2+M\text{(压力高时)} \tag{6-78}$$

变得活跃，则下列反应和反应(6-59)的逆反应开始起作用：

$$H+HO_2 \longrightarrow OH+OH \tag{6-79}$$

$$H+HO_2 \longrightarrow H_2O+O \quad (6-80)$$

$$O+HO_2 \longrightarrow O_2+OH \quad (6-81)$$

$$HO_2+HO_2 \longrightarrow H_2O_2+O_2 \quad (6-82)$$

$$HO_2+H_2 \longrightarrow H_2O_2+H \quad (6-83)$$

$$H_2O_2+H \longrightarrow H_2O+OH \quad (6-84)$$

$$H_2O_2+H \longrightarrow HO_2+H_2 \quad (6-85)$$

$$H_2O_2+M \longrightarrow OH+OH+M \quad (6-86)$$

根据温度、压力和反应程度的变化，上述所有反应的逆反应都可能变得很重要。因此，要模拟 H_2-O_2系统，要考虑多达 40 个反应，包括 8 种组分：H_2、O_2、H_2O、OH、O、H、HO_2和 H_2O_2。

图 6-6 表示的是 H_2和 O_2化学当量的混合物在温度-压力坐标中爆炸和不爆炸的区域划分。温度与压力关系在此是指在充满反应物的球形容器的初始状态。这里选取温度为 500℃时阐述 H_2和 O_2的爆炸特性。当压力介于 133~200Pa(1~1.5mmHg)时，没有爆炸反应，这是由于激发的反应(6-69)和随后发生的链锁反应(6-70)~(6-73)所产生的自由基被容器的壁面反应所消耗而中断，避免了可以引起爆炸的自由基的快速累积与增加。

当初始压力高于 200Pa(1.5mmHg)时，混合物就发生爆炸。这是气相链式反应(6-70)~

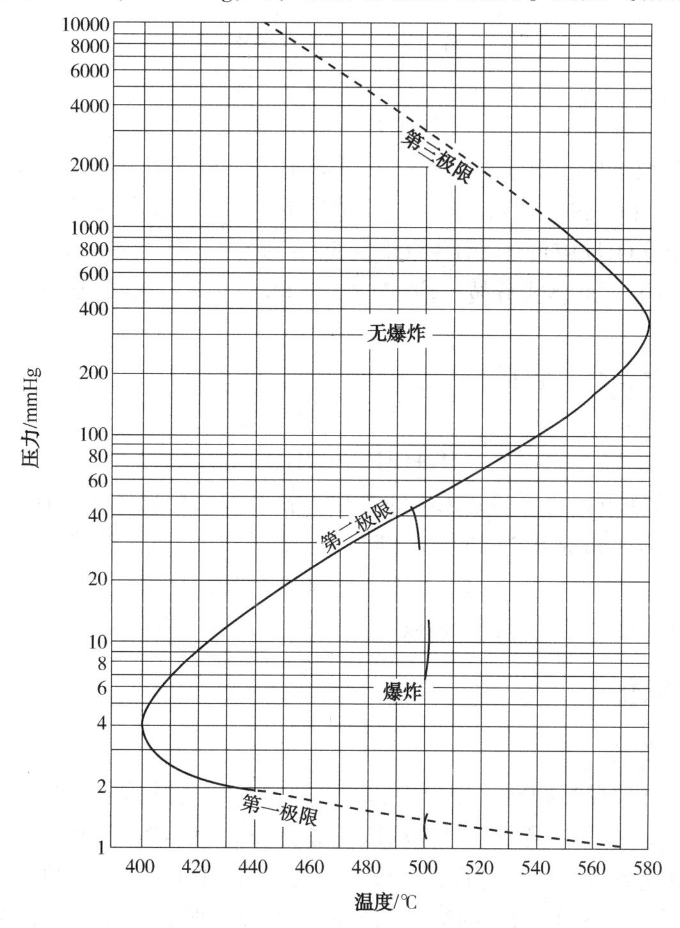

图 6-6　球形容器中 H_2-O_2化学当量混合物的爆炸极限

注：1mmHg=133.3Pa，下同

(6-73)超过了自由基壁面消耗速率的直接结果。这是因为，压力增加致使自由基的浓度呈线性增加，反应速率呈几何指数增加。压力达到6665Pa(50mmHg)之前一直处于爆炸区域。在6665Pa(50mmHg)这一点上，混合物停止了爆炸。这一现象可以用链式分枝反应(6-70)和低温下显著的链中断反应(6-78)之间的竞争来解释。这时，由于过氧羟基 HO_2相对不活跃，反应(6-78)可看成是一个链中断反应，从而这一自由基可以扩散到壁面处而被消耗。

在第三个极限，在400kPa(3000mmHg)处，再次进入一个爆炸的区域。这时，反应(6-83)加入到了链式分枝反应中而引起了 H_2O_2 的链式反应过程。

二、CO 的氧化

CO 的氧化不管是对本身还是对碳氢化合物的氧化都是非常重要的。碳氢化合物的燃烧可以简单地分为两步：第一步包括燃料断裂生成 CO，第二步是 CO 最终氧化成为 CO_2。

在没有含氢的组分存在时，CO 的氧化是很慢的。很少量的 H_2O 或 H_2对 CO 的氧化反应速率有很大的影响。这是因为含有羟基的 CO 的氧化步骤要比含有 O_2和 O 的反应快得多。

在"潮湿"条件下，如果混合物中存在 H 原子，CO 的氧化过程可用下面的 4 步反应来描述：

$$CO+O_2 \longrightarrow CO_2+O \tag{6-87}$$

$$O+H_2O \longrightarrow OH+OH \tag{6-88}$$

$$CO+OH \longrightarrow CO_2+H \tag{6-89}$$

$$O_2+H \longrightarrow OH+O \tag{6-90}$$

反应(6-87)是很慢的，对于 CO_2的形成影响不大，但起到了激发链式反应的作用。CO 的实际氧化通过反应(6-89)进行，这一反应同时还是一个链式传递反应，可以产生一个 H。这个氢原子进一步与 O_2反应形成 OH 和 O[反应(6-90)]。然后这些自由基又回到氧化的步骤[反应(6-89)]和第一个链式分枝反应[反应(6-88)]。对于整个反应机理来说，反应(6-89)是最关键的反应。

如果混合物中含有 H_2，包括下面的反应：

$$O+H_2 \longrightarrow OH+H \tag{6-91}$$

$$H_2+OH \longrightarrow H_2O+H \tag{6-92}$$

在存在 H_2 的条件下，为了描述 CO 的氧化，就要包括全部的 H_2-O_2反应系统[反应(6-68)~(6-86)]。Glassman 指出当 HO_2存在时，还存在 CO 的氧化的另一个途径

$$CO+HO_2 \longrightarrow CO_2+OH \tag{6-93}$$

尽管这个反应可能不像反应(6-89)那样重要。

三、烷烃的氧化

1. 高链烷烃的氧化

石蜡类，或叫链烷烃类物质，是指饱和的、直链的或支链的单键的碳氢化合物，其总化学分子式为 C_nH_{2n+2}。本节将简单地讨论高链烷烃类($n>2$)一般的氧化过程。

高链烷烃的氧化可分为3个过程，如图6-7示出了组分分布和温度分布的情况。

① 燃料分子受到 O 和 H 原子的撞击而分解，先分解成烯烃和氢。若有氧存在，氢就氧化成水。

② 烯烃进一步氧化成为 CO 和 H_2。所有的 H_2应转化为水。

③ CO 通过反应(6-89)而进一步燃尽。在这一反应中，释放出大量热量，几乎是总的燃烧过程中释出的热量。

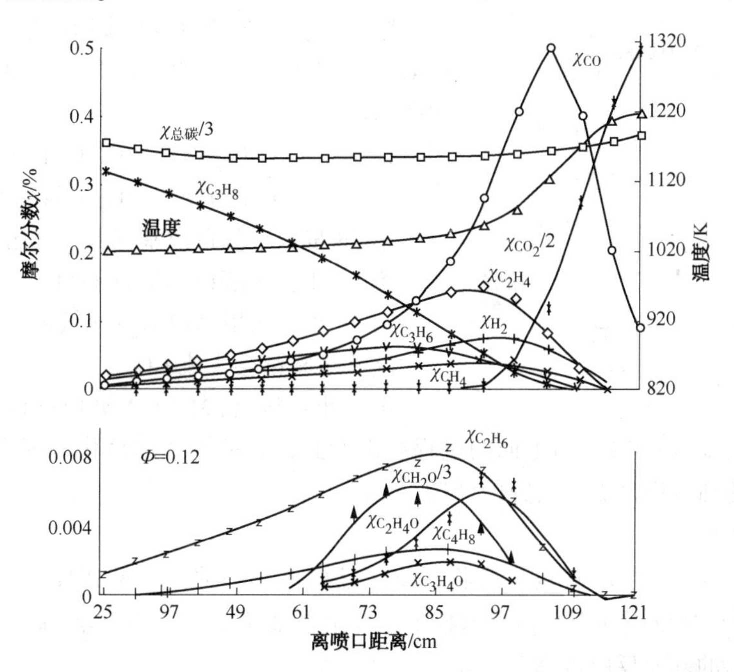

图 6-7　稳定流动的反应器中丙烷氧化时组分的摩尔分数和温度随距喷口距离的变化规律

Glassman 将这 3 步的过程分为 8 步。这里以丙烷的氧化过程为例进行说明。

第 1 步：在初始的燃料分子中的一个 C—C 断裂。因为 C—C 键较弱，C—H 键的稳定性强于 C—C 键，所以 C—C 键先断裂。

$$C_3H_8+M \longrightarrow C_2H_5+CH_3+M \tag{6-94}$$

第 2 步：形成的两个碳氢自由基进一步分解，产生烯烃和氢原子。从碳氢化合物中分解出氢原子的过程称为脱氢。

$$C_2H_5+M \longrightarrow C_2H_4+H+M \tag{6-95}$$

$$CH_3+M \longrightarrow CH_2+H+M \tag{6-96}$$

第 3 步：从第 2 步中产生的 H 原子开始产生一批自由基。

$$H+O_2 \longrightarrow OH+O \tag{6-97}$$

第 4 步：随着自由基的积累，开始了新的燃料分子被撞击的过程。

$$C_3H_8+OH \longrightarrow C_3H_7+H_2O \tag{6-98}$$

$$C_3H_8+H \longrightarrow C_3H_7+H_2 \tag{6-99}$$

$$C_3H_8+O \longrightarrow C_3H_7+OH \tag{6-100}$$

第 5 步：与第 2 步一样，碳氢自由基再次通过脱氢反应分解为烯烃和 H 原子。

$$C_3H_7+M \longrightarrow C_3H_6+H+M \tag{6-101}$$

这一分解应依据 β 剪刀规则进行。这一规则是指断裂 C—C 键或 C—H 键将是离开自由基位置的一个键，即离开不成对电子的一个位置。在自由基位置处的不成对电子加强了相邻的键，引起的结果是从这一位置向外移动了一个位置。对于从第 4 步产生的自由基 C_3H_7，有以下两种可能的途径：

$$C_3H_7+M \longrightarrow C_3H_6+H+M \tag{6-102a}$$

$$C_3H_7+M \longrightarrow C_2H_4+CH_3+M \quad (6-102b)$$

对于自由基 C_3H_7 分解(6-102)应用 β 剪刀规则如图 6-8 所示。

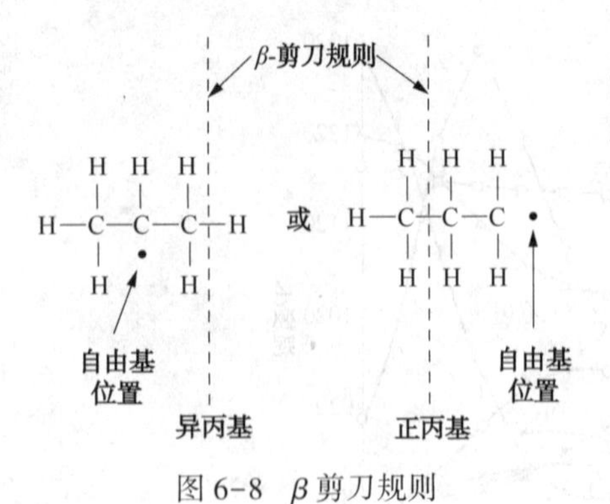

图 6-8 β 剪刀规则

第 6 步：第 2 步和第 5 步所产生的烯烃的氧化是由 O 原子撞击所激发的，这会产生甲酸基(HCO)和甲醛(H_2CO)。

$$C_3H_6+O \longrightarrow C_2H_5+HCO \quad (6-103)$$

$$C_3H_6+O \longrightarrow C_2H_4+H_2CO \quad (6-104)$$

第 7a 步：甲基自由基(CH_3)氧化

第 7b 步：甲醛(H_2CO)的氧化。

第 7c 步：亚甲基(CH_2)的氧化。

这些步骤都会生成 CO。

第 8 步：按含湿的 CO 机理进行的 CO 的氧化，反应(6-87)~反应(6-93)。由上面的过程可以看到，高链烷烃的氧化机理实际是相当复杂的。这一机理的细节仍是需要研究的课题。

2. CH_4 的氧化

CH_4 属于一种最简单的碳氢化合物，CH_4 燃烧也是一种分枝链式反应。目前的研究表明，CH_4燃烧的化学反应动力学模型包括了 200 余个基元反应，涉及 40 余个中间反应产物，这里只介绍基本的基元反应机理。

链的激发反应式为：

$$CH_4+O_2 \longrightarrow CH_3+HO_2 \quad (6-105)$$

在链传播中，发生不分枝反应，式中自由基的数目不变，但产生不同的自由基，即：

$$CH_4+OH \longrightarrow CH_3+H_2O \quad (6-106)$$

对 CH_4的主要碰撞反应来自 OH，生成甲烷基 CH_3 和 H_2O。同时也发生分枝反应，O 原子销毁，而生成甲烷基 CH_3和 OH 基，即：

$$CH_4+O \longrightarrow CH_3+OH \quad (6-107)$$

CH_3的氧化主要是与 HO_2反应，即：

$$CH_3+HO_2 \longrightarrow CH_3O+OH \quad (6-108)$$

四、氮氧化物的形成

燃烧过程产生的 NO_x 主要有 NO 和 NO_2，另外还有少量 N_2O。按生成机理分类，燃烧形成的 NO_x可分为燃料型、热力型、快速型 3 种。

1. 热力型 NO_x 的生成机理

热力型 NO_x是指空气中的 N_2与 O_2在高温条件下反应生成 NO_x。其生成机理是由捷里道维奇(Zeldovich)提出的，故又被称为捷里道维奇机理。

热力或捷里道维奇机理包含下列两个链锁反应：

$$N_2+O \underset{\overleftarrow{k}_{1b}}{\overset{\overrightarrow{k}_{1f}}{\rightleftharpoons}} NO+N \quad (6-109a)$$

$$N+O_2 \underset{\overleftarrow{k}_{2b}}{\overset{\overrightarrow{k}_{2f}}{\rightleftharpoons}} NO+O \quad (6-109b)$$

反应(6-109a)和反应(6-109b)的反应常数为：

$$\overrightarrow{k}_{1f}=1.8\times10^{11}\exp\left(\frac{-38370}{T}\right)\quad m^3/(kmol\cdot s)$$

$$\overleftarrow{k}_{1b}=3.8\times10^{10}\exp\left(\frac{-425}{T}\right)\quad m^3/(kmol\cdot s)$$

$$\overrightarrow{k}_{2f}=1.8\times10^{7}T\exp\left(\frac{-4680}{T}\right)\quad m^3/(kmol\cdot s)$$

$$\overleftarrow{k}_{1b}=3.8\times10^{6}T\exp\left(\frac{-20820}{T}\right)\quad m^3/(kmol\cdot s)$$

一般地，如果相对的时间尺度足够长，则可以假设 O_2和 O 浓度处于它们的平衡值而 N 处于稳态中。同时假设 NO 的浓度远小于它们的平衡值，其逆反应可以忽略不计，这样可得到下面简单的速率表达式：

$$\frac{dc_{NO}}{d\tau}=3\times10^{14}c_{N_2}c_{O_2}^{0.5}\exp\left(\frac{-542000}{RT}\right)\tag{6-110}$$

式中　c_{NO}、c_{N_2}、c_{O_2}——NO，N_2，O_2的浓度，mol/m^3；

τ——时间，s；

R——通用气体常数，J/(mol·K)。

注意式(6-110)适用于 O_2 浓度大、燃料少的贫燃预混火焰。当燃料过浓时，还需要考虑一个反应：

$$N+OH\underset{\overleftarrow{k}_{3b}}{\overset{\overrightarrow{k}_{3f}}{\rightleftharpoons}}NO+H\tag{6-109c}$$

反应(6-109c)的反应常数为：

$$\overrightarrow{k}_{3f}=1.8\times10^{11}\exp\left(\frac{-450}{T}\right)\quad m^3/(kmol\cdot s)$$

$$\overleftarrow{k}_{3b}=1.7\times10^{11}\exp\left(\frac{-24560}{T}\right)\quad m^3/(kmol\cdot s)$$

由式(6-109a)、式(6-109b)和式(6-109c)这 3 个反应组成的反应组称为扩展的捷里道维奇机理。从工程应用来说，上述的捷里道维奇机理已能充分说明问题。

由式(6-110)可知，反应(6-109a)的活化能很大，为 319050kJ/kmol，即这一反应与温度有很强的关系，说明该反应在高温下才能进行。在温度低于 1800K 时，热力机理通常是不重要的。

2. 快速型 NO_x的生成机理

快速型 NO_x主要是指燃料中碳氢化合物在燃料浓度较高的区域燃烧时所产生的烃与燃烧空气中的 N_2发生反应，形成的 CH 和 HCN 等化合物，继续被氧化而生成的 NO_x。

弗尼莫尔机理解释了快速型 NO_x的生成机理，指出碳氢化合物燃烧分解生成 CH，CH_2，C_2等基团，并破坏了空气中的氮分子键，形成胺或氰基化合物，胺或氰基化合物进一步转变成中间体最终形成 NO。反应式如下：

$$CH+N_2\longrightarrow HCN+N\tag{6-111a}$$

$$CH_2+N_2\longrightarrow HCN+NH\tag{6-111b}$$

$$C_2+N_2\longrightarrow 2CN\tag{6-111c}$$

上述反应的活化能很小，反应速率很快，同时火焰中生成大量的 O、OH 等基团，它们与上述反应的中间产物 HCN、NH、N 等反应生成 NO，反应如下：

$$HCN+OH \longrightarrow CN+H_2O \tag{6-111d}$$

$$CN+O_2 \longrightarrow CO+NO \tag{6-111e}$$

$$CN+O \longrightarrow CO+N \tag{6-111f}$$

$$NH+OH \longrightarrow N+H_2O \tag{6-111g}$$

$$NH+O \longrightarrow NO+H \tag{6-111h}$$

$$N+OH \longrightarrow NO+H \tag{6-111i}$$

$$N+O_2 \longrightarrow O+NO \tag{6-111j}$$

3. 燃料型 NO_x 的生成机理

燃料型 NO_x 是燃料中所含有的氮元素，在燃烧过程中与空气中的氧结合后生成的氮氧化物。显然，燃料型氮氧化物与热力型氮氧化物不同，它的氮元素来源于燃料，而不是空气中的氮。燃料型 NO_x 主要来源于固体燃料。无论是挥发分燃烧还是焦炭燃烧都形成大量的 NO，燃烧过程中燃料氮平衡关系可用图 6-9 表示。

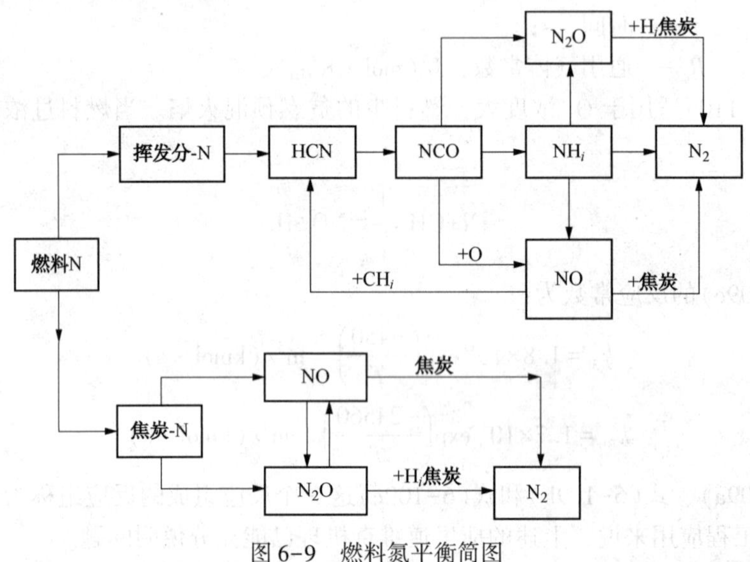

图 6-9 燃料氮平衡简图

从图 6-9 可以看出，HCN 是由燃料氮与碳氢化合物分解的中间生成物快速反应生成的，NH_2 的一部分转化为 HCN，HCN 的分解按 HCN→NCO→NH 的路线进行。如果在着火阶段供氧不足则燃料中的氮大部分在燃料过浓区域分解，生成 HCN 和 NH_i 等中间生成物，然后进一步转换为 N_2 和 NO_x。

采用燃料氮转化的计算模型的计算结果表明，挥发分中的氮约有 90%转化为 NO_x。由于还原作用，实际排放时所占的转化率仅为燃料氮的 16.5%，而焦炭中氮占 9%,、合计向 NO_x 转化率为 26.4%，这些模型的共同缺点是没考虑涉及 N_2O 的反应通道，其计算结果只能定性地与实际过程符合。

NO 进入大气后进一步氧化成 NO_2。NO_2 在形成酸雨和光化学雾过程中起了重要作用。但在许多燃烧过程中，以 NO_2 来表示排放大量的氮氧化物（NO、NO_2）。在燃烧产物进入大气之前形成 NO_2 的主要基元反应如下：

$$NO+HO_2 \longrightarrow NO_2+OH(生成) \tag{6-112a}$$

$$NO_2+H \longrightarrow NO+OH(消耗) \tag{6-112b}$$

$$NO_2+O \longrightarrow O_2+NO(消耗) \tag{6-112c}$$

式中，HO_2自由基由下述反应形成：

$$H+O_2+M \longrightarrow HO_2+M \tag{6-112d}$$

HO_2自由基是在相应的低温下形成的，然后，NO 分子通过流体混合从高温扩散或输运到 HO_2富有的区域形成 NO_2。在高温下，NO_2的消耗反应即反应(6-112b)和反应(6-112c)很活跃，从而防止了 NO_2在高温下的形成。

练习与思考题

1. 什么是基元反应(简单反应)、总反应(复杂反应)、单相反应、多相反应、单分子反应、双分子反应、三分子反应？

2. 什么是化学反应速率？化学反应速率有哪些表达方法？

3. 质量作用定律的适用范围？试用质量作用定律讨论物质浓度对反应速率的影响。

4. 什么是反应级数？反应级数与反应物初始浓度之间的关系如何？化学反应的反应级数能由化学反应方程式确定吗？若不能，应如何确定？

5. 基元反应与总反应的反应级数是如何确定的？

6. 阿累尼乌斯定律的内容是什么？适用范围？

7. 什么是活化能？活化能如何影响化学反应速率？

8. 影响化学反应速率的因素有哪些？在工程燃烧过程中，通常采取哪些方法来提高化学反应速率？

9. 何谓链反应，它是怎样分类的？链反应一般可分为几个阶段？

10. 何谓分枝链反应，分枝链反应为什么能极大地增加化学反应的速率？

第七章　燃烧空气动力学基础——射流

燃料的燃烧状况与燃料和空气的流动与混合过程即射流密切相关。由于燃烧装置结构的差异，射流的形式多种多样。下面给予简单介绍。

第一节　静止气体中的自由射流

1. 圆形喷口自由射流

气流自喷嘴喷射到充满静止空气且比射流体积大得多的燃烧室中，射流不受限制扩大，此射流称为自由射流。当射流的出口温度与周围流体温度相同时，称为等温射流；当射流的出口温度与周围静止流体温度不相同时，称为非等温射流。一般直流燃烧器单个喷口喷入炉膛的射流可视为平面自由射流。

(1) 射流特点

图 7-1 为等温自由圆断面射流。实际燃烧器中的可燃混合气流均为湍流。由于流体微团的横向脉动，射流流体与周围介质间不断地进行动量、质量及能量交换，结果使射流横向尺寸不断扩大，外边界线向外扩张。与此同时，内边界线收缩，最终与轴心线相交于 C 点。根据射流参数的变化，沿射流轴向有以下特点：

① 射流初始段。把射流轴心速度保持不变的一段长度称为射流初始段，如图 7-1 中，圆锥体 *A—C—B* 内的等速区域所对应的长度，而锥形区 *A—C—B* 则称为核心区，该区长度约为喷口直径的 4 ~5 倍。超过这一段长度，轴心线上速度不断下降，直降到外边界的零值。O—C—O 称为射流的内边界。

② 射流自模化段或主体段。实验表明，对 $x/R_0>4$ ~5 的下游，射流的无因次参数分布与 x/R_0值无关，称为射流的自模段或主体段。

③ 射流过渡段。过渡段处于射流初始段与自模段之间，范围较小。在该区域内，射流速度的分布规律随距离 x 变化。工程计算时，一般可忽略过渡段。射流过渡段和自模化段统称为基本段。

④ 过渡断面(转折断面)。射流初始段与过渡段的分界面。在这一界面上，只有射流中心一点还保持初始速度 w_0。

⑤ 射流边界。自由射流的流动流体和静止的空气的分界面称为射流的外边界。如图 7-1 中 AA′和 BB′射流速度仍保持初始速度的区域的边界，如图 7-1 中 A—C—B 称为射流的内边界。射流内、外边界之间的区域称为流动边界层。随着射流距离的增加，射流边界层逐渐向周围扩展，过渡断面后，边界层扩展到整个射流基本段。

⑥ 射流极点。射流外边界的逆向延长的交点 O 称为射流极点。

(2) 圆形射流半经验公式

依据自由射流的相似理论，理论分析和试验，得出下列半经验公式计算圆形湍流自由射流的自模段参数：

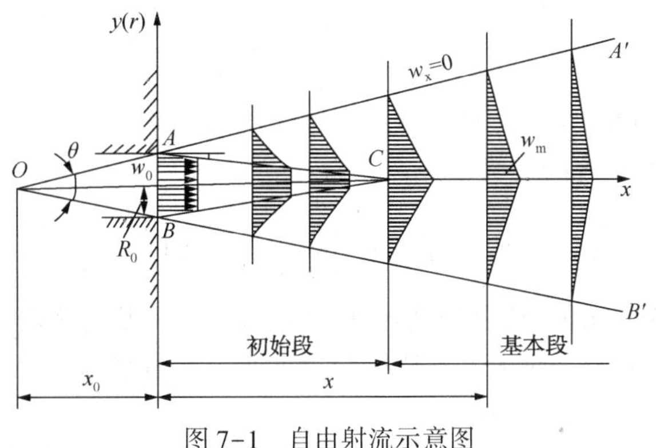

图 7-1　自由射流示意图

轴线上速度：

$$\frac{w_m}{w_0}=\frac{0.96}{\frac{ax}{R_0}+0.29} \tag{7-1}$$

轴线上温度与浓度：

$$\frac{T_m-T_w}{T_0-T_w}=\frac{C_m-C_w}{C_0-C_w}=\frac{0.7}{\frac{ax}{R_0}+0.29} \tag{7-2}$$

横截面速度：

$$\frac{w_x}{w_m}=\left[1-\left(\frac{y}{b}\right)^{1.5}\right]^2 \tag{7-3}$$

横截面速度与浓度：

$$\frac{T-T_w}{T_0-T_w}=\frac{C-C_w}{C_0-C_w}=1-\left(\frac{y}{b}\right)^{3/2} \tag{7-4}$$

射流半张角：

$$\tan\frac{\theta}{2}=3.4a \tag{7-5}$$

初始长度：

$$\frac{x_1}{R_0}=\frac{0.67}{a} \tag{7-6}$$

式(7-1)～式(7-6)中，x 为射流任一截面到射流喷嘴处的距离；y、b 分别为距喷口 x 处的射流横截面上某点至轴线的距离，外边界至轴线的距离；R_0为射流喷嘴的半径，m；x_1 为射流初始段长度；w_0、T_0、C_0分别为喷嘴处射流的初始流速、温度和浓度；w_m、T_m、C_m 分别为以喷嘴为起点，到射流计算断面出口断面距离为 x 处的轴线上速度、温度与浓度。w_w、T_w、C_w分别为周围流体的速度、温度与浓度；θ 为射流的扩张角，即图 7-1 中 OA 与 OB 之间的夹角；a 为湍流系数，与气流湍流程度及喷口处速度场分布均匀性有关的经验常数，对圆形喷口射流，其值为 0.07～0.076 范围内。

(3) 射流的吸卷及其计算

如前所述，射流向前运动时，由于横向的速度脉动及黏性，与周围介质产生动量交换，带动周围介质运动，使射流的质量流量沿流向逐渐增加，这种现象称为射流的卷吸或引射。

实验表明，当射流出口雷诺数 $Re>2.5\times10^4$，及 $x/R_0>6$ 时，x 截面的射流卷吸量为：

$$m_e = m_0\left(\frac{0.16x}{R_0}-1\right) \tag{7-7}$$

其中 m_0——射流的起始流量，其值为 $m_0=\pi R_0^2\rho_0 w_0$

当 $\rho_0 \neq \rho_\infty$ 时，圆形射流的卷吸量关系式为：

$$m_e = m_0\left[0.16\left(\frac{\rho_\infty}{\rho_0}\right)^{0.5}\times\frac{x}{R_0}-1\right] \tag{7-8}$$

射流的卷吸对燃烧的完善程度和火焰长短有重大影响，尤其在扩散燃烧时，燃烧所需空气是通过卷吸获得的。卷吸量越大，燃烧进程越迅速，火焰越短。

2. 矩形喷口自由射流

矩形喷口自由射流的流场仍可用图 7-1 来描述。设矩形喷口截面的短边为 $2b_0$，则自模段参数可根据下列关系式计算。

轴线上速度：

$$\frac{w_m}{w_0}=\frac{1.2}{\sqrt{a\dfrac{x}{b_0}+0.41}} \tag{7-9}$$

轴线上温度与浓度：

$$\frac{T_m-T_w}{T_0-T_w}=\frac{C_m-C_w}{C_0-C_w}=\frac{1.04}{\sqrt{\dfrac{ax}{b_0}+0.41}} \tag{7-10}$$

横截面速度：

$$\frac{w_x}{w_{mx}}=\left[1-\left(\frac{y}{b}\right)^{3/2}\right]^2 \tag{7-11}$$

横截面速度与浓度：

$$\frac{T-T_w}{T_0-T_w}=\frac{C-C_w}{C_0-C_w}=1-\left(\frac{y}{b}\right)^{3/2} \tag{7-12}$$

射流半张角：

$$\tan\frac{\theta}{2}=2.4a \tag{7-13}$$

初始段长度：

$$\frac{x_1}{b_0}=\frac{1.31}{a} \tag{7-14}$$

射流的卷吸量：

$$m_e=m_0\left(1.18\sqrt{\frac{ax}{b_0}+0.41}-1\right) \tag{7-15}$$

式中 y——距喷口 x 处的射流横截面上某点至轴线的距离；

a——湍流系数，对矩形喷口射流，其值在 0.10~0.11 之间。

对照上述圆形射流和矩形射流的参数关系式可知，矩形射流的扩张角较小，参数沿轴向的变化较慢，圆形射流的卷吸量大于矩形射流，这对于加速燃烧过程，缩短火焰长度是有利的。

第二节 同向平行流中的自由射流

喷入同向均匀气流中的射流叫平行射流或相伴射流，其流动见图 7-2，射流初速度为 w_0，外流速度为 w_∞。当周围气流的流速为零时即为上述的自由射流。随着外流速度 w_∞ 的增加，射流与外流间的速度梯度减小，混合减缓，射流扩张角、轴向速度及浓度的衰减变慢，初始段长度变长。图 7-3 表示平行射流轴线上速度 w_m 的衰减，其中 $\lambda = w_\infty / w_0$。

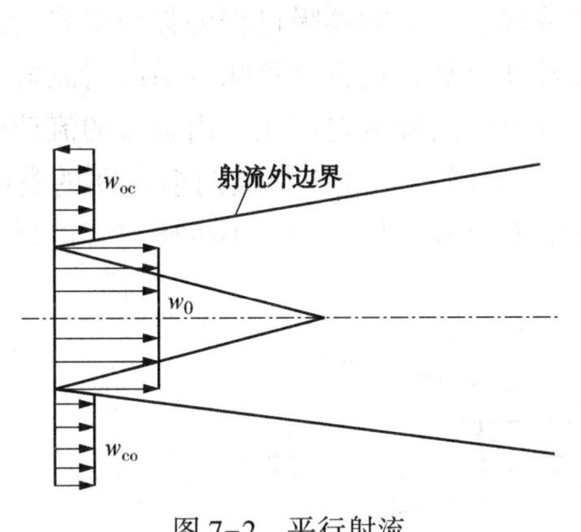

图 7-2 平行射流

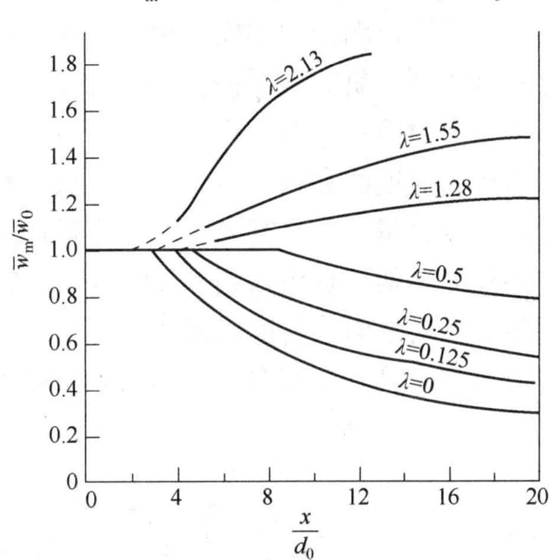

图 7-3 平行射流轴线上速度的衰减

当 $\lambda<1$ 时，射流初始段长度：

$$\frac{x_1}{d_0}=4+12\lambda \tag{7-16}$$

式中 d_0——射流喷嘴直径。

射流自模区轴心速度的衰减规律为：

$$\frac{w_m-w_\infty}{w_0-w_\infty}=\frac{x_1}{x} \tag{7-17}$$

根截面上的速度分布可用余弦函数表示：

$$\frac{w-w_\infty}{w_m-w_\infty}=\frac{1}{2}\left(1+\cos\frac{\pi r}{2y_{0.5}}\right) \tag{7-18}$$

式中 $y_{0.5}$——速度为 $0.5(w_\infty+w_m)$ 处的径向坐标，可按下式确定：

$$\frac{y_{0.5}}{d_0/2}=\left(\frac{x}{x_1}\right)^{1-\lambda} \tag{7-19}$$

第三节 交叉射流的射流

与主流成某一角度喷射的射流称交叉射流，在工程上有着广泛的应用。如煤粉炉中的二次风喷射。采用交叉射流可以强化两股气流的混合程度。图 7-4 显示的是当两股射流以一定角度 α 喷射并交叉的平面交叉射流情况。两股射流的喷嘴直径均为 d_1，射流初速均为 w_0。研究表明，两股射流相交时，在惯性力作用下，两股射流相互撞击并发生强烈的混合，然后又形成一股新的汇合流。相交射流的夹角平面内，射流整体收缩压扁，即垂直方向上的高度 h 缩短，且夹角 α 越大，射流收缩、压扁越厉害，两射流间的湍流混合加强，速度衰减显著加快，射程缩短。

在交叉射流中还有一种特别的射流，横向射流。如图 7-5 所示的煤粉炉的二次风喷射。主气流(一次风与煤粉的混合流)的横截面尺寸远大于横向射流(二次风)的尺寸。主气流以速度 w_1运动，二次风以流速 w_2与主气流成夹角 α 方向射入主气流中。在横向射流的阻挡下，主气流上游侧减速，构成滞止区，而在射流的下游侧出现低压，形成一对反向旋转的旋涡。正是在上下游之间的压差作用下，引起射流朝主流下游偏转，成为弯曲射流。由于射流与主流之间存在着湍流涡团的揉搓摩擦，产生射流的周向速度分量，增加侧向切应力，故卷吸掺混作用特别强烈。研究表明横向射流中旋涡运动使大量流体回流进入射流之中而使卷吸强化。致使横向射流的卷吸过程比自由射流单纯的湍流混合引起的卷吸过程要强烈得多。因此横向射流轴向速度的衰减比自由射流更快，初始段长度更短，这也就意味着横向射流射入主气流中的深度也越短。研究表明，垂直横向射入主气流中的湍流射流比自由射流的流动更加复杂，不能简单地用自由流射流的结果来描述它。这是因为主气流与横向射流间的卷吸作用，产生了一对反向旋转的旋涡，它们对整个流动的发展有支配作用。不少研究者进行了大量的实验研究，尤其在横向射流的射入深度方面。

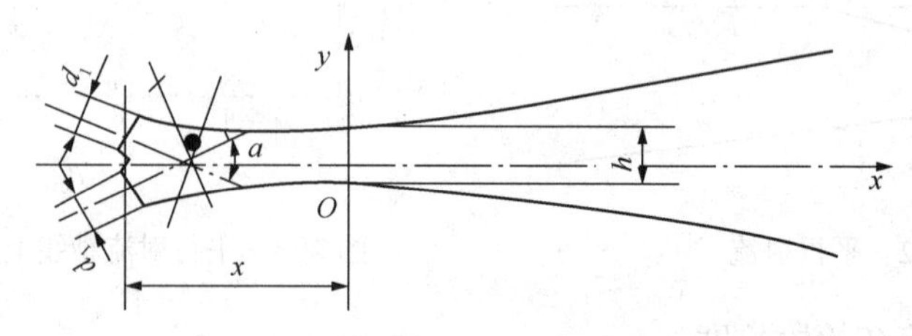

图 7-4　交叉射流的汇合流示意图

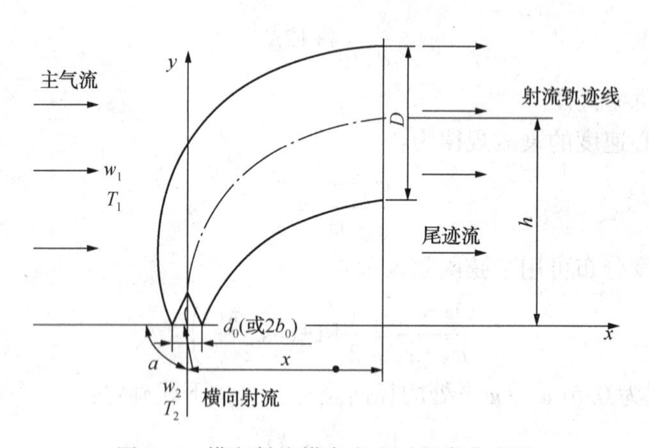

图 7-5　横向射流横穿主流时的弯曲变形

二次风射流的射程反映出射流穿透火炬的深度，射程越远，混合情况越好。影响射入深度的因素主要有 3 个。

1. 相对速度 w_2/w_1

为使燃料和氧气良好混合，要求二次风以较高速度 w_2喷入主流。

实验研究表明：二次风喷入燃料主流后，随着射流的向前发展，其轴心速度 w_m不断降低。当相对速度 w_2/w_1降低时，轴心速度衰减越来越快。因此，要得到良好的混合结果，必须保持一定的 w_2/w_1值。

2. 相对温度 T_2/T_1

为使燃料和氧气良好混合，要求二次风以较高速度 w_2喷入主流。

实验研究表明：在同一相对温度下，相对速度越高，轴心无因次温度$(T_m-T_1)/(T_2-T_1)$衰减得越慢；在同一相对速度 w_2/w_1下，随着相对温度 T_2/T_1的提高，轴心无因次温度衰减加快。即当 $T_2<T_1$时，射流轴心温度 T_m很快升高到主气流温度 T_1。

3. 喷射角 α

当喷射角 $\alpha=0$，即二次风与燃料主气流相垂直喷入时，二次风射程最远，这个结果可推荐应用于锅炉的二次鼓风。

第四节　环状射流和同心射流

同轴射流由中心圆形射流与外侧环形射流组成，比如套管式燃烧器，由内管喷嘴喷出的射流形成中心射流，环形管道喷出的射流为环形射流。

环形射流和同轴射流可分为两个具有不同流动特性的区域：

① 喷嘴出口 8 ~$10d_0$(d_0 为喷嘴直径)后的充分发展区，流动特性类似于圆截面轴对称的自由射流；

② 喷口附近区域。对于环形射流，该区域存在反向回流区；对同轴射流，在中心射流和环形射流的交界面尾迹中存在回流区。回流区大小、回流速度及回流量影响着火稳定性及气流混合。

图 7-6 表示中心射流流量占总流量 5%的流谱，可见由于环形射流内边界的卷吸量得到部分补偿，回流区尺寸缩小，强度下降。图 7-7 表示中心射流对环状射流的影响，其中 D_1 和 D_2 分别代表环形通道的外径和内径，w_{a0}和 w_{c0}为环状流的轴心线速度和初始速度，$\lambda=w_{a0}/w_{c0}$；w_m 为射流轴线上速度。可见，随着中心射流速度的增加(λ 减小)，环状射流和中心射流的初始段长度缩短，轴心线速度急剧衰减，当 $\lambda=0.08$ 时，环状射流在经过(D_2-D_1)距离后即被中心射流完全吸收。图7-8表示环状射流对中心射流的影响。可见，随着环状射流的增强(m 增大)，初始段长度缩短，轴心速度急剧衰减。当 $\lambda=2.35$ 时，中心射流完全被环状射流吸收。在 $3d_0$距离处，轴心线速度变成负值，即出现回流。

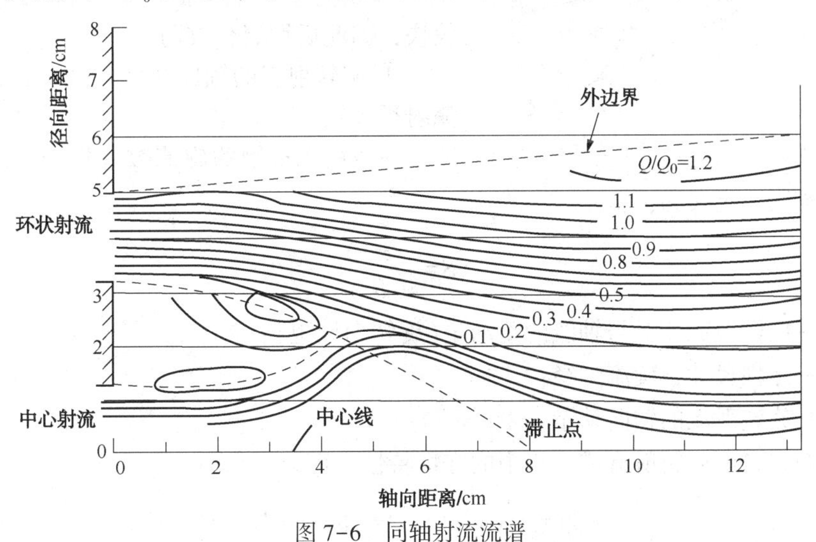

图 7-6　同轴射流流谱

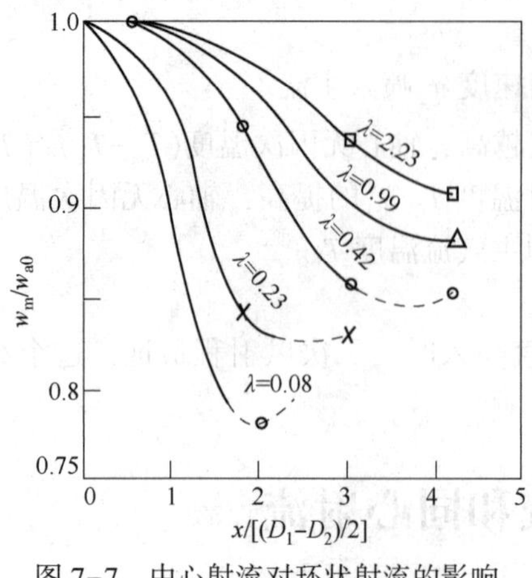

图 7-7　中心射流对环状射流的影响

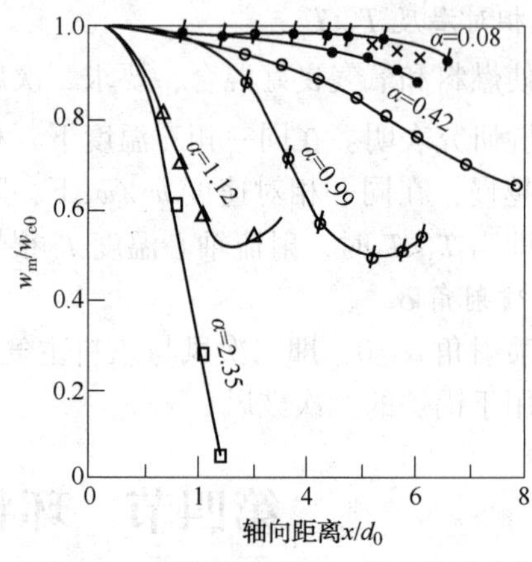

图 7-8　环状射流对中心射流的影响

第五节　旋转射流

流体在喷管内流经旋流叶片或其他导向装置由喷嘴喷出，喷出的射流不仅具有沿轴向的速度，同时还具有切向分速度。这种喷入大空间或燃烧室中的流体称为旋转射流。

工程燃烧设备中经常使用旋转气流，这种燃烧器称为旋流式燃烧器，而把喷出不旋转气流的燃烧器称为直流燃烧器。

射出喷口的旋转气流将扩展成喇叭形，其空间速度分布示意图见图 7-9。空间速度可以分解为轴向、切向和径向分速度，而径向分速度一般比轴向、切向分速度小得多，旋转射流的特点如下：

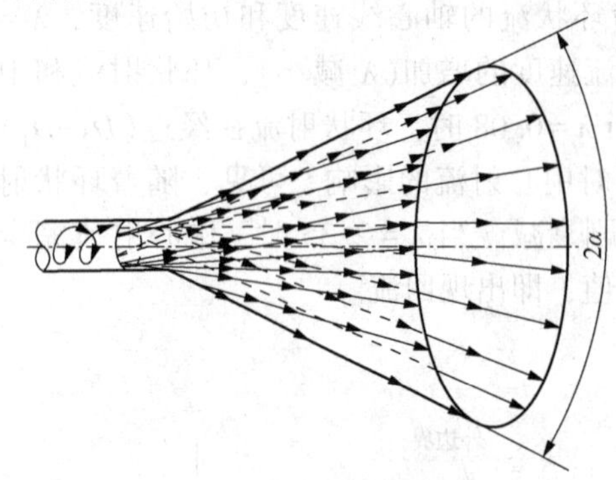

图 7-9　旋转射流空间速度分布

① 旋转射流具有内回流区和外回流区，扩展角比较大，相对直流射流而言，旋转射流卷吸周围介质的能力强，可以依靠自身的回流区保持稳定着火。

② 旋转射流出口处速度高，由轴向、径向和切向速度组成，气流的早期混合强烈。

③ 切向速度衰减很迅速，气流旋转效应消失较快，因此后期混合较弱。

④ 旋转射流的轴向速度衰减也较快，因此射流射程较短。

一般用无量纲的旋流数 S 作为判断旋转气流旋流强度的准则，定义为：

$$S=\frac{G_\theta}{M_x R} \tag{7-20}$$

式中　G_θ——旋转射流相对与轴线的角动量（旋转动量矩）；

R——定性尺寸，旋流半径；

M_x——旋转射流的轴向动量。

根据它们在自由旋转射流或火焰中的守恒特性，可以表示为：

$$G_\theta=\int_0^R (w_q r)\rho w_z 2\pi r\mathrm{d}r=\text{常数} \tag{7-21}$$

$$M_x = \int_0^R \rho w_z 2\pi r \mathrm{d}r + \int_0^R P 2\pi r \mathrm{d}r = 常数 \tag{7-22}$$

式中 w_z、w_q——射流的任意一个横截面上的轴向速度分量与切向速度分量；

P——射流的任意一个横截面上的静压力。

一般 $S>0.6$ 的旋转气流为强旋流，$S<0.6$ 的旋转气流为弱旋流。$S=0.6$，为弱旋转射流的临界旋流强度。

如图 7-10 所示，当射流为弱旋流，由于旋转射流轴向压力梯度不够大，无内部回流区产生，即轴向速度均为正值，轴向速度的径向速度场呈现高斯分布，旋流只是提高射流对周围气体的卷吸能力和加速射流流速的衰减。

当射流为强旋流，沿轴线的反向压力梯度增大，导致其不能被轴向流动的流体动能所克服，产生内部回流区，速度场为双峰式分布。

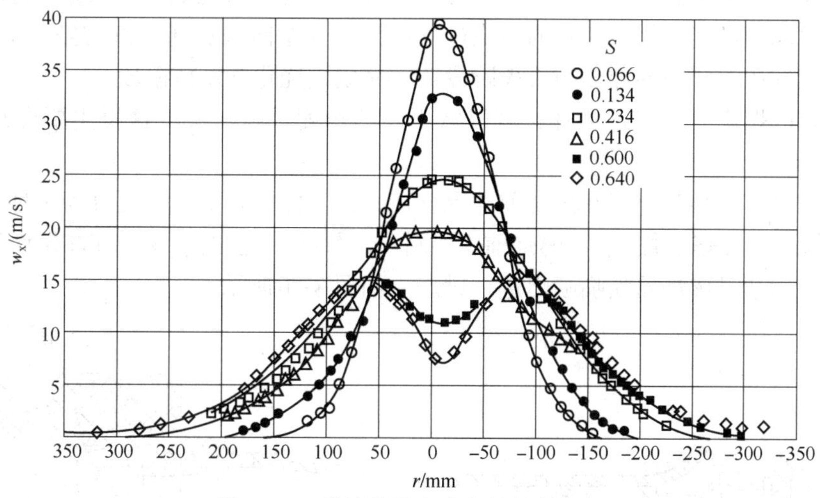

图 7-10　旋转流轴向速度的径向分布

由旋转射流形成的回流区有利于火焰的稳定性，这是因为逆流回来的常是燃料燃烧产生的高温烟气，它将加热由喷口喷出的未燃气流，因此回流区就成为预混可燃旋转气流的点火热源，使火焰保持稳定。所以，在燃烧设备中合理地组织旋转气流，是燃烧技术中使火焰稳定的常用措施之一。

练习与思考题

1. 在工业炉的燃烧技术中，常用到的射流类型有哪些？各有什么特点？对燃烧过程有什么作用？

2. 射流的质量流量沿流向是否保持常数？为什么？

3. 有一圆断面射流，在距出口处 10m 的地方测得其轴心速度为其出口速度的 50%，假定射流湍流系数为 0.07，试求喷嘴半径。

4. 在保证其他射流条件相同时，只改变射流形式，哪种射流形式下，燃料和空气的混合效果较好？

5. 平面射流与圆断面射流相比，哪种射流射出能力较大，射程较远？

6. 射流断面上的流量沿流向是如何变化的？

7. 为什么旋转射流能够强化燃烧？

第八章　气体燃料燃烧

第一节　气体燃料燃烧特点

实际应用中，任何工程燃烧装置的启动过程要求燃料和助燃剂良好混合，可燃物迅速可靠地着火，并保证火焰稳定。气体燃料的燃烧因气体燃料和氧化剂(空气或氧气)均是气相，为均相燃烧或同相燃烧。气体燃料的燃烧过程可分为 3 个阶段：ⓐ燃气与空气的混合阶段；ⓑ混合后可燃气体混合物的加热与着火阶段；ⓒ完成燃烧化学反应阶段。

气体燃料的燃烧方式多种多样，可以从不同的角度进行分类，这里主要介绍 3 种分类方法。

(1) 根据气体燃料与空气在燃烧前的混合情况，气体燃料的燃烧可分为 3 种类型。

① 预混燃烧(无焰燃烧)。在燃烧前将燃料与空气按一定比例($\alpha \geqslant 1$)首先均匀混合成可燃混合气，然后通过燃烧器喷嘴喷出进行燃烧。如图 8-1 所示。

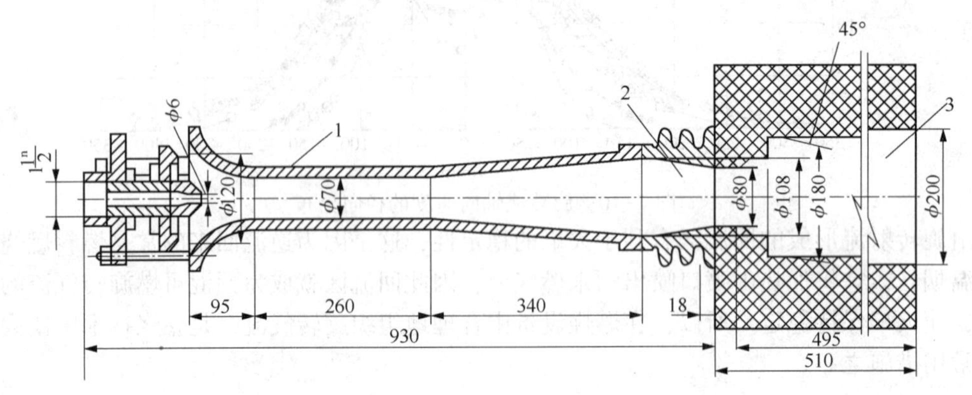

图 8-1　引射式单火道预混燃烧器(单位：mm)

1—引射器；2—喷头；3—火道

② 扩散燃烧(有焰燃烧)。在燃烧时将燃料和空气分别从喷嘴的两个相邻喷口喷出，在两者接触界面上边混合边燃烧。如图 8-2 所示。

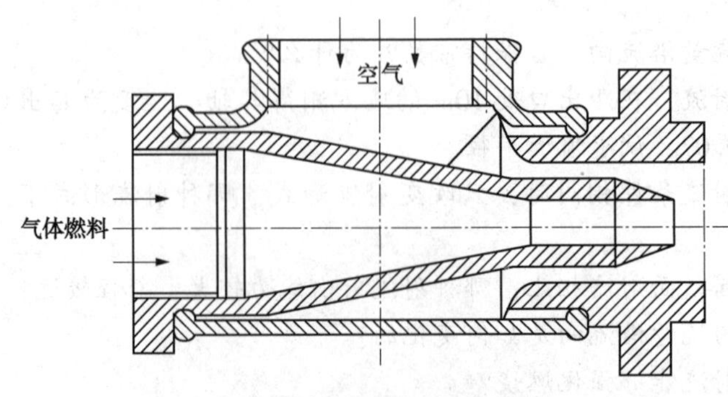

图 8-2　套管式扩散燃烧器

③ 半预混燃烧(大气式燃烧)。在气体燃料中先混合少量的空气，形成富燃料的可燃混合气，空气系数约为0.45~0.75。然后富燃料的可燃混合气再从燃烧器的喷嘴喷向大气做一定程度的扩散燃烧。如图8-3所示。

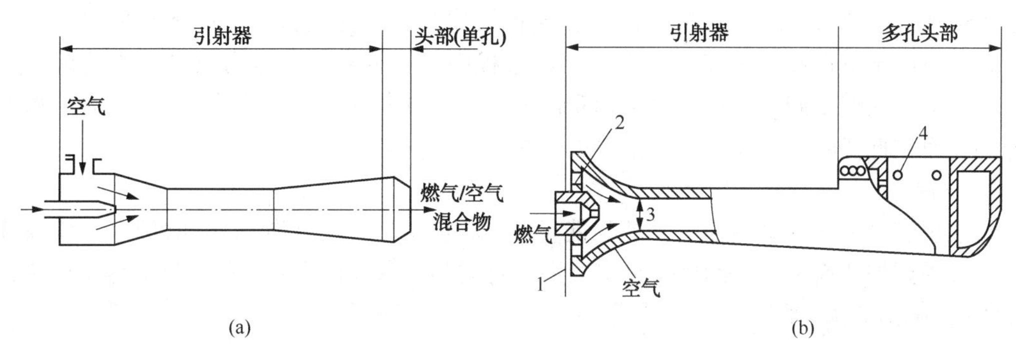

图8-3 大气式燃烧器

1—调风板；2——次空气入口；3—引射器喉部；4—火眼

(2) 根据燃烧过程中形成的火焰形状可分为3种类型：

① 无焰燃烧。预混燃烧在燃烧时燃料与空气不需再进行混合，可燃混合气一到达燃烧区后就能在瞬间内燃烧完毕，火焰很短甚至看不见，故又把这种燃烧方式称为无焰燃烧。

② 有焰燃烧。扩散燃烧时，燃料边扩散边燃烧，能够看见清晰的火焰轮廓，故又称为有焰燃烧。

③ 半无焰燃烧。半预混燃烧(大气式燃烧)时，能够看见火焰轮廓，但不是很清晰，故也称为半无焰燃烧。

(3) 根据气体燃料燃烧过程主要取决于混合过程还是化学反应过程，可分为3种类型：

① 动力燃烧。预混燃烧时，因燃料和空气预先混合均匀，此时燃烧过程进行的快慢仅取决于燃料氧化化学反应的进行速度，通常称此类燃烧方式为动力燃烧。

② 扩散燃烧。扩散燃烧时，燃料和空气在两者接触界面上边混合边燃烧，此时燃烧过程的快慢主要取决于燃料与空气两者扩散混合的速度。通常称此类燃烧方式为扩散燃烧。

③ 扩散-动力燃烧(过渡燃烧)。半预混燃烧时，半预混燃烧过程的快慢不仅取决于燃料与空气两者扩散混合的速度，还取决于燃料氧化的化学反应速度。故此燃烧方式称为扩散-动力燃烧或过渡燃烧。

第二节 气体燃料着火理论

着火是燃料燃烧的准备阶段。在这一阶段，可燃气体与氧化剂进行着缓慢的氧化反应，不断积累热量和活化分子。到某一时候，化学反应自行加速，达到着火点后开始着火燃烧。

一、燃料着火的方式

根据燃料着火的方式，常分为自燃和点燃。

1. 自燃

将燃料和氧化剂的混合物均匀地加热，当加热超过某一温度时，不需要任何外界能量作用而自动着火达到燃烧状态。

自燃理论又可分为热自燃理论与链锁自燃理论两种方式。热自燃理论认为：自燃是由于热力爆燃引起的，由于化学反应系统化学反应释放的热量一部分由于各种原因散失掉，一部分热量使混合物温度得到升高，反应加快，直到着火，可用前述的阿累尼乌斯定律和质量作用定律解释。链锁自燃理论认为链的分枝使得活化分子迅速增值，反应不断加快，直到着火，自燃是由于链锁爆燃引起的。实际燃烧过程中，不可能是纯粹的热自燃或链锁自燃存在，事实上，它们是同时存在而且是相互促进的。一般来说，在高温下，热自燃是着火的主要原因，而在低温时则分枝链反应是着火的主要原因。

2. 点燃

预混可燃气体内的某一处由于外界能量源(如电火花、炽热物体等)的加入，使混合物局部区域受到加热而着火。然后，火焰向混合物的其余部分传播，使整个反应体系燃烧，这就是点燃(强迫着火)过程。

二、热自燃理论

1. 热力着火理论

在实际燃烧过程中必然存在燃烧系统向外界的热量损失。所以要使可燃混合物得以着火，必然要使反应放热速率大于热量散失的速率，这样才可能有热量的积累、加速反应并导致着火。

热理论认为着火是反应放热和散热相互作用的结果，如果化学反应放热量大于反应系统向外界的散热量，可燃混合物就会着火，否则就不会着火。谢苗诺夫的热自燃理论就是基于此得出着火的临界条件。

有一体积和表面积分别为$V(\mathrm{m^3})$和$A(\mathrm{m^2})$的容器，其中充满有混合均匀的可燃气体混合物，其浓度为$c_{A0}(\mathrm{mol/m^3})$，容器的壁温为$T_0(\mathrm{K})$，容器内的可燃气体混合物正以速率W $[\mathrm{mol/(m^3 \cdot s)}]$在进行反应，化学反应后所放出的热量，一部分加热了气体混合物，使反应系统的温度提高，另一部分则通过容器壁而传给周围环境。

为了简化计算，谢苗诺夫采用“零维”模型，即不考虑容器内的温度、反应物浓度等参数的分布，而是把整个容器内的各参数均按平均值来计算。同时进行下列假定：

① 容器V内各处的混合物浓度及温度都相同；

② 在反应过程中，容器内各处的反应速率都相同；

③ 容器的壁温T_0及外界环境的温度，在反应过程中保持不变；

④ 由反应系统向容器壁的传热系数为α，且不随温度变化；

⑤ 化学反应的摩尔热效应q为常数；

⑥ 在着火温度附近，由反应所引起的可燃气体混合物浓度的改变忽略不计。

在单位时间内化学反应放热量$Q_1(\mathrm{J/s})$：

$$Q_1 = WqV \tag{8-1}$$

式中 W——化学反应速率，$\mathrm{mol/(m^3 \cdot s)}$；

q——化学反应的摩尔热效应，J/mol；

V——容器的体积，$\mathrm{m^3}$。

据化学动力学知识，化学反应速率W：

$$W = k_0 c_A^n \times \exp\left(-\frac{E}{RT}\right) = k_0 c_{A0}^n \times \exp\left(-\frac{E}{RT}\right) \tag{8-2}$$

式中　n——可燃混合气总体反应的反应级数。

将式(8-2)代入式(8-1)，则容器内可燃混合气化学反应的放热量 Q_1 为：

$$Q_1 = k_0 c_{A0}^n \times \exp\left(-\frac{E}{RT}\right) \times Vq \tag{8-3}$$

若取反应级数为1，则：

$$Q_1 = k_0 c_{A0} \times \exp\left(-\frac{E}{RT}\right) \times Vq \tag{8-4}$$

单位时间内容器壁的散热量 Q_2 为：

$$Q_2 = \alpha A(T - T_0) \tag{8-5}$$

式中　α——表面传热系数，$W/(m^2 \cdot K)$；

A——容器的表面积，m^2；

T——某时刻 τ 时可燃混合气温度，K；

T_0——容器壁温，K。

由前所述，只有在 $Q_1 \geqslant Q_2$ 时，可燃混合物才会发生着火。

对于一定形状、大小的容器而言，表面传热系数 α 和 A 均为常数，则 Q_2 与温度 T 呈线性关系，斜率为 αA，斜线在横坐标的截距是 T_0。而 Q_1 与温度 T 呈指数关系，将两者随温度的变化曲线绘制在同一图上，从图上两者曲线的相对位置关系来判断讨论着火条件将更加直观清晰。

(1) 不同壁温对着火的影响

图8-4给出了对应于3种不同容器壁温度的散热曲线。当壁温为 T_0' 时，壁温相对较低，此时放热曲线 Q_1 与散热曲线 Q_2 相交于1和2两点。在初始时，由于可燃混合物的温度等于容器壁温度 T_0'(根据假设)，因此，没有热损失，即 $Q_2 = 0$，但此时却进行着缓慢的化学反应。随着化学反应的进行，逐渐释放出少量的热量，使混合物温度上升，这样就开始与壁温有了温差而向外界散热。在初始时，散热损失较小，化学反应放热量大于散热量($Q_1 > Q_2$)。致使混合物温度缓慢上升直到两条曲线的交点1所对应的温度 T_1，两者热量相等，$Q_1 = Q_2$，达到了散热与放热的平衡状态。在此时若温度再略微升高些，则因 $Q_1 < Q_2$ 而使温度下跌，又恢复到1点对应的温度 T_1。若由于某种原因使温度低于 T_1，则由于 $Q_1 > Q_2$，又使温度继续上升到 T_1。所以点1所处的状态是一个稳定状态。因此，在该状态下不可能自行加速，使混合物温度升至点2所对应的温度 T_2。除非有外界热源将混合物的温度提高至 T_2，显然这不是热自燃了。由此可见散热与放热的平衡仅仅是发生着火的必要条件，而不是充分条件。点1实际上是个稳定的缓慢氧化点，此时反应仍在进行，不过温度很低，反应速率很小。一般燃料与空气接触的长期储存中都处于这种状态，燃料组分在一定的时间内几乎不发生变化。

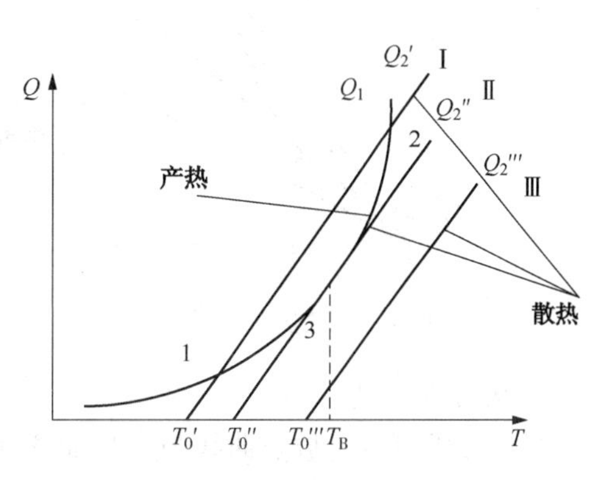

图8-4　不同壁温对着火的影响

当壁温提高至 T'''_0 时，此时可燃混合物燃烧释放出来的热量始终大于散热量，即 $Q_1 > Q_2$，可以使混合物的温度不断升高，反应加速直至可燃物自燃。

当壁温为T''_0时，放热曲线与散热曲线相切于点3。除点3外，其余点均满足$Q_1>Q_2$，所以点3对应的温度即为临界着火点。

(2) 不同散热条件对着火的影响

当容器壁温度保持不变，改变容器的相对散热面积或散热系数，即改变散热曲线的斜率αA，此时放热曲线和散热曲线的相对位置关系同样有3种：相交、相切和相离。如图8-5所示，当αA减小到一定程度后，放热曲线与散热曲线就会相切，满足产生热爆条件，这如同上述提高容器壁温度所产生的效果是一样的。

(3) 不同放热对着火的影响

在相同的壁温和散热情况下，若改变可燃混合物的压力或其他组成成分的话也可以引起热自燃，即改变放热曲线，图8-6就表明了这种可能着火的情况。显然，上述各种情况下，引起自燃的最低温度——着火温度是不相同的。由此可知，着火温度T，不是可燃混合物的物理化学常数，而是和外界条件，如环境温度、容器形状与大小以及换热条件等有关的一个参数。因此，即使同一种可燃物质，其着火温度也会不同。

综上，当可燃混合物的放热总是大于散热时，由于热量的积累，使可燃混合物的温度不断提高，反应速率自行加速，最后导致爆燃，所以临界着火点就是可燃混合物的反应由缓慢的化学反应转至剧烈的化学反应的临界条件。

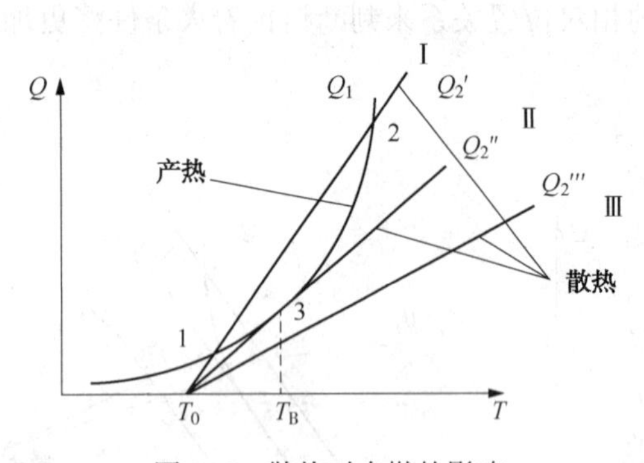

图8-5 散热对自燃的影响

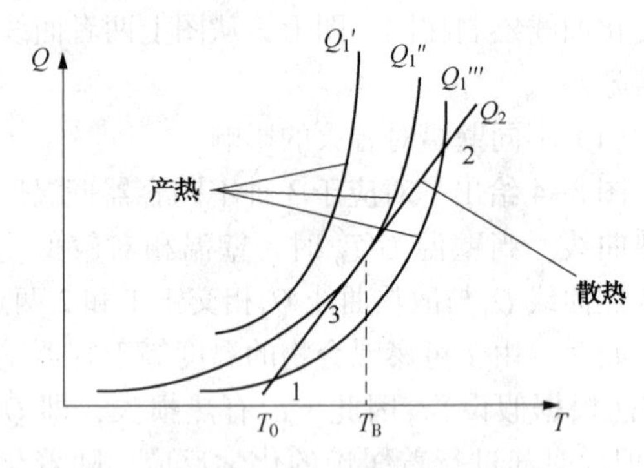

图8-6 化学反应放热对自燃的影响

2. 热自燃温度

据上分析可见，放热曲线与散热曲线相切时切点对应的温度即为着火温度，这里以T_B表示着火温度。由此，在切点T_B处，满足以下数学条件为：

(1) 放热量与散热量相等

$$Q_1\big|_{T_B}=Q_2\big|_{T_B} \tag{8-6}$$

(2) 放热量与散热量对温度的导数值相等

$$\left.\frac{\partial Q_1}{\partial T}\right|_{T_B}=\left.\frac{\partial Q_2}{\partial T}\right|_{T_B} \tag{8-7}$$

将式(8-4)和式(8-5)代入式(8-6)和式(8-7)，得：

$$\begin{cases} k_0c_A\times\exp\left(-\dfrac{E}{RT_B}\right)\times Vq=\alpha A(T_B-T_0) \\ k_0c_A\times\exp\left(-\dfrac{E}{RT_B}\right)\dfrac{E}{RT_B^2}\times Vq=\alpha A \end{cases} \tag{8-8}$$

整理得到：

$$RT_B^2-ET_B+ET_0=0 \tag{8-9}$$

则解得：

$$T_B=\frac{E}{2R}\pm\sqrt{\frac{E^2}{4R^2}-\frac{T_0E}{R}} \tag{8-10}$$

如式(8-10)中取"+"号，T_B可达10000K以上，显然与实际不符，所以取"-"号，得到：

$$T_B=\frac{E}{2R}-\sqrt{\frac{E^2}{4R^2}-\frac{T_0E}{R}}=\frac{E}{2R}\left(1-\sqrt{1-\frac{4R}{E}T_0}\right) \tag{8-11}$$

一般，$E\approx200\text{kJ/mol}$，$T_0=500\sim1000\text{K}$时，$\frac{RT_0}{E}\ll1$，将上式按泰勒级数展开，略去高于二次方的各项，有：

$$T_B=T_0+\frac{R}{E}T_0^2 \tag{8-12}$$

得到着火条件：

$$\Delta T_B=T_B-T_0=\frac{R}{E}T_0^2 \tag{8-13}$$

于是可燃混合气的温度如比容器壁过热时，即$\Delta T_B>\frac{RT_0^2}{E}$时，将发生热自燃；反之，如$\Delta T_B<\frac{RT_0^2}{E}$时，则不会引起热自燃。通常，加热程度$\Delta T_B$比较小，约为16~40K，也即在一般情况下，$T_B$很接近于$T_0$。

3. 影响热自燃的因素

在做近似计算时，$T_B=T_0$，并代入式(8-8)，着火条件可写为：

$$\frac{VE}{\alpha ART_0^2}qk_0\left(-\frac{p_0x_i}{RT_0}\right)^n\exp\left(-\frac{E}{RT_0}\right)=1 \tag{8-14}$$

式中　p_0——着火的临界压力。对二级反应上式可改写为：

$$\frac{VEp_0^2}{\alpha AR^3T_0^4}qk_0x_i^2\exp\left(-\frac{E}{RT_0}\right)=1 \tag{8-15}$$

式(8-15)可改写为：

$$\frac{p_0^2}{T_0^4}=\frac{\alpha AR^3}{VEqk_0x_i^2}\exp\left(\frac{E}{RT_0}\right) \tag{8-16}$$

两边取自然对数，可以得到谢苗诺夫方程：

$$\ln\frac{p_0}{T_0^2}=\frac{E}{2RT_0}+\frac{1}{2}\ln\frac{\alpha AR^3}{VEqk_0x_i^2} \tag{8-17}$$

当可燃混合气和容器的条件一定时，公式右边第二项是常数。此时可得临界压力与自燃温度的关系，即$\ln\frac{p_0}{T_0^2}$与$\frac{1}{T_0}$呈线性关系，如图8-7所示。斜率为$\frac{E}{2R}$，截距为$\frac{1}{2}\ln\frac{\alpha AR^3}{VEqk_0x_i^2}$。许多实验证实了上述结论。由此可知，尽管热自燃理论忽略了容器内混气温度和浓度的不均匀分布，并假设容器的对流换热系数不变，但是它得出的结论可以解释着火的规律，同时也可以按照着火的临界条件确定混合气的活化能。

当p_0为一定时，可得自燃温度与混气成分的关系，如图8-8所示。当T_0一定时，临界压力与混合气成分的关系，如图8-9所示。由图8-9可知，对一定的混气压力或温度，混气只能在一定的浓度范围内才能着火。超出这一范围，混合气不能着火。假设混气的着火浓度范围为 $x_1 \sim x_2$，则 x_1 称为着火浓度下限，x_2 称为着火浓度上限。当压力和温度下降时，着火浓度范围缩小，当压力和温度下降超过某一数值时，任何浓度的混合气均不能着火。也就是说，在一定的温度和压力下，燃料过浓或过稀均不会发生着火燃烧。结合图 8-8 和图 8-9，如外界温度或外界压力低于临界温度或临界压力时，可燃混合物不能燃烧，仅处于低温缓慢的氧化反应，但若提高可燃混合物的温度或压力，上升到临界温度或临界压力，即可使可燃混合物发生爆燃。这就是工程上常用的升温加压的方法使可燃混合物加速着火燃烧。

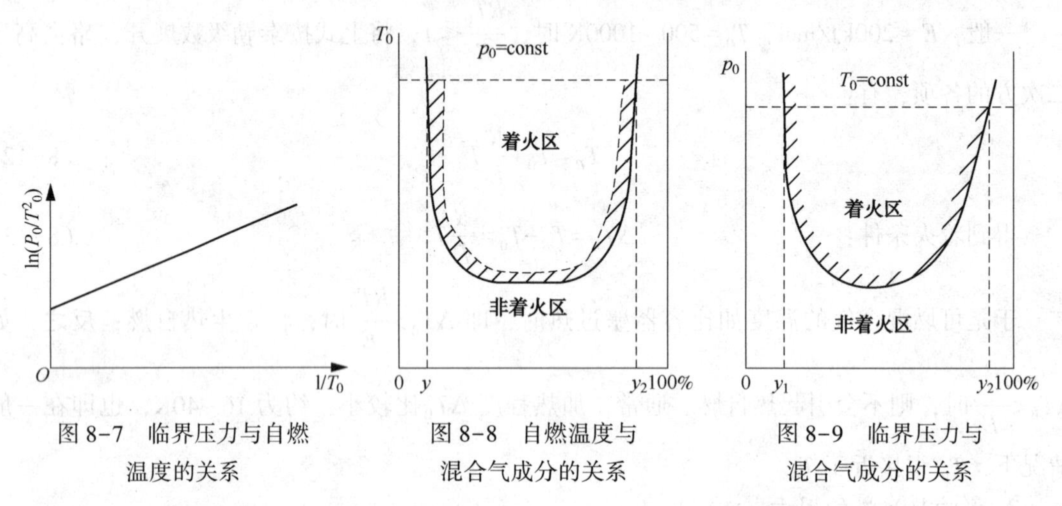

图 8-7　临界压力与自燃温度的关系

图 8-8　自燃温度与混合气成分的关系

图 8-9　临界压力与混合气成分的关系

4. 热自燃的感应期

可燃混合气从由初始温度 T_0 自动升高到着火温度 T_B 所需要的时间，称为热自燃感应期或着火延迟期。这段时间也是化学反应开始反应到反应速率剧烈增加出现燃烧所经过的时间，同时也是反应物浓度 c_0 由初始浓度降为着火点时对应的浓度 c_B 所经过的时间。由此感应期可写为：

$$\tau_i = \frac{c_0 - c_B}{\overline{W}} \tag{8-18}$$

式中　$\overline{W}$——感应期内的平均反应速率，mol/(m³·s)。开始时，可燃混合物的反应速率为 0，着火燃烧时的反应速率为 $W_B = k_0 \exp\left(-\frac{E}{RT_B}\right) c_B^n$，则感应期内的平均反应速率为：

$$\overline{W} = \frac{1}{2} W_B = \frac{1}{2} k_0 \exp\left(-\frac{E}{RT_B}\right) c_B^n \tag{8-19}$$

假设容器壁没有散热损失，则可燃物燃烧产生的热全部用于系统升温，基于能量守恒得到：

$$Q(c_0 - c_B) = c_v (T_B - T_0) \tag{8-20}$$

又知，$T_B - T_0 = \frac{R}{E} T_0^2$

则：

$$\tau_i = \frac{c_v}{Q} \frac{RT_0^2}{E} \frac{2}{k_0 \exp\left(-\frac{E}{RT_B}\right) c_B^n} \tag{8-21}$$

因为 $c_B=\frac{p_B}{RT_B}$，$T_B\approx T_0$，于是：

$$\tau_i=\frac{2Rc_v}{k_0QE}\frac{T_B^{2+n}}{p_B^n}\exp\left(\frac{E}{RT_B}\right) \tag{8-22}$$

从式(8-22)可以看出，当压力、温度升高时，感应期缩短，有利于着火即燃烧性能的改善。另外，需注意的是上述感应期是按预混可燃混合气绝热条件求解得出的，感应期除和燃烧室的温度、压力有关外，还受催化剂和容器壁面性质的影响，如把铜、钢、锰的氧化物加入燃料或氧化剂中可以缩短燃料自燃的感应期。对于液体燃料和固体燃料而言，感应期除了包括化学反应时间，还包括其他过程消耗的时间。对于液体燃料的燃烧，其感应期还包括物理过程部分(如混合、气化等)。对于固体燃料(如煤粉)，还将包括煤粒的加热、干燥和挥发分析出所需时间，这样影响感应期的因素就更加复杂了。

三、链锁自燃理论

上述热自燃理论式(8-15)知道，对一定的可燃混合气和一定的散热条件，着火临界压力与着火温度呈单调递减函数(见图 8-10)，即临界压力增加时着火温度降低，临界压力降低时着火温度升高。也就是说热自燃只有一个着火界限。很多碳氢化合物燃料在空气中自燃的实验结果(如着火界限)也大多符合这一理论。但是，也有不少现象与实验结果显示很多燃料燃烧存在两个或两个以上的着火界限，运用热力着火理论无法解释，这就需要用链锁自燃理论来解释。

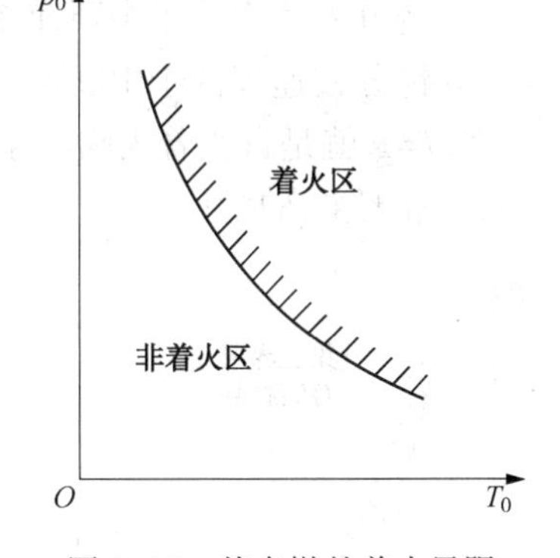

图 8-10　热自燃的着火界限

链锁自燃理论认为，使反应加速并不一定要靠热量积累，也可以通过链锁分枝反应而迅速增值活化分子来促使反应不断加速直至爆燃着火。

1. 链锁分枝反应的发展条件(链锁自燃着火条件)

链锁反应的速度是否得以增长直至爆炸，取决于活化分子浓度的增大速度。

下面以氢与氧的分枝链锁反应说明活化中心浓度的变化。

氢原子(活化分子)生成的碰撞反应：

$$M+H_2\longrightarrow 2H+M \tag{8-23}$$

氢原子形成后发生的枝链反应：

$$H+O_2\longrightarrow OH+O \tag{8-24}$$

$$2OH+2H_2\longrightarrow 2H_2O+2H \tag{8-25}$$

$$O+H_2\longrightarrow OH+H \tag{8-26}$$

将上述三式加和：

$$H+3H_2+O_2\longrightarrow 2H_2O+3H \tag{8-27}$$

分枝链锁反应使自由基的数量越来越多。

由氢与氧的分枝链锁反应过程说明活化分子浓度的增大有两种因素：一是由于热运动的结果产生活化分子，例如在氢氧爆炸反应中氢分子与别的分子碰撞使氢分子分解成氢原子[式(8-23)]。显然它的生成速率与链锁反应本身无关。一是链锁分枝反应的结果，例如上例中一个氢原子反应生成两个新的氢原子(即变为 3 个氢原子)[式(8-27)]。显然此时氢原子生成的速率与氢原子本身的浓度成正比。另外，在反应的任何时刻都存在着活化分子被消灭的可能(如与器壁相撞或与其他稳定的分子、原子或自由基相撞)，它的速率也与活化分子(氢原子)本身浓度成正比，这使活化分子浓度降低。

因此，活化分子浓度的变化速度：

$$\frac{\mathrm{d}c}{\mathrm{d}\tau}=W_1+W_2-W_3=W_1+fc-gc \tag{8-28}$$

式中 W_1——因外界能量的作用而生成的原始活化分子的速率，即链的形成速率；

W_2——链的分枝速率；

W_3——链的中断速率；

f、g——与温度、活化能以及其他因素有关的分枝反应速率常数和断链速率常数；

c——活化分子的瞬时速率。

现令 $\varphi=f-g$ 为链锁分枝的实际速率常数，则式(8-28)改写为：

$$\frac{\mathrm{d}c}{\mathrm{d}\tau}=W_1+\varphi c \tag{8-29}$$

分枝反应中同时存在活化分子的繁殖与链的中断(销毁)。因此反应速率有可能存在以下3种情况：

① 链分枝速率高于中断速率，反应会因活化分子的不断积累将加速到自燃着火；

② 链分枝速率等于中断速率，反应处于临界状态，着火临界条件；

③ 链分枝速率低于中断速率，反应将不能达到自燃着火。

则 $f=g$ 就是自燃着火临界条件，此时所对应的预混可燃气体的温度称为链锁自燃温度。

2. 着火半岛现象

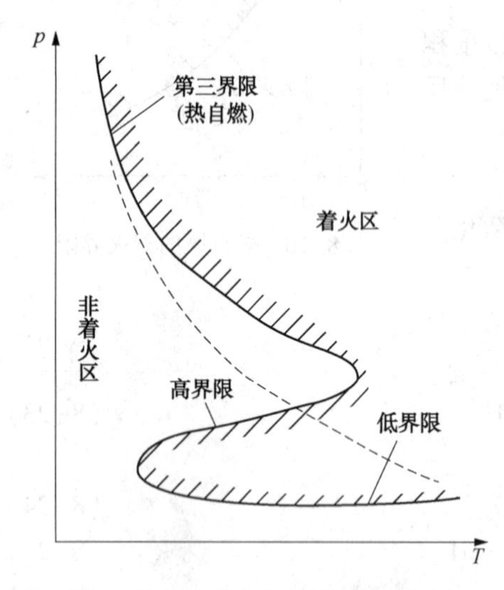

图 8-11　着火半岛(碳氢化合物与空气的混合气的着火界限)

如前所述，对于某些燃料燃烧如 H_2、O_2混合气之类的可燃混合气在低压情况下可出现2个甚至3个的爆炸界限(着火界限)，也即所谓的“着火半岛”现象(见图8-11)，这就是由于燃烧反应中的链分枝的结果引起的，可以运用链锁自燃理论加以解释。

实验表明：容器的大小、材料及其表面的情况或者向混合气中加入不可燃气体等都会影响到着火半岛的低界限的位置，可以使其向下移动，而这一因素对高界限就无显著影响。

高低界限的存在，可用链锁自燃理论来说明。

同时还有实验表明：对于一定的混合气，在一定的温度下，链的分枝速率常数 f 与压力无关，链的中断速率常数 g 却与压力有关，如图8-12所示。

结合上述实验结果和链锁自燃理论不难解释着火半岛现象。

(1) 着火低界限。在压力很低时，气体很稀薄，分子向四周的扩散速率很高，而且压力越低，扩散越快。若此时容器的体积较小，则活化分子向器壁的扩散就变得十分容易，因而就大大增加了与壁面碰撞失去活化的机会。这样就提高了链锁中断的速率，而且压力越低，中断速率越大(见图8-12)。故当压力降低到某一数值时，就有可能使中断速率大于分枝速率，就出现了链锁自燃的低界限。

（2）着火高界限。若提高容器内混合气的压力，则由于分子浓度的增大，减少了活化分子与器壁的碰撞机会，则此时链锁中断主要发生在气相内部活化分子的相撞中。随着压力的提高，这种机会越来越多，链的中断速率也就越来越大(图 8-12)，因而当压力增大到某数值时，又会遇到分枝速率与中断速率相等的临界情况，这时就出现链锁自燃的着火高界限。

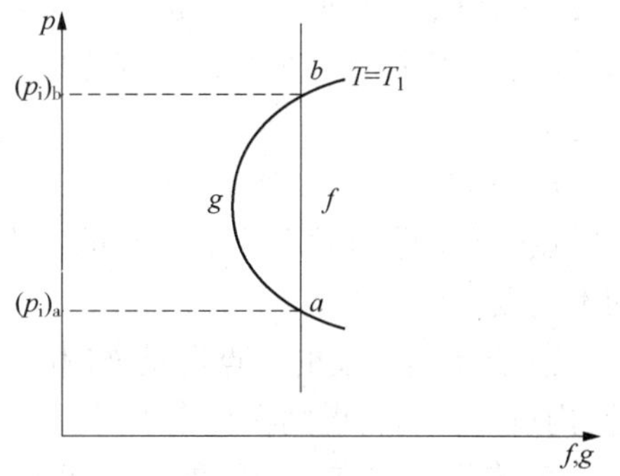

图 8-12　一定温度下 f 和 g 与压力的关系

（3）第三爆炸界限。越过着火高界限后，若再继续提高压力，就会出现第三个爆燃界限，高于该界限后会再一次引起爆燃。第三界限的存在可用热自燃理论来解释，随着压力的增高，反应放热越来越显著。反应放热量大于散热量，使热量积累而引起反应自动加速居支配地位，此时的爆燃就是热自燃。所以，实质上，“着火半岛”中的第三界限就是前面介绍的热自燃界限。

3. 链锁自燃感应期

式(8-29)表示了活化分子浓度的变化，补充初始条件进行积分便可得到某时刻活化分子的浓度。

初始条件为：

$$\begin{cases} \tau=0, & c=0 \\ \tau=\tau, & c=c \end{cases} \tag{8-30}$$

积分得：

$$c=\frac{W_1}{\varphi}(e^{\varphi\tau}-1) \tag{8-31}$$

在反应过程中，只有参加分枝链锁反应那部分链载体才能生成最终反应产物。如果设 a 为一个链载体参加反应后生成最终反应产物的分子数，则以最终反应产物的反应速率为：

$$W=afc=\frac{afW_1}{\varphi}(e^{\varphi\tau}-1) \tag{8-32}$$

链锁自燃感应期为从反应开始到反应速率明显加快的瞬间所需要的时间 τ_i，此时的反应速率为：

$$W_i=\frac{afW_1}{\varphi}(e^{\varphi\tau_i}-1) \tag{8-33}$$

感应期内，$\varphi\approx f$，$e^{\varphi\tau_i}\gg1$，则上式可写成：

$$W_i=aW_1e^{\varphi\tau_i} \tag{8-34}$$

两边取对数，可得：

$$\tau_i=\frac{1}{\varphi}\ln\frac{W_i}{aW_1} \tag{8-35}$$

实际上 $\ln\frac{W_i}{aW_1}$ 受外界影响较小，几乎为常数，则 $\tau_i\varphi=$ 常数，由此，φ 增加，感应期 τ_i 将减小。

四、点燃理论

所谓点燃，即强制着火，一般是指依靠外加能量使可燃物着火，如电火花、炽热物体表面或火焰稳定器后面涡旋中的高温燃烧产物等使新鲜可燃混合气的一小部分点燃形成局部火焰，然后火焰再把邻近的混合气点燃。这样逐层依次地引起火焰的传播从而使整个混合气燃烧起来。

1. 点燃与自燃区别

点燃和自燃在原理上是一致的，都是化学反应急剧加速的结果，但在具体过程中有如下的不同点。

① 自燃是自发的，点燃是强制的。用点燃促使化学反应加速只在混合气的局部(火源附近)内进行，而自燃则在整个可燃混合气中进行。

② 自燃需要在一定的外界温度 T_0下，由于反应的自行加速使可燃混合气温度逐步提高到自燃温度而引起爆燃。但点燃就不同，一般在此时外界温度或容器壁壁面温度要远低于自燃时的温度，故需采用高温物体与可燃混合气接触，提高混合气体温度使其爆燃。为了保证火焰能在较冷的混合气流中传播，点燃温度一般要比自燃温度高。

③ 可燃混合气能否点燃不仅取决于炽热物体附面层内局部混合气能否着火，而且还取决于火焰能否在混合气流中传播。故点燃过程要比自燃过程复杂得多，它包括局部地区的着火和火焰的传播。

2. 常用的点燃方法

在工程中较为常用的点燃方法大致有以下几类：

(1) 炽热物体点燃

常用金属板、柱、丝或球作为电阻，通以电流(或用其他方法)使其炽热称为炽热物体；也可用耐火砖或陶瓷棒等以热辐射(或其他方法)使其加热保持高温形成炽热物体。这些炽热物体和可燃混合气相接触，在一定温度、压力和组成下，就可将混合气点燃着火。

(2) 电火花或电弧点燃

利用两电极空隙间高压放电产生的火花使部分可燃混合气温度升高产生着火。这种方式由于点火能量较小，大多用来点燃低速易燃的可燃混合气，如一般的汽油发动机的燃烧器上。

(3) 火焰点燃

火焰点燃就是先用其他方法点燃一小部分易燃气体燃料形成一股稳定小火焰，并以此作为能源去点燃较难着火的混合气流，它的最大优点是具有较大的点火能量。所以这种方法在工程燃烧设备中，如锅炉和燃气轮机燃烧室中是比较常用的一种点火方法。

(4) 自燃方法点燃

这种点火方法最普通的例子就是柴油机的压缩点燃。在柴油机中，利用活塞的压缩行程将空气压缩到很高的压力与温度，超过燃料本身的自燃温度，然后喷入液体燃料，此时无需其他点火装置燃料就可着火。另外用自燃燃料作为点火装置也属于这一种类型点火，不过它的着火是由于链锁自燃而产生。

综上所述，不论采用哪种点火方法，其基本原理都是可燃混合气的局部受到外来热源作用而着火燃烧。

3. 炽热物体点燃理论

如前所述，可以利用各种炽热物体如高温陶瓷、金属板、耐火砖等点燃物体。小火焰的点火原理也可以归结为炽热物体点燃。

设有温度不同的炽热物体(T_1)置于静止或低速可燃混合气中(T_0)，则有以下几种可能性：

① T_1较低，远低于自燃温度，但 $T_1>T_0$。此时，炽热物体与混合可燃气间由于导热作用交换热量，仅使得靠近物体表面附近的薄层内(热边界层)的气体温度升高，导致该层内化学反应速率升高、产热。但化学反应速率较小，反应放热量较少，此时物体表面处的温度梯度$\left(\frac{\mathrm{d}T}{\mathrm{d}n}\right)_\mathrm{w}<0$，不足以点燃主流中的气体，如图 8-13(a)，图中实线表示由热物体向混合气传热造成的温度分布，虚线表示由于化学反应生成热引起的混合气温度的增高。

② 如 T_1升高，则上图中实线虚线均上升，当炽热物体温度达到 T_2时边界层的温度分布如图所示：此时边界层内，边界层内气体与固壁间已无热交换，在壁面处，温度梯度$\left(\frac{\mathrm{d}T}{\mathrm{d}n}\right)_\mathrm{w}=0$，可以想象此时气体边界层会一点点向混合气推进，使混合气 T 升高。这是主流着火的临界条件。如图 8-13(b)所示。

③ 如 T_1进一步升高，超过 T_2时，边界层内混合气化学反应加速，产热增多，边界层内温度快速上升，高温的边界层将向混合气导热，一层层的混合气化学反应加速，高温区扩大，最终整个主流的可燃气着火，此时壁面处，温度梯度$\left(\frac{\mathrm{d}T}{\mathrm{d}n}\right)_\mathrm{w}>0$。如图 8-13(c)所示。

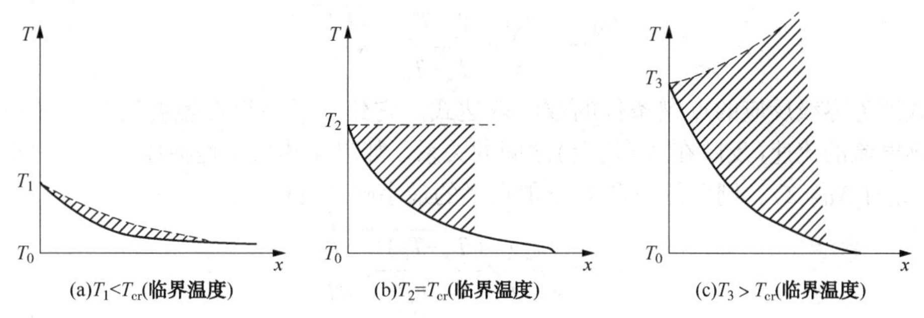

图 8-13　点燃时边界层的温度分布

综上炽热物体点燃的临界条件应为：

$$\left(\frac{\mathrm{d}T}{\mathrm{d}n}\right)_\mathrm{w}=0 \tag{8-36}$$

式中　n——垂直于表面的法向距离；

角标 w——在炽热物体表面。

所以，炽热物体温度 T_2即为这种情况下的临界极限温度，或称为点燃温度(着火温度)。

下面具体讨论炽热物体点燃温度具体和什么参数有关。

假设炽热物体为一球体，附近具有化学反应的边界层厚度为 ζ，其边界上的温度为 T_ζ，由于边界层的厚度很薄，这里 T_ζ近似等于 T_w。边界内可燃混合气的浓度 c 为定值，可燃混合气的初始温度为 T_0。

在边界层上，边界层中各点由于炽热物体的加热作用使得化学反应产生的热量 Q_1，也有存在边界层向周围可燃物导出的热量 Q_2，在点燃临界状态下：

$$Q_1=Q_2 \tag{8-37}$$

此时：

$$\begin{cases} Q_1=-\lambda\left(\dfrac{\mathrm{d}T}{\mathrm{d}x}\right)_\zeta \\ Q_2=\alpha(T_\zeta-T_0) \end{cases} \tag{8-38}$$

$$
\text{边界条件：}\begin{cases} x=0,\ T=T_{\mathrm{w}},\ \left(\dfrac{\mathrm{d}T}{\mathrm{d}x}\right)_{\mathrm{w}}=0 \\ x=\zeta,\ T=T_{\zeta},\ \dfrac{\mathrm{d}T}{\mathrm{d}x}=\left(\dfrac{\mathrm{d}T}{\mathrm{d}x}\right)_{\zeta} \end{cases} \tag{8-39}
$$

式中 $\left(\dfrac{\mathrm{d}T}{\mathrm{d}x}\right)_{\mathrm{w}}$，$\left(\dfrac{\mathrm{d}T}{\mathrm{d}x}\right)_{\zeta}$——炽热物体壁面、边界处可燃混合气的温度梯度；

T_{ζ}——近似认为附面层 ζ 处混合气温度，又知，由炽热物体组成的可燃混气系统，由传热学可知，可将其看成具有内热源(化学反应放热)的一维导热，根据傅里叶定律和能量守恒定律，得到：

$$
\lambda\frac{\mathrm{d}^2T}{\mathrm{d}x^2}+QW(c,\ T)=0 \tag{8-40}
$$

式中 Q——燃料的反应热，J/mol；

$W(c,\ T)$——燃料的反应速率，mol/(m³·s)，其计算式如式(8-2)。

引入 $Nu=\dfrac{ad}{\lambda}$，假设化学反应级数为零级，结合式(8-37)至式(8-40)，经过整理得到：

$$
\frac{Nu}{d}\approx\sqrt{\frac{2Q}{\lambda}\times\frac{W(T_{\mathrm{w}})}{(T_{\mathrm{w}}-T_0)^2}\times\frac{RT_{\mathrm{w}}^2}{E}} \tag{8-41}
$$

此式即为零级反应的点燃条件的数学表达式。它建立了临界点燃温度与炽热物体的尺寸、可燃气流的流速(反映在 Nu 值上)之间的关系。如果炽热物体是圆球，且在静止的可燃混气中(此时 $Nu=2$)，则可得到在 T_{w} 下能点燃的最小圆球直径为：

$$
d_{\min}=\sqrt{\frac{2\lambda}{Q}\times\frac{(T_{\mathrm{w}}-T_0)^2}{W(T_{\mathrm{w}})}\times\frac{E}{RT_{\mathrm{w}}^2}} \tag{8-42}
$$

它表明了在其他条件不变时，随着炽热圆球直径增大，临界点燃温度下降，可燃混合气容易被点燃。

对于 2 级反应，且在等物质的量组成时：

$$
\left(\frac{Nu}{d}\right)^2\left(\frac{T_{\mathrm{w}}-T_0}{T_0}\times\frac{T_{\mathrm{f}}-T_0}{T_{\mathrm{f}}-T_{\mathrm{w}}}\right)^2=\frac{2Q}{\lambda}\times\frac{R}{E}k_0c_{A0}^2\times\exp\left(-\frac{E}{RT_{\mathrm{w}}}\right) \tag{8-43}
$$

式中 T_{f}——燃烧最终温度(即此时燃料浓度为零)。实际使用的烃类燃料其燃烧反应级数一般不大于 2。

另外，点燃同自燃一样，存在点火感应期，即点火源与可燃混合气接触后到出现火焰的一段时间。实验表明点燃温度与点火感应期密切相关。图 8-14 为汽油和氧气的可燃混合气点燃温度与点火感应期的变化关系。从图 8-14 可以看出，可以通过提高炽热物体的温度的方法缩短点火感应期。

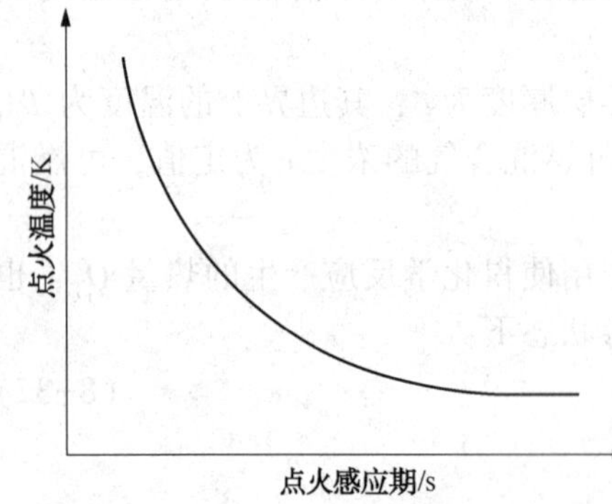

图 8-14　点火温度与点火感应期的关系(混合气：汽油和氧气)

4. 电火花点燃理论

电火花可以由电容放电产生，或用感应电产生。电容放电是快速释放电容器所储能量而产生的，感应放电是在断开包括变压器、点火线圈等在内的电炉时产生的。电火花点燃混合气的过程是：首先由电火花加热电火花附近的混合气，使局部混合气着火(电火花使混合气分子电离，产生大量的活性中间产物对混合气的点燃十分有利)。然后，已着火的混合气气团向未燃混合气进行稳定的火焰传播。

(1) 最小点火能

要使点火成功，首先是电火花要有足够大的能量，能点燃一定尺寸的混合气(即形成火球)。然后是这个有足够热量的火球，能稳定地向外界传播而不熄灭。由此点火才能成功。因此电火花点燃混合气需要一个最小的火花能量，即最小点火能，低于这个能量，混合气不能点燃。这一最小能量随混合气成分、性质、压力、温度和电极间距而变化。

由电火花点燃理论推导出最小点火能为

$$E_{\min}=\frac{\pi}{6}\rho C_{\mathrm{p}}(T_{\mathrm{m}}-T_{\infty})\times\left(\frac{2D}{u_{\mathrm{H}}}\right)^{3} \tag{8-44}$$

式中 T_{m}——可燃混合气的理论燃烧温度；

T_0——可燃混合气的初始温度；

D——由电火花将温度 T_0 提高到 T_{m} 的球形混合气直径；

u_{H}——稳定火焰传播的速率；

ρ——可燃混合气的密度；

C_{p}——可燃混合气的比热容。

尽管实际点火能与上述分析值有差别，但此关系的定性是正确的。

(2) 熄火距离

图 8-15 为最小点火能与电极间距离 d 之间的关系。由图 8-15 可知，当 d 小于某一 d_{q} 值时，则不管有多少的点火能量，也无法点燃可燃混合气。这一最小距离 d_{q} 就被叫作熄火距离或称淬熄距离。这是因为当电极间隙过小时，初始火焰中心对电极的散热过大，以致火焰不能向周围混合气传播。所以电极间的距离不宜过小，在给定条件下有一最佳值。它如同最小点火能量一样，主要取决于可燃混合气的理化性质，压力、温度、速度以及电极的几何形状等。

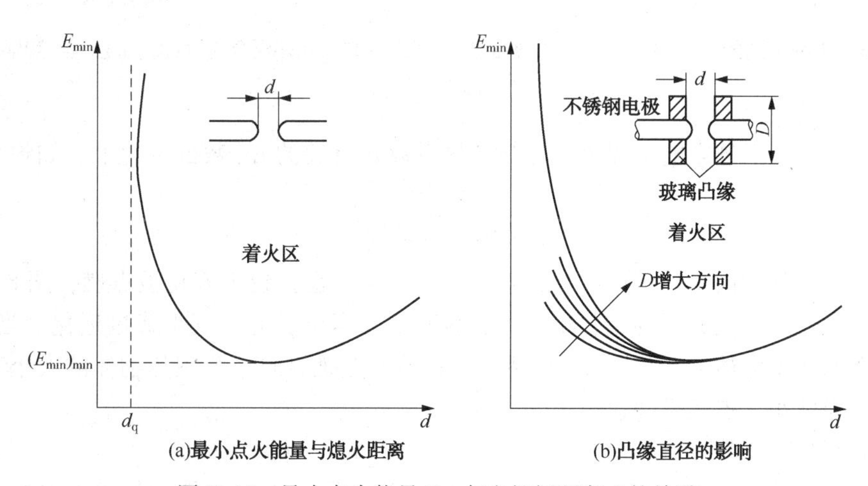

图 8-15 最小点火能量 $E_{\min}$ 与电极间距离 d 的关系

实验表明，$E_{\min}$ 和 d_{q} 两者之间具有如下关系：

$$E_{\min}=Kd_{\mathrm{q}}^{2} \tag{8-45}$$

式中　K——比例系数。对于大多数碳氢化合物与空气的混合物，$K \approx 71.2 J/m^2$。

5. 影响点燃的因素

点燃如同自燃一样存在着火浓度界限。影响点燃界限的因素主要有压力、温度、流速和掺杂物等。

（1）压力的影响

如图 8-16，压力的影响仅当压力逐渐下降时表现显著。而在较高的压力下，可以说压力对浓度界限没有影响。当压力下降时，着火浓度范围缩小，当压力下降超过某一数值时，任何浓度的混合气均不能着火。

（2）温度的影响

提高可燃混合气的初始温度，促使化学反应加快，放热量增加，对大多数烃类燃料-空气混合气而言，可使其点火界限变宽，如图 8-17 所示。实验表明，温度对着火界限的影响主要反映在上限，而对下限则影响不大。

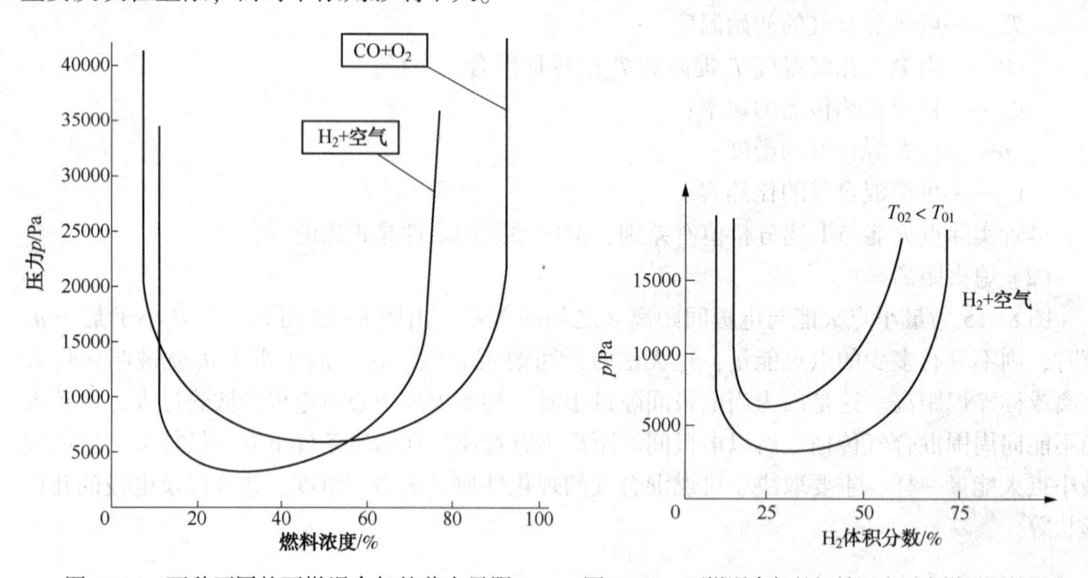

图 8-16　两种不同的可燃混合气的着火界限　　　图 8-17　可燃混合气的初始温度对点燃界限的影响

（3）流速的影响

流速对点燃界限的影响主要表现在与换热系数 α 有关的 Nu 数的变化上。如炽热圆球点火时：

$$Nu = 2 + 0.6 Re^{0.5} Pr^{1/3} \tag{8-46}$$

则在其他条件相同时，流速越大，着火范围越小，也就越不容易被点燃，图 8-18 给出了烃类燃料戊烷的点火界限的实验结果。实验表明，当可燃混合气组成接近化学当量比时，可以被点燃的速率为最大。从图 8-18 还可以看出，点燃界限还与炽热物体的大小有关，如炽热物体直径愈小，点燃界限也愈小。

（4）掺杂物的影响

实验和理论计算表明，当可燃混合气中掺入一定量的不可燃气体如 N_2、CO_2、Ar、He 等，着火界限变窄。如果掺杂量过多的话，则可使可燃混合气无法被点燃。这是因为不可燃气体的掺入将影响到反应放热速率和火焰传播速率。

不同不可燃气体若掺入比例相同时，则对点燃浓度界限的影响也不一样。这是由于此时

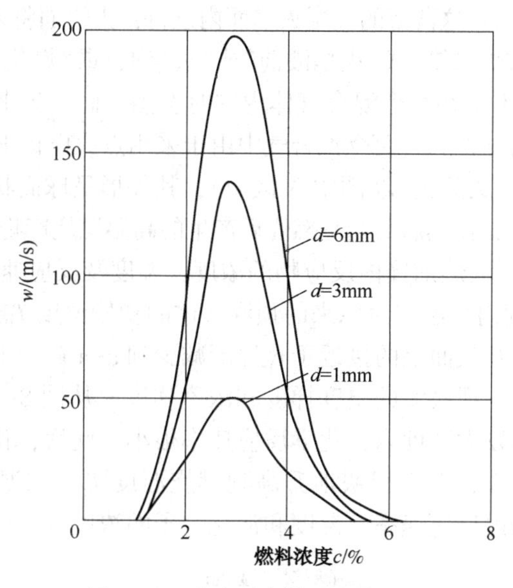

图 8-18 流速对点燃界限的影响

所组成可燃混合气的 λ/C_p 值不同导致的，导热性能好的气体能促使火焰的传播，而比热容大的气体却能抑制火焰的传播。在工程上就利用这种特性来制造灭火剂。一种良好的灭火剂应该具有较低的导热系数和较高的比热容。

第三节 气体燃料预混火焰

一、火焰传播

当采用电火花或某一炽热物体使可燃混合气某一局部着火，形成一个薄层火焰面(见图8-19)，则火焰面所产生的热量将加热邻近较冷的混合气层，使其温度升高着火燃烧。这样一层一层地着火、把燃烧逐渐扩展到整个混合气，这种现象就称为火焰的传播。

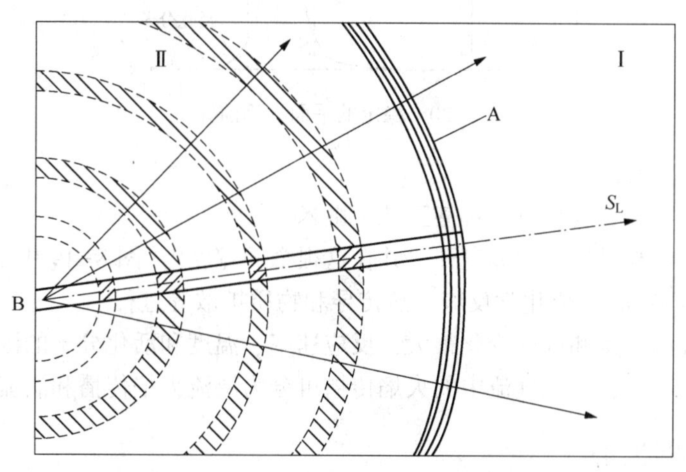

图 8-19 静止可燃混合气中层流火焰的传播

A—火焰前锋；B—点火电极；Ⅰ—未燃混合气体；Ⅱ—燃烧产物

实验证明，化学反应只在这薄薄的一层火焰面内进行，火焰面将未燃气体与已燃气体分隔开来。这层火焰面称作“火焰前锋”或“火焰波前”或“火焰波”或“燃烧前沿”。因此，火焰传播的特征就是燃烧化学反应不是在整个混合气体内同时发生，而是集中在火焰前锋内并逐层进行。如图 8-19 所示，在静止的预混可燃混合气中由于采用点火电极 B 产生的火花使局部可燃混合气被点燃而产生的层流火焰前锋(图中 A 区域)，其外形呈球面状，在火焰前锋的前面是未燃的混合气(图中Ⅰ区域)，在其后面则是燃烧后产生的高温燃烧产物(图中Ⅱ区域)。

图 8-20 示出了平面形火焰前锋内反应物的浓度、温度及反应速率的变化情况。从图 8-20 可以看出：在前锋宽度内，温度由原来的预混气体的初始温度 T_0 逐渐上升到燃烧温度 T_f。同时反应物的浓度 c 由 0-0 截面上的接近于 c_0 逐渐减少到 a-a 截面上接近于零，因此此宽度内温度和浓度变化很大，出现极大的温度梯度和浓度梯度。从图 8-20 中还可看到化学反应速率的变化情况。在初始较大宽度内，化学反应速率很小。此后，化学反应速率随着温度的升高按指数规律急剧地增大，温度很快地升高到燃烧温度 T_f。在温度升高的同时，反应物浓度不断减少。在这区域内反应速率、温度和活化分子的浓度都达到了最大值。

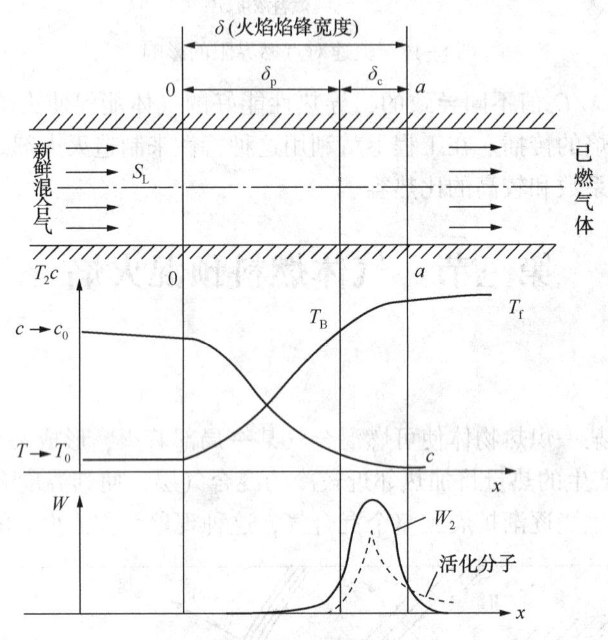

图 8-20　稳定的平面火焰前锋

因此火焰前锋具有以下特点：

(1) 区域很窄，其宽度只有几百甚至几十微米。

(2) 将未燃气体与燃烧产物隔离开，并在这很窄的宽度内(图 8-19 中 A 区域和图 8-20 中 0-0 截面到 a-a 截面)完成化学反应、热传导和物质扩散等过程。

(3) 火焰前锋内温度和浓度变化很大，反应速率、温度和活化分子的浓度达到最大。

根据气流流动状况，预混气流中的火焰传播可分为层流火焰传播和湍流火焰传播。

二、层流预混火焰

1. 层流火焰传播速度

在一个容器里，充满了均匀的可燃混合气，当在容器中心用电火花点燃时，就可以观察到火焰前锋自动地向新鲜混合气传播。火焰前锋在其表面的法线方向上相对于新鲜混合气的移动速率称做“火焰传播速度”。

设火焰面在其法线方向上的移动速度为 v_n，新鲜混合气在同一法线方向上的流动速度 w，则火焰传播速度为：

$$\vec{S}_L=\vec{v}_n-\vec{w} \tag{8-47}$$

火焰前锋相对管壁的相对位移有 3 种可能情况：

(1) $|S_L|>|w|$，火焰前锋向气流上游方向移动；

(2) $|S_L|<|w|$ 火焰前锋向气流下游方向移动；

(3) $|S_L|=|w|$ 火焰前锋驻定不动。

2. 火焰传播速度热力分析

火焰传播机理的理论主要有热力理论和扩散理论两种。

(1) 热力理论

火焰中化学反应主要是由于热量的导入使分子热活化而引起的，所以化学反应区(火焰前锋)在空间中的移动将决定于从反应区向新鲜预混气体传热的导热率。热力理论并不否认火焰中有活化分子存在和扩散，但认为在一般燃烧过程中活化分子对化学反应速率的影响不是主要的。

(2) 扩散理论

火焰中的化学反应主要是由于活化分子向新鲜预混气体扩散，促进其链锁反应发展所致。

层流火焰传播的热力理论被认为是目前比较完善的火焰传播理论。本节将主要介绍这一理论。

根据上述的温度变化和浓度变化可将火焰前锋分为预热区(图 8-20 中宽度 δ_p 区域)和反应区(图 8-20 中宽度 δ_c 区域)。在预热区化学反应速率很小，温度和浓度的变化主要由于导热和扩散，新鲜混合气在此得到加热。在化学反应区温度由 T_f 上升到了 T_m，浓度继续下降到零，化学反应主要集中在这一较窄的区域。温度和浓度发生了很大的变化，出现了很大的温度梯度和浓度梯度。在火焰中就会引起强烈的扩散和热流，即造成火焰和新鲜混合气之间质量的交换及高温反应区和低温混合气之间的热量交换。这就造成了火焰向新鲜混合气的自动传播。

热力理论认为火焰传播取决于反应区放热及其向新鲜混合气的热传导。

以图 8-20 中 0-0 截面为纵坐标，轴线方向为横坐标，预热区起始位置为原点建立坐标系。对于一维带化学反应的定常层流流动，其基本方程为：

对于一维带化学反应的定常层流流动，其基本方程为：

连续方程：

$$\rho w=\rho_0 w_0=\rho_0 S_L=\dot{m} \tag{8-48}$$

能量方程：

$$\rho_0 S_L c_p\frac{dT}{dx}=\frac{d}{dx}\left(\lambda\frac{dT}{dx}\right)+Wq \tag{8-49}$$

式(8-49)中，等号左边表示可燃混合气本身热焓的变化，等号右边第一项是传导的热流，第二项是化学反应生成热量。

绝热条件下，火焰的边界条件为：

$$
\left.\begin{aligned}
x=-\infty,\ T=T_0,\ c=c_0,\ \frac{\mathrm{d}T}{\mathrm{d}x}=0\\
x=+\infty,\ T=T_\mathrm{f},\ c=0,\ \frac{\mathrm{d}T}{\mathrm{d}x}=0
\end{aligned}\right\} \tag{8-50}
$$

在预热区中忽略化学反应的影响，而在反应区中忽略能量方程中温度的一阶导数项。根据假设，在预热区中的能量方程为：

$$
\rho_0 S_\mathrm{L} C_\mathrm{p}\frac{\mathrm{d}T}{\mathrm{d}x}=\lambda\frac{\mathrm{d}}{\mathrm{d}x}\left(\frac{\mathrm{d}T}{\mathrm{d}x}\right) \tag{8-51}
$$

其边界条件为：

$$
\left.\begin{aligned}
x=-\infty,\ T=T_0,\ \frac{\mathrm{d}T}{\mathrm{d}x}=0\\
x=\delta_\mathrm{p},\ T=T_\mathrm{B},\ \frac{\mathrm{d}T}{\mathrm{d}x}=\left(\frac{\mathrm{d}T}{\mathrm{d}x}\right)_\mathrm{B}
\end{aligned}\right\} \tag{8-52}
$$

式中　T_B——预热区内可燃混合气的着火温度。

由此推导得出：

$$
\rho_0 S_\mathrm{L} C_\mathrm{p}(T_\mathrm{f}-T_0)=-\lambda\left(\frac{\mathrm{d}T}{\mathrm{d}x}\right)_\mathrm{B} \tag{8-53}
$$

在反应区中的能量方程为：

$$
\lambda\frac{\mathrm{d}^2T}{\mathrm{d}x^2}+Wq=0 \tag{8-54}
$$

其边界条件为：

$$
\left.\begin{aligned}
x=\delta_\mathrm{p},\ T=T_\mathrm{B},\ \frac{\mathrm{d}T}{\mathrm{d}x}=\left(\frac{\mathrm{d}T}{\mathrm{d}x}\right)_\mathrm{B}\\
x=+\infty,\ T=T_\mathrm{f},\ \frac{\mathrm{d}T}{\mathrm{d}x}=0
\end{aligned}\right\} \tag{8-55}
$$

又

$$
\frac{\mathrm{d}}{\mathrm{d}x}\left(\frac{\mathrm{d}T}{\mathrm{d}x}\right)=\frac{\mathrm{d}T}{\mathrm{d}x}\times\frac{\mathrm{d}}{\mathrm{d}T}\left(\frac{\mathrm{d}T}{\mathrm{d}x}\right)=\frac{1}{2}\frac{\mathrm{d}}{\mathrm{d}T}\left(\frac{\mathrm{d}T}{\mathrm{d}x}\right)^2 \tag{8-56}
$$

导出

$$
\left(\frac{\mathrm{d}T}{\mathrm{d}x}\right)_\mathrm{B}=-\sqrt{\frac{2}{\lambda}\int_{T_\mathrm{B}}^{T_\mathrm{f}}Wq\mathrm{d}T} \tag{8-57}
$$

结合式(8-53)和式(8-57)得：

则：

$$
S_\mathrm{L}=\sqrt{\frac{2\lambda\int_{T_\mathrm{B}}^{T_\mathrm{f}}Wq\mathrm{d}T}{\rho_0^2C_\mathrm{p}^2(T_\mathrm{f}-T_0)^2}} \tag{8-58}
$$

由于化学反应主要集中在反应区，预热区的反应速率很小，因此：

$$
\int_{T_0}^{T_\mathrm{B}}W\mathrm{d}T\approx 0 \tag{8-59}
$$

于是：

$$
\int_{T_\mathrm{B}}^{T_\mathrm{f}}W\mathrm{d}T=\int_{T_0}^{T_\mathrm{f}}W\mathrm{d}T \tag{8-60}
$$

另外，反应区内的温度变化很小，可以认为：

$$
T_\mathrm{B}-T_0\approx T_\mathrm{f}-T_0 \tag{8-61}
$$

代入式(8-58)中，得到：

$$S_L = \sqrt{\frac{2\lambda \int_{T_0}^{T_f} Wq\mathrm{d}T}{\rho_0^2 C_p^2 (T_f - T_0)^2}} \tag{8-62}$$

令：

$$\int_{T_0}^{T_f} \frac{Wq\mathrm{d}T}{(T_f - T_0)} = q\int_{T_0}^{T_f} \frac{W\mathrm{d}T}{(T_f - T_0)} = q\overline{W} \tag{8-63}$$

式中 $\overline{W}$——在 T_0 与 T_f 之间的化学反应速率的平均值。

设燃料的初始浓度为 c_{f0}，由能量守恒知，$c_{f0}q = \rho_0 c_p (T_f - T_0)$，由此再结合式(8-63)，得到：

$$S_L = \left(\frac{2\lambda\overline{W}}{c_{f0}\rho_0 C_p}\right)^{1/2} \tag{8-64}$$

引入导温系数 $a_0 = \lambda/(\rho_0 C_p)$，并认为化学反应时间 τ 与平均反应速率 $\overline{W}$ 成反比，代入式(8-64)可得：

$$S_L = (2a_0/\tau_m)^{1/2} \approx (a_0/\tau_m)^{1/2} \tag{8-65}$$

由此说明，层流火焰传播速度与导温系数的平方根成正比，与反应时间的平方根成反比。也就是说 S_L 是可燃混合气的一个物理化学常数。

3. 影响层流火焰传播速度的主要因素

（1）可燃混合气性质的影响

由式(8-65)可知，导温系数 a，燃烧温度 T_f 和化学反应速率 W 的增大，都会使层流火焰传播速度 S_L 值增大。

（2）温度的影响

① 可燃混合气初始温度 T_0 的影响。提高可燃混合气初始温度，可以促进化学反应速率，增大火焰传播速率。由实验结果得出火焰传播速率与初始温度的关系为：

$$S_L \propto T_0^M，(M = 1.5 \sim 2) \tag{8-66}$$

② 火焰温度的影响。由阿累尼乌斯定律知，随着火焰温度的升高，化学反应速率呈指数级增加，从而提高火焰传播速度。对比式(8-66)和式(6-25)，燃烧温度对火焰传播速度的影响远大于初始温度的影响。

（3）燃料结构的影响

由图 8-21 可知，燃料结构对火焰传播速度的影响有：

① 饱和烃的火焰传播速度几乎与燃料分子中碳原子数 n_c 无关；

② 不饱和烃的 S_L 随着碳原子数 n_c 增多而减小，当 n_c 从 1 增大到 4 的范围，S_L 值快速减小；当 n_c>4 以后，则其减小速度变得缓慢；而当 n_c>8 后，则趋于极限值；

③ 烃类越是不饱和，其火焰传播速度 S_L 就

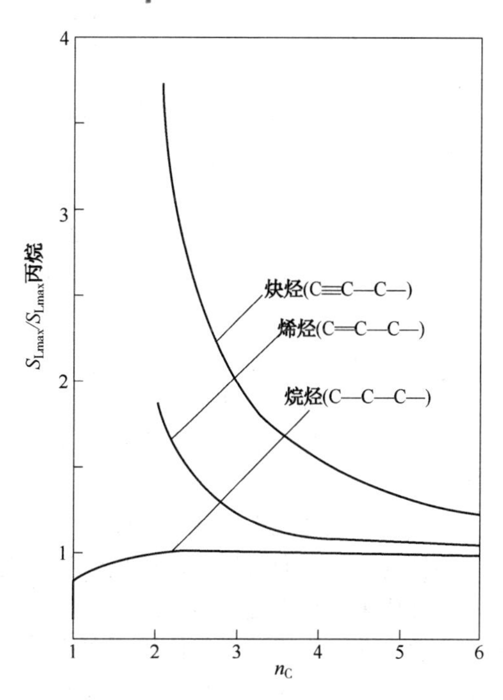

图 8-21 燃料结构对火焰传播速度的影响

越大。

(4) 过量空气系数的影响

大多数可燃混合气其最大火焰传播速度 S_{Lmax} 均对应于化学当量比计算的混合气组成。但以空气作为氧化剂的可燃混合气的最大火焰传播速度却在空气消耗系数 α 略小于 1 处，一般碳氢燃料的 S_{Lmax} 值都在 $\alpha \approx 0.96$ 左右处，且该值不随压力与温度改变，如图 8-22 所示。这是因为最高燃烧温度偏向富燃料燃烧区，而火焰传播速度随着燃烧温度的增加而增加。在燃料相对富裕的情况下，火焰中自由基 H、OH 等浓度较高，链锁反应的链断裂率较低，致使化学反应速率较高。

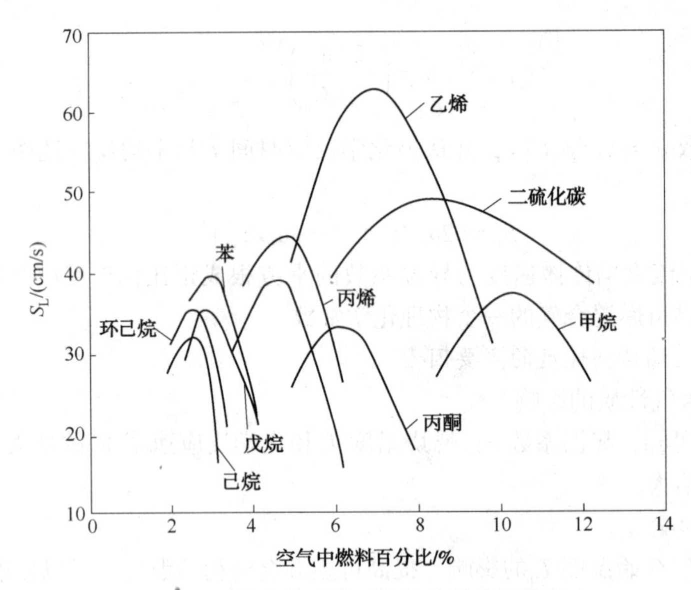

图 8-22　过量空气系数对火焰传播速度的影响

(5) 可燃混合气压力的影响

由第六章压力对化学反应速率的影响式(6-34)可知，燃烧反应为 m 级反应时，反应速率与压力的 $m-1$ 次方成正比。综合实验结果，得出火焰传播速度与压力的关系(图 8-23)为：

$$S_L \propto p^n \tag{8-67}$$

式中　n——路易斯压力指数，$n=m/2-1$。

① 当火焰传播速度较低时，即 $S_L<0.5\text{m/s}$，$n<0$，$m<2$，随着压力的下降，火焰传播速度增大；

② 当 $0.5\text{m/s}<S_L<1.0\text{m/s}$，$n=0$，$m=2$ 时，火焰传播速度与压力无关；

③ 当 $S_L>1.0\text{m/s}$，因 $n>0$，$m>2$ 时，则火焰传播速度随着压力的增大而增大。

多数碳氢化合物的燃烧反应级数小于 2，因此火焰传播速度 S_L 随着压力 p 的升高而下降。

(6) 可燃混合气中惰性气体的影响

惰性气体一方面直接影响燃烧温度，进而影响燃烧速率；另一方面通过影响可燃混合气的物理性质来影响火焰传播速度。

实验表明，当不可燃气体掺入可燃气中，将使 S_L 减小，可燃界限缩小，并使最大火焰传播速度 S_{Lmax} 向燃料浓度较小的方向转移，如图 8-24 所示。

不同惰性物质，对火焰传播速度的影响程度不一样。可燃混合气的 S_L 随着 λ/c_p 值增大而增大。如 CO_2、N_2、He、Ar 等气体的掺入，分别使可燃混合气 λ/c_p值减小，相应促使 S_L值降低。

过量的氧化剂或燃料对可燃混合气的 S_L影响类似于惰性物质的加入。

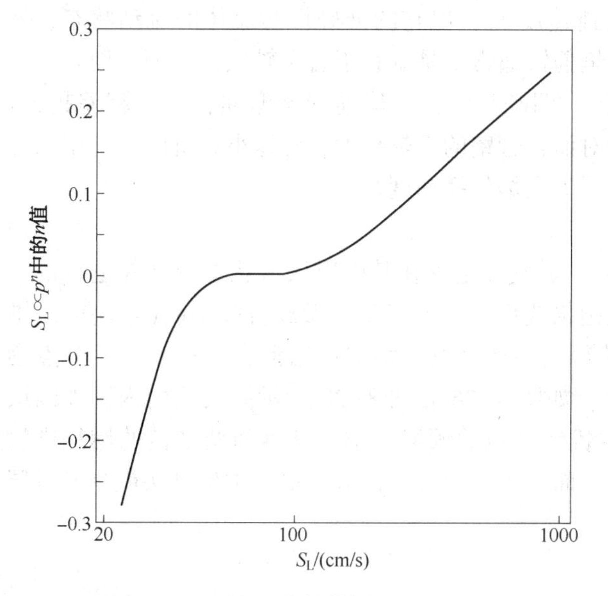

图 8-23　压力对火焰传播速度的影响

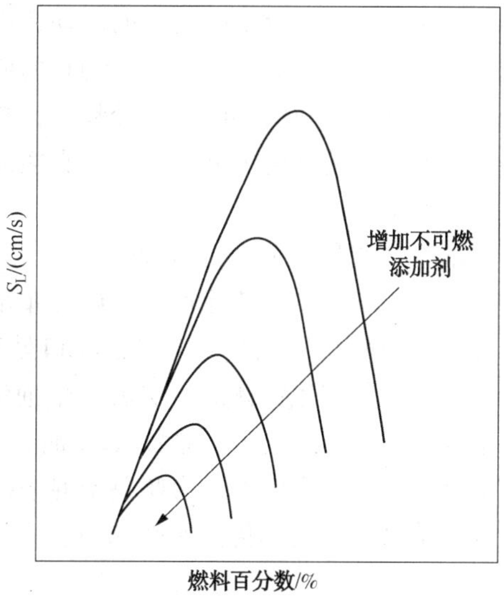

图 8-24　惰性气体对火焰传播速度的影响

4. 层流火焰传播速度的实验测定

前述的火焰传播理论只能粗略估算火焰传播速度，而精确的火焰传播速度需通过实验来确定。

测量火焰传播速度的基本方法有本生灯法、圆柱管法、定容球法、肥皂泡法、粒子示踪法、平面火焰燃烧器法、激光测试法等。在一般实验室中测定火焰传播速度最常用的是前两种方法，这里予以主要介绍。其他测试方法有兴趣的读者可参考相关书籍。

(1) 圆柱管法

如图 8-25 所示，水平玻璃管 1 中充满了均匀的可燃混合气，其一端封闭，另一端与容器 2 相通。容器 2 内装满惰性气体，其体积约为玻璃管体积的 80~100 倍，以使燃烧时压力稳定。实验测定时，开启阀门 3，用电火花点燃可燃混合气。这时，在点火处立即形成一片极薄(约 0.1~0.5mm)的火焰前锋并移向闭口端。观察火焰传播的情况，并用摄影机拍下火焰移动的照片，根据拍摄时间及焰锋移动的距离即可求得层流火焰传播速度。

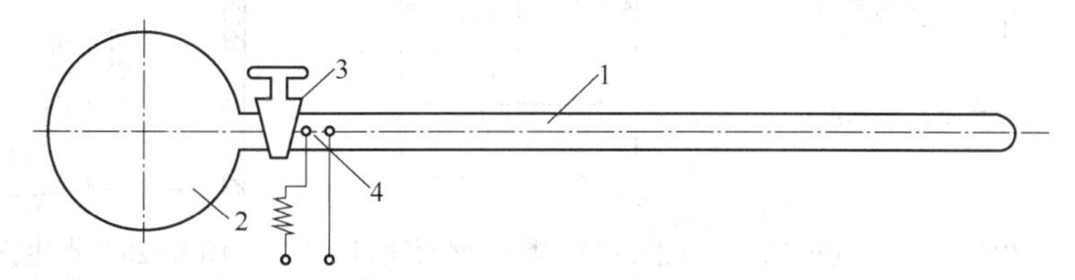

图 8-25　用圆柱管法测定火焰传播速度的装置

1—玻璃管；2—装有惰性气体的容器；3—阀门；4—火花点火器

根据燃烧产物的平衡关系可写出所谓面积定律表达式：

$$S_L F = v_f f \tag{8-68}$$

式中 F——焰锋表面积；

f——管子横截面积；

v_f——火焰移动速度。

虽然此方法能够直观测得层流火焰传播速度 S_L，但它的准确性与流体的流动状态、外界条件有关。由于燃烧时气流的湍动，火焰前锋通常不是垂直于管子轴线的平面，而是一个曲面。所以 $F>f$，则 $S_L<v_f$。管子直径越大，湍动越强，火焰前锋越弯曲，两者相差越大。此外还受管壁散热的影响。管径越小，相对而言管壁的散热越大，S_L越小。所以，利用该方法测得的火焰传播速度并不能代表真实的层流火焰传播速度。

（2）本生灯法

本生灯就是一垂直的圆管（见图 8-26），燃气和空气在其中以层流状态流动并进行混合形成均匀混合气。气流流速在管内分布呈抛物线型。混合气喷口做成特殊型面（常用的是维达辛斯基曲面）（见图 8-27）以在喷口处获得均匀速度场。均匀可燃混合气在喷口处被点燃后，形成一稳定正锥体形的层流火焰前锋，如图 8-26 和图 8-28 所示。火焰由内、外两层火焰锥组成。当空气消耗系数 $\alpha>1$ 时，内锥为蓝色的预混焰锥，外锥为紫红色的燃烧产物火焰；若 $\alpha<1$，则内锥仍为蓝色预混焰锥，而外锥则为黄色扩散火焰。本生灯法就是通过层流预混焰来测定火焰传播速度 S_L的。

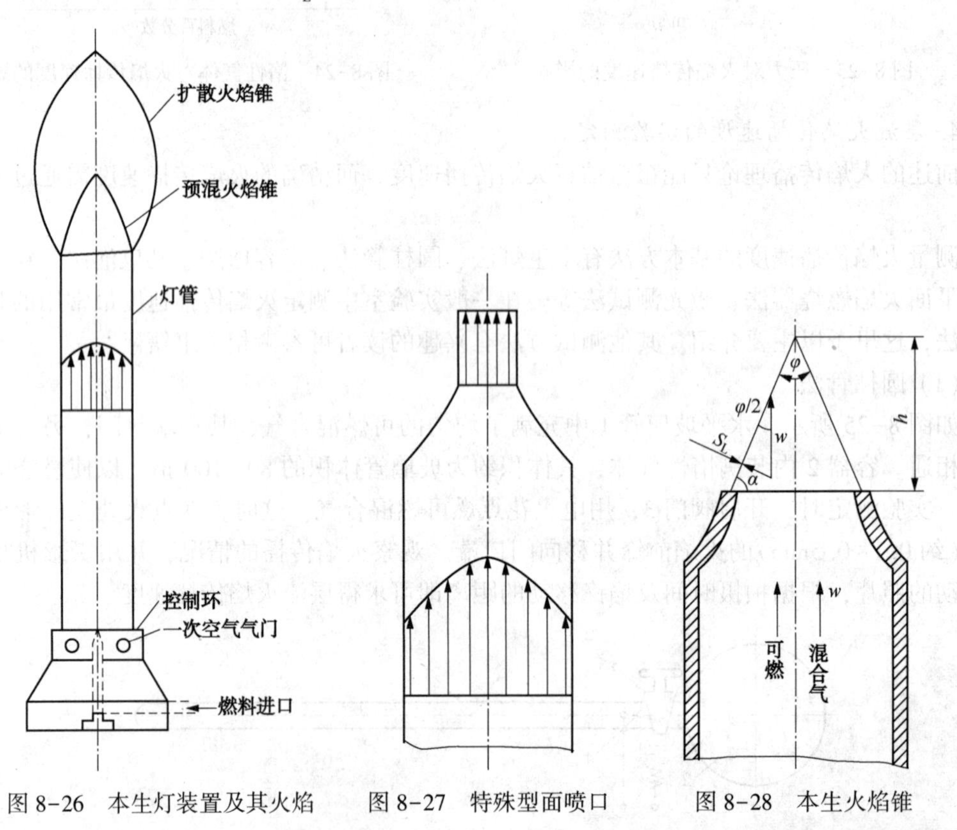

图 8-26 本生灯装置及其火焰　图 8-27 特殊型面喷口　图 8-28 本生火焰锥

静止稳定的火焰内锥焰锋面表面上各点的层流火焰传播速度 S_L与气流流速在焰锋表面法向上的分速度相等。火焰内锥实际上并不是一个几何正锥体，内锥表面上各处的层流火焰传播速度 S_L并不相等，但为了简化起见，假设内锥为一几何正锥体，则表面各点上的 S_L均相等。虽然这样假设所得的火焰传播速度是一均值，但具有足够的精确性。

在稳定状态下，单位时间内从喷口流出的全部可燃混合气量应与在整个火焰焰锋烧掉的混合气量相等，即：

$$\rho_0 wf = \rho_0 S_L F \tag{8-69}$$

式中 F——火焰内锥焰锋表面积；

f——喷管出口截面积；

w——可燃混合气在喷口处的平均流速。

假设锥体的顶角和高度分别为 φ 和 h，喷口截面的半径为 r，则：

$$\frac{f}{F} = \sin\frac{\varphi}{2} = \frac{r}{\sqrt{h^2+r^2}} \tag{8-70}$$

设可燃混合气的体积流量为 V，则：

$$w = \frac{V}{\pi r^2} \tag{8-71}$$

因此，层流火焰传播速度 S_L 就可写成：

$$S_L = w\frac{f}{F} = \frac{V}{\pi r\sqrt{h^2+r^2}} \tag{8-72}$$

式(8-72)就是用本生灯法测定层流火焰传播速度 S_L 的计算式。测定时只需测出流量 V、火焰内锥高度 h、喷口半径 r，即可求得 S_L。

需注意的是，上述测定计算出的 S_L 是前提假定喷口处流场均匀，火焰焰锋呈锥形。但实际上，本生灯出口处速度分布多数呈抛物线形，并不均匀，靠近灯管壁面还有散热损失，致使火焰焰锋表面呈曲线状。如图 8-29 所示，火焰锥体只有在其母线的中部(约 30%部分)才是直线，而在其顶部为圆形。因此，为了精确地求出 S_L 值，就必须逐点测出它的 S_L 值：

$$S_{Li} = w_i \sin\frac{\varphi_i}{2} \tag{8-73}$$

由此可见，沿着火焰锥体表面每一点的 S_L 值都不一样，如图 8-29 所示。这是用本生灯法测定火焰传播速度的最大缺点。式(8-73)中，w_i 可按层流速度分布规律求出，φ_i 需用火焰照相法测出。

(3) 平面激光诱导荧光(PLIF)测试法

目前随着激光测试技术的发展，被开始应用于火焰的测量中，这种测试技术不破坏流场的结构，能够更加精确地测试与研究火焰的传播速度。

通常情况下稳定的物质中各原子或者分子都处于基态，在没有外界能量干扰时它保持不变。当有一个能量刚好使它可以跃迁到高层的光子接近它，它就会吸收这个光子从而被激发到激发态，处于高势能状态。根据经典力学，一个物体如果处于高势能状态下将是不稳定的，处于激发态的原子也是不稳定的，在不受外界影响时也会自发地返回基态从而释放光子，产生荧光信号，而且这种荧光是特定的，一种粒子产生一种荧光。

根据这种原理，激光发生器产生的经过一系列的转换，调整到具有一定频率和一定能量的新激光照射到燃烧的火焰上，诱导燃烧过程中的产物发出荧光，然后通过带有特定滤光镜的相机获取产生荧光的图像，根据产生荧光的多少反映该区域能产生荧光的物质有多少，这就是 PLIF(平面激光诱导荧光)。

平面激光诱导荧光测试装置主要由激光器、光学系统、检测池和光检测元件组成。

激光器是激光诱导荧光检测器的重要组成部分，用脉冲激光为光源，采用时间分辨技术可消除瑞利散射光(半径比光或其他电磁辐射的波长小很多的微小颗粒对入射光束的散射)和拉曼散射光(光波在被散射后频率发生变化)对测定的干扰，同时增加被测成分之间测定的选择性。以上这些特性使激光诱导荧光检测器的信噪比大大增强，显示出最高的灵敏度和较好的选择性。

光学系统主要为光学透镜和单色器。光检测器用两个单色器分光，消除杂散光对荧光检测的干扰。激发单色器将光检测器用两个单色器分光，消除杂散光对荧光检测的干扰。激发单色器将光源分光，得到所需要波长的激发光束，发射单色器用于去除干扰荧光和其它杂散光。而用激光为光源时，尤其是可调谐激光器，仅用一个发射单色器即可。用光栅分光能得到较高的信噪比，但其透光效率低，如 f/4 光栅大约仅能透过入射光强度的 0.3%。滤光片具有相对较高的透光效率(>50%)。激光本身有很好的单色性，因此很少采用带通滤光片，采用较多的是剪切式滤光片和空间滤光片。

激光垂直入射到检测池上，消除了由于激光散射产生的背景噪声，提高检测灵敏度。

光检测元器件有光电倍增管、二极管阵列检测器和电荷耦合器件，以光电倍增管的应用最为普遍。三者比较，电荷耦合器件具有较高的量子效率和信噪比，增强型的甚至可以进行单分子检测。通过加和和合并，电荷耦合器件还可以进一步提高信噪比，但价格昂贵限制了它的应用。

与传统的燃烧诊断方法相比，激光燃烧诊断技术具有实时、非接触、高精度、时间和空间分辨率高、对测试对象无干扰、对燃烧环境适应性强等优点，能够精确探测燃烧温度、火焰面结构、火焰中关键性组分的瞬时浓度分布、化学反应区位置、燃料与氧化键的混合过程等，是现代燃烧学的主流测试手段。

三、湍流预混火焰

工业燃烧装置中，燃烧总是发生在湍流流动中。因此湍流火馅是工程实际生产中经常出现的。层流火焰传播速度由混合气的物理化学参数决定。而湍流火焰传播速度则不仅与混合气的物理化学参数有关，还与湍流的流动特性有关。因此湍流火焰与层流火焰有着很大的差别。

1. 湍流火焰与层流火焰的区别

(1) 火焰表面形状

层流火焰有很薄一层光滑整齐而外形清晰的火焰焰锋锥面；但湍流火焰轮廓比较模糊，火焰焰峰面弯曲皱折，闪动，火焰长度也显著地缩短，如图 8-30 所示，同时还伴有一定的噪声。

(2) 火焰前锋厚度

层流火焰前锋很薄(十分之几或百分之几毫米)，湍流火焰前锋相当厚(几个毫米)。

(3) 火焰传播速度

湍流火焰传播速度比层流火焰传播速度大得多(是层流火焰传播速度的好几倍甚至几百倍)；层流火焰传播速度一般不超过 100cm/s，而湍流火焰传播速度可超过 200cm/s。

(4) 火焰面的热量和活性分子向未燃混合气输运

层流火焰是通过热传导和分子扩散使火焰传播下去。而湍流火焰是靠流体的涡团运动来激发和强化，受流体运动状态所支配。

(5) 火焰的燃烧状况

湍流火焰的燃烧不仅在火焰前锋表面进行，还在前锋的背后或燃烧区进行。湍流火焰比层流火焰燃烧更激烈。湍流火焰的燃烧放热率比层流火焰大得多。

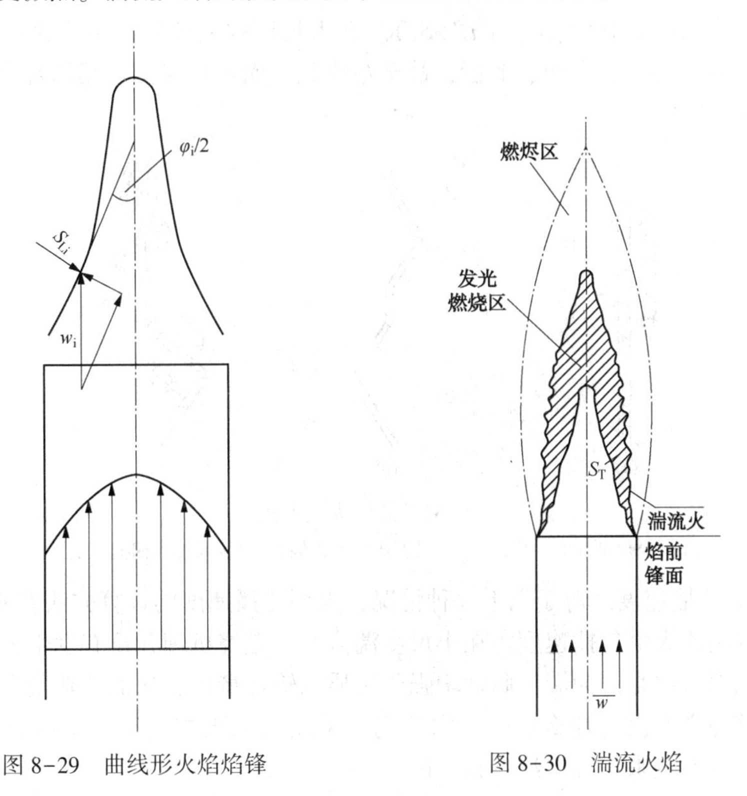

图 8-29　曲线形火焰焰锋　　　　图 8-30　湍流火焰

2. 湍流火焰传播理论

目前对于湍流火焰传播的经典理论有两种：皱折层流火焰的表面燃烧理论与微扩散的容积燃烧理论。

(1) 皱折层流火焰的表面燃烧理论

这种理论认为：湍流火焰传播速度之所以较层流大，主要是由于湍流的脉动作用使平面形层流火焰前锋发生弯曲、皱折变形，增大了已燃气体和未燃气体相接触的焰锋表面积，虽然单位表面积上所燃烧的气体量不变，但单位时间内燃烧的总气体量由于火焰前锋面积增大而增大，但层流火焰前锋的基本结构并不改变。

根据气流脉动情况，一般可分为 3 种火焰传播情况：小尺度湍流火焰、大尺度弱湍流火焰与大尺度强湍流火焰。

① 湍流火焰发生条件及火焰形状

(a) 小尺度湍流火焰($L_T<\delta_L$)。当气流湍流尺度 L_T(即流体微团的平均尺寸)小于层流火焰前锋厚度 δ_L，同时脉动速度 w'小于层流火焰传播速度 S_L时，火焰为小尺度湍流火焰，由于气流的脉动作用可使焰锋外形发生皱折，但因为湍流尺度比焰锋宽度小得多，火焰前锋仍能保持规则的火焰锋面，只不过是边界不再光滑，而变成波浪形，此时火焰面厚度 δ_T略大于层流火焰面厚度 δ_L，如图 8-31 中(a)所示。

(b) 大尺度弱湍流火焰($L_T>\delta_L$且 $w'<S_L$)。这种情况下，流体微团的平均尺寸 L_T大于层流火焰面厚度 δ_L，脉动作用可使火焰焰锋面变得更加弯曲。但由于脉动速度 w'小于层流火

焰传播速度 S_L，脉动的气团不能冲破焰锋面，仍保持一个连续的，但已被扭曲、皱折的层流火焰前锋[如图 8-31 中(b)所示]。此时，火焰传播速度增加是因为湍流脉动使火焰锋面皱折变形面积增加。

(c) 大尺度强湍流火焰($L_T>\delta_L$且 $w'>S_L$)。在大尺度强湍流情况下，火焰焰锋受到强湍流的脉动作用不仅变得更加弯曲、皱折，甚至被撕裂开而不再保持连续的着火面。[如图 8-31 中(c)所示。]

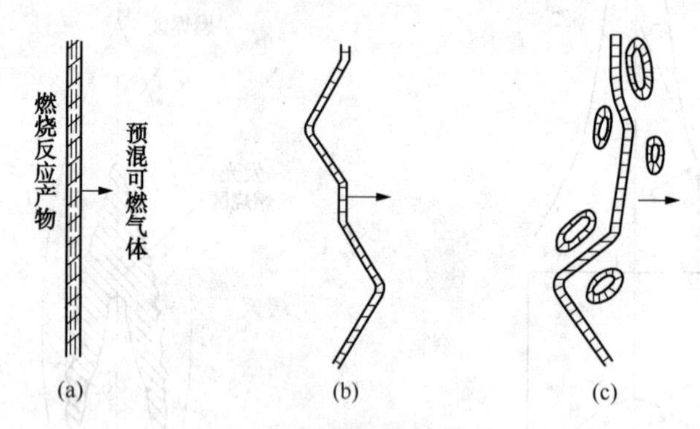

图 8-31　湍流火焰模型

(a)小尺度湍流火焰；(b)大尺度弱湍流火焰；(c)大尺度强湍流火焰

② 湍流火焰传播速度。对于以上 3 种情况，火焰传播速度的计算方法有所不同。

(a) 小尺度湍流火焰传播速度。在小尺度湍流时，燃烧机理并没有发生根本改变。火焰传播速度之所以增大，是因为湍流脉动增强了物质的输运特性，从而使热量和活性粒子的传输加速，而在其他方面没有什么影响，因此仍可采用层流火焰传播速度的计算式(8-65)，只是此时应用湍流参数来代替层流参数，即：

$$S_T \approx \sqrt{\frac{a+a_T}{\tau_m}} = S_L\sqrt{1+\frac{a_T}{a}} \tag{8-74}$$

由此：

$$\frac{S_T}{S_L} \approx \sqrt{1+\frac{a_T}{a}} = \sqrt{1+\frac{w'L_T}{a}} \tag{8-75}$$

式中　a——分子热扩散系数；

a_T——湍流扩散系数，且 $a_T=w'L_T$。

上式表明在小尺度湍流情况下，火焰传播速度不仅取决于可燃混合气的化学物理参数(通过 S_L的综合影响)，而且还取决于流体运动的湍流程度(w'和 L_T)，即与气流流速有关。

(b) 大尺度弱湍流火焰传播速度。大尺度弱湍流下，火焰传播速度增加是因为湍流脉动使火焰锋面皱折变形面积增加。火焰传播速度增加的倍数应等于因气流脉动使火焰前锋面积增加的倍数，即：

$$\frac{S_T}{S_L} = \frac{F_T}{F_L} \tag{8-76}$$

谢尔金在计算弯曲皱折层流焰锋的表面积时，他认为在大尺度湍流情况下，弯曲变形的火焰焰锋面积是由许多锥体表面积的总和组成的(图 8-32)。在此假设下，锥体的底面积可认为是层流火焰前锋的面积，锥体的侧表面积可认为是由于湍流脉动形成的皱折变形的火焰前锋面积。由此根据几何关系，可得到下列关系式：

$$\frac{F_T}{F_L}=\frac{\pi r\sqrt{h^2+r^2}}{\pi r^2}=\sqrt{1+\left(\frac{h}{r}\right)^2} \tag{8-77}$$

式中　h——锥体的高度；

　　r——锥体的半径。

因为锥体的底是由脉动的气团所构成，所以它的大小(半径)与湍流尺度成比例，可取 $r\propto L_T$。根据前述，气团在其表面上的燃烧速度为 S_L，气团在时间 τ 内以速度 w'运动，则锥体的高度为：

$$h\propto w'\tau=w'\frac{L_T}{S_L} \tag{8-78}$$

又知锥体的高度 h 在数量上相当于湍流火焰燃烧区的宽度，即 $h\propto\delta_T\propto w'\frac{L_T}{S_L}$，则：

$$\left(\frac{h}{r}\right)^2\approx\left(\frac{w'L_T}{S_L}\Big/\frac{L_T}{2}\right)^2=\left(\frac{2w'}{S_L}\right)^2 \tag{8-79}$$

于是：

$$\frac{S_T}{S_L}=\frac{F_T}{F_L}=\sqrt{1+\left(\frac{h}{r}\right)^2}\approx\sqrt{1+\left(\frac{2w'}{S_L}\right)^2} \tag{8-80}$$

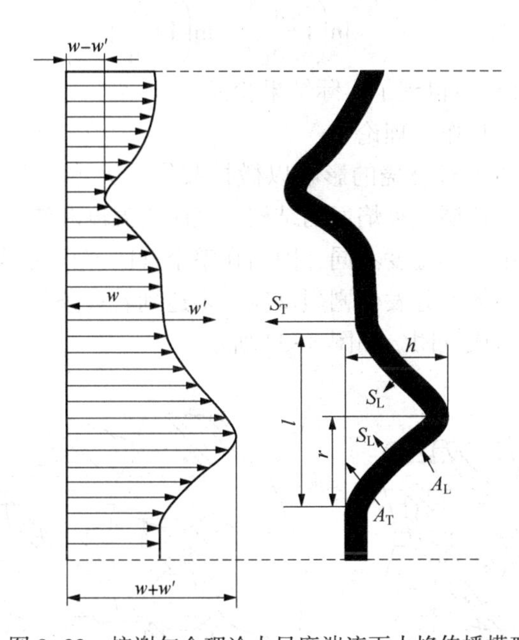

图 8-32　按谢尔金理论大尺度湍流下火焰传播模型

(c) 大尺度强湍流火焰传播速度。大尺度强湍流下，形成的燃烧气团有可能跃出焰锋面而进入未燃新鲜混合气流中，而脉动的新鲜混合气团也可能窜入到火焰区中进行燃烧。由于这样的相互掺混，使得火焰传播速度增加。此时进入燃烧区的新鲜混合气团既在其表面上进行湍流燃烧又在气流中进行扩散直至气团烧完。所以，火焰的传播是通过这些火焰团的燃烧来实现的。由此，湍流火焰传播速度为湍流气团的扩散速度 S_D 和层流火焰传播速度 S_L 之和，即

$$S_T=S_D+S_L \tag{8-81}$$

其中，湍流气团的扩散速度 S_D 为：

$$S_D=\frac{\sqrt{x_i^2}}{\tau_b}=\frac{\sqrt{2w'L_{la}\tau_b}}{\tau_b}=\sqrt{\frac{2w'L_{la}}{\tau_b}} \tag{8-82}$$

式中 $\sqrt{x_i^2}$——湍流的平均扩散位移；

τ_b——气团燃烧完所需时间；

L_{la}——拉格朗日湍流混合长度。

达朗托夫认为：当气团在初始尺寸 L_0 时开始燃烧，火焰向气团内部传播速度为 $S_M=S_L+w'$。但随着燃烧过程中气团尺寸不断缩小，火焰焰锋面的相对皱折面积的增量就越来越小，于是达朗托夫就假设火焰向气团内部传播的速度随气团中未燃部分的尺寸 L 的变化呈线性关系。

设：

$$L_{la}=A^2L_0 \tag{8-83}$$

式中 A——实验系数，一般接近于 1。

推得：

$$\tau_b=\frac{L_0}{w'}\ln\left(1+\frac{w'}{S_L}\right) \tag{8-84}$$

$$S_T=S_L+\frac{\sqrt{2}Aw'}{\ln\left(1+\frac{w'}{S_L}\right)}\approx\frac{\sqrt{2}Aw'}{\ln\left(1+\frac{w'}{S_L}\right)} \tag{8-85}$$

由式(8-85)计算出的 S_T 值得到了实际结果验证。

(2) 湍流火焰传播的容积燃烧理论

容积燃烧理论认为：湍流对燃烧的影响以微扩散作用为主。由于微扩散进行得极其迅速，以致在气团中不可能维持层流火焰面的结构。气团内温度和浓度分布在其存在时间内是均匀的，但不同的气团中浓度和温度不同，因而在整个气团容积内所进行的化学反应程度也不同：达到着火条件的就整体一起发生剧烈反应；未达到着火条件的就不断地向周围做脉动扩散而消失，并形成新的组成气团。如图 8-33 所示。

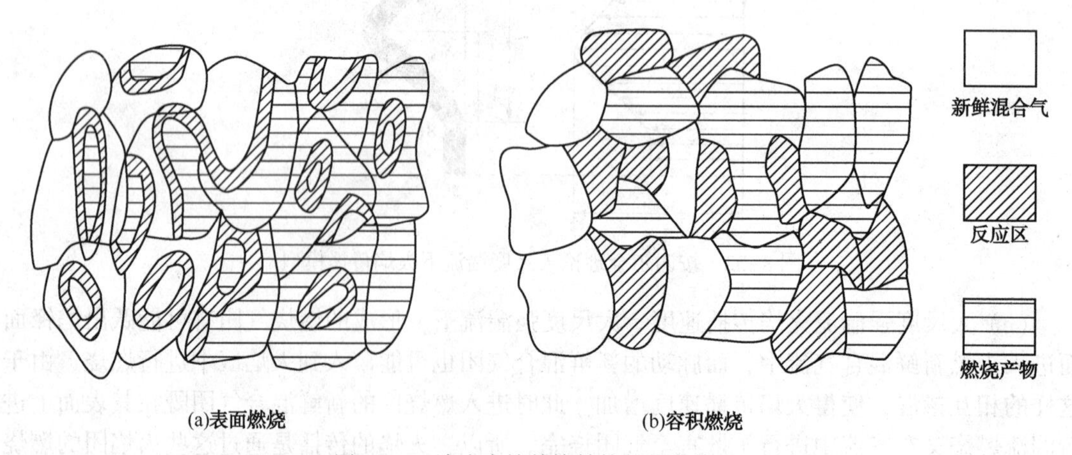

图 8-33 湍流火焰前锋结构的两种模型

由层流火焰实验数据，得：

$$\frac{S_L\delta_L}{\nu}\approx 10 \tag{8-86}$$

索莫菲尔德提出“相似假设方程”，认为层流和湍流焰锋相似，即：

$$\frac{S_T\delta_T}{D_T}=\frac{S_L\delta_L}{\nu}\approx 10 \tag{8-87}$$

其中

$$D_T=\frac{\lambda_T}{\rho c_p} \tag{8-88}$$

$$\nu=\frac{\lambda_L}{\rho c_p} \tag{8-89}$$

式中　D_T——湍流扩散系数；

ν——分子运动黏度；

λ_L、λ_T——层流和湍流时的导热系数。

3. 湍流火焰传播速度影响因素

(1) 脉动速度 w' 和 S_L

根据达朗托夫实验得出湍流火焰传播速度 S_T 与脉动速度 w' 和层流火焰传播速度 S_L 的关系为：

$$S_T=S_L+5.3\,(w')^{0.6\sim0.7}\,(S_L)^{0.3\sim0.4} \tag{8-90}$$

其他实验也可得出类似上述的经验公式，只是比例系数和幂指数不同。各实验之间数量上的差别至今尚无法解释。总之，随着 w' 和 S_L 的增大而增大。

(2) 湍流尺度

由前述理论分析和实验得出，在大尺度湍流下，湍流尺度与 S_T 无关。

(3) 过量空气系数

过量空气系数 α 对 w' 没有影响，主要是对 S_L 的影响，进而影响 S_T。S_T 的最大值一般位于 $\alpha=1$ 时，且随着气流雷诺数的增大向着富燃料方向转移。

(4) 温度

温度在很大范围内对 w' 无影响，主要是对 S_L 的影响，进而影响 S_T。随着温度的提高，S_T 增大。

(5) 压力

压力对 w' 和 S_L 都有影响，进而影响 S_T。由实验得，在大气压力下，$S_L\propto p^{-0.3}$，$w'\propto p^{0.34}$。而 $S_T\propto(S_L)^{0.4}(w')^{0.6}$，则：

$$S_T\propto(p^{-0.3})^{0.4}(p^{0.34})^{0.6}=p^{0.8} \tag{8-91}$$

所以随着压力的下降，S_T 减小。

第四节　气体燃料扩散火焰

所谓气体扩散燃烧是指气体燃料和空气在进入燃烧室之前不进行混合，各自由燃烧器喷嘴喷出后在燃烧室内边混合边燃烧。

在扩散燃烧中，燃烧所需的氧气是依靠空气扩散获得。扩散火焰产生在燃料与氧化剂的交界面上。燃料与氧化剂分别从火焰两侧扩散到交界面，而燃烧所产生的燃烧产物则向火焰两侧扩散。所以，对扩散火焰来说，不存在火焰传播现象。

一、扩散燃烧火焰类型

1. 按照燃料和空气的供入方式

(1) 自由射流扩散火焰

气体燃料从燃烧器喷嘴喷向大空间的静止空气中，形成燃料射流的界面，火焰产生于燃料射流的界面上。如图 8-34(a)所示。

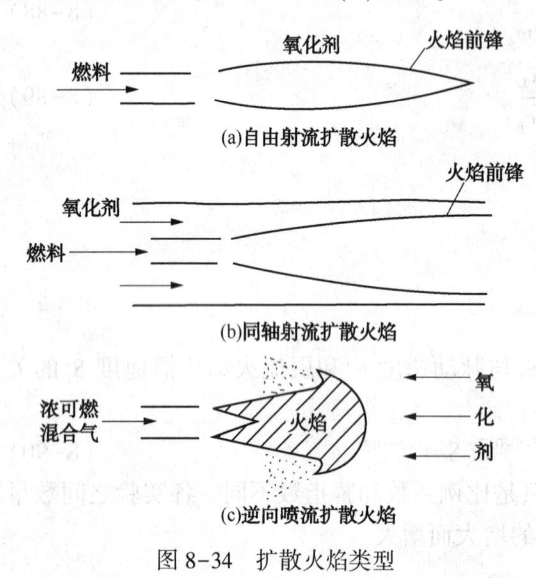

图 8-34　扩散火焰类型

(2) 同轴射流扩散火焰

气体燃料和空气流从同轴的燃烧器喷嘴中喷出，形成燃料射流和空气流的混合界面，火焰产生于燃料流和空气流的交界面上。如图 8-34(b)所示。

(3) 逆向喷流扩散火焰

气体燃料和空气流相向从喷嘴中喷出，火焰产生于燃料流和空气流的对冲交界面上。如图 8-34(c)所示。

2. 按照射流流动的状况

(1) 层流射流扩散火焰

燃料与空气的混合过程以分子扩散的方式实现。

(2) 湍流射流扩散火焰

燃料与空气的混合过程以气团扩散的方式实现。

3. 按照喷燃器口径的形状

(1) 平面射流火焰

燃料通过无限长的狭缝流出。

(2) 圆形射流火焰

燃料通过圆形孔流出。

二、层流扩散火焰

1. 层流扩散火焰结构

层流扩散燃烧的火焰结构如图 8-35 所示。气体燃料由直径为 d_0的喷嘴流出，与周围空气进行分子间扩散，完成两者间的混合，在两者混合的交界面上燃烧形成火焰。如果空气量过多，则燃烧后剩余的空气必然要继续向火焰前锋内侧扩散，并与内侧的燃料混合燃烧，使火焰前锋内移；相反，如果空气量过少，则未燃尽的燃料要继续向外侧扩散，与外侧的空气混合燃烧，火焰前锋外移。因此，只有燃料与空气按化学当量比进行反应时，火焰前锋才稳定。由此可知，火焰外侧只有氧气和燃烧产物，没有燃料，为氧化区；内侧只有燃料与燃烧产物，没有氧气(空气)，为还原区。

研究表明层流扩散火焰面具有以下特点：

① 在火焰前锋上，过量空气系数等于 1。

② 层流扩散火焰分为四个区域，即ⓐ纯燃料区；ⓑ燃料加燃烧产物区；ⓒ空气加燃烧产物区；ⓓ纯空气区。

③ 火焰前锋的厚度很薄，在理想的扩散火焰中可以把它看成为一个表面厚度为零的几何表面。该表面对氧气和燃料都是不可渗透的，它的一边只有氧气，而其另一边却只有燃料。所以层流扩散火焰焰锋的外形只取决于分子扩散的条件而与化学动力学无关。在该表面上可燃气体向外扩散的速度与氧气向里扩散的速度之比应等于完全燃烧时物质的量的比。

④ 由于燃烧区内化学反应速率非常大，因此，到达燃烧区的可燃混合气体实际上在瞬刻间就燃尽，此时在燃烧区内它们的浓度为零，而燃烧产物的浓度与温度则达到最大值。因此在火焰前锋上，燃料和氧气的浓度最小(为零)，燃烧产物的浓度与温度均达到最大值，同时燃烧产物向火焰两侧进行扩散。

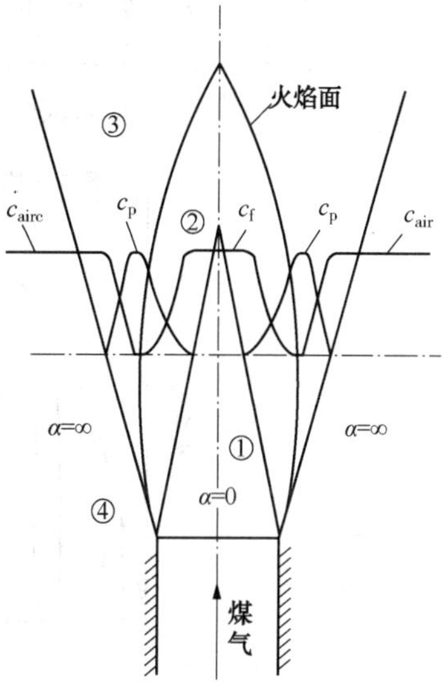

图 8-35　扩散火焰结构

c_{air}—空气浓度；c_f—燃料浓度；c_p—产物浓度

2. *层流扩散火焰长度*

根据对射流的动量方程和能量方程的近似求解，可得层流扩散火焰高度为：

$$L_c = \frac{wd^2}{4D} \tag{8-92}$$

式中　L_c——层流扩散火焰长度，m；

w——燃料气流流动速度，m/s；

d——燃烧器喷嘴直径，m；

D——燃料扩散系数，m^2/s。

由式(8-92)可知，扩散火焰的长度与燃烧器管径 d 的平方和燃料流速 w 成正比，与燃料的扩散系数 D 成反比。当燃料成分一定时，扩散系数 D 为定值，L_c 主要取决于体积流量；若流量一定，L_c 与喷口直径 d 和燃料流速 w 无关。若流速一定，L_c 随喷口直径 d 的增加而增加；若直径一定，L_c 随燃料流速 w 的增加而增加。

三、湍流扩散火焰

1. *湍流扩散火焰结构*

当气体的流态从层流转变为湍流时，燃料与空气的扩散过程则由分子扩散变为气团扩散，于是层流扩散燃烧也转变为湍流扩散燃烧。两者之间进行转换的临界雷诺数 Re_c 约为 2000~10000。Re_c 的取值与气体的黏度和温度有很大关系。绝热温度较高的火焰转变为湍流的 Re_c 也较高。比如，一些可燃气在空气中的湍流火焰的 Re_c 的取值就明显不同，氢气：2000；城市煤气：3300~3800；一氧化碳：4800~5000；丙烷：8800~11000；乙炔：8800~11000；混入一次风的氢气混合物：5500~8500；混入一次风的城市煤气混合物：6400~9200。

图 8-36 显示了火焰形状和长度随喷嘴处燃料速度(保持管径不变)的变化。在层流区，火焰面清晰、光滑和稳定，火焰长度几乎同流速(或雷诺数)成正比。在过渡区，火焰末端出现局部湍流，焰面明显起皱，并随着燃料流出速度的增加，火焰端部的湍流区长度增加，或由层流转变为湍流的“转变点”逐渐向喷嘴移动，而火焰的总长度则明显降低。到达湍流

区之后，火焰总长度几乎与燃料流出速度无关，而“转变点”与管口间的距离则随流速增加略有缩短。这时几乎整个火焰面严重相皱，火焰亮度明显降低，并出现明显的燃烧噪声。当流速增加到某一值时，火焰被吹离喷口而熄灭。

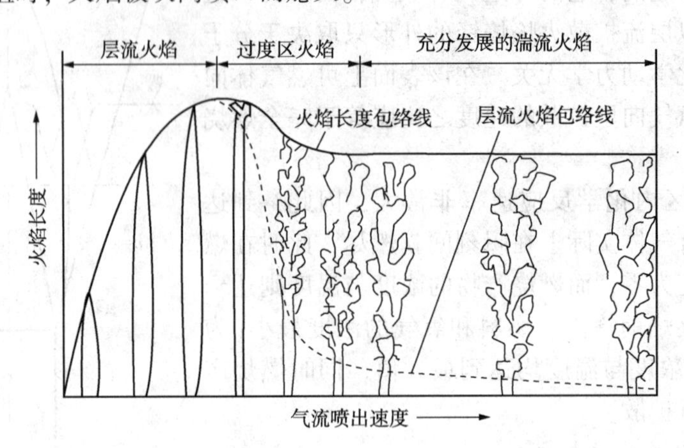

图 8-36　火焰的形状及长度随燃料流速增加的连续变化

2. 湍流扩散火焰长度

在湍流时，扩散火焰长度相对层流时要缩短。湍流扩散火焰长度也可按式(8-92)来确定，只是此时扩散系数 D 是湍流扩散系数 D_t。由于湍流扩散系数 D_t 与湍流强度 ε 和湍流尺度 L_T 的乘积成正比，即 $D_t \propto \varepsilon L_T$，而湍流尺度 L_T 正比于管子直径 d；湍流强度 ε 正比于平均流速 w。

则根据式(8-92)可得湍流扩散火焰长度为：

$$L_t \propto \frac{wd^2}{D_t} \propto \frac{wd^2}{\varepsilon L_T} \propto \frac{wd^2}{wd} = d \tag{8-93}$$

由此可知，湍流扩散火焰长度主要取决于喷口直径 d，而与燃料的流速 w 无关。喷口直径 d 增大，火焰长度增加，这是因为：若流量一定，减小流速，混合减弱，火焰变长；若流速一定，体积流量增加，混合时间和路程延长，火焰变长。此外，湍流扩散火焰长度还与燃料的性质有关。发热量越高的燃料，理论空气量越大，火焰越长。

不论气体的流动是层流还是湍流，扩散火焰长度很大程度上取决于气体的空气动力特性和混合过程的物理因素，燃料与空气的混合条件越好，火焰越短，燃烧效率越高。

四、预混燃烧和扩散燃烧对比

1. 预混燃烧的特点

① 燃烧速度快，完全取决于燃料氧化化学反应的进行速率，通常称此类燃烧方式为动力燃烧，能在较少的过量空气系数下(通常 1.05~1.10)达到完全燃烧；

② 燃烧温度高，容积热强度大，比有焰燃烧大 100~10000 倍；

③ 高温区较集中；

④ 燃烧速度快，燃料中碳氢化合物来不及分解产生炭黑，火焰黑度比扩散燃烧小；

⑤ 空气和燃料的预热温度不能超过混合气体的着火温度；

⑥ 为防止回火和爆炸，燃烧器能力不能太大。

2. 扩散燃烧的特点

① 燃烧速度主要取决于燃料与空气的混合速度，与可燃气体的物化性质有关。燃烧速

度较预混燃烧慢、燃烧温度低、火焰长、燃烧强度低、易产生不完全燃烧；

② 燃烧器能力范围较大；

③ 火焰稳定性较好，无回火；

④ 火焰中容易生成较多的固体碳粒(炭黑)，火焰黑度较大；

⑤ 允许燃料和空气预热到较高的温度而不受着火温度的限制；

⑥ 无火焰传播现象。

第五节　火焰稳定原理与方法

作为一个燃烧装置来说，不但要保证燃料在其中能进行着火燃烧，而且还要求着火后的燃烧具有稳定的燃烧过程。不能出现火焰时断时续。

一、火焰稳定与不稳定现象

如前所述，设在如图 8-37 所示的管道中，新鲜可燃混合气以等速度 w 向前运动，火焰传播速度 S_L。火焰前锋相对管壁的相对位移有 3 种可能情况：

① 当 $|S_L|=|w|$，则所形成的火焰前锋就会稳定在管道内某一位置上，火焰前锋驻定不动。如图 8-37(a)所示。

② $|S_L|>|w|$，火焰前锋位置就会向着可燃混合气的上游移动，如图 8-37(b)所示。这种情况叫做“回火”。

③ $|S_L|<|w|$，火焰前锋位置就会向着可燃混合气的下游移动而被气流吹走，如图 8-37(c)所示。这种情况叫做“脱火”。

正常燃烧的前提是火焰稳定，回火和脱火是两种典型的不稳定燃烧工况，在工程燃烧中应严格控制发生这两种情况。

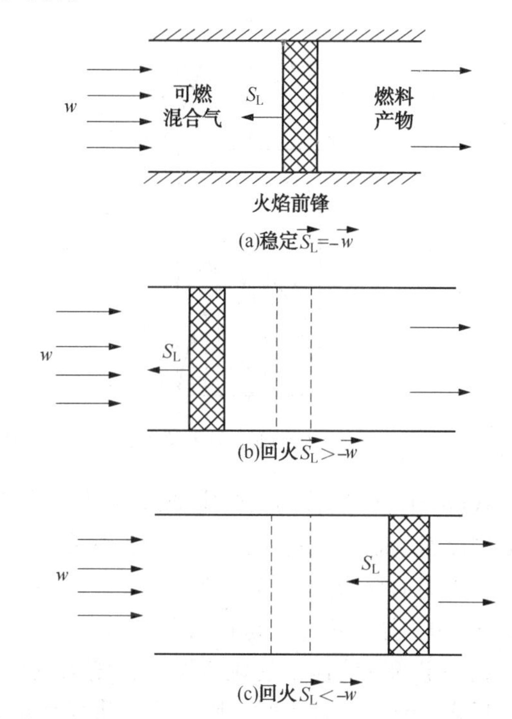

图 8-37　等速流动中可燃混合气流中的火焰传播

二、火焰稳定的基本条件

上述分析中，若管道内新鲜可燃混合气的流速是均匀相等的，则此时火焰前锋面是一平面型焰锋。然而，实际上，管内流速是呈抛物面分布的，其火焰面应是圆锥形曲线焰锋面，如图 8-38 所示。在这种情况下，在圆锥形火焰焰锋面上取一微元段 ab，如图 8-39 所示。由于该微元段很小，可以认为是一直线段，如图 8-40 所示。新鲜混合气流以 w 流速由喷嘴喷出，气流流动方向与焰锋表面 a-b 的法线方向成 φ 角。现把此新鲜混合气流速度 w 分解成一个平行焰锋表面的切向分速 w_T，一个垂直于焰锋表面的法向分速 w_n。为了维持该段焰锋面的稳定，使其在空间中位置不动，就要设法平衡速度分量 w_T 和 w_n，如前所述，平衡速度分量 w_n 的应是火焰传播速度 S_L，即：

$$|S_L|=|w_n| \text{ 或 } |S_L|=|w\cos\varphi| \tag{8-94}$$

这样火焰焰锋表面就不在 N-N 方向发生移动。因此，它是使火焰前锋稳定存在的第一个条件，即火焰传播速度 S_L应与垂直于焰锋表面的气流法向分速相平衡。

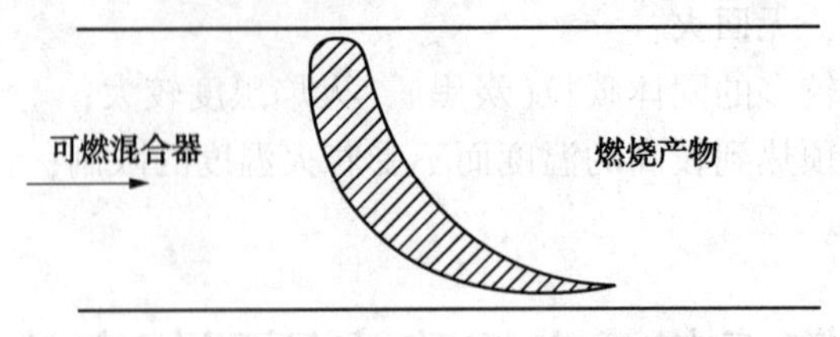

图 8-38　管内传播的火焰前锋实际形状

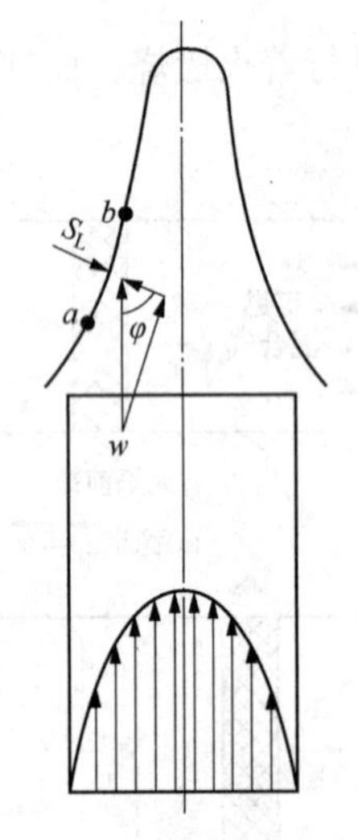

图 8-39　圆锥形火焰前锋

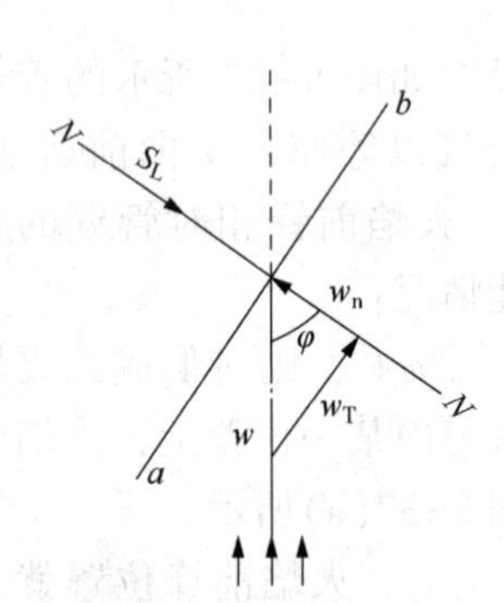

图 8-40　气流速度在微元焰锋面上的分量

式(8-94)一般称为余弦定律或米赫尔松余弦定律。它表达了层流火焰传播速度与迎面来流气流速度在火焰稳定情况下的平衡关系。另外，式中 φ 的变化范围为 $0°\leqslant\varphi<90°$。$\varphi=0°$时，火焰前锋为平面形焰锋，当 $\varphi=90°$时，焰锋表面平行于气流流动方向，且火焰传播速度 $S_L=0$，显然不存在这种情况。

在一定的气流速度变化范围内，随着气流流速的增大，火焰的焰锋就会变得越来越狭长；反之，当流速减小时，则焰锋就将变得短而宽，如图 8-41 所示。所以在设计燃烧装置时就需考虑到该两者之间关系，免得火焰过长或过短，不利于装置的正常运行。

焰锋位置除了受气流法向速度的影响，还受切向速度的影响。如图 8-41 所示，切向速度 w_T促使焰锋上质点顺着表面 a-b 方向从 a 点移向 b 点。因此，为了保证火焰前锋的稳定存在，必须有另一质点从焰锋的前部补充到 a 点位置。这在远离火焰焰锋根部的表面上是不成问题的。但是在接近火焰根部的焰锋表面处，若没有一个固定点火源存在，则被移走的炽热质点位置上就不会有另一炽热质点从焰锋的前部来补充。此时根部的质点就将被气流带走，从而火焰也就会随气流被吹走，如图 8-42 所示。

为了避免火焰被吹走，在火焰根部必须具备一固定点火源，不断地点燃根部附近新鲜混合气，以补充在根部被气流带走的质点。显然，这个点火源还应具有足够的强度(能量)，否则仍不能稳定焰锋。

综上，为保证气流中的火焰稳定，必须具备两个基本条件：

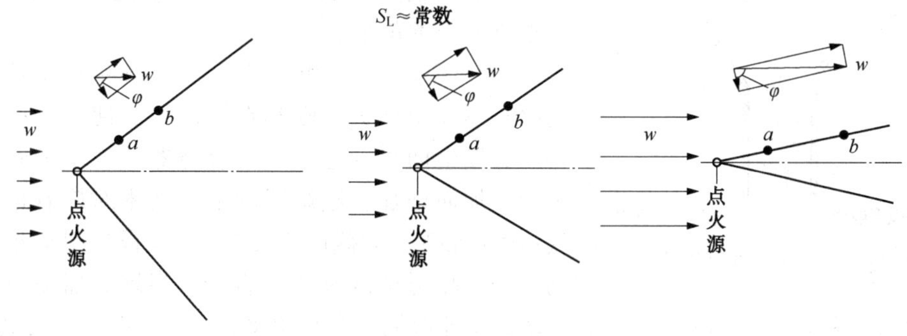

图 8-41　火焰前锋形状与气流速度的关系

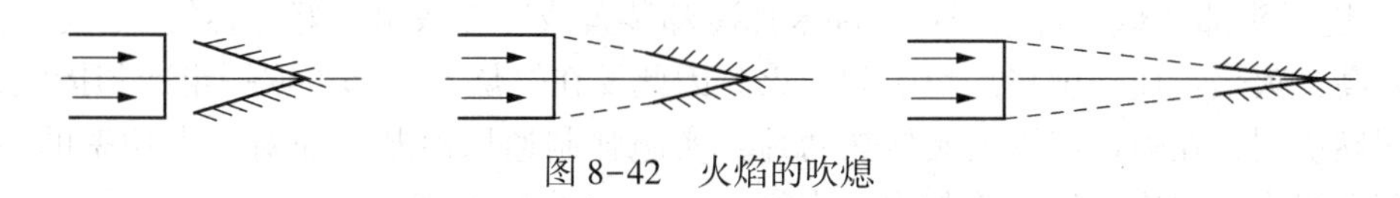

图 8-42　火焰的吹熄

① 火焰传播速度 S_L应与焰锋表面的气流法向分速相等，即满足式(8-94)所示的余弦定理；

② 在火焰根部必须有一个固定的点火源，且该点火源具有足够的强度。

三、火焰稳定方法

(1) 回火的基本特征

回火主要发生在气体的预混燃烧中，是预混燃烧中的特有现象。回火通常是瞬态的，发生在燃料气流减小或关闭时。当局部火焰速度超过局部气流速度时，火焰会通过管子或喷口逆向传播；当燃料气流停止时，火焰会通过任何比熄火距离大的管子或喷口而发生回火。回火不仅有害，还存在安全性问题。回火破坏了空气的吸收，造成不完全燃烧，影响燃烧的稳定工作，同时还会引起爆鸣和噪音。若在燃烧器混合管内燃烧，有可能把钢制混合装置烧的变形，铸铁混合装置炸出裂缝。当几个燃烧器共用一个混合器，且燃空混合物管道容积又很大时，若回火就有可能发生爆炸。

(2) 脱火的基本特征

脱火不仅存在于预混气体燃烧中，而且在气相扩散燃烧、燃油雾化燃烧和煤粉燃烧中都存在。

将式(8-94)改写为 $\varphi=\arccos\left(\frac{|S_L|}{|w|}\right)$，由此，当气流速度增大时，火焰面与主气流的夹角随之增大；但当接近 90°而仍无法满足式(8-94)要求时，火焰将跳离到距燃烧器喷口较远的位置，这样火焰被吹脱，出现脱火现象。

(3) 防止回火的主要方法

防止回火的主要方法是确保可燃混合气的喷出速度不能过低。为此可以采取以下具体措施：

① 采用收缩喷口。燃烧器喷口采用收缩喷口可以提高可燃混合气的平均速度，使预混气体在燃烧室入口处的速度分布均匀。为此可将喷头制成收敛形，且表面光滑。图 8-43 给出了两种收缩喷口形式，其中(a)的内表面为两段圆弧相切连接，阻力较小，但加工有难

度；(b)为圆锥形收缩，加工简单，但阻力大。一般收缩喷口的半锥角小于60°。

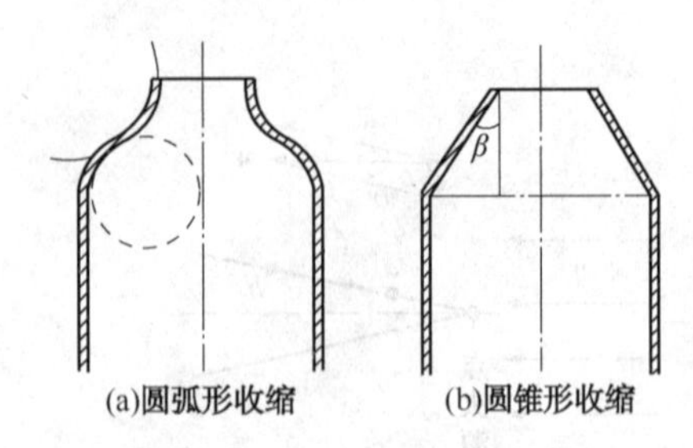

图 8-43　收缩式预混燃烧喷口

② 合理确定喷口的设计流速。如果燃烧器在最小功率时不发生回火，则其在燃烧器的使用功率范围内将不会发生回火，这是因为燃烧器的功率随着燃气流量的增加而增加，燃烧器的最小功率对应着最低的燃气流速(保持喷嘴截面不变)。所以设计时应根据最小功率确定喷射速度和喷口直径。当燃烧器喷口截面较大时，其火焰稳定范围较窄，可将大功率燃烧器改用几个小功率燃烧器，以加大火焰稳定范围，防止回火。

③ 燃烧器头部冷却。若燃烧器头部未加冷却装置或冷却效果不好，燃气-空气混合物温度将会升高，火焰传播速度将加快引起回火。因此要在燃烧器头部采取一定冷却措施，如对于小功率燃烧器，在喷口四周安装散热肋片，实施强制通风冷却，而对于大功率的燃烧器，在其头部设置水套，通入循环冷却水，实行水冷。如图 8-44 所示。

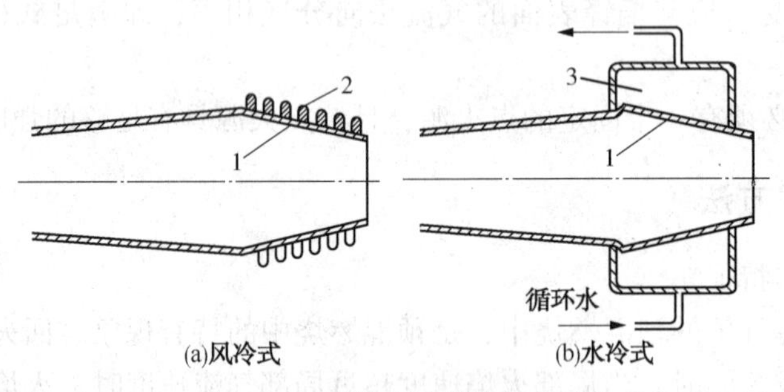

图 8-44　燃烧器头部冷却方式

1—燃烧器头部；2—散热肋片；3—水套

④ 安装阻火器。阻火器内装有空隙很小的材料，当火焰经过时，材料的冷却效应使火焰区的热损失突然增大，以致使火焰熄灭，燃烧终止。阻火器一般安装在容易发生漏气部位的上游。常用的阻火器有金属网式、砾石式、波纹金属片式等，如图 8-45 所示。

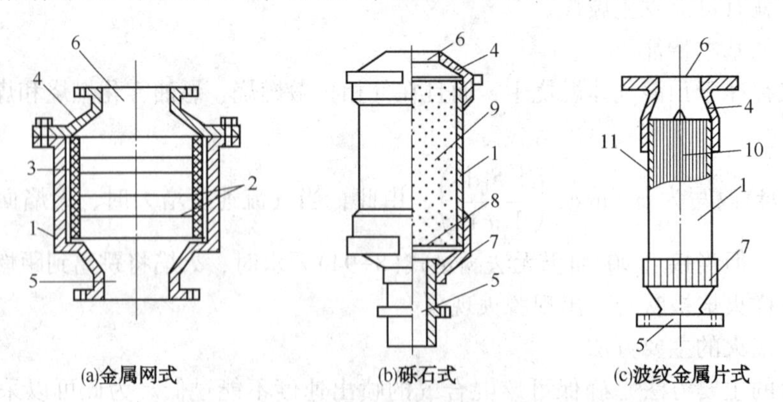

图 8-45　常用阻火器结构示意

1—外壳；2—金属网；3—垫圈；4—上盖；5—进口；6—出口；
7—下盖；8—网格；9—砾粒；10—轴芯；11—绕在轴芯上的波纹金属片

金属网式阻火器中一般设置 4~6 层金属丝网，这些金属丝网通常用直径为 0.4~0.6mm

的铜丝编成，网孔数为210~250个/cm^2。为保险起见，多数阻火器的金属网不少于10层。

砾石式阻火器采用砾粒、玻璃球、铜屑、不锈钢屑等作为填料，使阻火器形成很小的间隙，其阻火效果比金属网式好，但气体流动阻力较大。一般在直径为150mm的阻火器中加入100mm厚的砾石层，即可对各种火焰起到阻火作用。

波纹金属片式阻火器的阻火材料是用平板和波纹板并行叠放或卷制而成的。采用波纹板并行叠放的布置形式时，阻火器呈方箱形状。此时，两块波纹板之间形成许多具有相当深度的三角形小孔，火焰很难穿过这么深的小孔，从而达到阻火目的。波纹板和平板的材料一般为铝、铜或不锈钢，板材厚度为0.2~0.5mm。

⑤ 设置清除污垢装置。燃烧含有杂物的气体燃料时，应设有清除污垢的装置，避免破坏局部流场。

(4) 防止脱火的主要方法

防止脱火的关键是要保证燃烧器出口附近有一个稳定的点火源。为此工程上通常采取以下具体措施。

① 利用引燃火焰(或称值班火焰)。在高速可燃混合气气流附近布置一稳定的、流速较低的小火焰，使燃烧器喷口喷出的可燃主气流不间断地被小火焰点燃，从而稳定主火焰。该引燃火焰的流速可为主火焰流速的十分之一，燃烧量为主火焰的20%~30%。

利用引燃火焰来维持高速气流中火焰的稳定原理可认为把炽热的燃气流射入与其流速不同的、冷的新鲜可燃混合气流中，在两股气流的边界处，进行强烈的热量和质量交换，使冷的未燃混合气温度升高，反应速率加快，而达到着火燃烧。

图8-46所示为利用引燃火焰稳定主火焰的几种典型方法。由上面的机理分析可知，要成功地稳定高速气流火焰，引燃火焰必须达到一定的燃烧量，获得足够的炽热气流，以保证引燃火焰与主气流之间热、质交换的强度。图8-46(b)所示的喷嘴采用从直焰孔侧壁中间开分支孔的方法，分出引燃气流，在主气流根部形成引燃火焰。如果分支孔不够大，则引燃火焰的燃烧量不足，就可能不能稳定火焰。

图8-46(c)和(d)所示的喷嘴结构火焰稳定效果较好，其中(c)为缩口式，(d)为直筒式。该烧嘴将主焰孔做成喷头型，使引燃火焰燃烧量达到主火焰的20%~30%。同时，将引燃火焰孔设计成倾斜状，使其喷射在喷嘴管壁上，以大大降低喷出速度，提高引燃火焰的稳定性，扩大引燃火焰的燃烧范围。可以认为，引燃火焰燃烧量大、稳定性好的烧嘴，其火焰的稳定性最好。比较(c)、(d)(主焰孔相等，而喷嘴头部焰孔直径不等，$D''>D'$)可知，焰孔直径大的直筒式喷嘴头部引燃火焰的燃烧量较大，喷嘴头部焰孔壁附近的喷出速度低，因此火焰稳定性较好。

② 利用钝体。钝体是不良流线体。由流体力学可知，当高速流体绕流钝体时，由于气体的黏性力作用，将钝体后的隐蔽区气流带走，形成局部低压区，使钝体下游部分气流在压差作用下，以主气流相反的流动方向流向隐蔽区，这样产生了回流。利用钝体稳定火焰就是靠形成稳定的回流区来实现的。利用回流区中高温燃气的回流自动地提供点燃新鲜可燃混合气所必需的能量。

在燃烧技术中，凡用来稳定火焰的物体(或装置)一般通称为“火焰稳定器”，例如钝体就是火焰稳定器的一种结构型式。钝体火焰稳定器可以是圆棒、圆盘、圆球、平板以及圆锥体或V形槽等物体。图8-47为几种常见的火焰稳定器的结构形式。

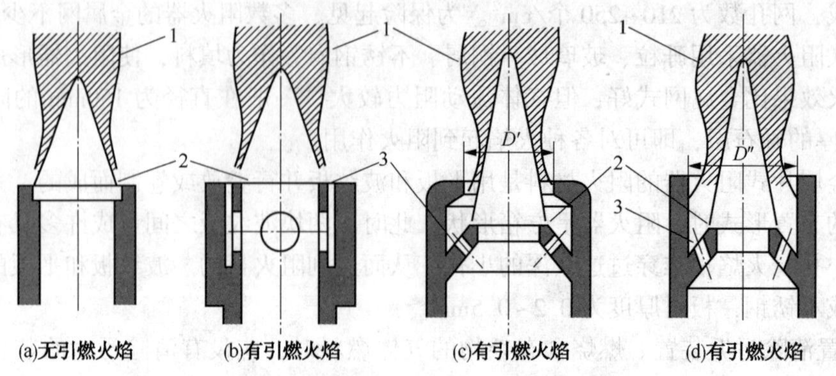

图 8-46 利用引燃火焰稳定主火焰典型方法

1—主火焰；2—主焰孔；3—引燃焰孔

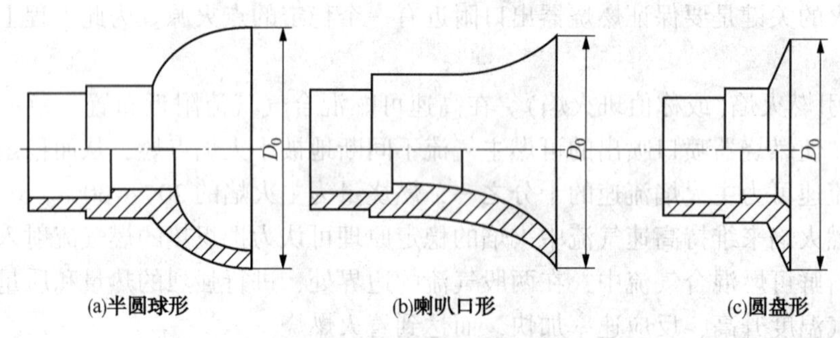

图 8-47 几种常见的火焰稳定器

③ 利用旋转射流。燃料流或空气流在离开燃烧器喷口前作旋转运动，在气流由喷口喷出后边旋转边向前运动，形成旋转射流。旋转射流可通过各种形式的旋流器产生。气流在旋流器的作用下作螺旋运动，它一旦离开燃烧器由喷口喷射出去，由于离心力的作用，不仅具有轴向速度，而且还具有使气流扩散的切向速度。如图 8-48 所示。

旋转射流在燃烧设备中得到了广泛的应用，这不仅是因为它具有较大的喷射扩张角，使得射程较短，可在较窄的炉膛或燃烧室深度中完成燃烧过程，而且在强旋转射流内部形成一个回流区。因此，旋转射流不但可从射流外侧卷吸周围介质，还能从回流区卷吸高温烟气回流至火焰根部，保证燃料及时、顺利地着火和稳定燃烧。

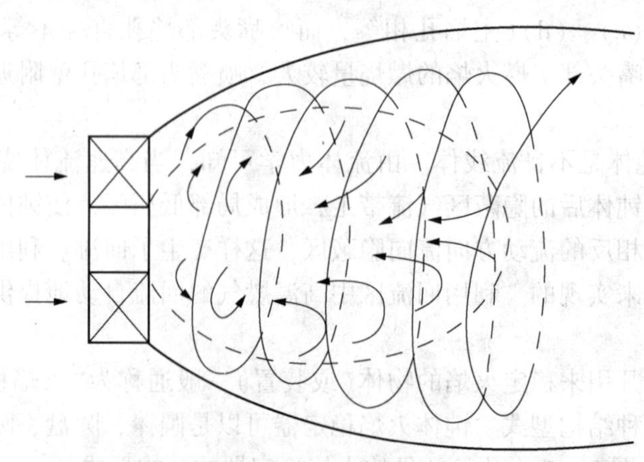

图 8-48 利用叶片式旋流器产生的旋转射流

④ 利用逆向喷流。在高速气流中逆向喷入另一股高速射流，如图 8-49 所示。当两股方向相反的高速射流相迎后，会产生特殊的环流区与回流区的气流结构，同样能保证火焰的稳定性。如煤粉锅炉中，一次风燃料流呈直流射流喷入炉膛，二次风喷口在一定轴向距离处沿切向布置，沿炉膛中心线上反向布置反吹射流喷嘴，且喷口位置可调节，反吹射流风速可达 60~70m/s。两股气流相迎，动量较少的一股逆问喷流的动能逐渐消失而形成一个局部滞止区。在这个滞止区内，湍流火焰稳定下来。由于反吹射流强烈的卷吸作用，炉膛中心的高温烟气随着反吹射流一起倒流，形成中心回流区，该回流区可看作是滞止区。这个局部滞止区一般是在逆向喷流管下游段距离处，该距离的长短由主气流和逆向喷流的相对速度而定。局部滞止区和逆向喷流管口之间存在着环流区和回流区，主气流来的可燃混合气、逆向喷流管来的气流和由环流带来的高温燃气，在此进行强烈混合，组成易于燃烧的混合气成分。当起动点火后，这里就产生引燃火焰，由此火焰依次向外传播而波及整个燃烧室，以后则由环流作用将部分已燃高温燃气带回，保证在该处混合气不断被点燃，以维持一稳定的引燃火焰，使主混合气流获得稳定的燃烧。

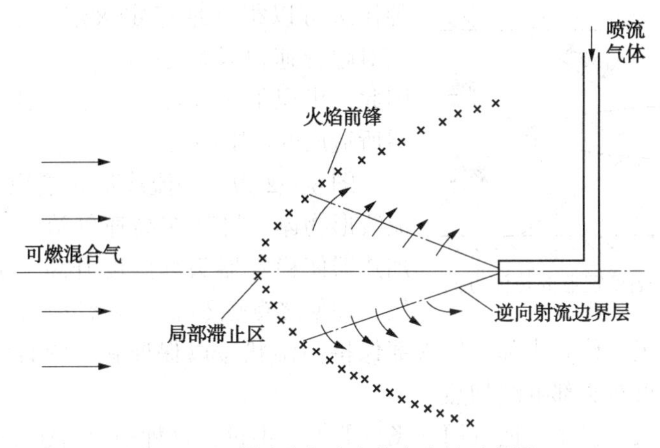

图 8-49　利用逆向喷流稳定火焰示意图

⑤ 利用燃烧室壁凹槽稳定火焰。实验证明，当高速可燃混合气流流经燃烧室壁面凹槽时(见图 8-50)，在凹槽边缘处会产生分离并在凹槽处形成回流区，由此可以利用此回流区抽引周围的高温燃气不断点燃新鲜混合气而稳定火焰。

这种稳定火焰方法的优点是阻力小，稳定范围宽，其稳定范围随凹槽深度增加而扩大。但其对凹槽壁面的材料选择与冷却保护提出了更高要求。因为在凹槽中存在着起稳定火焰作用的高温回流燃烧气体，凹槽附近的燃烧室壁面上热交换剧烈、壁面经常处在高温作用下。所以需对凹槽壁面实施冷却措施或选择特殊耐高温的材料。故在实际中实现稍有难度。

⑥ 利用带孔圆筒稳定火焰。用带孔圆筒来稳定火焰的方法就是采用所谓罐式稳定器(见图 8-51)来稳定火焰的一种方法。当气流流过圆筒(或圆锥)(见图 8-51)时，气流从小孔(一排或几排小孔)进入罐内，因圆筒顶端存在着滞止区，当其中气体被由小孔进入的射流卷吸带走后，在该处形成局部低压，以致就有气流回流向上补充形成回流区。

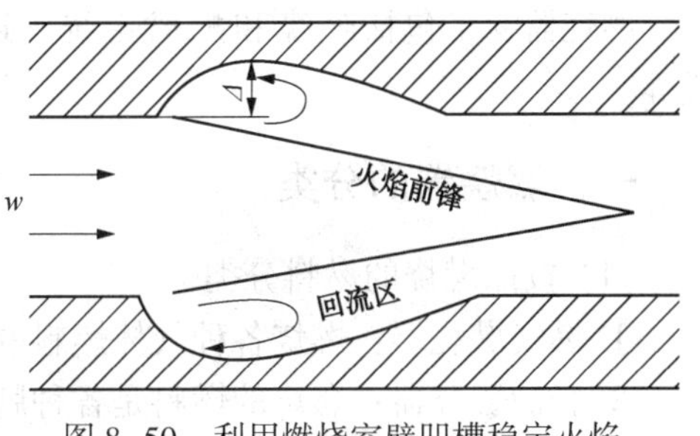

图 8-50　利用燃烧室壁凹槽稳定火焰

新鲜混合气自小孔进入后，与回流区中回流来的高温燃气相接触而被混合加热，并在小孔与小孔间截面上形成固定点火源以点燃向下流动的混合气。

这种稳定方法可以人为地安排第一排小孔的轴向位置与孔径大小来控制回流区的尺寸和进入回流区的气流量，以满足所需要的稳定范围。这种稳定方法在航空发动机(燃气轮机及冲压发动机)的燃烧室中已有采用。

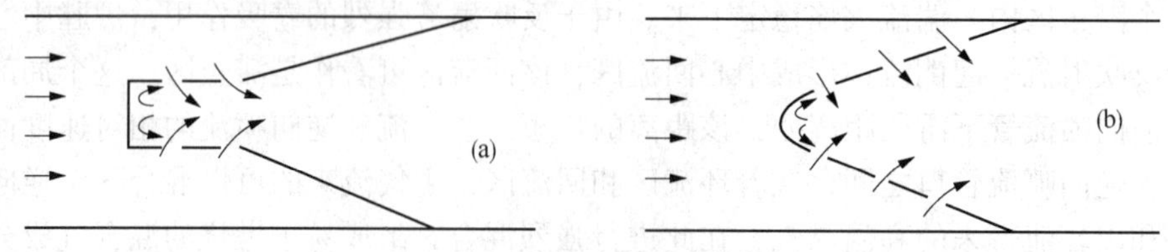

图 8-51　利用带孔圆筒稳定火焰(罐式火焰稳定器)

⑦ 利用流线形物体稳定火焰。上述的稳焰措施的基本原则是采用具有较大阻力的物体使高速气流滞止下来形成回流区，利用回流的高温燃气来点燃混合气以维持火焰的稳定。这种作法可以很好地稳定火焰，但总压损失却很大。这对超音速以及高超音速发动机来说是很不利的。因此，出现了流线形火焰稳定器，以尽量减少稳定器所造成的流阻损失。

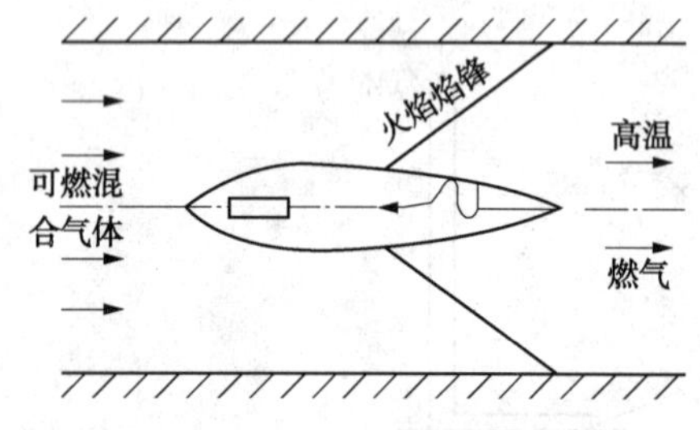

图 8-52　流线形火焰稳定器的热流方向

图 8-52 为一种流线形火焰稳定器，它是机冀形流线形物体。将其在高速气流中，在点火时，使用加热器使稳定器头部温度升高，由它加热新鲜混合气，并使之点燃和燃烧。启动后，已燃的高温燃气把热量通过稳定器尾部传到头部，使头部保持高温状态以保证新鲜混合气不断被点燃与燃烧，此时就可不必再对头部继续加热。

这种稳定器的阻力很小，适宜用于飞行器上。不过，这种稳定器还需进一步研究与探讨才能付之实用。

第六节　气体燃料燃烧器

本节主要介绍用来实现燃料燃烧过程的装置，即燃烧器，它能够将燃料与助燃剂合理混合，使燃料稳定着火和完全燃烧，保证燃烧室的热工工作符合工艺、技术和经济的要求。燃烧器用于气体燃料、液体燃料和燃烧煤粉的锅炉和工业炉中，但对于层燃式锅炉，不需要燃烧器。

燃烧器除了包括喷嘴和配风系统，还包括控制系统、保护系统、调节装置、点火装置等。

一、燃烧器的分类

(1) 按照燃烧的燃料分类

① 燃气燃烧器：燃烧各种气体燃料的燃烧器。

② 轻油燃烧器；燃烧的燃料是各种牌号的柴油。

③ 油气两用燃烧器在燃烧器装备两套燃料供应系统，两套燃烧喷嘴，可以燃烧各种气

体燃料和柴油的燃烧器。

④ 重油燃烧器：主要燃烧重油标号在 150 号以下的燃烧器。

⑤ 渣油燃烧器：该燃烧器主要燃烧重油标号在 200 号以上，以及无法测出其标号的渣油。一般能够燃烧渣油的燃烧器，也能够燃烧重油。

⑥ 粉煤燃烧器：燃烧的燃料是煤粉。

⑦ 油煤浆燃烧器：燃烧的燃料是油煤浆。

⑧ 水煤浆燃烧器：燃烧的燃料是水煤浆。

（2）按照燃烧器的用途设计分类

① 锅炉燃烧器。锅炉燃烧器主要用于锅炉的燃烧，也有企业将此类燃烧器用于炉窑的。由于采用一个炉膛使用一台燃烧器的设计，所以该类型燃烧器必须与锅炉炉膛结构相配套的一体化设计。锅炉燃烧器用于炉窑有个重要的条件，就是在该炉窑上只使用一台燃烧器，其次要采取措施防止炉窑内的高温辐射对燃烧器的损坏。

对于此类燃烧器，由于是一套完整的装置，只要连接上燃料系统和电源，就能够运行。在该类燃烧器中，除了有燃烧必须的烧嘴和配风系统外，还有燃烧控制系统、熄火保护系统、负荷调节装置、点火装置等。由于使用对象明确，这种燃烧器的控制系统和保护系统都是针对锅炉而设计的，故可以在制造厂里完成全部控制保护等燃烧器所必需的配套装备。

② 炉窑燃烧器。炉窑燃烧器只能用于各种炉窑。由于炉窑燃烧器都有防止炉窑内的耐高温辐射的装置，所以一般比较笨重。其次炉窑燃烧器经常多台一起使用，故无法采用一体化设计制造，通常是根据炉窑的情况，选用燃烧器，然后根据每台炉窑的特殊要求，分别设计燃烧的控制和保护系统。因此，这些工作没有办法在制造厂里全部配套完成。

二、燃烧器的基本性能要求

燃烧器是锅炉和工业炉的关键设备之一，因此对燃烧器提出一定的性能要求，如下：

① 燃烧稳定和安全。应保证燃料和空气及时、有效的混合，并能及时、稳定地着火，火焰长度合适且分布合理；火焰稳定性好，确保在运行中不会发生熄火、回火或强烈的火焰脉动以及振荡燃烧现象，保证设备和人身的安全。

② 燃烧效率高。应保证在所有运行工况下燃料能够最大限度地燃烧完全，尽量降低化学不完全燃烧热损失和机械不完全燃烧热损失，提高设备热效率，不冒黑烟。

③ 燃烧产物污染物排放低。应通过合理设计燃烧器、采用清洁燃烧新技术以及提高燃烧器运行控制水平等手段合理组织燃烧，有效降低污染物生成量，尽量减少排放烟气中所含的灰尘、炭黑、CO、SO_2、NO_x和苯并芘等有害气体，使燃烧产物中污染物的排放满足环境排放标准的要求。

④ 运行方便。燃烧器应设计得便于点火、调节等运行操作，而且操作机构应灵活、简便，实现自动控制、程序控制和计算机优化控制。

⑤ 制造成本低。

⑥ 安装和检修方便。

三、气体燃料燃烧器的分类

气体燃料燃烧器的分类方法很多，最常用的是按燃料与空气混合方式和供风方式分类。

（1）从燃料气和空气预先混合的情况来看，燃烧器可分为 3 种类型：

① 完全预混式燃烧器。气体燃料和燃烧所需的空气全部在喷出喷嘴以前均匀混合好，在燃烧室中燃烧时不需再补充供应空气。

② 扩散式燃烧器。燃料和空气分别从各自的喷嘴喷出，进入燃烧室后在两者接触界面上边混合边燃烧。

③ 部分预混式燃烧器。在喷出喷嘴以前气体燃料和燃烧所需的空气部分地在燃烧器中混合，一次空气系数一般为 0.2~0.8，在喷嘴外再和燃烧所需的其余二次空气逐步混合。

（2）按供风方式的不同，燃烧器可分为 3 种：

① 自然供风式燃烧器。燃气依靠自身压力流入各类管式容器，然后从管子上的火孔喷射到周围空气中燃烧。

② 引射式燃烧器。燃气以一定的压力由喷嘴喷入引射器，依靠其动能将部分空气或全部空气吸入引射器内。两者在引射器内边流动边混合，再将喷嘴喷入火道内燃烧。

③ 机械鼓风式燃烧器。燃烧用的空气全部由鼓风机供给。

四、完全预混式燃烧器

完全预混式燃烧器包括混合室和烧头两大部分。前者用于燃气与空气的混合，后者用于组织可燃混合气的燃烧。通常燃气是在一定压力下输入混合室的，而空气可以通过风机供给，也可利用燃气的动能卷吸。

1. 按燃气和空气的混合方式分

按燃气和空气的混合方式分为机械鼓风式燃烧器和引射式燃烧器。

（1）机械送风预混燃烧器

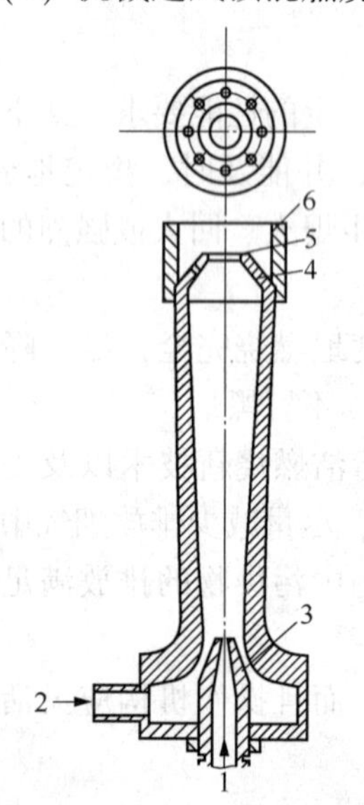

图 8-53　机械送风全预混燃烧器

1—燃气进口；2—空气进口；3—燃气喷头；4—点火气体喷口；5—主混合气体喷口；6—稳焰环

图 8-53 为一种机械送风预混燃烧器示意图。其混合管为简单渐扩型圆筒，燃气在正常压力下喷入混合室，空气由风机送入调压器调节至一定压力下送入混合室。两者边流动边混合，到混合管出口处形成均匀的可燃混合气。这种燃烧方式调节方便，混合快，在大型工业燃烧设备中广泛使用。

（2）引射式单火道完全预混燃烧器

图 8-54 为引射式单火道完全预混燃烧器的结构简图。该燃烧器由引射器、喷头和火道组成。高(中)压燃气由喷嘴喷出，依靠本身的动能引入燃烧所需的全部空气，并在引射器内进行混合。混合均匀的燃气和空气混合物经喷头进入火道内燃烧。这种完全预混式燃烧器的过量空气系数一般为 1.05~1.10。该燃烧器由吸气收缩段、混合段和扩压段组成。吸气收缩段一般做成流线型，以减少空气阻力。混合段的长度应确保燃气与空气的良好混合，一般为吸气段出口截面直径的 1~3 倍。扩压段的作用使一部分动压变静压，增大两端压差，提高喷射器效率。

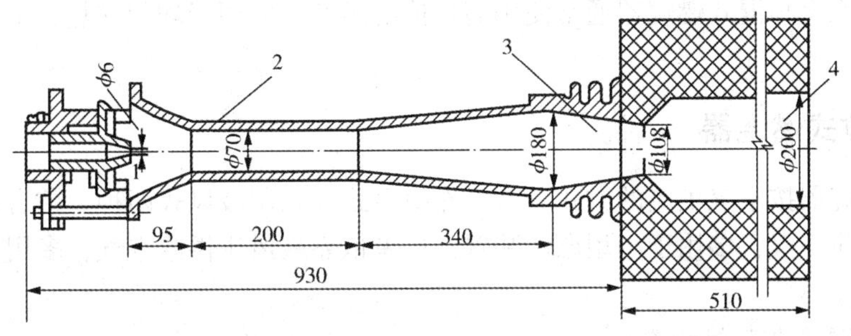

图 8-54　引射式单火道完全预混燃烧器(单位：mm)

1—燃气进口；2—引射器(混合室)；3—预混可燃气体喷口；4—火道

2. 按头部结构分

按头部结构的不同，完全预混式燃烧器分为无火道头部、有火道头部和用金属或陶瓷稳焰器做成的头部的燃烧器。

(1) 无火道头部燃烧器

火焰脱离燃烧器，在炉膛内的耐火材料表面上燃烧。耐火材料表面可以是燃烧器附近的炉墙、拱、专门的耐火材料堆积物或花格耐火砖墙等。

(2) 有火道头部燃烧器

燃烧在耐火材料制成的单火道或多火道内进行。火道的作用是加热可燃混合气，并在其中进行燃烧。为了保证迅速地燃烧，火道必须很快地使冷的可燃混合气加热至着火温度。这要依靠火道壁面的高温辐射，或者利用旋转气流的中心回流作用，将高温燃烧产物回流到火焰根部加热可燃混合气，同时它也是一个可靠的点火源。

(3) 用金属或陶瓷稳焰器做成的头部燃烧器

完全预混式燃烧器的头部由多孔陶瓷板或多层耐高温丝网组成。当孔眼(或缝隙)小于一定值时，火焰便不会回窜入孔眼内，燃烧在多孔板表面进行。这种燃烧器燃烧时，燃烧所需空气全部依靠低压燃气的能量吸入，并进行全部预混($\alpha=1.03\sim1.06$)，可燃混合气以很低的速度流出多孔板，经过孔眼时得到预热，其燃烧速度加快，在离开孔板表面很近距离内可全部燃烧，因此具有无焰特性。多孔板表面通常呈红色，燃烧产生的热量有 40%~60%以上以热辐射的形式散发出来，因而又称燃气红外辐射板。图 8-55 为一种红外辐射板燃烧器

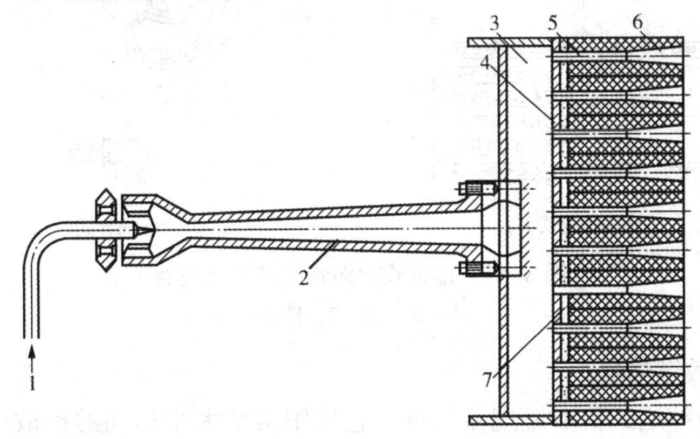

图 8-55　辐射板式全预混燃烧器

1—燃气进口；2—引射器(混合室)；3—气流分配室；
4—多孔陶瓷板；5—钢管；6—火道；7—隔热层

示意图。板式完全预混式燃烧器通常使用高热值的燃气，应用于均匀加热且不希望火焰与工件接触的地方。

五、扩散式燃烧器

扩散式燃烧器按空气供应的方式分为自然引风式和强制鼓风式两种。前者依靠自然抽气或气体扩散供应空气，多用于小型燃烧装置；后者依靠鼓风机供给空气，多用于较大的工业燃烧炉。

1. 自然引风式扩散燃烧器

这种燃烧器是使燃气在一定压力下流进某个容器，在该容器上布置若干火孔，燃气从容器上布置的火孔喷射到周围空气中而燃烧。

（1）管式扩散燃烧器

这种燃烧器的头部由不同形状的管道组成。图 8-56 为直管式扩散燃烧器，是最简单的扩散燃烧器。在直管上钻上一排或互成 90°~120°交叉排列的两排孔，燃烧所需的空气依靠扩散(或自然抽力)从周围空间或从炉排下面吸入。

图 8-57 为排管式和涡管式扩散燃烧器，由若干根钻有小孔的支管焊在一根总气管上组成，热功率比单管大得多。排管间距 e 为排管外径 d_0的 0.6~1.0 倍，以使燃烧所需的空气畅通到每个火孔。

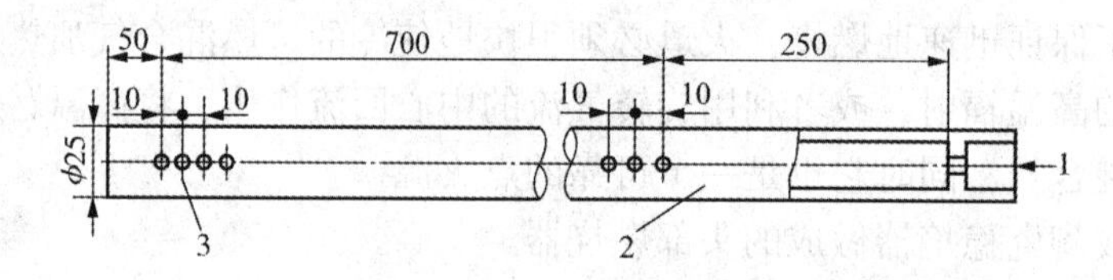

图 8-56　直管式扩散燃烧器(单位：mm)

1—燃气进口；2—铁管；3—火孔

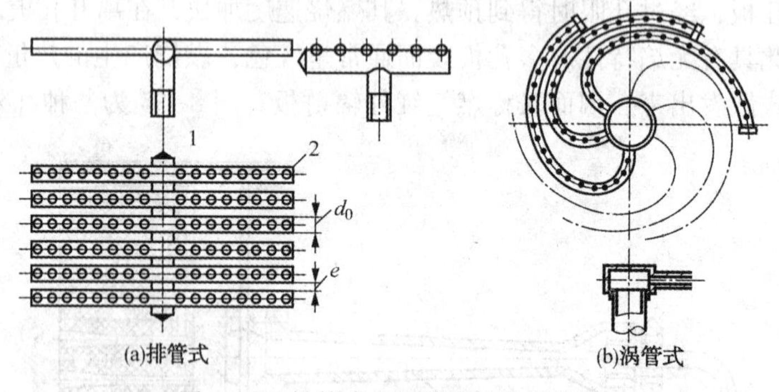

图 8-57　排管式和涡管式扩散燃烧器

1—集气管；2—排管

（2）冲焰式扩散燃烧器

图 8-58 所示为冲焰式扩散燃烧器示意。它采用两个大小相同的扩散火焰相撞的方法来加强气流扰动，以增进燃气与空气的混合。两火焰的撞击角 θ 一般为 50°~70°，两个火孔的中心距离一般约为管外径 d_0的 2 倍。为使燃气均匀地分布在各火孔上，火孔总面积必须小于进气管截面积。

（3）炉床式扩散燃烧器

炉床式扩散燃烧器主要由直管式扩散燃烧器和火道组成，如图 8-59 所示。在炉篦上用耐火砖砌成高 200~260mm、宽 100~180mm 的火道，将燃烧器安装在火道中。这直管管径为 40~100mm，两排火孔呈 90°~120°交叉排列，火孔直径为 2~4 mm，火孔中心距为 6~10 倍火孔直径。燃烧所需空气依靠炉内负压吸入（也可用鼓风机供应），燃气喷出后与空气成一定角度，依靠扩散混合。约在离开火孔 20~40mm 处着火，在 0.5~1.0m 处强烈燃烧，因此火道上方要有足够的空间，以保证燃气燃烧完全。

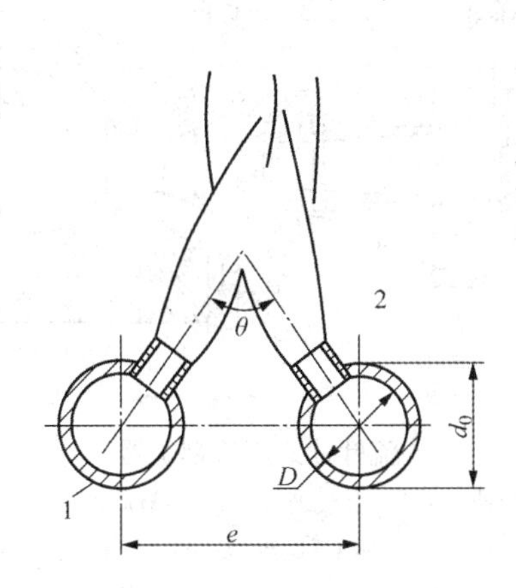

图 8-58　冲焰式扩散燃烧器

1—分配管；2—燃气喷口

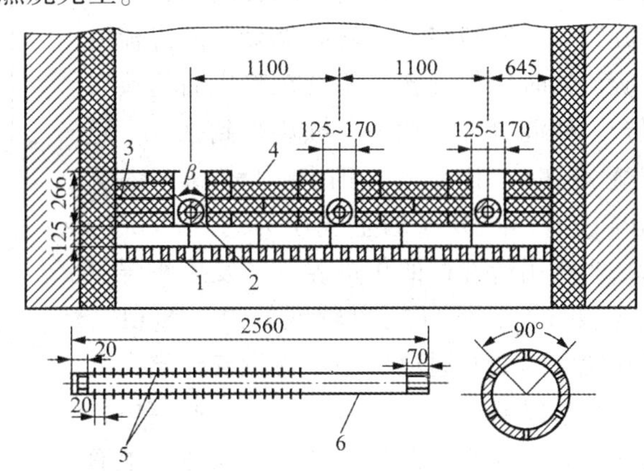

图 8-59　炉床式扩散燃烧器（单位：mm）

1—炉篦；2—燃烧器；3—隔热材料；4—耐火砖；5—火孔；6—燃气管

自然引风式扩散燃烧器的特点为：结构简单，制造方便；燃烧稳定、不会回火；点火容易、调节方便；可利用低压燃气（200~400Pa 或更低），且不需鼓风，无动力消耗；燃烧热强度低，火焰长、需较大燃烧室；为使燃烧完全，必须供给较多的过剩空气（$\alpha=1.2\sim1.6$）；燃烧温度低，排烟热损失大；不适用于高热值燃料。这种燃烧器适用于温度要求均匀、且不高，火焰稳定的场合。如：沸水器、热水器、纺织和食品业的小型加热器、小型采暖锅炉的点火器及临时性加热设备等。

2. 强制鼓风式扩散燃烧器

（1）套管式燃烧器

如图 8-60 所示的套管式燃烧器，它由内外两只圆管相套而成，燃气通常由内管喷出，而空气则由套管环缝中喷出，两者在流动扩散中边混合边燃烧。由于燃气与空气以平行射流形式喷出，其相互混合较差，故火焰较长。这种燃烧器结构简单、工作稳定、流动阻力小，

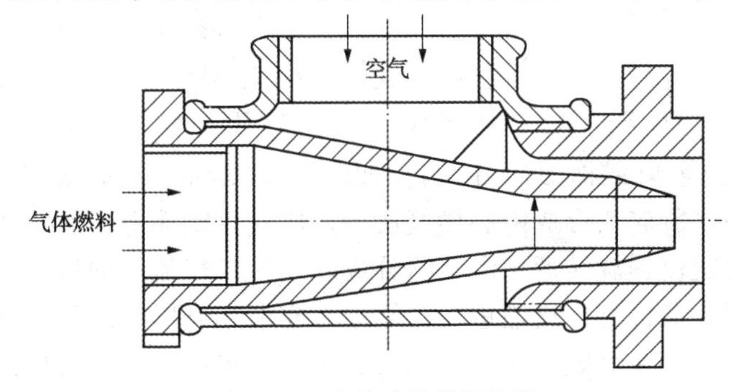

图 8-60　套管式扩散燃烧器

要求的燃气和空气压力较低，一般为500~800Pa。

(2) 旋流式燃烧器

旋流式燃烧器自身带有旋流装置，以加强燃气与空气的混合。根据旋流装置结构的不同，有以下几种形式。

① 导流叶片式旋流燃烧器(或称 DW-Ⅰ型)。如图 8-61 所示，在燃气通道中安装有锥形内旋流通道，使燃气从内筒的旋槽内喷出时带有旋转，空气则在流经套筒夹套内的导流叶片式旋流器时获得旋转。两者在喷出后边旋转边混合，使混合大大加快，燃烧得到强化。这种燃烧器在燃用天然气时压力较高，约为3000Pa左右，经鼓风的空气压力约为2000Pa左右。当燃用清洗过的焦炉煤气、发生炉煤气或混合煤气时，燃气压力较低，约为800Pa。此时在燃气的中心通道管中不再设旋流器，而只用直管，以减小流动阻力，而空气通道中仍设旋流器。这种燃烧器在钢铁厂的加热炉上有着广泛的应用。

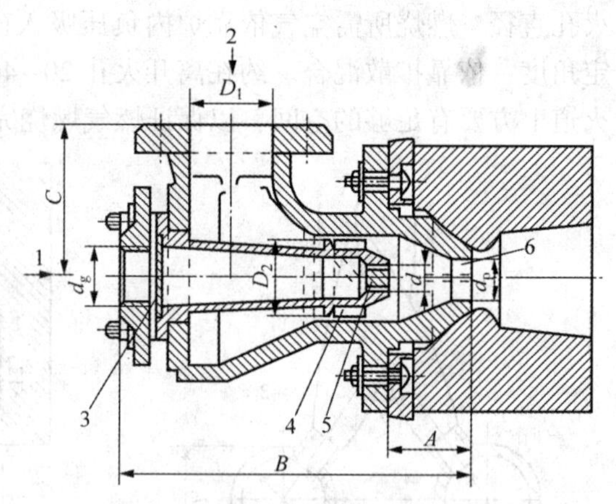

图 8-61 导流叶片式旋流燃烧器

1—燃气进口；2—空气进口；3—节流阀；4—导流叶片；5—燃气旋流器；6—喷口

② 中心进气蜗壳式旋流燃烧器。如图 8-62 所示，空气经蜗壳后形成旋转气流，而燃气则经由中心燃气环管的许多小孔呈细流垂直喷入空气流中，两者强烈混合后进入火道燃烧。当燃用天然气时，压力为15000Pa，空气阻力约为850Pa，过量空气系数约为1.1。

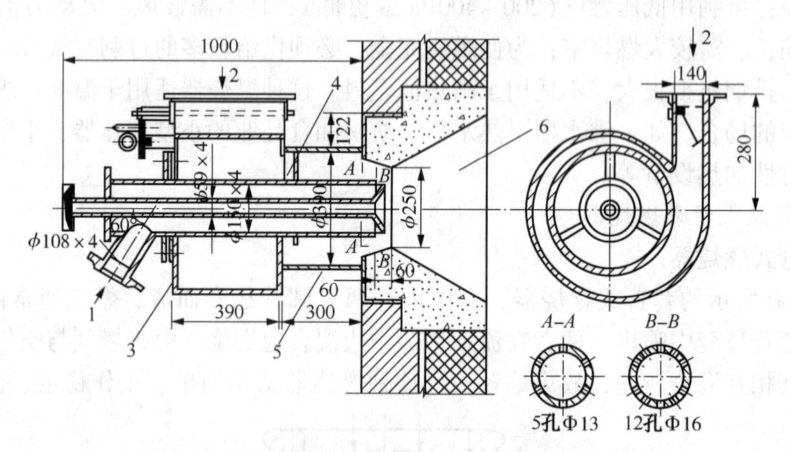

图 8-62 中心进气蜗壳式旋流燃烧器(单位：mm)

1—燃气进口；2—空气进口；3—蜗壳；4—中心燃气环管；5—混合段；6—火道

③ 扁缝涡流式燃烧器(或称 DW-II 型)。如图 8-63 所示，在燃烧器燃气通道内安装了锥形分流短管，使燃气旋转，形成中心燃气旋流。燃气管壁面上开有几条与内壁相切的扁缝。空气则通过蜗壳旋流器旋转后，由扁缝分成若干片状气流切向进入混合室中与燃气混合。这种燃烧器的混合条件好，火焰短。在使用时要求燃烧器前燃气和空气压力为1500~2000Pa。由于燃气与空气在燃烧器内部已混合，所以喷出的为预混气体，喷出流速应保证不回火和不脱火。

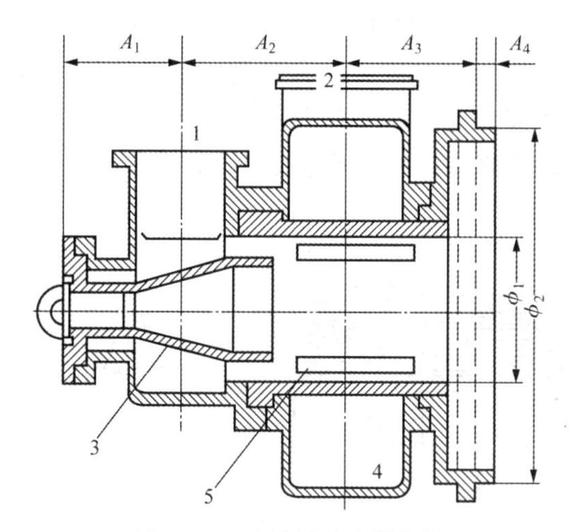

图 8-63　扁缝涡流式燃烧器

1—燃气进口；2—空气进口；3—分流管；4—蜗壳；5—扁缝

④环缝涡流式燃烧器。如图 8-64 所示，环缝涡流式燃烧器燃气通道内有一分流短管，从而使燃气形成管状气流；空气则由蜗壳旋流器产生旋流，然后经空气环缝旋转喷出。在进入炉膛前燃气和空气发生部分混合，为部分预混气体燃烧。其混合程度虽比扁缝涡流式燃烧器略差，但也属较好，其火焰也较短。这种燃烧器要求燃气干净，否则易堵塞。它不仅可燃用混合煤气、发生炉煤气，而且也可燃用天然气和焦炉气。燃气压力约为 2000~4000Pa，混合气出口流速约为 10m/s。当流速小于 5~7m/s 时，易发生回火；当流速大于 20m/s 时，则可能会脱火。

（3）多孔式天然气旋流燃烧器

天然气热值高，燃烧时需供应大量的空气，并应保证较少的燃气与较多空气间的良好混合。为此，常将天然气分成多股细流喷入空气中，并加强旋转以促进混合。如图 8-65 所示，天然气由 8~10 个小孔喷出，而空气则由周围的窄缝旋转喷出，使两者之间获得良好的混合。

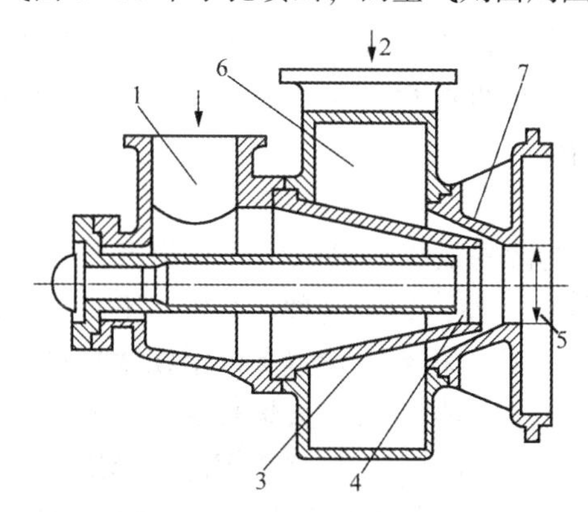

图 8-64　环缝涡流式燃烧器

1—燃气进口；2—空气进口；3—燃气喷头；4—环缝；5—烧嘴头；6—蜗形空气室；7—空气环缝

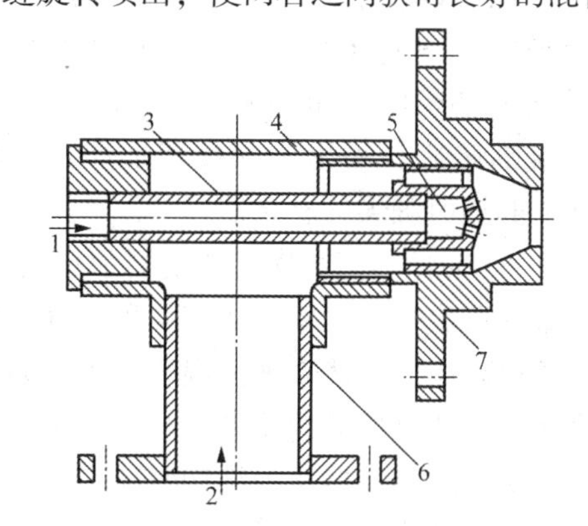

图 8-65　多孔式天然气旋流燃烧器

1—燃气进口；2—空气进口；3—燃气导管；4—三通；5—带旋转叶片喷头；6—空气导管；7—烧嘴头

（4）平流多枪式天然气燃烧器

该燃烧器结构如图 8-66 所示。天然气沿 6 根喷枪管流向各自的喷枪头，从切向和横向两个方向由喷枪头上燃气喷孔喷出，喷射速度可达 150~230m/ s。其中，一部分喷孔喷出气流的两两对冲，另一部分喷孔喷出气流为旋转气流。总风量的 13%左右为一次风，并经由中心稳焰叶轮而呈旋流，大部分空气则作为二次风从叶轮和喷口间的环形通道中直流喷出，与旋转天然气流混合。这种燃烧器还可以通过旋转喷管位置达到调节火焰发光性。

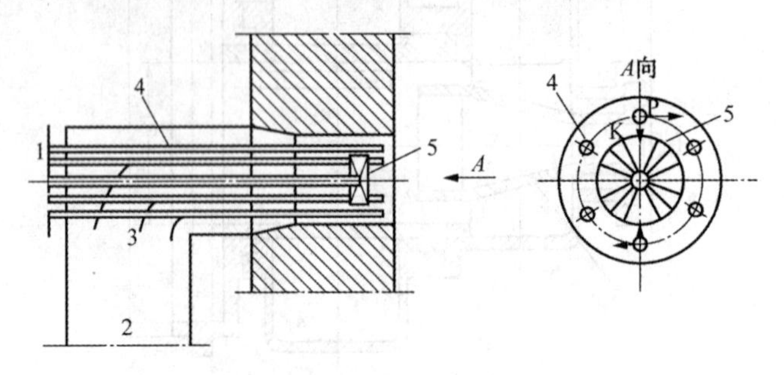

图 8-66　平流多枪式天然气燃烧器

1—燃气进口；2—空气进口；3—空气导向叶片；4—燃气喷枪；5—中心稳焰叶轮

（5）平焰燃烧器

平焰燃烧器产生的火焰与一般气体燃烧器不同。一般燃烧器产生向前冲的火炬形火焰，而平焰燃烧器的火焰是向四周展开的圆盘形火焰，并紧贴在炉墙或炉顶内表面上。平焰燃烧器能将炉墙或炉顶内表面均匀加热到很高温度，形成辐射能力很强的炉墙或炉顶。这将有利于均匀加热物料和强化炉内换热，显著改善加热质量，提高燃烧设备生产率和降低燃料消耗。平焰燃烧器的结构虽有不同，但原理基本一样。为了获得圆盘式平面火焰，必须在烧嘴砖出口处形成平展气流。为此可将空气沿切向或经螺旋导向片旋转，然后经喇叭形或大张角的烧嘴砖喷出。一方面由于旋转气流有较大的离心力，使气流有较大的径向速度；另一方面由于附壁效应，气体向炉墙表面靠拢，形成平展气流。燃气则可以沿轴向喷出，在空气旋转负压的吸引下边混合边燃烧，形成平面火焰；也可以在燃气喷孔内加旋流叶片，使燃气喷出后有较大张角和一定的旋转，使混合加强。图 8-67 为螺旋叶片式平焰燃烧器。空气经过螺旋叶片形成旋转气流喷出，燃气由呈径向分布的喷孔喷出，在烧嘴出口处两者得到良好的混合，然后一起沿喇叭形烧嘴砖旋转喷出，并按扇形展开，形成平焰。

（6）低热值脏煤气燃烧器

图 8-68 为低热值脏煤气燃烧器示意图。未经清洗的发生炉煤气中含有相当多的粉尘和焦油，容易造成喷口堵塞，故燃烧器燃气喷口断面应大些。通常这种燃气压力不高，流速很低，必须提高空气流速来加强混合。为了防止脏物在喷口积聚，设置蒸汽定期吹扫喷口。

强制鼓风式燃烧器的特点：与自然引风式比，燃烧热强度大，火焰长短可调节；与热负荷相同的引射式燃烧器比，结构紧凑，体形轻巧，占地面积小；与完全预混式燃烧器比，燃烧室容积热强度小，火焰较长，需较大的燃烧室容积；要求燃气压力低，热负荷调节范围大，能适应正压炉膛，容易实现粉煤-燃气或油-燃气联合燃烧；可预热空气或燃气，预热温度可接近燃气着火温度，极大地提高燃烧温度；需鼓风，耗费电能；需配自动比例(空气-燃气比例)调节装置。适用于各种工业炉及锅炉中，尤其是当锅炉的燃料消耗量较大，或者需要长而亮的火焰时。

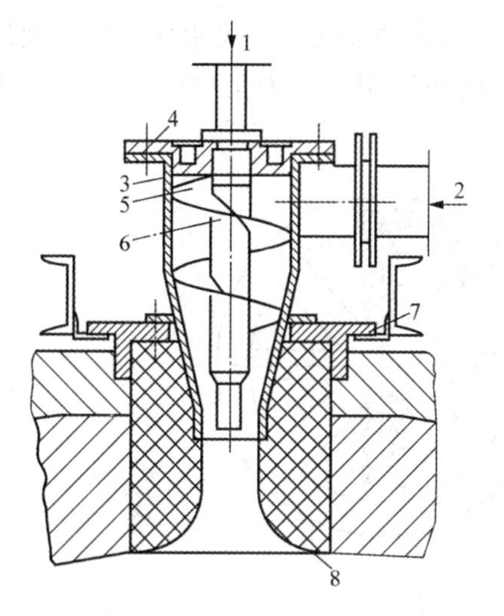

图 8-67　螺旋叶片式平焰燃烧器

1—燃气进口；2—空气进口；3—外壳；4—盖板；
5—螺旋片；6—燃气喷头；7—烧嘴板；8—烧嘴砖

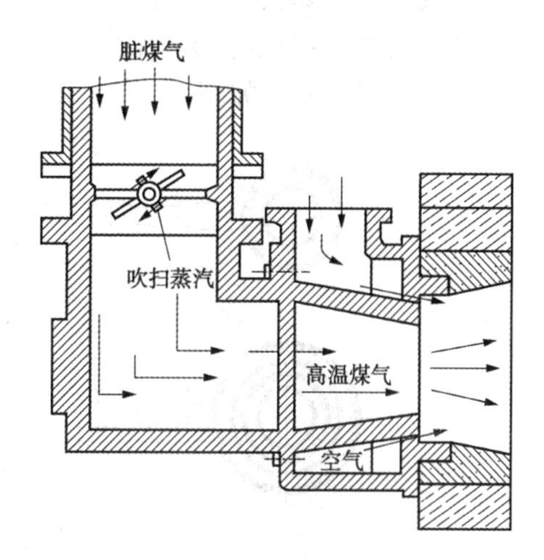

图 8-68　低热值脏煤气燃烧器

六、半预混燃烧器(大气式引射型燃烧器)

图 8-69 为一种常见的大气式燃烧器。燃气以一定的压力由喷嘴喷入引射器，依靠其动能将一部分空气吸入引射器内。两者在引射器内边流动边混合，形成部分预混气体(一般 $\alpha<1$)，然后由烧嘴头部的火孔喷出，点燃后与外界的空气继续混合燃烧。

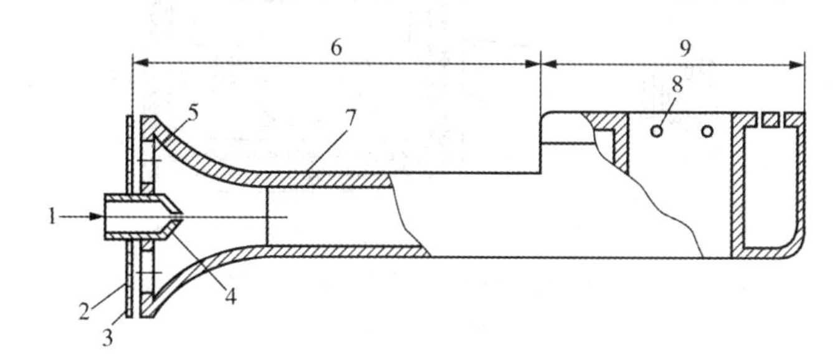

图 8-69　大气式引射型燃烧器

1—燃气进口；2—空气进口；3—调风板；4—燃气喷嘴；5—一次进风口；
6—引射器；7—引射器喉部；8—火孔；9—头部

(1) 引射器

引射器的作用是利用高速喷射的燃气引空气，进行良好地混合，并使引射器末端具有足够的余压，使可燃混合气能够克服火孔的流阻并以较大的流速稳定喷出。引射器的结构与前述的引射式完全预混燃烧器相同，也包括吸气收缩段、混合段和扩压段。这里不再阐述。

(2) 燃气喷嘴

燃气喷嘴常做成收缩形，以增大燃气的喷射速度，并使其出口断面上的气流分布均匀，提高引射效率。

(3) 燃烧器头部

燃烧器头部(简称烧头)的作用是将可燃半预混气均匀地分配到各个火孔中，并使二次风也能较均匀地到达各火孔，以实现高效稳定的燃烧。

大气式半预混燃烧器的烧头可做成单火孔式，也可为多火孔式。民用灶具及小型锅炉常用多火孔烧头，如图 8-70 和图 8-71 所示。单火孔烧头适用于火力集中的燃烧器，其火孔的燃烧强度高，其结构示意如图 8-72 所示。

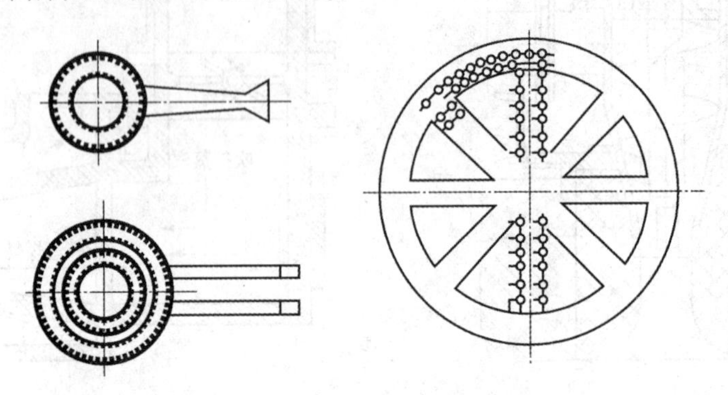

图 8-70　家用燃气灶环头

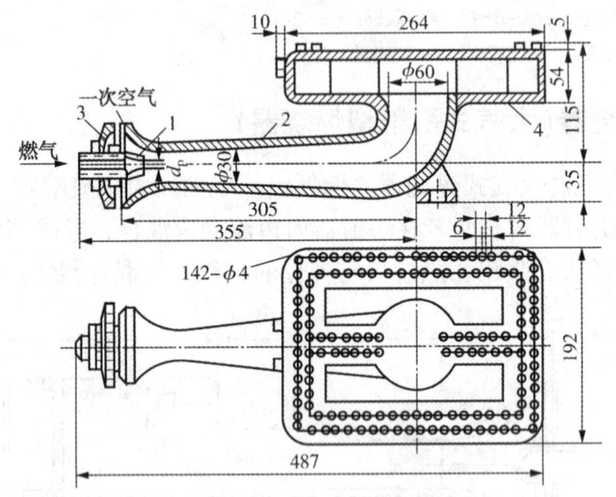

图 8-71　铸铁锅炉环形大气式燃烧器(单位：mm)

1—喷嘴；2—引射器；3—调风板；4—头部

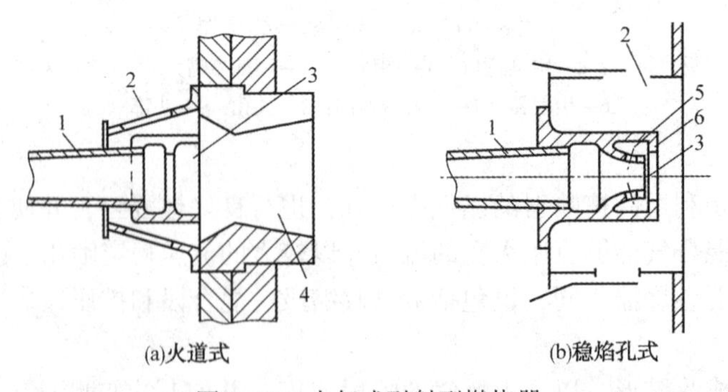

图 8-72　大气式引射型燃烧器

1—引射器扩压段；2—二次空气进口；3—火孔；4—火道；5—小孔；6—稳焰孔

大气式燃烧器的特点：与扩散式燃烧器比，火焰短、火力强、燃烧温度高、稳定性较差；与全预混燃烧器比，热负荷调节范围宽、适应性强；可燃烧各种燃气和低压燃气，燃烧较完全、效率较高。大气式燃烧器的不足在于其火孔的热强度及炉内燃烧温度尚不够高，使其应用范围受到限制；在热负荷较大时，多火孔式燃烧器结构笨重。

七、特种气体燃烧器

1. 低 NO_x 燃烧器

通过降低燃烧温度、降低燃烧区内 O_2 浓度、缩短烟气在高温区的停留时间来控制温度型 NO_x 的产生。常见类型如下。

（1）烟气再循环型低 NO_x 燃烧器

将一部分低温排烟通过管道导入到燃烧用的空气中去与燃料混合一起燃烧，使燃烧区内氧气浓度相对减少，同时低温排烟在炉内再循环也使高温燃烧区的温度降低，这样就抑制了 NO_x 的生成。

如图 8-73 所示的燃烧器，燃烧所需空气从环形喷嘴流出，由于燃料射流的引射作用，使高温炉气回流。其中一部分炉气甚至先于空气与燃料混合。由于将部分烟气引入燃烧器内进行再循环，使循环区内氧浓度减少，温度降低，因而抑制了 NO_x 的生成。

（2）阶段燃烧型低 NO_x 燃烧器

如图 8-74 所示，阶段燃烧型低 NO_x 燃烧器是把燃烧用的空气由原来的一股分为两股或多股。在燃烧开始阶段只加入部分空气，造成一次气流燃烧区域的富燃料状态，燃料只是部分地燃烧，燃烧释放热量少，燃烧温度低，NO_x 生成受抑制。剩余燃烧用的空气喷射到富燃料区域的下游，形成二次燃烧区，一次燃烧产生的烟气的存在，使得二次燃烧过程的氧浓度与燃烧温度都较低，抑制了 NO_x 的生成。

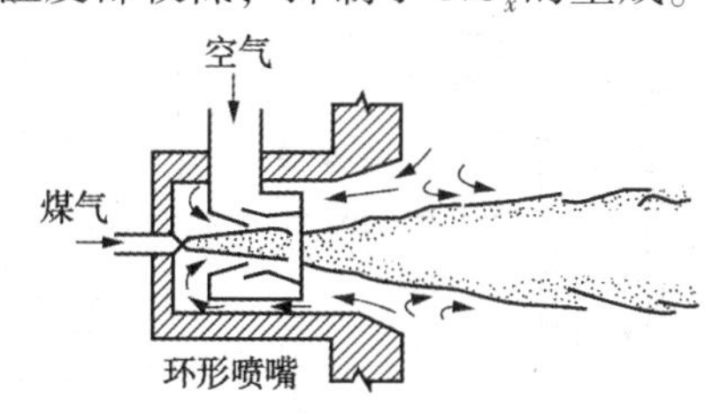

图 8-73　烟气再循环型低 NO_x 燃烧器

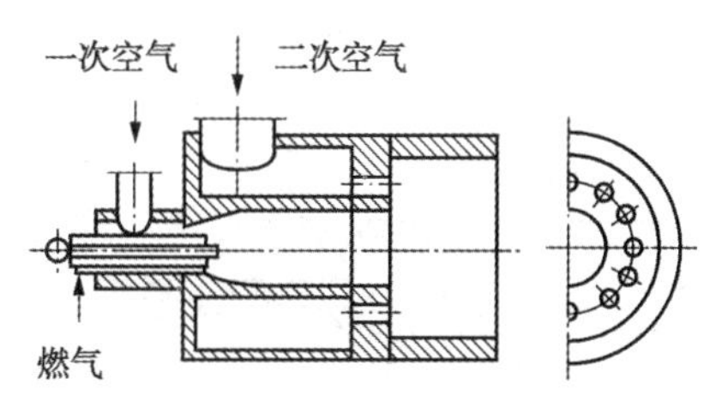

图 8-74　空气两段供给型燃烧器

（3）浓淡火焰对冲型低 NO_x 燃烧器

这种燃烧器头部有两种火孔，布置成呈一定角度相对的形式，如图 8-75 所示。一火孔使一部分燃料在空气不足下燃烧，即燃料过浓燃烧；另一火孔使另一部分燃料在空气过量条件下燃烧，即燃料过淡燃烧。两种火焰对冲、混合后，一方过剩的燃气就在另一方过剩的空气中得以完全燃烧。浓谈火焰各在偏离化学计量比的情况下燃烧，燃烧温度较低，可以较好地抑制 NO_x 的生成。

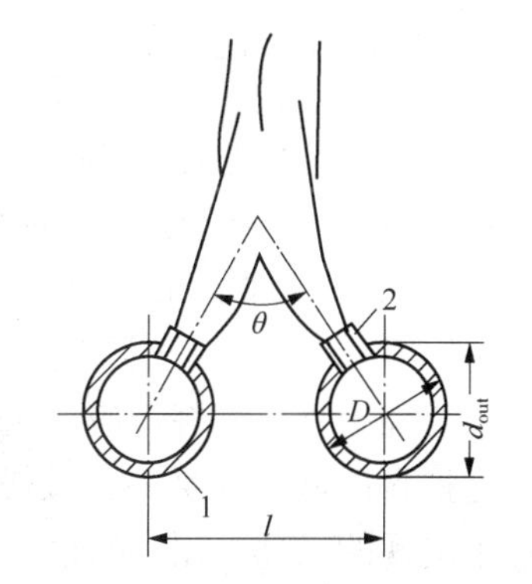

图 8-75　浓淡火焰对冲型低 NO_x 燃烧器

1—燃气过浓火孔；2—空气过浓火孔

2. 高速燃烧器

高速燃烧器相当于一个鼓风式燃烧器出口增设一个带烟气喷嘴的燃烧室（火道）。如图 8-76 所示。燃气和空气在燃烧室内进行强烈混合、燃烧，完全燃烧的高温烟气以 200～300m/s 的高流速直接吹向物料表面，高速气流破坏物料表面的气体边界层，与物料进行强烈的对流换热。

3. 蓄热式高温空气燃烧器

蓄热式高温空气燃烧器(HTAC)采用蓄热体“极限”回收烟气余热。由于采取蓄热式自身预热方式，HTAC燃烧器只能间歇性工作，所以一般成对安装。如图8-77所示，当A烧嘴工作时，B烧嘴起排烟及蓄热作用；一段时间后进行切换，B烧嘴工作，A烧嘴起排烟及蓄热作用。在工作过程中，高温烟气通过辐射和对流传热的方式在相当短的时间内迅速将热量传给蓄热体，烟气释热后经换向阀排出；然后通过切换，室温下的空气由相反方向进入燃烧器，蓄热体再以对流换热为主的方式将热量迅速传给空气，蓄热体被冷却，空气被预热到1000℃以上。预热后的空气进入炉膛后，由于高速喷射，形成一低压区，抽引周围低速或静止的燃烧产物形成一股含氧体积浓度大大低于21%的贫氧高温气流。气体燃料(或雾化液体燃料)经喷嘴喷入炉内后，与此高温低氧气流扩散混合，发生与传统燃烧完全不同的高温低氧燃烧。工作温度不高的换向阀以一定的频率进行切换。

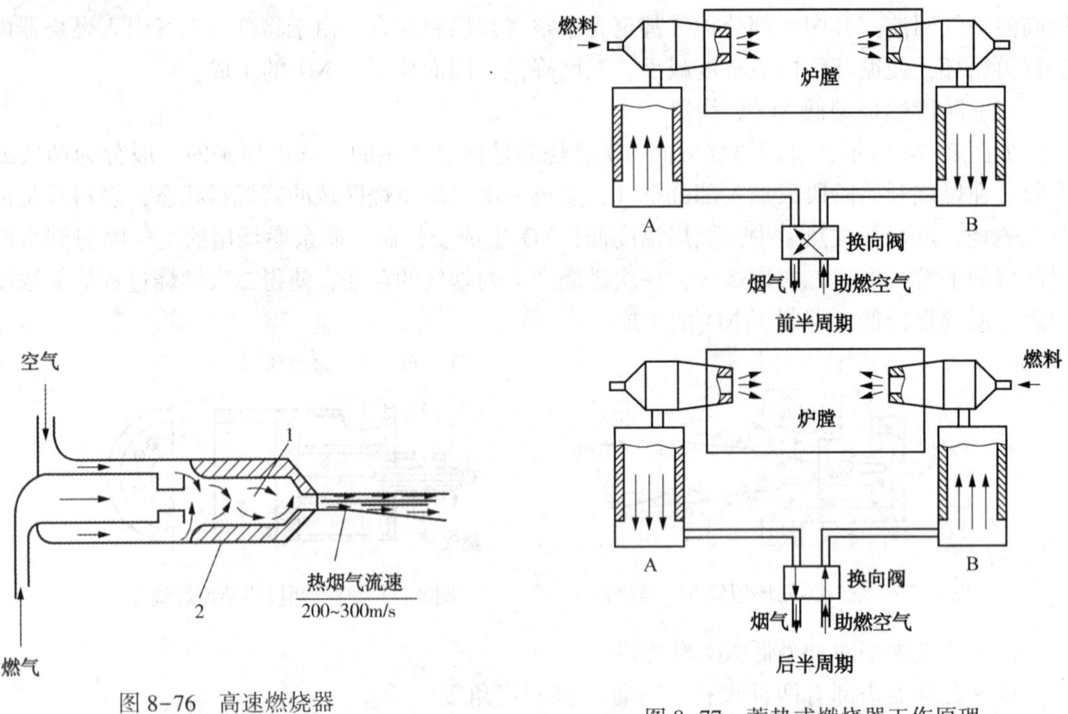

图8-76 高速燃烧器

1—燃烧室(火道)；2—耐火材料

图8-77 蓄热式燃烧器工作原理

HTAC技术包含两项基本技术措施：一是采用高效蓄热式余热回收装置，通过切换使高温烟气和冷空气交替流经蓄热体并进行换热，从而把原来上千摄氏度的排烟温度降低到200℃甚至更低的水平，最大限度地回收燃烧产物中的高品质余热，用于预热助燃空气，以获得温度为800~1000℃甚至更高的高温助燃空气；另一项是采取燃料分级燃烧和高速气流卷吸炉内燃烧产物，稀释反应区的含氧体积浓度，获得体积浓度为1.5%~2%的低氧气氛。燃料在这种高温低氧气氛中，获得与传统燃烧过程完全不同的热力学条件，不再存在传统燃烧过程中出现的局部高温高氧区，形成一种与传统发光火焰迥然不同的新火焰类型，这种燃烧是一种动态反应，不具有静态火焰。

因此高温空气燃烧技术的主要特征表现在以下几方面：

① 采用蓄热式烟气余热回收装置，交替切换空气与烟气，使之流经蓄热体，能够最大限度地回收高温烟气的物理热，从而达到大幅度节约能源(一般节能10%~70%)，提高热工

设备热效率的目的，同时减少对大气的温室气体排放（CO_2减少 10%~70%）。

② 通过组织贫氧燃烧，扩展了火焰燃烧区域，火焰边界几乎扩展到炉膛边界，使得炉内温度分布均匀。

③ 通过组织贫氧燃烧，大大降低了烟气中 NO_x的排放（NO_x的排放减少 40%以上）。

④ 炉内平均温度增加，加强了炉内的传热，导致相同尺寸的热工设备，其产量可以提高，降低了设备的造价。

⑤ 低热值的燃料（如高炉煤气、发生炉煤气、低热值的固体燃料、低热值的液体燃料等）借助高温预热的空气或高温预热的燃气可获得较高的炉温，扩展了低热值燃料的应用范围。

练习与思考题

1. 什么是强迫着火？举出两个强迫着火的实例。

2. 火焰传播的基本方式有哪几种？

3. 简述热力着火理论。利用放热曲线和散热曲线的位置关系，分析说明散热强度、壁温、放热对着火的影响。

4. 什么是自燃着火？说明自燃着火的两个条件。

5. 简述火焰稳定的基本原理和基本方法。

6. 影响层流火焰传播速度和湍流火焰传播速度的因素有哪些？如何提高火焰传播速度？

7. 根据影响燃烧过程的化学动力学因素和扩散因素的不同，燃烧过程可分为哪几类？

8. 分析扩散火焰式燃烧器的下列现象：管子横截面积越大，扩散火焰高度越高；环境中氧浓度越低，扩散火焰高度越高。

9. 简述热力着火与链式着火的区别。

10. 什么是均相燃烧、异相燃烧？什么是动力燃烧、扩散燃烧及中间态（过渡态）燃烧？为什么工程上常用扩散燃烧方式？

11. 什么是着火温度和着火？什么是点火温度和点火？着火与点火的相同点与不同点是什么？

12. 着火温度和着火浓度界限的影响因素有哪些？

13. 何谓火焰传播速度？火焰传播的特征是什么？按照气体的流动状况，预混可燃气体中的火焰传播可分为哪几种？

14. 提高可燃预混气体燃烧速度的措施是什么？

15. 何为火焰稳定性？何谓回火？何谓脱火？工程上如何防止回火和脱火？

16. 层流预混火焰稳定的条件是什么？

17. 如何保证湍流火焰的稳定性？

18. 影响层流和湍流扩散火焰长度的主要因素有哪些？

19. 什么叫无焰燃烧？无焰燃烧的特点是什么？

20. 什么叫有焰燃烧？有焰燃烧的特点是什么？

21. 画出同心射流形成的层流扩散火焰的结构示意图，并简单介绍其火焰形成过程。

22. 什么是火焰稳定器？其工作原理是什么？

23. 在湍流预混火焰皱折表面燃烧理论中根据湍流尺度和脉动速度的大小可将火焰分为哪几种形式？简单陈述这几种火焰的发生条件及其火焰形状特点。

第九章 液体燃料燃烧

第一节 液体燃料的燃烧特性及燃烧方式

在石油、化工、电力、建材等行业中的加热工艺经常用到液体燃料的燃烧设备，液体燃料种类繁多，主要是石油炼制加工产品，如汽油、柴油、重油等，还有利用化学方法从煤炭、油页岩热加工所获得的产物，再进行分馏得到的一系列液体燃料产品。这里主要讨论燃油的燃烧。液体燃料的燃烧属于扩散燃烧中的非均相燃烧，燃料为液体，氧化剂为气态。其燃烧过程要比气体燃料燃烧过程复杂得多。

一、液体燃料燃烧方式

根据液体燃料在着火燃烧前发生蒸发与气化的过程，可将其燃烧分为液面燃烧、灯芯燃烧、蒸发燃烧与雾化燃烧 4 种方式。

1. 液面燃烧

液面燃烧是指直接在液体表面上发生的燃烧。液体表面有热源或火源，使液体表面蒸发，当燃料蒸气与周围空气形成一定浓度的可燃混合气，并达到着火温度时，便可发生液面燃烧。如果燃料蒸气与空气混合不良，则将导致燃料严重裂解，其中的重成分不发生燃烧反应，会产生大量黑烟严重污染环境。例如油罐火灾、海面浮油火灾等。工程实际中一般不采用此种燃烧方式。

2. 灯芯燃烧

利用灯芯的毛细吸附作用将燃油由容器中吸附上来，并在灯芯表面生成油蒸气，然后油蒸气与空气混合发生的燃烧。例如煤油灯、煤油炉等。

3. 蒸发燃烧

使液体燃料通过一定的蒸发管道，利用燃烧时放出的部分热量加热管中的燃料使其蒸发，然后再象气体那样燃烧。适合于黏度不高、沸点不太高的液体燃料。例如：汽油机装有气化器，燃气轮机装有蒸发管。

4. 雾化燃烧

利用各种形式的雾化器将液体燃料破碎雾化为大量直径为几微米至几百微米的小液滴，并使它们悬浮在空气中边蒸发边燃烧。动力行业多采用此种燃烧方式，是工程实际中主要的液体燃料燃烧方式。

在工业上被广泛采用的燃烧方式是雾化燃烧。这里以下讲述的主要是雾化燃烧特点。

二、液体燃料的燃烧过程

液体燃料燃烧过程由液体燃料雾化、燃料液滴的气化与蒸发、燃料与空气的混合和燃料液滴燃烧 4 个过程组成。这些过程的进行各有先后，但又相互影响，交错重叠。

1. 液体燃烧的雾化过程

液体燃烧的雾化过程是液体燃料燃烧的前提，此过程可利用雾化器来完成。液体燃料雾化后，雾滴的直径达由数十至数百微米。液滴的表面积增加上千倍。雾滴越细，一定体积燃料所具有的表面积越大。例如，1kg 重油的球形表面积仅为 0.052m^3，经雾化器粉碎成直径为 30μm 的小油滴，其总表面积可达到 330m^2，则蒸发表面积增大了 6400 倍。燃油蒸发表面积的增加不仅可以加速燃料的蒸发过程，而且有利于燃料与空气的混合，保证燃烧的迅速与完全。所以，燃料的雾化在整个液体燃料的燃烧过程中起着极其重要的作用，对燃烧过程的好坏有着决定性的影响。

2. 液体燃料气化或蒸发过程

液体燃料气化或蒸发过程是液体燃料燃烧的必经阶段。由于燃料着火温度往往高于液体燃料沸点，因此液体燃料燃烧之前必然存在气化过程，使燃料油变成气态或使浆体燃料变成气态。只有完成了气化过程，才能使燃料与空气中的氧最为有效地接触，并最终完成燃料与空气的混合过程。所以，液体燃料的燃烧实质上是燃油蒸气和空气的燃烧，是一种气态物质的均相燃烧过程。

轻质液体燃料的气化纯物理过程，而重质液体燃料的气化，还要经历化学裂解过程，裂解成轻质可燃气化物和炭质残渣。

3. 燃料与空气的混合过程

混合过程包括液体燃料液滴与空气的混合、燃油蒸气与空气的混合以及燃油的挥发分与空气的混合。混合速度与喷嘴的特性、进气方式和燃烧室内湍流度等因素有关。

图 9-1 为液体燃料燃烧示意图。图 9-1 表明，液体的雾化在喷嘴出口下游的短距离内完成，紧接着是燃料液滴的受热和蒸发燃料与空气的混合，可以认为燃油从喷嘴雾化时，即进行燃料液滴和空气的混合。由图 9-1 可见，蒸发过程结束之后，燃料和空气的混合仍要经历一段时间，因此火焰拖得较长。显然，为了强化燃烧、缩短火焰长度，必须设法加快混合过程。

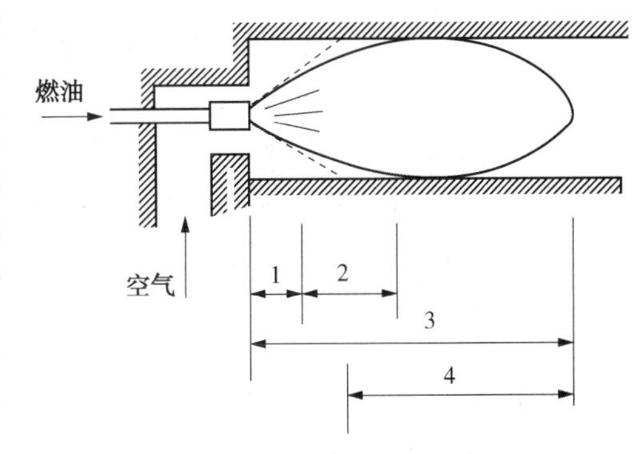

图 9-1 液体燃料燃烧过程示意图

1—雾化过程；2—蒸发过程；3—混合过程；4—燃烧过程

三、液体燃料的燃烧特点

图 9-2 为液体燃料在其自由表面上的燃烧情况(即液面燃烧)。由于液体燃料的蒸发在其表面上产生一层油蒸气，这些油蒸气与空气混合并被加热着火、燃烧，形成火焰。液体表面从火焰中吸收热量，促使其蒸发加快，提供更多的燃料蒸气，使燃烧更加迅速。当火焰与液体表面间热交换达到稳定时、即建立了稳定状态，此时燃料的蒸发速率与燃烧速率(单位时间燃烧掉的燃料质量)相等。所以液体燃料的燃烧速率完全取决于液体自其表面蒸发的速率。因此，增强燃料的蒸发过程就可强化燃烧。

又知蒸发速率为：

$$\dot{m} = S_0 \times \Delta c \times \beta \tag{9-1}$$

式中 S_0——单位质量的液体外表面积；

Δc——液体表面与其邻近周围介质的蒸气浓度之差；

β——质量交换系数或传质系数。

由此可知，要提高蒸发速率可以提高上述式中任意一个参数，其中最有效的是扩大燃料蒸发表面积。这是现代强化液体燃料燃烧技术中广泛采用的一种方法——雾化。

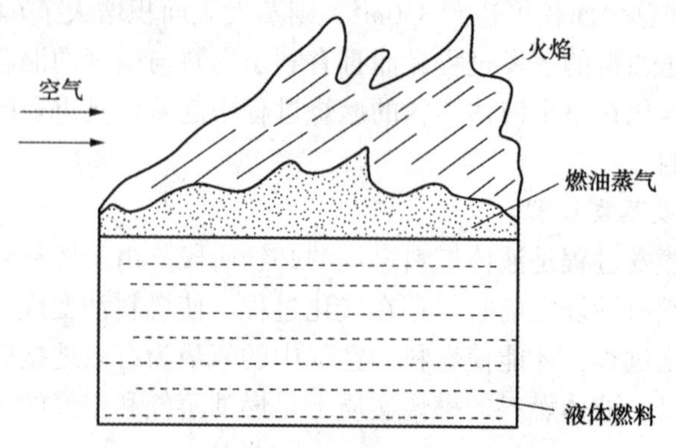

图 9-2　液体燃料自由表面上的燃烧

第二节　液体燃料的雾化机理及其方法

一、雾化过程

使液体燃料经过雾化器破碎成微小颗粒的过程就是雾化过程，是一极为复杂的物理过程。根据雾化理论的研究，雾化过程大致有以下几个阶段：

① 液体燃料从喷嘴射出，形成液膜或液体柱；

② 由于液体初始湍流状态和周围气体对液体作用，使液体表面失去稳定，发生弯曲波动，液膜或液体柱变薄、变细，分裂为细丝或细环流。

③ 在液体表面张力作用下，细丝或细环流分裂成液态颗粒——油滴；

④ 油滴在穿越气体介质时的运动中，发生碰撞，颗粒继续破碎或聚合。

从机理上讲，雾化是液体自身内力与它受到的外力相互作用的结果，当外力大于内力时油膜失去稳定性而发生破碎。现以离心式机械雾化喷嘴喷出油雾为例(见图 9-3)，分析雾化过中内外力的相互作用。

燃油的内力为油的黏性力和表面张力，它们是阻碍燃油分散的。燃油受到的外力为油离开喷嘴时油射流具有的惯性力和气动阻力，它们是促使燃油分散的。通常燃油以高速喷出喷嘴，它依靠自身的惯性力将油分散成锥形薄膜；随着离开喷口距离的增加，油膜越来越薄。在油射流的高速湍流和横向扰动下，油膜发生变形。当扰动增大到一定程度，其扰动惯性力足以使油膜失稳而破碎为细丝及细环膜，在油的表面张力和湍流扰动共同作用下，油细丝与细环膜分裂成大小不等的油滴。油膜或油滴喷入气流中，还会在气流作用下进

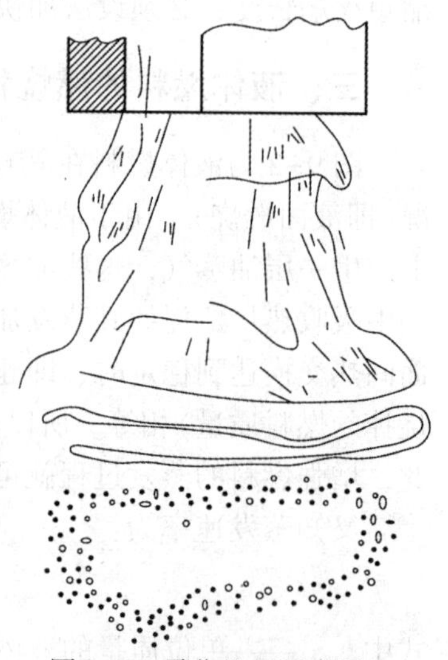

图 9-3　雾化机理示意图

一步破碎。由于湍流的扰动作用，油膜表面凹凸不平，当气体流过其表面时，凸起部分的根部会受到滞止压力的作用；绕过凸起部分顶部的气流将发生绕流，又对顶部形成拉力。在相对速度足够大时，凸起部分便会脱离油膜而形成油滴，如图 9-4 所示。大油滴在气流的作用下，也会被进一步破碎为小油滴，如图 9-5 所示。

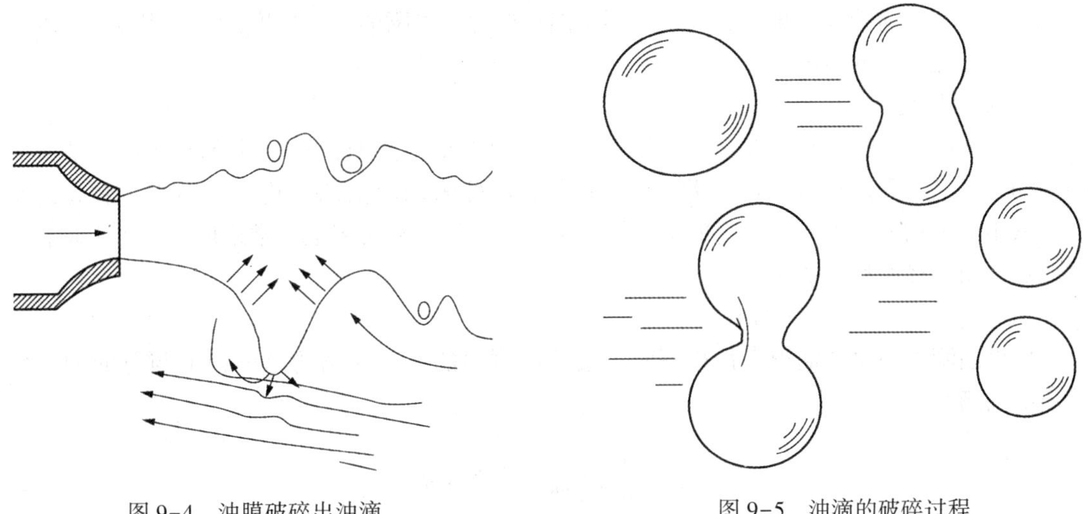

图 9-4　油膜破碎出油滴　　　　图 9-5　油滴的破碎过程

对于介质雾化喷嘴，与机械雾化喷嘴不同的是燃油受到的外力主要为来自气体介质(压缩空气或蒸汽等)射流的动量冲击破碎力和炉内气体介质的流动阻力。

二、雾化性能评定指标

液体燃料雾化质量的好坏对燃烧过程及燃烧设备的工作性能有着重大影响。通常评定液体燃料雾化器的雾化性能评定指标主要有：雾化角、雾化细度、雾化均匀度、流量特性、调节比、射程等。

1. 雾化角

雾化角是油雾化炬的张角，通常指油嘴喷口处喷雾炬外包络线的两条切线之间的夹角，以 θ 表示(图 9-6)。雾化角的大小一般由实验测定。但由于实际油雾的边界线不是直线(图 9-6)，所以测定油雾的张角较难，为此，工程上通常用条件雾化角来补充表示实际雾化角。

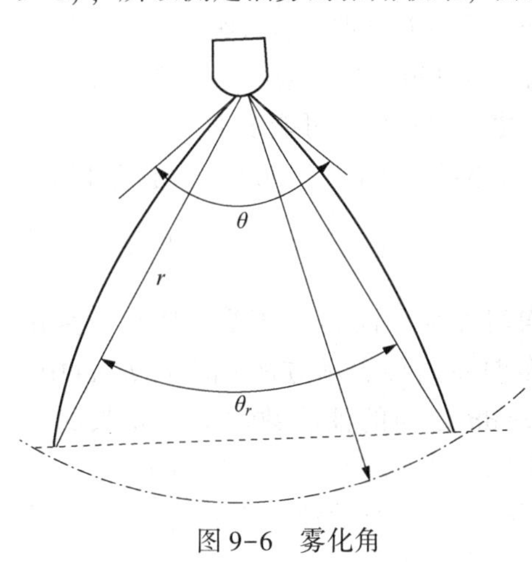

图 9-6　雾化角

条件雾化角指在以喷嘴出口中心为圆心，以喷嘴出口中心为圆心，某一轴向距离 r 为半径的圆弧与油雾外包络线交点与喷口中心连线的夹角，以 θ_r 表示。对大流量喷嘴，r 取 100～150mm；对小流量喷嘴，r 取40～80mm。

雾化角是雾化器设计时的一个很重要的参数，它的大小直接影响燃料燃烧的完全程度和经济性。雾化角过大，油滴将会穿出湍流最强的空气区域而造成混合不良，以致增加燃烧不完全损失，降低燃烧效率，此外还会因燃油喷射到炉墙或燃烧室壁上造成结焦或积炭现象。若雾化角过小，则会使油滴不能有效地分布到整个燃烧室空间，造成与空气混合不良，致使局部过量空气系数过大，燃烧温度下降，以致着火困难和燃烧不良。此外，雾化角的大小还影响到火焰外形的长短。如雾化角大，火焰则短而粗；雾化角小，则细而长。一般雾化角约在60°~120°，这可根据需要在设计时选定。对于小型燃烧室，雾化角一般在60°~80°。

雾化角和喷嘴的加工角度有关联但不是同一概念。喷嘴的加工角度，是不用测量，在设计加工时已经定下的角度。

2. 雾化细度

雾化细度是指燃油经喷嘴雾化后所产生的油滴大小(粗细程度)。由于雾化后的液滴大小不均匀，最大和最小有时可相差50~100倍，因此采用液滴的平均直径来表示颗粒的细度。采用的平均方法不同，所得的平均直径也将不一样。在实用上，常采用索太尔平均直径和质量中间直径两种方法。

(1) 索太尔平均直径(SMD)

假设油滴群中每个油滴直径相等时，按照所测得的所有油滴的总体积 V 与总面积 A 计算出的油滴直径：

$$V = \frac{N}{6}\pi d_{\mathrm{SMD}}^3 = \frac{\pi}{6}\Sigma N_i d_i^3 \tag{9-2}$$

$$A = N\pi d_{\mathrm{SMD}}^2 = \pi\Sigma N_i d_i^2 \tag{9-3}$$

$$d_{\mathrm{SMD}} = \frac{\Sigma N_i d_i^3}{\Sigma N_i d_i^2} \tag{9-4}$$

式中 N——燃油雾化后所有油滴的总颗粒数；

N_i——相应直径为 d_i 的油滴的颗粒数。

(2) 质量中间直径(MMD)

质量中间直径是一个假定的油滴直径，即油滴群中大于或小于这一直径的两部分油滴的总质量相等。即：

$$\Sigma M_{d > d_{\mathrm{MMD}}} = \Sigma M_{d < d_{\mathrm{MMD}}} \tag{9-5}$$

质量中间直径常用实验方法求得。

上述两个直径越小，雾化细度越小，雾化效果越好，但不能过细。若过细，一则油滴微粒易被气流吹走，二则要消耗大量的雾化动力。当然也不能过粗，过粗会减小燃料的比蒸发面积，不利于油滴的雾化，也不利于油滴的燃尽，使燃尽时间延长，可能来不及燃烧完全就被气流带出燃烧室。对于简单机械压力雾化器(喷嘴)，若雾化重油，它的细度一般为100~200μm，粒度大致在40~400μm范围内变动。

3. 雾化均匀度

雾化均匀度是指燃油雾化后液滴群颗粒尺寸的均匀程度。油滴尺寸差别越小，雾化均匀度越好。雾化均匀度有粒数分布曲线和质量分布曲线两种表示方法。图9-7(a)中，横坐标表示颗粒的直径，纵坐标则表示直径在 d 和 $d+\mathrm{d}d$ 之间的油滴数占油滴总数的百分数；图9-7(b)中，横坐标表示颗粒的直径，纵坐标则表示直径在 d 和 $d+\mathrm{d}d$ 之间的油滴质量占总质量的百分数。如果曲线的峰形越陡峭，则就表示油滴粒度越均匀；反之，均匀性就越差。

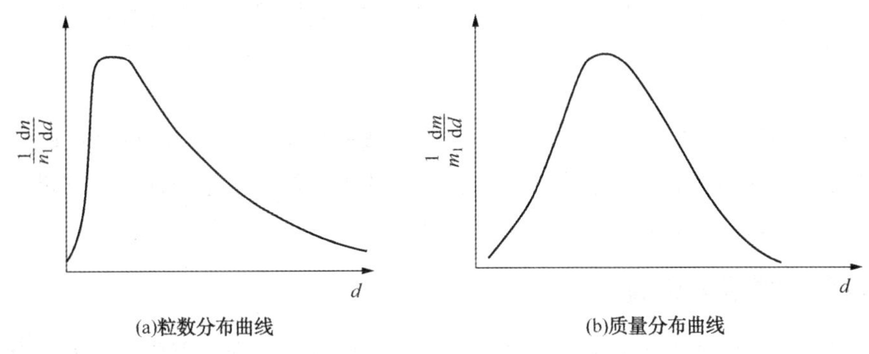

图 9-7　雾化分布情况

雾化均匀度可用均匀性指数 n 来衡量，均匀性指数 n 可从罗辛-拉姆勒(Rosin-Rammler)分布函数中求得：

$$R = 100\exp\left[-\left(\frac{d_i}{d_m}\right)^n\right]\% \tag{9-6}$$

式中　R——直径大于 d_i 的油滴质量(或容积)占取样总质量(或容积)的百分数；

d_i——与 R 对应的油滴直径；

d_m——油滴特性直径，相当于 $R=36.8\%$ 时的直径，即当式(9-6)中 $\frac{d_i}{d_m}=1$ 时的值；

n——均匀性指数，对于机械雾化器 $n=1\sim4$。

4. 流量密度分布

流量密度分布特性是指在单位时间内，通过与燃料喷射方向相垂直的单位横截面上燃油质量(或容积)沿半径方向的分布规律。流量密度分布特性与射流形式有很大关系。图 9-8 显示了离心式雾化器和直流式雾化器的燃料流量密度分布。由于离心式雾化器在其轴心部分存在空气核心，在其轴线部分油量很少，而在其两侧各有一高峰，呈马鞍形分布，如图 9-8 中(a)、(b)所示。对于直流式机械雾化器，燃料流量密度呈高斯型，轴向的流量密度最大，如图 9-8 中(c)所示。流量密度分布布对燃烧过程有很大影响。分布较好的油流能将燃料分散到整个燃烧空间，并能在较小的空气扰动下获得充分的混合与燃烧。实践证明，机械离心式雾化器的流量密度分布符合燃烧室工作要求的。因燃烧室中心部位一般是高温烟气回流区，将油雾喷入高温回流区是不合适的。为了保证各处油雾都有适量的空气与之混合，要求在沿圆周方向上流量密度分布应当均匀。

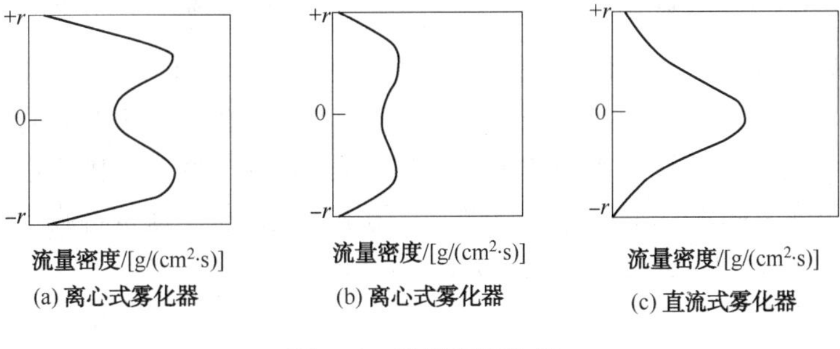

图 9-8　流量密度分布

流量密度分布通常是用实验方法测得。若测得的分布图形两侧不对称，则表明雾化器的加工质量存在问题。

5. 喷雾射程

喷雾射程指水平方向喷射时，喷雾液滴丧失动能时所能到达的平面与喷口之间的距离。雾化角大和雾化很细的喷雾炬，射程比较短；密集的喷雾炬，由于吸入的空气量较少，射程比较远。一般射程长的喷雾炬所形成的火焰长度也长。

三、雾化方式及其装置

目前，工业上使燃油雾化的方式通常有两种：机械雾化和介质雾化，此外还有兼有上述两种方式的特点的组合型雾化。

1. 机械式雾化器

机械雾化是依靠油泵提高燃油的压力，使燃油在压力下以较大的速度或以旋转的方式从小孔喷向燃烧室空间来实现燃料的雾化。油压的大小直接影响燃油的雾化效果，所以这种机械式雾化器又叫作压力式雾化器(或喷嘴)。按其结构可分为3种：

(1) 直射式雾化器

直射式雾化器是一种最简单的机械式雾化器(或称压力式雾化器)。它的结构型式如图9-9所示，在一根直管子的顶端开有小孔，小孔直径一般仅有几百微米。燃料在高压下(约10MPa)通过该管子由小孔喷出而雾化。这种雾化器需要较高的燃料速度(100m/s或更高)才能获得良好的雾化质量，一般多用于航空发动机与柴油发动机的燃烧室中。

(2) 离心式雾化器

离心式雾化器是工业上广泛使用的一种雾化器。它可应用在各种类型的锅炉、工业窑炉和燃气轮机上。燃油在一定压力下切向进入雾化器的旋涡室，在其中产生高速旋转运动，最后从雾化器的喷口喷出并雾化成微滴。图9-10为雾化器的工作示意图，图9-11为这种雾化器的基本结构。它有两种常用的形式：简单离心式和中间回油式。

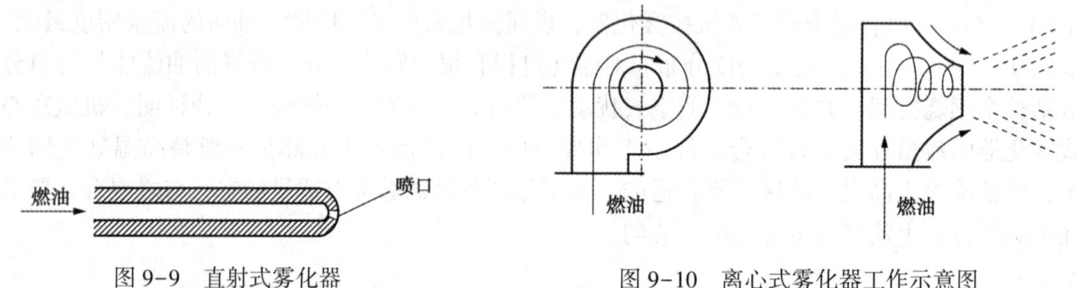

图9-9 直射式雾化器

图9-10 离心式雾化器工作示意图

① 简单机械压力雾化器。图9-11(a)是简单离心式雾化器的头部结构。它主要由分流片、旋流片和雾化片组成。燃油经过分流片被分割成几股小液流，由背面的环形槽进入旋流片的3个小孔，再由切向槽进入中间的大孔，在大孔(称为旋涡室)中产生旋转运动。最后燃油从雾化片的中间小孔喷出。在有些喷嘴上，为了简化结构，通常将旋流片和雾化片合在一起，以此简化结构，但是分开制造较为方便。

为了保证简单机械雾化器的雾化质量，燃油从喷口喷出必须具有很高的速度，因而要求燃油具有较高的压力，一般应达2.0~3.5MPa。燃油的流量近似与油压的平方根成正比，所以油压变化很大时，而流量变化较小，所以雾化器的调节范围较小，特别是在小流量时要求

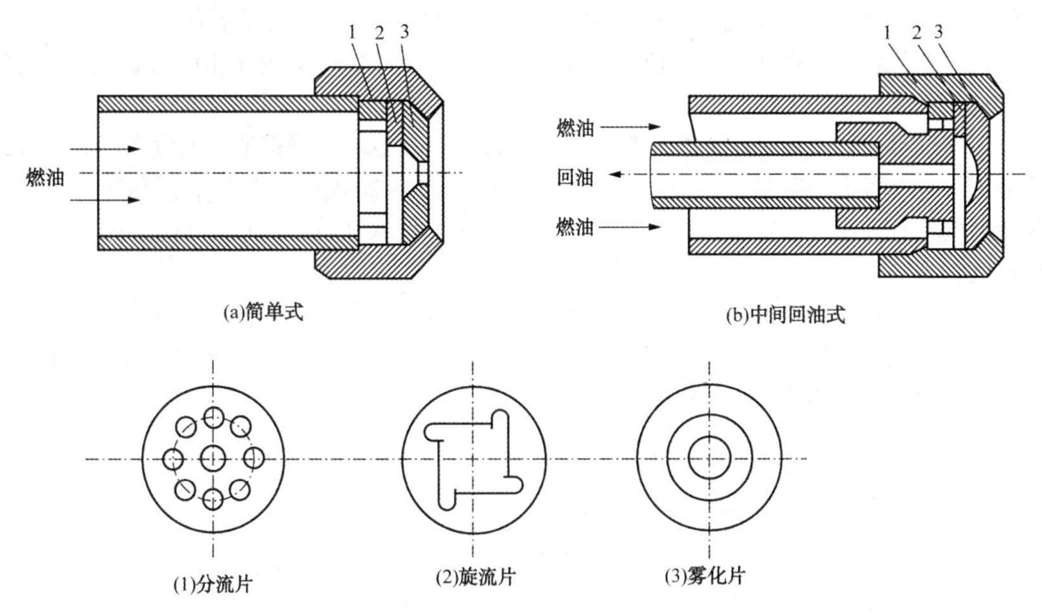

图 9-11　离心式雾化器基本结构

进油压力降低，而油压过低会导致雾化质量迅速恶化。因此，简单机械压力雾化器只适合热负荷变化不大的燃烧装置。

② 回油式机械雾化器

为了提高机械雾化喷嘴流量调节性能，确保在低负荷时的雾化质量，回油式机械雾化器在结构上作了一些改进，其结构如图 9-11(b)所示。主要是在分流片上开了一个中心孔或一组小孔，并连接一根与油箱相通的回油管，这样进油量可分为喷油量和回油量两部分。在供油压力不变时利用改变回油量的方法调节热负荷。由于供油压力不变，在旋流室中油的旋转速度基本不变。当需要减小喷油量时，可加大回油阀的开度，增加回流油量，但燃油仍以高速喷出，这样即可在低负荷时保持良好的雾化质量。当回油阀完全关闭时，这种油喷嘴便变成了简单机械雾化油喷嘴。回油式油喷嘴的调节比可达 4 左右，可应用于热负荷变化较大的燃烧室。回油喷嘴应用于重油系统时，应控制回油量不能太大，否则会损失热量，甚至可能使油系统冒罐，这是因为回流的油是被加热到较高温度的油。

机械雾化喷嘴结构简单，噪声小，操作方便，不需雾化介质，已广泛应用在各种锅炉及工业设备的燃烧装置中。但雾化质量受油压影响较大，雾化细度越细，油压要求越高，所以油系统的可靠性要求高，油泵耗能大。另外，在燃用雾化质量较差的油品时，常出现喷孔堵塞或雾化粒度较粗等问题。

2. 介质雾化器

介质雾化是指利用高速喷射的雾化介质的动能来使燃油流粉碎成细雾。通常使用的介质有两种：蒸汽和压缩空气。介质雾化器按使用介质的压力，可以分为低压介质雾化器和高压介质雾化器两种。

(1) 低压介质雾化器

低压介质雾化器以鼓风机产生的空气作为雾化介质，使用雾化介质所产生的动量在喷嘴内部将燃油击碎，然后一起从喷嘴喷射出而雾化。由于空气压力较低，一般在 4~10kPa，故雾化介质喷射速度较小。为了保证雾化质量，必须消耗大量空气。一般雾化介质的消耗量为燃烧所需空气量的50%以上，可达100%。空气既是雾化介质，又是氧化剂。因此空气和燃油的混合条件较好，燃烧快，可使用较少的过量空气系数(一般为1.10~1.15)就可达到完全燃烧，火焰较短。

低压空气雾化器一般是用来燃烧柴油或轻质油。虽然也能燃烧重油，但效果不好。这种雾化器因受空气管道的限制，燃烧能力较小，一般在150~200kg/h。同时，低压雾化器的空气预热温度不宜太高，否则容易产生热解，生成炭黑，堵塞油管。一般不超过300℃，若有二次空气，则其预热温度不受限制，调节比较小。

低压空气雾化器的类型很多，按照燃油与空气相对运动方式来分，有直流式、

相遇气流式、旋流式和湍流式等。图9-12和图9-13为直流式(C形)和旋流式(K形)低压空气雾化器的结构简图。

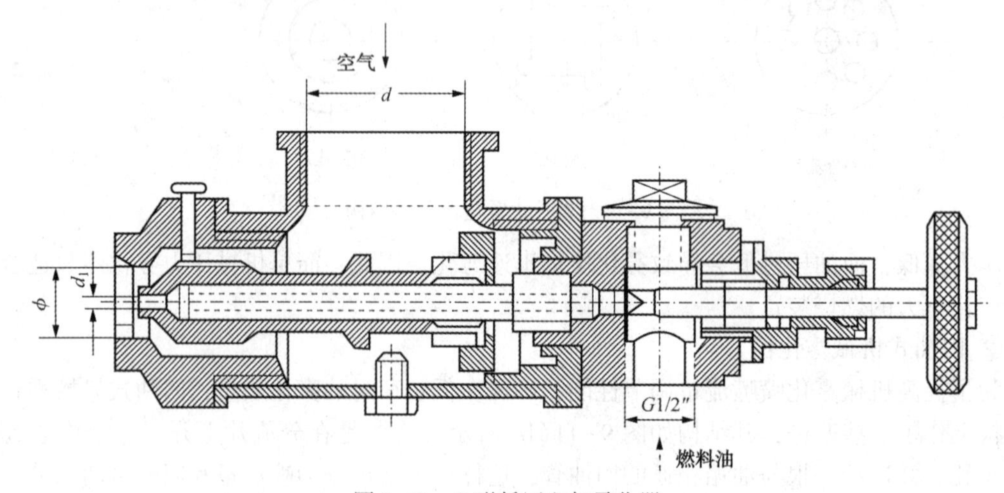

图9-12　C形低压空气雾化器

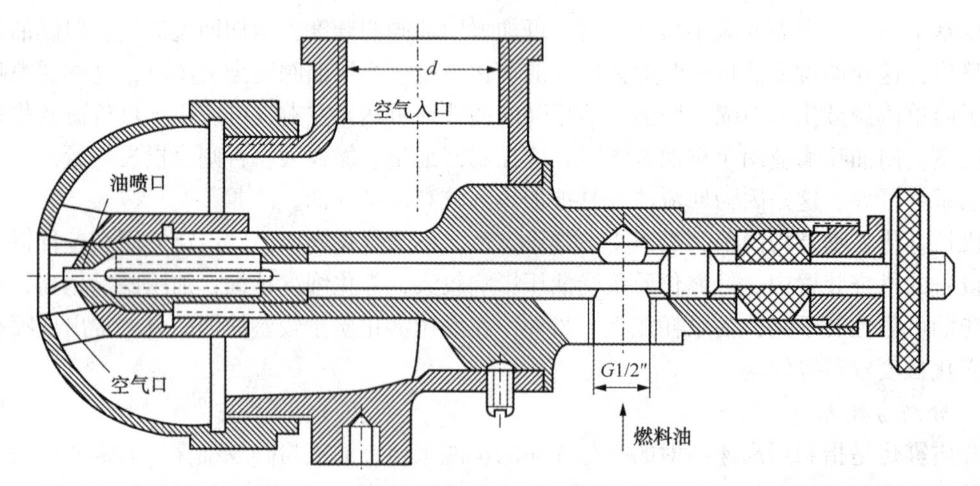

图9-13　K形低压空气雾化器

(2) 高压介质雾化器

高压介质雾化器通常使用压缩机产生的压缩空气(0.3~0.7MPa)或蒸汽(0.3~1.2MPa)作为雾化介质。高压雾化介质所产生的气流速度很高，接近声速或超过声速，具有很大的动能，雾化介质用量较小，仅占总流量的2%~10%(质量分数)。但空气与油雾的混合条件变

差，火焰较长。

用蒸汽作为雾化介质，会使烟气中的水蒸气含量增加，降低理论燃烧温度；但烟气中水蒸气含量的增加，可减少劣质渣油的裂解，减少污染的排放。同时高压蒸汽比压缩空气的成本低，所以被广泛应用。

高压介质雾化器结构形式较多，主要有外混式、内混式和 Y 型等。图 9-14 所示是外混式蒸汽雾化器。燃油在中间套管内流动，具有一定压力的蒸汽在套管外的隔套内流动，两者同时从喷口喷出，并在喷口外相撞而混合，故称外混式。内混式雾化器，是指燃油在喷出雾化器前预先与蒸汽相遇，形成燃油与蒸汽的混合物后再喷出燃烧。这样可获得较细的雾化油滴。图 9-15 示出的就是这种雾化器。

Y 型雾化器是内混式雾化器的一种，如图 9-16 所示。油孔、汽孔和混合孔采用 Y 形相交布置，各组喷口沿喷嘴中心线对称布置。燃油和蒸汽分别由外管和内管进入油孔和汽孔，两者在混合孔内相撞，一次撞击雾化为乳状油气混合物，然后在混合室压力下经混合孔喷出得到进一步雾化。

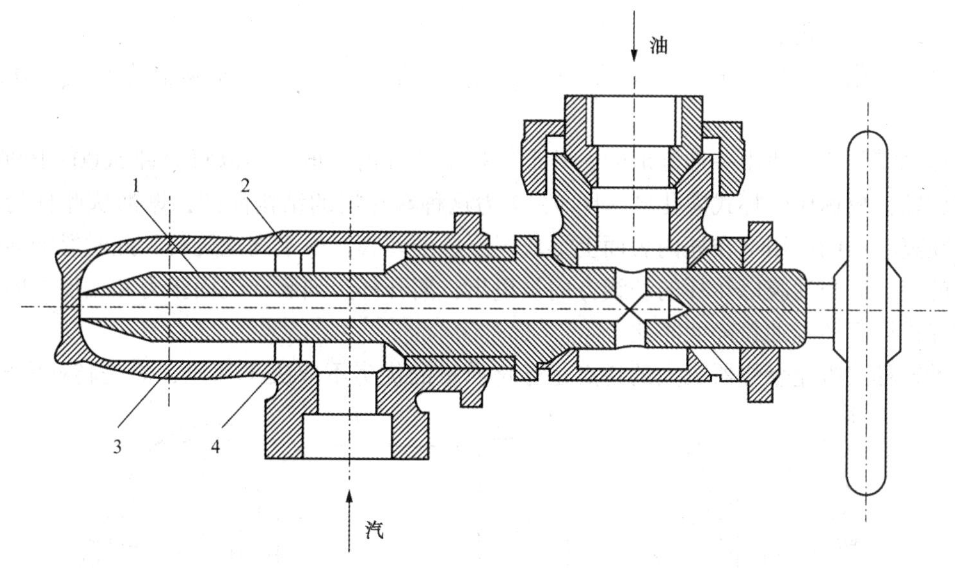

图 9-14　外混式蒸汽雾化器

1—油管；2—蒸汽套管；3—定位螺丝；4—定位爪

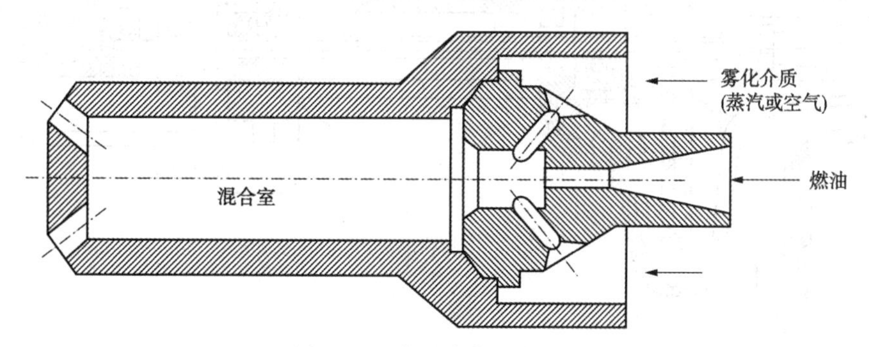

图 9-15　内混式蒸汽雾化器

高压介质雾化器相对于低压介质雾化器具有以下优点：可以采用较高的蒸汽过热度和空气预热温度，单个高压喷嘴的容量大，调节比大。

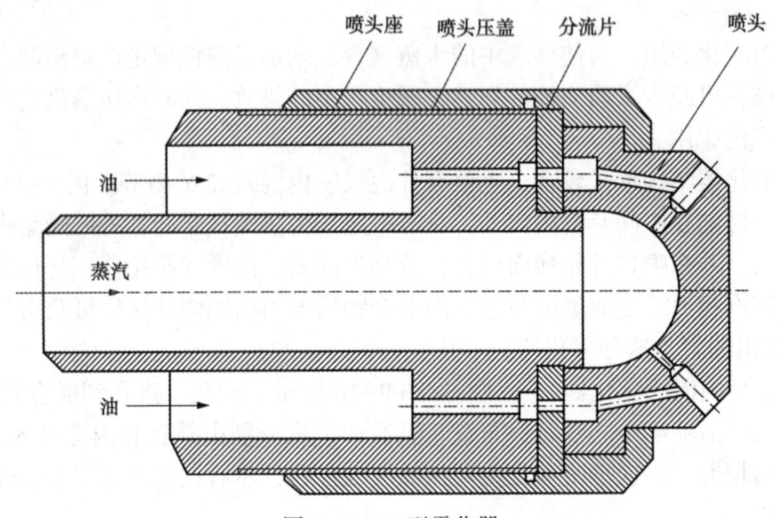

图 9-16　Y 型雾化器

（3）组合式雾化器

组合式雾化器兼顾机械式雾化器和介质式雾化器的特点，比较典型的就是转杯式雾化器。

转杯式雾化器是使用一种锥形的，外形像杯子的容器。该容器以每分钟 5000～10000 转的高速旋转，故称作转杯式雾化器。图 9-17 为这种雾化器的结构简图，燃油从此杯的底部进入，在离心力的作用下在杯内表面上形成一层燃油薄膜。由于高速旋转，此时燃油薄膜具有很大的能量，当油膜以转杯的切线方向被甩出，离开杯边油膜在表面张力和相反方向高速气流相互作用下使燃油粉碎而雾化。

这种转杯式雾化燃烧器最大的特点是雾化质量的优劣不取决于油压，而是转杯的转速。

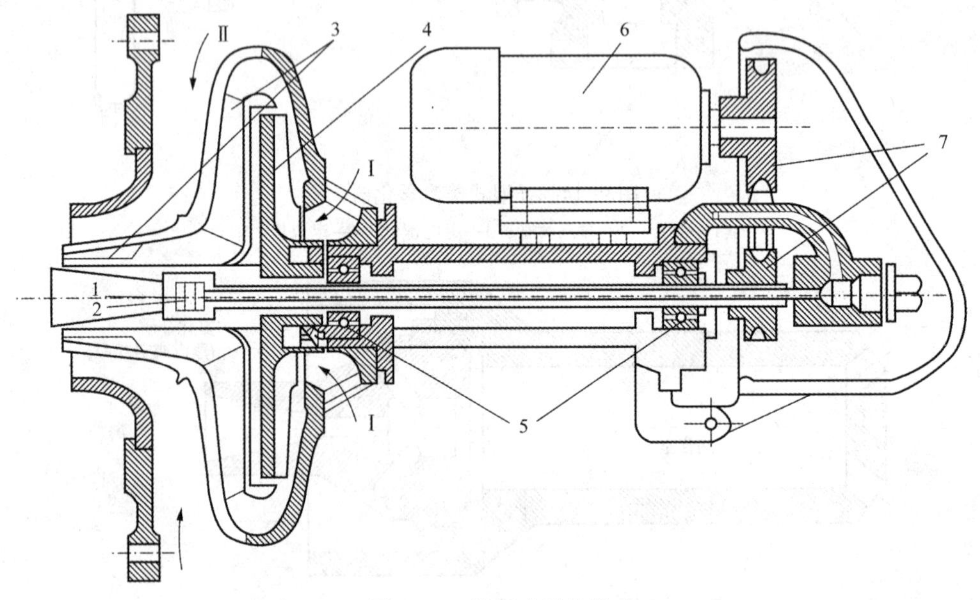

图 9-17　转杯式雾化器

1—转杯；2—空心转轴；3—一次风导流片；4—一次风机叶轮；
5—轴承；6—电动机；7—传动皮带；Ⅰ—一次风；Ⅱ—二次风

故油压、油温的波动几乎不影响其雾化质量。雾化质量好，火焰粗短，燃烧稳定，燃料的调节比大，对油品质量要求不高。缺点是噪声和振动较大。

第三节　液滴的蒸发与燃烧

一、液滴的蒸发

燃料液滴的实际燃烧过程是相当复杂的，影响因素很多。由前述可知，燃料液滴的燃烧速度很大程度上取决于蒸发速度。

1. 液滴蒸发时的斯蒂芬流

假定液滴在静止高温环境下蒸发，驱动力不仅与蒸气含量差有关，还与液滴的周围介质温差有关。液滴蒸发后产生的蒸气向外界扩散通过两种方式进行，即液滴蒸气的分子扩散和蒸气、气体以某一宏观速度 w_{gs} 离开液滴表面的对流流动。

液滴在蒸发过程中周围的气体由其他气体和蒸气组成，其含量分布呈球对称。图 9-18 示出液滴蒸发过程蒸气和空气 x 含量(质量分数)的变化趋势，其中注脚 s 表示液滴表面。可见，蒸气含量在液滴表面最高。随着半径增大，含量(质量分数)逐渐减小，直到无穷远处，$m_{lg\infty}=1.0$。对于空气，其质量分数的变化正好相反，在无限远处，$m_{xg\infty}=1.0$，并逐渐减小到液滴表面的 m_{xgs} 值。显然，在任意半径处，有 $m_{xg}+m_{lg\infty}=1.0$。显然，空气和蒸气在液滴表面与环境之间存在含量梯度。由于含量梯度的存在，使蒸气不断地从表面向外扩散；相反地，空气 x 则从外部环境不断地向液滴表面扩散。在液滴表面，空气力图向液滴内部扩散，然而空气既不能进入液滴内部，也不在液滴表面凝结。因此，为平衡空气的扩散趋势，必然会产生一个反向流动。根据质量平衡定理，在液滴表面这个反向流动的气体质量正好与向液滴表面扩散的空气质量相等。这种气体在液滴表面或任一对称球面以某一速度 u_g 离开的对流流动被称为斯蒂芬流(Stefan)。这是以液滴中心为源的“点泉”流，其数字表达式为：

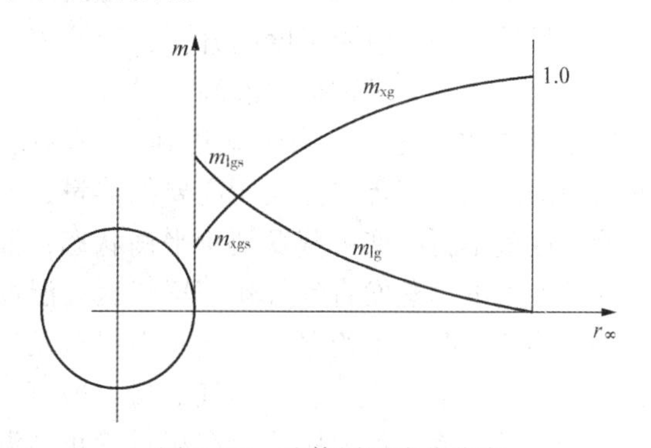

图 9-18　液体周围成分分布

m_{xg}—空气中空气质量分数；m_{lg}—空气中蒸气的质量分数；m_{xgs}—液滴表面处的蒸气质量分数；m_{lgs}—液滴表面处空气的质量分数

$$\rho_g D\frac{\mathrm{d}m_{xg}}{\mathrm{d}r}-\rho_g w_g m_{xg}=0 \tag{9-7}$$

式中　ρ_g——混合气相密度，kg/m^3；

D——气体的分子扩散系数，m^2/s。

式(9-7)表明，在蒸发液滴外围的任一对称球面上，由斯蒂芬流引起的空气质量迁移正好与分子扩散引起的空气质量迁移相抵消，因此空气的总质量迁移为 0。实际上不存组分的宏观流动，真正存在的流动是由于斯蒂芬流动引起燃料蒸气向外对流，其数量为：

$$q_{ml,0}=\rho_{gs}w_{gs}4\pi r_1^2 m_{lgs} \tag{9-8}$$

式中　$q_{ml,0}$——蒸气向外对流量，kg/s；

w_{gs}——离开液滴表面的气体流速，m/s；

ρ_{gs}——液滴表面混合气体的密度，kg/m³；

r_1——液滴半径，m；

m_{lgs}——液滴表面的蒸气质量分数。

2. 相对静止环境中液滴的蒸发

当周围介质的温度低于液体燃料沸点时，在相对静止环境中液滴的蒸发过程实际上是分子扩散过程。对于半径为 r_1 的液滴比蒸发率与蒸气向外对流量相等，则液滴比蒸发率为：

$$q_{ml,\ 0} = -4\pi r^2 \rho_g D \left. \frac{dm_{lg}}{dr} \right|_{r=r_1} = -4\pi r_1 \rho_g D(m_{lgs} - m_{lg}) \tag{9-9}$$

图 9-19 示出了高温下液滴蒸发的能量平衡图。液滴在高温气流介质中，不断受热升温而蒸发，但由于液滴温度的升高，致使液滴与周围介质之间温差减小，因而减弱了周围气体对液滴的传热量。另外，随着液滴温度的升高，液滴表面蒸发过程也加速，蒸发过程中液滴所吸收的蒸发潜热也不断增多。这样，当液滴达到某一温度，液滴所得的热量恰好等于蒸发所需要的热量，于是液滴温度就不再改变，蒸发处于平衡状态，液滴在该温度下继续蒸发直到气化完毕。这一温度就称为液滴蒸发时的平衡温度。这时燃料蒸发掉的数量就等于扩散出去的燃料蒸气的量，即蒸发速率等于扩散速率。如前所述，在相对静止高温环境中，通过斯蒂芬流动和分子扩散两种方式将蒸气迁移到周围环境，若含量分布为球对称，则液滴表面的蒸气比流速率为：

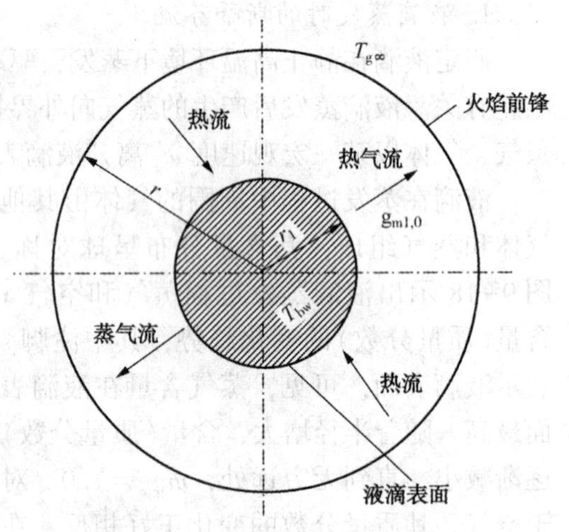

图 9-19　液滴蒸发能量平衡图

$$q_{ml,\ 0} = -4\pi r^2 \rho_g D \left. \frac{dm_{lg}}{dr} \right|_{r=r_1} + 4\pi r_1^2 \rho_{gs} w_{gs} m_{lgs} \tag{9-10}$$

对于任意半径的蒸气比流速率为：

$$q_{ml,\ 0} = -4\pi r^2 \rho_g D \frac{dm_{lg}}{dr} + 4\pi r_1^2 \rho_g w_g m_{lg} \tag{9-11}$$

根据 $\frac{dm_{xg}}{dr} = -\frac{dm_{lg}}{dr}$ 及式(9-7)推得：

$$q_{ml,\ 0} = 4\pi r^2 \rho_g w_g (m_{xg} + m_{lg}) = 4\pi r^2 \rho_g w_g \tag{9-12}$$

则式(9-11)可改写为：

$$q_{ml,\ 0} = -4\pi r^2 \rho_g D \frac{dm_{lg}}{dr} + q_{ml,\ 0} m_{lg} \tag{9-13}$$

于是：

$$q_{ml,\ 0} \frac{dr}{dr^2} = -4\pi \rho_g D \frac{dm_{lg}}{1 - m_{lg}} \tag{9-14}$$

边界条件：

$$\left.\begin{aligned} r = r_1, \quad & m_{lg} = m_{lgs} \\ r = +\infty, \quad & m_{lg} = m_{lg\infty} \end{aligned}\right\} \tag{9-15}$$

对式(9-14)积分则可得在相对静止的高温环境中液滴的蒸发速率，即：

$$q_{ml,0} = 4\pi r_1 \rho_g D \ln(1+B) \tag{9-16}$$

$$B = \frac{m_{lgs} - m_{lg\infty}}{1 - m_{lgs}} \tag{9-17}$$

其中，B 值的物理意义在于：在蒸发和燃烧过程中，出现了斯蒂芬流后，就需用无因次迁移势来考虑；只有当 $B>>1$ 时，斯蒂芬流的影响才可以不考虑。对不同的燃料在空气中 B 值近似是个常量。具体数值如表 9-1 所示。

表 9-1　不同燃料的 B 值

燃料种类	异辛烷	苯	正庚烷	甲苯	航空汽油	汽车汽油	煤油	粗柴油	重油	碳
B 值	6.41	5.97	5.82	5.69	~5.5	~5.3	~3.4	~2.5	~1.7	0.12

计算时通常可假定液滴表面的蒸气压等于饱和蒸气压，因此只要已知液滴表面温度以及液体的饱和蒸气压与温度的关系，即可求得 m_{lgs}。图 9-19 为以液滴为中心、r 为半径的液滴蒸发热能量平衡图，平衡方程为：

$$-4\pi r^2 \lambda_g \frac{dT}{dr} + q_{ml,0} c_{pg}(T_g - T_1) + q_{ml,0} L_{lg} + \frac{4}{3}\pi r_1^3 \rho_1 c_{pl} \frac{dT_1}{d\tau} = 0 \tag{9-18}$$

式中　$-4\pi r^2 \lambda_g \dfrac{dT}{dr}$——在半径 r 的球面上由外部环境向内侧球体的导热量；

$q_{ml,0} c_{pg}(T_g - T_1)$——使液体蒸气从 T_1 升温到 T_g 所需要热量；

$q_{ml,0} L_{lg}$——液滴蒸发消耗的潜热；

$\dfrac{4}{3}\pi r_1^3 \rho_1 c_{pl} \dfrac{dT_1}{d\tau}$——液体内部温度均匀，并等于 T_1 所消耗热量；

ρ_1——液滴密度，kg/m^3；

c_{pl}、c_{pg}——液体和蒸气的比定压热容，J/(kg·K)；

T_g、T_1——控制球面和液滴的温度，K；

L_{lg}——液体的汽化潜热，J/ kg；

τ——时间，s。

在液滴达到蒸发平衡温度后，有：

$$\frac{dT_1}{d\tau} = \frac{dT_{bw}}{d\tau} = 0 \tag{9-19}$$

式中　T_{bw}——液滴平衡蒸发温度，K。

则式(9-18)可简化成：

$$\frac{q_{ml,0}}{4\pi r} \frac{dr}{dr^2} = \frac{dT}{c_{pg}(T_g - T_{bw}) + L_{lg}} \tag{9-20}$$

边界条件：

$$\left.\begin{aligned} r = r_1, \quad & T = T_{bw} \\ r = \infty, \quad & T = T_{g\infty}\text{(外界环境温度)} \end{aligned}\right\} \tag{9-21}$$

可得：

$$q_{ml} = 4\pi r_1 \frac{\lambda_g}{c_{pg}} \ln\left[1 + \frac{c_{pg}(T_{g\infty} - T_{bw})}{L_{lg}}\right] \tag{9-22}$$

由此可见，可以用式(9-16)或式(9-22)计算液滴的纯蒸发速率，但两式的应用条件不同。式(9-22)仅适用于计算液滴已达蒸发平衡温度后的蒸发，而式(9-16)却不受这一条件的限制。实验表明，大多数情况下，特别是油滴比较粗大以及燃油挥发性较差时，油滴加温过程所占的时间不超过总蒸发时间的10%，因此当缺乏饱和蒸气压数据时，也可用式(9-22)来计算蒸发的全过程。若液滴周围气体混合物的 $Le=1$（Le 数称为路易斯数），可表示为 $Le = \frac{\rho_g D c_{pg}}{\lambda_g}$。则有 $\frac{\lambda_g}{c_{pg}} = \rho_g D$，所以有：

$$\begin{aligned} q_{ml,0} &= 4\pi r_1 \rho_g D \ln(1 + B_T) \\ B_T &= \frac{c_{pg}(T_{g\infty} - T_{bw})}{L_{lg}} \end{aligned} \tag{9-23}$$

对比式(9-23)和式(9-16)可知，当平衡蒸发，且 $Le=1$ 时，应有：

$$\begin{aligned} B &= B_T \\ \frac{m_{lgs} - m_{lg\infty}}{1 - m_{lgs}} &= \frac{m_{pg}(T_{g\infty} - T_{bw})}{L_{lg}} \end{aligned} \tag{9-24}$$

通过上述公式就可计算出液滴完全蒸发所需时间，即蒸发时间。

对于半径为 r_l 的液滴，有：

$$q_{ml,0} = -4\pi r_1^2 \rho_1 \frac{dr_1}{d\tau} \tag{9-25}$$

并求解 $d\tau$ 可得：

$$d\tau = \frac{c_{pg} r_1 \rho_1 dr_1}{\lambda_g \ln(1 + B_T)} \tag{9-26}$$

边界条件：

$$\left.\begin{aligned} \tau = 0,\ r_1 = r_{1,0} \\ \tau = \tau,\ r_1 = r_1 \end{aligned}\right\} \tag{9-27}$$

式中：$r_{1,0}$——液滴的初始粒径，m。

则对式(9-26)积分，可得：

$$\tau = \frac{c_{pg}\rho_1(r_{1,0}^2 - r_1^2)}{2\lambda_g \ln(1 + B_T)} = \frac{(d_{1,0}^2 - d_1^2)}{K_{1,0}} \tag{9-28}$$

式中，$K_{1,0}$——静止环境中液滴的蒸发常数，其计算式为：

$$K_{1,0} = \frac{8\lambda_g \ln(1 + B_T)}{c_{pg}\rho_1} = \frac{4q_{ml,0}}{\pi d_{1,0}\rho_1} \tag{9-29}$$

则在相对静止气氛中液滴完全蒸发时间为：

$$\tau_0 = \frac{d_{1,0}^2}{K_{1,0}} \tag{9-30}$$

从式(9-30)可看出，在给定温差和燃油物理特性后，蒸发时间只是油滴初始直径 $d_{1,0}$ 平方的函数。因此，初始直径越大，蒸发所需时间就越长（成平方增加），所以若液体燃料雾化后具有较多的大颗粒液滴，则蒸发时间就会大大地延长，因而火炬拖长，燃烧效率降低。故要缩短液体燃料蒸发时间，就必须要求具有较小的雾化细度。

3. 强迫气流中液滴蒸发的折算膜理论

前面讨论的是液滴与气流间无相对运动的蒸发过程，实际上液滴在蒸发和燃烧时，往往和气流有相对速率，即使在静止气流中蒸发和燃烧。由于油滴和气流存在着温差，也会出现有明显的自然对流现象。当液滴喷射到炉内时，往往和气流存在有较大的相对速率，此时，液滴四周的边界层变成如图9-20所示的状况，即迎风面变薄，背风面变厚。其形状与相对速率的大小有密切的关系，这样使得蒸发和燃烧过程的计算十分困难，目前尚很难能用分析方法彻底解决这个复杂问题。球周围的流动是复杂的，当 Re 数较高时($Re>20$)，球前面有边界层流动，球后面又有尾涡旋流动。把边界层的传热传质阻力近似看作通过球对称的边界层薄膜传热传质阻力，则其所相应的折算薄膜半径用符号 r_{sup} 表示。当液滴与气流有相对速率时，但不考虑蒸发过程，则折算薄膜半径 r_{sup} 可用下式计算：

$$4\pi r_1^2\alpha_s(T_{sup}-T_{bw})=4\pi\frac{1}{\dfrac{1}{r_1}-\dfrac{1}{r_{sup}}}\lambda_g(T_{sup}-T_{bw}) \tag{9-31}$$

式中 T_{sup}——折算边界层温度，K；

α_s——液滴的表面传热系数，W/(m·K)，其计算式为，$\alpha_s=\dfrac{\lambda_1}{r_1}\dfrac{r_{sup}}{r_{sup}-r_1}$，则：

$$Nu_s=\frac{\alpha_s d_1}{\lambda_1}=\frac{2}{1-\dfrac{r_1}{r_{sup}}} \tag{9-32}$$

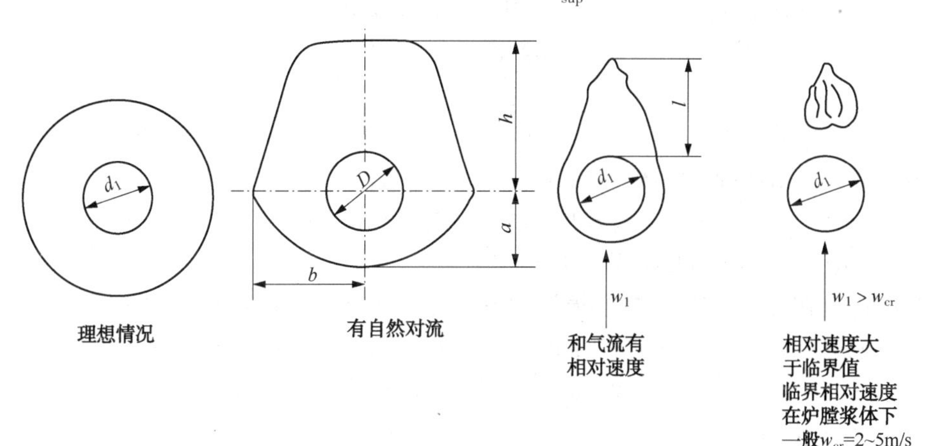

图9-20 气流流速对液滴边界层的影响

式(9-32)是 r_{sup} 的定义式，在气流静止时，$r_{sup}\to\infty$，即微小液滴在静止气流中传热的 Nu 数取极限值。这样就大大简化了问题，可以沿用上节中的一些分析方法，只是积分范围是由原来的 $r_1\to\infty$ 变成现在的 $r_1\to r_{sup}$。则实际蒸发过程中，当液滴达到热平衡时，液滴的蒸发速率为：

$$q_{ml}=4\pi\frac{1}{\dfrac{1}{r_1}-\dfrac{1}{r_{sup}}}\frac{\lambda_g}{c_{pg}}\ln\left[1+\frac{c_{pg}(T_{sup}-T_{bw})}{L_{lg}}\right]$$

$$= 4\pi \frac{\lambda_g}{c_{pg}} \frac{Nu_s r_1}{2} \ln\left[1 + \frac{c_{pg}(T_{sup} - T_{bw})}{L_{lg}}\right] \quad (9-33)$$

若已知液滴在气流中传热的努塞尔特准则数 Nu_s，则可得到液滴的蒸发速率。传质 Nu_s 由折算簿膜的热平衡公式推得。

$$Nu_s = Nu_{s,0} + \xi \sqrt{\frac{\lambda_{g,0}}{\lambda_g}} \sqrt{\frac{Nu_{s,0}}{2(1+B)^{Le}}} \sqrt{Re \times Pr} \quad (9-34)$$

式中 $Nu_{s,0}$——液滴在静止气流中传热的努塞尔准则数；

ξ——试验系数，其数值为 0.6；

Pr——液态混合物的普朗特准则数；

$\lambda_{g,0}$——边界层内和边界层介质的热导率，W/(m · K)。

对于在静止气流中液滴传热的努塞尔准则数可由下式计算：

$$Nu_{s,0} = \frac{2Le}{(1+B)^{Le-1}} \ln(1+B) \quad (9-35)$$

对于汽油(型号为 0°~80°)、煤油(型号为 0°~140°)，其 $\sqrt{\frac{\lambda_{g,0}}{\lambda_g}} = 1$，比较式(9-34)和 W. E. Rang 的实验公式(Re=10~500)，二者比较接近。

$$Nu_s = 2 + 0.6\sqrt{Re \times Pr} \quad (9-36)$$

而在强迫对流气流中液滴完全蒸发时间也可写作式(9-29)形式，即：

$$\tau_0 = \frac{d_{1,0}^2}{K_1} \quad (9-37)$$

式中 K_1——强迫对流气流中液滴的蒸发常数，可由下式计算：

$$K_1 = \frac{4\lambda_g Nu_s \ln(1 + B_T)}{c_{pg}\rho_1} \quad (9-38)$$

随着相对速率的增大，Nu_s 数增大，使得 K_1 增加，因而蒸发时间 τ 比在静止气流中明显缩短。对油滴，当雷诺准数为 Re=0~200 时，则 K_1 为：

$$K_1 = K_{1,0}(1 + 0.3Sc^{1/3} Re^{1/2}) \quad (9-39)$$

式中 Sc——施密特(Schmidt)准数，$Sc = \nu / D$。

【例 9-1】 在常压、150℃的环境温度下，对于直径为 0.1mm 的汽油雾滴，分别计算在相对静止和强迫对流(Re=100)条件下的完全蒸发时间。已知汽油密度 ρ_1 = 820 kg/m³，B_T = 5.3；在 150℃和常压下汽油蒸气的混合气：比定压热容 c_{pg} = 2.48kJ/(kg · K)，热导率 λ_g = 3.05×10⁻⁵kW/(m · K)。

解：在相对静正条件下，汽油的蒸发常数可根据式(9-29)计算，即

$$K_{1,0} = \frac{8\lambda_g \ln(1+B_T)}{c_{pg}\rho_1} = \frac{8 \times 3.05 \times 10^{-5} \ln(1+5.3)}{2.48 \times 820} = 2.21 \times 10^{-7} (m^2/s)$$

$$\tau_0 = \frac{d_{1,0}^2}{K_{1,0}} = \frac{(1 \times 10^{-4})^2}{2.21 \times 10^{-7}} = 0.045(s)$$

在相对静止条件下，汽油雾滴的完全蒸发时间可根据式(9-30)计算。

在 Re=100 的强迫对流条件下，根据式(9-36)计算 Nu 数：

$$Nu_s = 2 + 0.6\sqrt{Re \times Pr} = 2 + 0.6 \times \sqrt{0.7} \times \sqrt{100} = 7.02$$

汽油的蒸发常数可根据式(9-38)计算，则：

$$K_1 = \frac{4\lambda_g Nu_s \ln(1 + B_T)}{c_{pg}\rho_1} = \frac{4 \times 3.05 \times 10^{-5} \times 7.02 \times \ln(1 + 5.3)}{2.48 \times 820} = 7.78 \times 10^{-7}(m^2/s)$$

$$\tau_0 = \frac{d_{1,0}^2}{K_1} = \frac{(1 \times 10^{-5})^2}{7.78 \times 10^{-7}} = 0.013(s)$$

在 $Re=100$ 的强迫对流条件下，汽油雾滴的完全蒸发时间可根据式(9-37)计算。

4. *液滴群的蒸发*

在实际喷嘴雾化过程中所形成液滴是由大小不同的液滴组成。研究液滴群的蒸发对雾化燃料的蒸发以致燃烧是很重要的。

根据雾化均匀度分布函数式(9-6)，可推得单位体积液雾具有直径 d_1 的液滴颗粒的表达式为：

$$dN_1 = -n\frac{6}{\pi}\frac{d_{1,0}^{n-4}}{d_{1m}^n}\exp\left[-\left(\frac{d_1}{d_{1m}}\right)^n\right]d(d_1) \tag{9-40}$$

根据式(9-37)，经过时间 τ 蒸发以后，所剩下的液滴直径为

$$d_1 = (d_1^2 - K_1\tau)^{0.5} \tag{9-41}$$

由式(9-41)可见，在时间 τ 以后凡是颗粒直径小于 $(K_1\tau)^{0.5}$ 的油滴均已全部蒸发完。那么此时的单个液滴体积为：

$$V_\tau = \frac{\pi}{6}(d_1^2 - K_1\tau)^{3/2} \tag{9-42}$$

即在时间 τ 以后没有蒸发完的所有液滴的总体积，可由式(9-40)和式(9-42)乘积并积分算得：

$$V_\tau = \int_{(K_1\tau)^{0.5}}^{\infty} dN_1 = -n\frac{6}{\pi}\frac{d_{1,0}^{n-4}}{d_{1m}^n}(d_1^2 - K_1\tau)^{3/2}\exp\left[-\left(\frac{d_1}{d_{1m}}\right)^n\right]d(d_1) \tag{9-43}$$

实验表明，当 $3<n<4$ 时，在蒸发过程中 d_{1m} 和 n 几乎保持不变。图 9-21 给出了式(9-43)的图解积分结果。同时，在图中亦给出了在时间 τ 后完全蒸发完的油滴颗粒直径数。

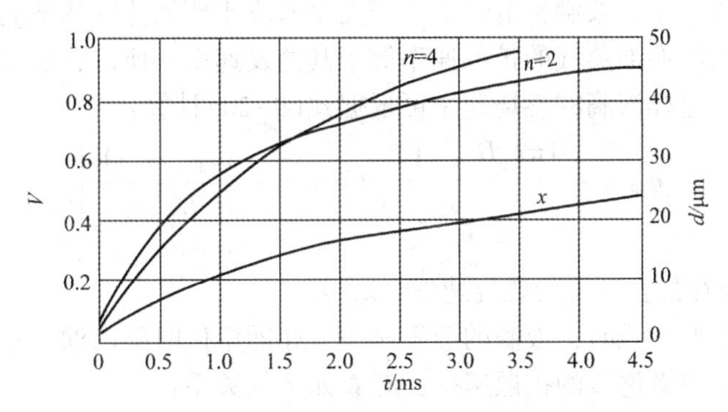

图 9-21　经过时间 τ 后无蒸发的不同尺寸液滴的含量(体积分数)和液滴直径

从图 9-21 可以看出，对于雾化均匀度差的油雾(即具有较小 n 值)，在其蒸发初始阶段具有较快的蒸发速率，这将有利于燃料的迅速着火；但当其 60%(按体积计)的燃料被蒸发完后，蒸发速率就变慢。但这时雾化均匀度好的油雾却蒸发得快了。这说明了雾化均匀度差的油雾，虽然其初始蒸发很快，但蒸发完所需时间却较长；反之，雾化均匀度好的燃料，最

初蒸发虽较慢、但蒸发过程却结束得较早。因此，为了缩短蒸发时间及加速燃烧过程，应要求油雾的雾化均匀度好些。另外，初始阶段蒸发快的油雾还可能会形成过浓的可燃混合气而使着火困难。

二、液滴的燃烧

1. 相对静止环境中液滴的扩散燃烧

相对静止的燃料液滴燃烧时，可看成液滴被一对称的球形火焰包围，火焰面半径 r_f 通常比液滴半径 r_l 大得多。静止条件下的液滴燃烧属于扩散燃烧。如图 9-22 所示。液滴蒸气从液滴表面向火焰面扩散，而空气则由外界向火焰面扩散。对于燃油，在 $r=r_f$ 处，油气混合物按照化学计量数配比(即 $\alpha=1$)，进行着火燃烧，形成了火焰锋面。理想情况下，可假设火焰锋面的厚度为无限薄，亦即反应无限快，燃烧在瞬间完成。由图 9-22 可见，火焰面上，燃油蒸气和空气的质量分数(m_{lg} 和 m_{xg})为零。而燃烧产物的质量分数 $m_{pr}=1.0$，火焰面把燃油蒸气和氧完全隔开。在火焰面内侧只有燃油蒸气，而没有氧气，燃油蒸气自液滴表面向外扩散，因而其含量向着火焰面逐渐降低，在火焰面(燃烧区)上几乎等于零。在火焰面外侧则相反，只有氧气而无燃油蒸气，氧气不断地向着火焰面扩散，故在火焰面上氧气含量亦几乎等于零。燃烧生成的高温燃烧产物则向火焰面内外两侧扩散，而燃烧产生的热量也同时向火焰面两侧传递。液滴受到火焰传递来的热量使其温度升高并蒸发气化，在平衡蒸发状态时，液滴温度几乎接近于燃油的沸点。在火焰面上温度为燃烧温度，该处温度最高。一般来说，火焰对液滴的辐射换热量是不考虑的，因此这里燃烧温度亦就是理论燃烧温度。

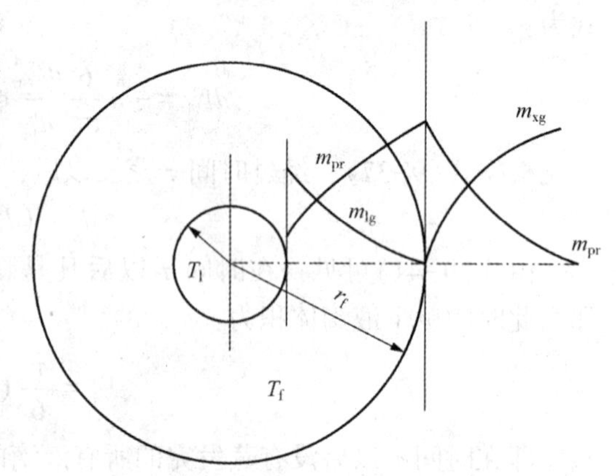

图 9-22 液滴燃烧模型

从上述分析可以看出，液滴扩散燃烧速率完全取决于燃油蒸气从液滴表面向火焰面扩散的速率。在平衡蒸发时燃油蒸气的扩散速率等于其蒸发速率。所以，液滴的燃烧速率亦可由其蒸发速率来决定。这样液滴的燃烧速率可根据式(9-20)计算：

$$q_{ml,\ 0}=\frac{4\pi\lambda_g D}{c_{pg}}\frac{1}{\dfrac{1}{r_l}-\dfrac{1}{r_f}}\ln\left[1+\frac{c_{pg}(T_f-T_{bw})}{L_{lg}}\right] \tag{9 - 44}$$

式中 $q_{ml,0}$——液滴在静止环境的燃烧速率，kg/s。

显然，在液滴扩散燃烧时，液滴的蒸发速率，亦即单位时间内油气蒸发量，与周围向火焰面扩散的氧气量，或者说氧的扩散速率，有着如下的关系：

$$4\pi r^2\rho_{O_2}D_{O_2}\frac{dm_{O_2}}{dr}=\beta q_{ml,\ 0} \tag{9 - 45}$$

式中 D_{O_2}——氧分子的扩散系数；

m_{O_2}——氧的质量分数；

β——氧与燃油的化学计量系数比。

对上式从 r_f 积分到无穷远处，并考虑火焰面上的氧浓度为零，则火焰面半径为：

$$r_f = \frac{\beta q_{ml,0}}{4\pi\rho_{O_2}D_{O_2}m_{O_2\infty}} \tag{9-46}$$

式中　$m_{O_2\infty}$——远处的氧的质量分数。

将式(9-46)代入式(9-44)，整理可得液滴的燃烧速率：

$$q_{ml,0} = 4\pi r_l\left\{\frac{\lambda_g}{c_{pg}}\ln\left[1 + \frac{c_{pg}(T_f - T_{bw})}{L_{lg}}\right] + \frac{\rho_{O_2}D_{O_2}m_{O_2\infty}}{\beta}\right\} \tag{9-47}$$

引入燃烧速率常数 K_0

$$K_0 = \frac{8}{\rho_l}\left\{\frac{\lambda_g}{c_{pg}}\ln\left[1 + \frac{c_{pg}(T_f - T_{bw})}{L_{lg}}\right] + \frac{\rho_{O_2}D_{O_2}m_{O_2\infty}}{\beta}\right\} \tag{9-48}$$

则式(9-47)可改写为：

$$q_{ml,0} = \frac{\pi r_l\rho_l}{2}K_0 = \frac{\pi d_l\rho_l}{4}K_0 \tag{9-49}$$

液滴在燃烧过程中其直径不断缩小，因而减少的燃油质量应等于其比燃烧速率，即：

$$q_{ml,0} = -\rho_l\frac{dV}{d\tau} = -\rho_l\frac{d}{d\tau}\left(\frac{1}{6}\pi d_l^3\right) = -\frac{1}{2}\pi d_l^2\rho_l\frac{dd_l}{d\tau} \tag{9-50}$$

式中　V——球形液滴的体积。

根据式(9-49)和式(9-50)，可得到：

$$2d_l dd_l = -K_0 d\tau \tag{9-51}$$

则从初始直径 $d_{l,0}$的液滴燃烧到直径为 d_l时所需的燃烧时间应为：

$$\tau_b = \frac{d_{l,0}^2 - d_l^2}{K_0} \tag{9-52}$$

从中可以发现液滴蒸发所需时间与液滴燃烧所需时间都遵循着同一个规律：直径平方-直线规律，亦就是液滴直径的平方随时间的变化呈直线关系。若令式(9-52)中 d_l为零，则可求得液滴燃尽所需时间为：

$$\tau_b = \frac{d_{l,0}^2}{K_0} \tag{9-53}$$

上式虽然形式与计算液滴完全蒸发时间的式(9-30)相同，但 K_0比 K_{l0}多考虑了氧的扩散影响。

2. 强迫对流环境中液滴的扩散燃烧(折算薄膜理论)

实际燃烧过程中，燃料液滴和气流之间并不是相对静止的，总是存在着相对运行，如当液滴从喷嘴喷出时，喷射速率不等于周围气流的速率；在湍流气流中(实际燃烧装置中多为湍流)，液滴的质量惯性比气团大得多，因此液滴总是跟不上气团的湍流脉动，相互间存在着滑移速率。如图 9-23 所示，当液滴与气团间有相对运动时，前面关于球对称的假设是不适用的。也就是说，在对称球面上，浓度、温度等不再相等，斯蒂芬流也不再保持球对称。为此，这里仍采用前述的“折算薄膜”理论来近似处理这个复杂的问题。

图 9-24 为液滴燃烧模型示意图。由图 9-24 可知，在强迫对流环境下，且不考虑辐射加热时，存在两个折算边界层厚度，一是流动时折算边界层厚度 r_{sup}，一是油气燃烧的火焰面厚度 r_f。因为燃烧过程取决于油气和氧气在 α=1 面上的相互扩散，因而可设想 $r_f<r_{sup}$，且 r_f和 r_{sup}同时减少。根据液滴蒸发式(9-33)可得液滴在处的燃烧速率为：

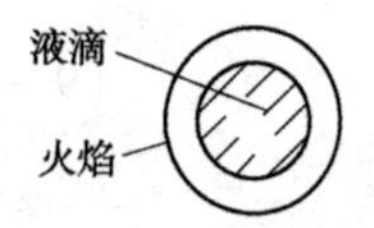

(a) 液滴与气流相对静止

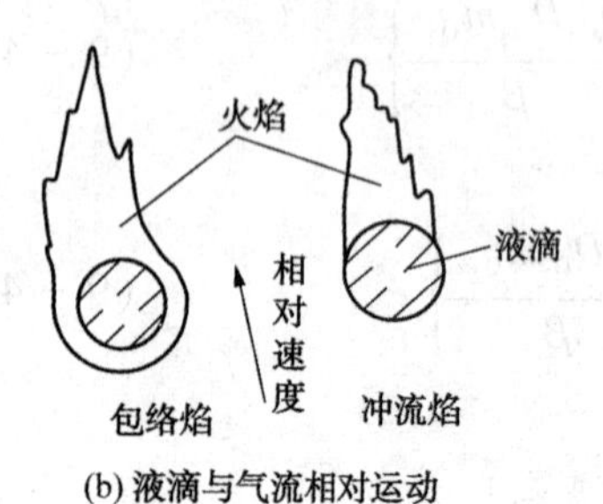

(b) 液滴与气流相对运动

图 9-23　单个液滴的燃烧

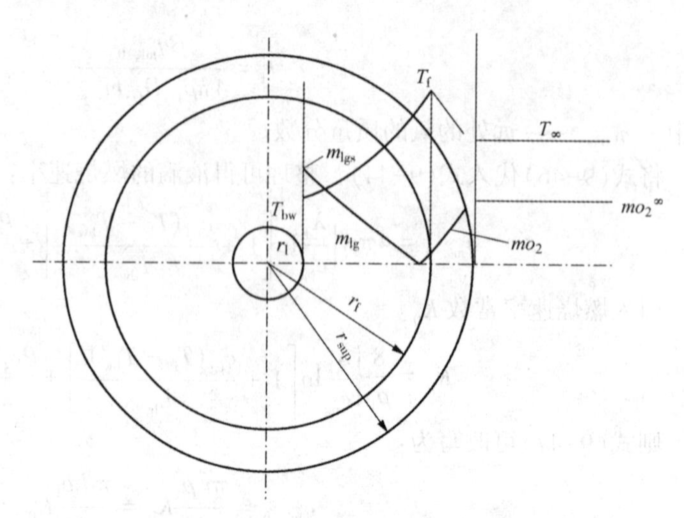

图 9-24　液滴燃烧模型示意

$$q_{ml} = 4\pi \frac{1}{\dfrac{1}{r_l} - \dfrac{1}{r_f}} \frac{\lambda_g}{c_{pg}} \ln\left[1 + \frac{c_{pg}(T_f - T_{bw})}{L_{lg}}\right] \tag{9-54}$$

周围氧气向火焰面的扩散速率为：

$$q_{ml} = 4\pi \frac{1}{\dfrac{1}{r_f} - \dfrac{1}{r_{sup}}} D_{O_2}\rho_{O_2} \ln\left(1 + \frac{m_{O_2\infty}}{\beta}\right) \tag{9-55}$$

联立式(9-54)和式(9-55)得到：

$$\frac{r_f - r_l}{r_{sup} - r_f}\frac{r_{sup}}{r_f} = \frac{1}{Le} \frac{\ln\left[1 + \dfrac{c_{pg}(T_f - T_{bw})}{L_{lg}}\right]}{\ln\left(1 + \dfrac{m_{O_2\infty}\beta}{B}\right)} \tag{9-56}$$

若速率较小时，$Nu_{s,0} \approx 2$，$Nu_s = 3.7$，则 $\dfrac{r_{sup}}{r_l} = \dfrac{1}{1 - \dfrac{Nu_{s,0}}{Nu_s}} = 2.17$。由计算知，式(9-55)右边数值常大于 13。由此可推得 r_f 与 r_{sup} 数值接近，则式(9-55)可改写为：

$$q_{ml} = 4\pi \frac{Nu_s r_l}{2}\left\{\frac{\lambda_g}{c_{pg}}\ln\left[1 + \frac{c_{pg}(T_f - T_{bw})}{L_{lg}}\right] + \frac{D_{O_2}\rho_{O_2}m_{O_2\infty}}{\beta}\right\} \tag{9-57}$$

对于燃烧过程中油滴直径逐渐减小的轻质油，燃烧速率常数 K 为：

$$K = \frac{4Nu_s}{\rho_l}\left\{\frac{\lambda_g}{c_{pg}}\ln\left[1 + \frac{c_{pg}(T_f - T_{bw})}{L_{lg}}\right] + \frac{D_{O_2}\rho_{O_2}m_{O_2\infty}}{\beta}\right\} \tag{9-58}$$

则液体燃烧时间为：

$$\tau = \frac{d_{l,0}^2 - d_l^2}{K} \tag{9-59}$$

燃尽时间为：

$$\tau = \frac{d_{1,0}^2}{K} \tag{9-60}$$

对燃烧过程中油滴直径变化不大，而密度变化较大的重油、渣油等，液滴的燃烧时间为：

$$\tau = \frac{(\rho_{1,0} - \rho_1) c_{pg} d_{1,0}^2 4}{6\lambda_g Nu_s \ln\left[1 + \frac{c_{pg}(T_f - T_{bw})}{L_{lg}}\right]} \tag{9-61}$$

3. 油滴群的燃烧过程

（1）油滴群燃烧与单个油滴燃烧的差别

液体燃料雾化后所形成的油滴群的蒸发与燃烧是一个复杂的过程。油滴群与单个油滴的最大差别在于雾状油滴中各个油滴之间相互发生干扰，特别是油滴之间距离很近时。这种相互影响主要有以下两方面。

① 相邻油滴同时燃烧使它们之间有热量交换，以致减少了油滴的热量损失，使传递给油滴的总热量增加；

② 相邻油滴同时燃烧，互相竞争氧气，对氧气扩散到火焰面有影响。

前者可促使油滴群的蒸发与燃烧，后者却妨碍油滴群的燃烧，使燃尽时间延长，甚至可能引起局部熄火。

（2）油滴群燃烧类型

油滴群燃烧可以分为以下 4 种类型。

① 预蒸发式燃烧。在液体燃料的气化性强、雾状油滴细、相对速率高和周围介质温度高或火焰稳定区间距长等情况下，油滴的蒸发气化速率远高于氧的扩散速率。因此，油滴群在进入火焰区前已全部蒸发完毕。这种燃烧情况与气体燃料的燃烧相同，油滴的蒸发对火焰长度等影响不大。

② 扩散式燃烧。在液体燃料的气化性差、雾状油滴粗、相对速率低、周围介质温度不高和油滴间距离较大等情况下，油滴群中的每个油滴均独立地进行燃烧，其燃烧形式以单颗液滴燃烧形式进行。火焰的燃烧过程和蒸发过程几乎是同步的，蒸发过程的快慢控制着整个燃烧过程的进展。因此，为了强化燃烧和缩短火焰，必须加速蒸发过程。

③ 复合式燃烧。当油滴群中油滴的大小不均匀，且相差较大时，较小的油滴由喷嘴喷出后很快蒸发气化，在火焰区前已蒸发完毕，形成预混气体火焰；较大的油滴则以油滴群扩散方式进行燃烧。

④ 油滴间气体燃烧加液滴蒸发式燃烧。当油滴群颗粒密度大，颗粒度不均匀性也大时，由于油滴间距离过小，会出现油滴间蒸发燃烧的大油滴在到达火焰区时尚未蒸发完毕，这种情况是应避免的。

（3）油滴群燃烧的特点

实验表明，在油滴群燃烧的情况下，油滴群燃烧时间仍然遵循前述的直径平方-直线规律，不过此时的燃烧速率常数已不同于单个油滴的数值。某些实验研究结果表明，其燃烧速度常数与压力有关且有所增大。

油滴群燃烧的火焰传播主要借助于油滴的不断着火和燃烧，油滴的着火依靠周围高温介质的传热，靠油滴本身的蒸发和油气的扩散，其燃烧速度与气体预混火焰有明显差别。

油滴群燃烧的着火界限和火焰稳定工作范围均高于均匀混合可燃气。它可以在负荷变动较大的工作范围内，保证燃烧的稳定。

第四节　液体燃料燃烧组织

如前所述，液体燃料的燃烧过程包括液体燃料的雾化、燃料液滴的气化与蒸发、燃料与空气的混合和燃料液滴燃烧等4个过程。为保证液体燃料高效清洁燃烧，需对上述4个过程采取相应措施确保每个过程的顺利与高效进行。

一、确保良好的雾化质量

为了提高雾化质量，应尽量减小阻碍燃油雾化的内力，加大促进燃油雾化的外力。

1. 对燃油预热，降低燃油的黏度和表面张力

研究表明，燃油雾化成液滴群，其油滴的平均直径约正比于黏度的0.215次方。燃油的黏度越高，雾化粒度则越粗。因此，为了保证雾化质量，需降低燃油恩氏黏度，使其值小于3~8°E。在实际运行中，应按燃油黏度-温度特性曲线确定燃油的加热温度和雾化温度。应该注意，达到燃油的加热温度，可确保燃油的正常流动，使其流动阻力低于油泵的正常压头；而雾化温度则确保油的黏度在正常雾化范围内，以保证雾化质量。

2. 保证燃油的喷射压力

对于机械式雾化器，燃油是在较高油压的作用下从喷嘴喷出并在离心力的作用下得到雾化的。图9-25表明，当油压很小时，射流呈实心柱状，燃油颗粒较大。随着油压增高，燃油旋转加强，喷射速度加快，致使离心力超过表面张力，使锥体直径迅速扩大，油膜厚度急剧变薄，最后导致油膜破裂形成许多细小油滴，所以，油压越高，油流的速度越大，雾化质量越好。所以对于机械式雾化器，为了保证雾化质量，需要较高的油压。一般高达2.0~3.0MPa。但对于介质雾化器，油压不宜太高。一般雾化介质的压力略高于燃油压力，所以过高的油压会使燃油的喷射速度加快，致使燃油与雾化介质的相对速度减小，降低雾化质量。低压空气雾化器油压一般小于0.5MPa，高压介质雾化器油压一般不超过1.8MPa。

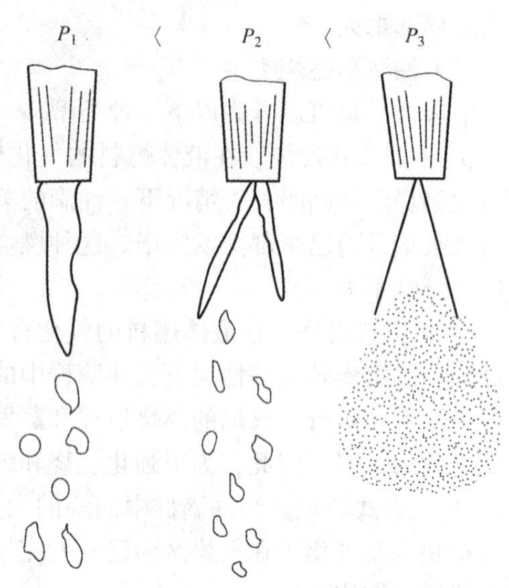

图9-25　不同油压下离心式雾化器的雾化情况

3. 提高油滴对雾化介质的相对速度

介质雾化器主要靠油流与气流间的相对运动而产生的气动力来实现雾化的，所以油流与雾化介质的相对速度越大，雾化质量越好。研究表明，油滴的平均直径约与油流和雾化介质间相对速度的1.25次方成反比。在实际运行中，提高雾化介质压力，将增大雾化介质的喷出速度，对提高雾化质量是有利的。雾化介质的单位耗量对雾化质量影响显著。雾化介质消耗太少，将无法使油滴破碎得很细，但过多的雾化介质对改善雾化质量也不显著。此外，不同结构的介质雾化喷嘴，其气耗率相差很大。一般高压介质雾化器的气耗率约为10%，但低压空气雾化器的气耗率有时达到100%。

4. 增强油流本身的湍流扰动

研究表明，燃油流动的湍流程度对雾化起着关键性作用。喷嘴内作湍流流动的燃油，其速度的径向分量在喷嘴出口处将引起射流液体的横向扩散，使射流产生雾化，湍流是导致射流雾化的基本因素，是引起喷嘴区域射流发生液体分裂的主要原因。所以燃油的湍流程度越强，雾化质量越好。

5. 油喷嘴处的射流形式

如前所述，射流形式多种多样，只要选取的射流形式能够保证燃料和空气的充分混合，或燃料与雾化介质的充分混合就能强化雾化质量。而油喷嘴处的射流形式取决于油喷嘴的结构。它是油燃烧器设计的核心内容。对于介质雾化喷嘴，主要的结构影响因素有：雾介质喷口截面积 、孔数及长度；燃油的喷口截面积孔径、孔数及长度；混合孔的喷口截面积、孔径、孔数，加工精度以及是否旋转及旋向等；油流与气流的交角及相交位置；混合室的大小及长度等。对于机械雾化喷嘴，主要的结构影响因素有：喷口直径及长度，旋流室直径及长度，雾化片的槽数、槽宽与槽深、过渡锥角，加工的精度及粗糙度等。

上述这些因素的影响是非常复杂的，需要进行大量的冷态和热态实验研究才可确定它们的影响情况。

二、正确配风，加强空气与油雾的混合

燃油燃烧器由雾化器和调风器组成。调风器的功用是正确地组织配风、及时地供应燃烧所需空气量及保证燃料与空气充分混合。

1. 及时适量供风

油雾在缺氧、高温情况下发生热分解，产生难燃的炭黑。为防止与减少炭黑的产生，在油雾的火焰根部送入一次风，这部分空气在油雾还未着火燃烧之前就和油雾混合，风量一般为总风量的 15%~30%。燃油在着火后的燃烧过程需要大量的空气，必须及时、足量地送入空气，并使其与油雾良好混合，保证燃烧效率。

2. 燃烧中保证油雾和空气良好混合

燃烧中为了保证油雾和空气良好混合，一是选择适当的射流形式，如：使空气与油雾成交角相遇；使空气成旋转气流与油雾相遇；使空气分两次与油雾相遇；二是油的雾化角与气流扩张角之间必须合理匹配。通常气流的扩张角大于油的雾化角，即空气流在油雾化流之外。如图 9-26 所示，空气流扩张角过小不利于油雾的扩散，而扩张角过大则可能使空气流远离油雾流。恰当的方式是先使空气在距喷口合适的某位置处穿透过油雾，然后再开始扩张，即油滴群在着火后应穿入空气流中，空气流则掺入油滴群中。

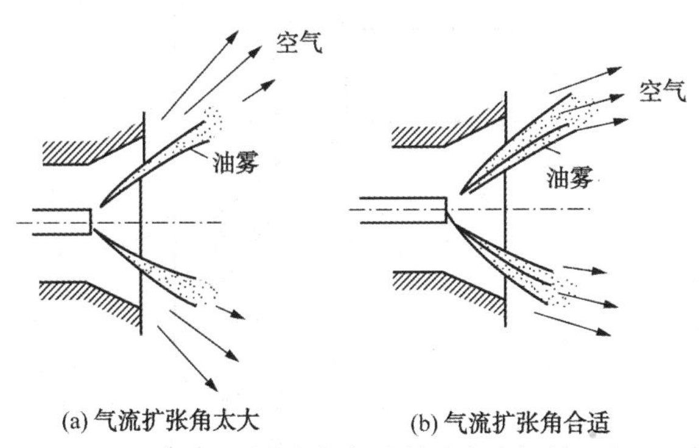

图 9-26 雾化角与气流扩张角之间的匹配

3. 在着火区制造适当的回流区保证着火

在喷嘴出口处应有一个大小和位置适当的高温烟气回流区，以保证燃料的迅速着火和火焰稳定。如图 9-27 所示。如果回流区过大，一直伸展到喷嘴，则不仅容易烧坏喷嘴，且对早期混合不利，使燃烧恶化；若回流区太小，或位置太靠后，会使着火推迟，火焰拉长，对油和空气的混合

不利，不完全燃烧热损失增加。

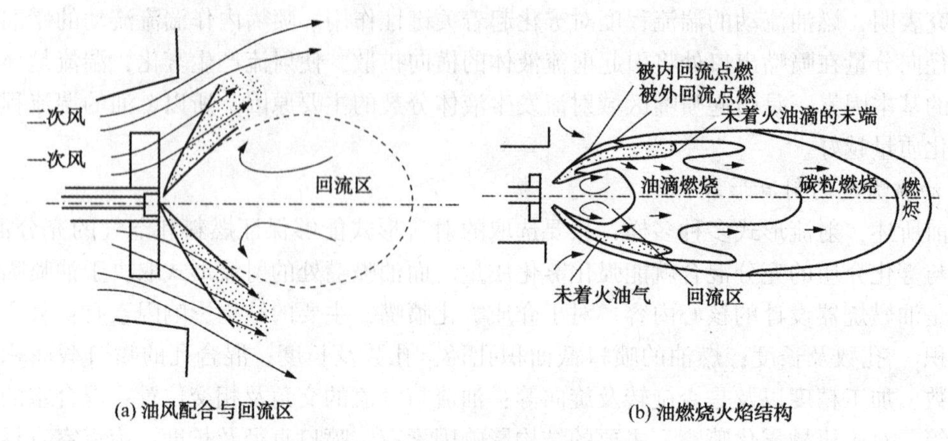

图 9-27　雾化角与气流扩张角之间的匹配

4. 保证后期混合

为了使不完全燃烧产物继续在炉内完全燃烧，不仅要求早期混合强烈，后期混合也要强烈，使整个火焰直至火焰尾部都要强烈。直流二次风气流的后期混合程度要比旋流二次风的后期混合要强烈。

三、合理的稳焰技术

尽管油雾的着火较容易，但仍然需要采取措施保证火焰的稳定。工业上一般风的流速较高，易出现脱火现象，通常采用下列两种方式稳焰：

① 在配风器上设置旋流型稳焰器，产生一个大小和位置合适的回流区，以满足稳定着火的要求，并将产生的旋流风作为根部风掺入油雾中，对早期混合有重要作用。旋流器结构有轴流式、径流式和混流式 3 种，如图 9-28 所示。

② 在喷嘴头部设置钝体(稳焰板，见图 9-29)，使其在喷头钝体后造成压力停滞区，在喷口的油雾根部形成一定的回流区，使高温烟气向火焰根部流动，成为油蒸气的稳定着火源。

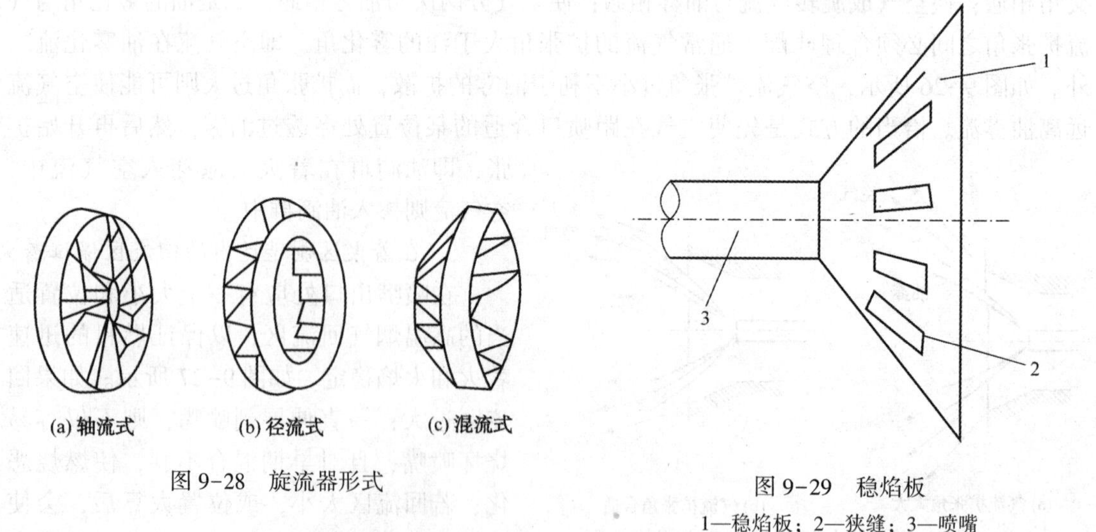

图 9-28　旋流器形式

图 9-29　稳焰板

1—稳焰板；2—狭缝；3—喷嘴

练习与思考题

1. 液体燃料燃烧种类？油滴燃烧过程要经过哪几个阶段？为什么说雾化过程是液体燃料燃烧的关键？

2. 燃油燃烧过程中，为什么要采用雾化的方法？

3. 目前常用的雾化装置有哪些？各有什么特点？

4. 液体燃料雾化的质量评价指标有哪些？

5. 液体燃料雾化的影响因素有哪些？如何影响？

6. 群燃烧的特点？为了使液体燃料能稳定完全燃烧，在工程上可采取哪些技术措施？

7. 配风器的作用是什么？为了使液体燃料能稳定完全燃烧，对配风器有何要求？

8. 图解单个液滴燃烧时的空间区域划分，以及油蒸汽浓度、氧气浓度和温度分布。

9. 油滴燃烧属于扩散燃烧还是预混燃烧？为什么？

10. 如何强化油雾燃烧？

11. 如何实现燃油的良好燃烧？

第十章　固体燃料燃烧

固体燃料的燃烧与前述气体燃料和液体燃料的燃烧相比要复杂得多。固体燃料在空气中的燃烧为多相扩散燃烧(非均相燃烧)。在固体燃料的燃烧过程中，首先是固体燃料在受热过程中产生热解，析出挥发分，形成焦炭，然后是焦炭或碳粒的多相化学反应过程，反应机理复杂。固体燃料的用途很广泛，有必要研究与掌握固体燃料的燃烧规律和特性，以便改善现有的燃烧方法，同时探索新的、更合理的燃烧技术。固体燃料的种类繁多，在本书前面已有阐述，其中煤是工程和日常生活中应用最多的固体燃料，在油田大部分地区使用的固体燃料是烟煤，所以这里以煤作为典型固体燃料讲述煤的燃烧特性。

第一节　煤的燃烧过程及燃烧方式

一、煤燃烧过程的四个阶段

煤的燃烧过程，可以分为 4 个阶段：

(1) 预热干燥

煤受热升温后，100℃左右时，煤中水分蒸发出来，这个阶段，燃料是吸收热量，而不是放出热量。

(2) 热解及挥发分析出，形成焦炭

煤析出水分后继续受热升温至一定温度后会发生热分解析出挥发分(为轻质气态的混合物)，同时生成焦炭。由前知，不同的煤种，开始析出挥发分的温度不同，随着炭化程度的不同，煤的挥发分开始析出的温度逐渐升高。

(3) 挥发分和焦炭的燃烧

挥发分析出后，如果燃烧室内送入一定量的空气，挥发分就会在颗粒周围着火燃烧．形成光亮的火焰。如图 10-1 所示。这时氧气是消耗于挥发分的燃烧，并不能到达焦炭的表面，此时焦炭本身是暗黑的，焦炭中心的温度不会超过 600~700℃。这样，挥发分起了阻碍焦炭燃烧的作用；但是，挥发分燃烧后，放出大量的热量，为焦炭燃烧提供了温度条件。挥发物着火后，经过不长时间，火焰逐渐缩短以致最后消失，这表明挥发分已基本燃尽。在挥发分基本燃尽以后，焦炭表面的某一局部开始燃烧、发亮，然后逐渐扩展到整个表面，同时焦炭温度也逐渐上升，达到最高值，而后几乎保持不变。焦炭燃烧时，在炭粒周围只有极短的蓝色火焰，它主要是由一氧化碳燃烧形成的。在焦炭燃烧阶段，仍有少量挥发分继续析出，但这时它对燃烧过程已不起决定性作用。起决定性作用的是焦炭的燃烧过程。实验表明，从燃料开始加热干燥到挥发分基本燃尽所需的时间仅占燃料全部燃烧时间的 10%，而焦炭燃烧时间几乎占整个燃烧时间的 90%。所以对煤的整个燃烧过程起决定性作用的是焦炭的燃烧。它的强度决定了整个燃料燃烧的强度。

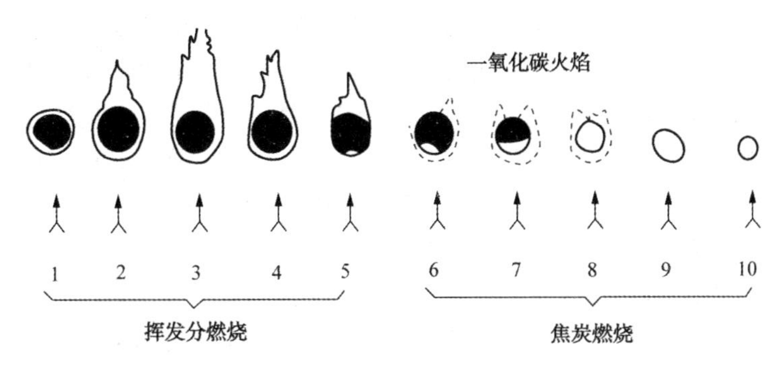

图 10-1　煤粒的燃烧过程

(4) 燃尽阶段

这个阶段主要是残余焦炭的最后燃尽，成为灰渣。因为残余的焦炭常被灰分和烟气所包围，空气很难与之接触，故燃尽阶段的燃烧反应进行得十分缓慢，容易造成不完全燃烧损失。

实际燃烧过程中，以上各个阶段是交叉进行的，又或是某些阶段同步进行。将燃烧过程分为上述 4 个阶段是为了分析问题方便。例如在燃烧阶段，仍不断有挥发分析出，只是析出数量逐渐减少时，灰渣也开始形成。

二、煤的燃烧特点

由前所述，煤中最基本的可燃物质是挥发分和焦炭。而焦炭是燃料里所有可燃物质中含量最多的，一般占煤可燃质质量的 55%～97%，焦炭的发热量占煤总发热量的 60%～90%，如表 10-1 所示。由此可见，焦炭(C)无论在煤中的质量百分比还是燃烧放热(发热量)的百分比都占主要地位。这也决定了焦炭的燃烧过程在整个煤的燃烧过程的决定性作用。焦炭燃烧阶段是燃料燃烧中最长的一个阶段，约占全部燃烧所需时间的 90%。所以，固体燃料的燃烧实质上就是焦炭的燃烧。故要了解和掌握固体燃料的燃烧规律就首先要研究焦炭的燃烧，也就是碳的燃烧。挥发分的燃烧过程遵循气体燃料燃烧的规律。同时也类似与液体燃料燃烧的过程，也存在一个“析出潜热”的过程。但碳的燃烧过程是一个异相(非均相)化学反应过程，遵循固体燃料燃烧特有的规律。在以后章节给予详细阐述。

表 10-1　煤中焦炭占可燃组分的质量分数和焦炭发热量占煤总发热量的百分比

燃料种类	焦炭占可燃组分的质量分数/%	焦炭发热量占煤总发热量的百分比/%
无烟煤	96.5	95
烟煤	57～78	59.5～83.5
褐煤	55	66
泥煤	30	40.5
木柴	15	20

第二节　碳燃烧的异相反应机理

一、碳燃烧的异相反应过程

碳的燃烧过程是气固两相之间的反应。气固两相反应有别于气体单相反应，气体分子在固体表面发生反应。碳燃烧反应符合 Langmuir 的异相反应理论，现在比较一致的看法是，碳和氧的异相反应是氧分子溶入碳的晶格结构的表面部分，由于化学吸附络合在碳晶格的界面上，在碳表面上的吸附层只有单分子的厚度。该吸附层首先形成碳氧络合物，然后由于受热或其它分子的碰撞而分开，即解吸。解吸形成的反应产物扩散到空间，剩下的碳表面再度吸附氧气。因此，整个碳表面上的气固异相反应包括以下的步骤：

① 氧气扩散到固体表面；

② 扩散到固体表面的氧气被固体表面吸附；

③ 吸附的氧气和固体表面进行化学反应，形成吸附后的生成物；

④ 吸附后的生成物从固体表面上解吸；

⑤ 解吸后的气态生成物扩散离开固体表面。

上述步骤依次发生。整个反应过程的快慢(亦即反应的速率)取决于上述各步中最慢阶段的速率。碳粒与氧燃烧时步骤②和③是非常快的。反应分子扩散和生成物扩散属于同一数量级。因此碳粒燃烧过程的反应速率，实际上是由反应分子(氧气)向碳粒表面的扩散过程和在碳粒表面氧和碳进行的化学反应过程来决定的。

二、碳的动力燃烧与扩散燃烧

如前所述，固体碳的燃烧属于两相燃烧，两相燃烧的速率决定于反应面上的化学反应速率和气体导入与导出反应面的扩散速率之间的关系。假如在碳粒两相燃烧时不考虑次级反应的存在，则两相燃烧速率就被上述两速率中最慢的一个速率所制约。

对于碳粒的两相燃烧，如同单相燃烧一样，其燃烧速率 W_r 可以用碳粒的消耗速率来表示，也可以用氧的消耗速率来表示。

反应时氧的消耗量应服从质量作用定律，同时假设碳粒表面上的化学反应为一级反应，则碳在燃烧时氧的消耗速率为：

$$W_r = W_h = kc_b^n = kc_b \tag{10-1}$$

式中 W_h——碳在燃烧时氧的消耗速率；

k——化学反应速率常数；

c_b——碳表面 O_2 的浓度；

n——化学反应级数。

氧的扩散速率(从远方向单位碳表面积单位时间内扩散的流量)为：

$$W_k = \alpha_k(c_0 - c_b) \tag{10-2}$$

式中 W_k——氧的扩散速率；

α_k——氧从主流扩散到碳表面的扩散传质系数，简称传质系数；

c_0——远方气流中 O_2 的浓度。

在平衡条件下，向碳粒扩散的氧量应等于碳粒燃烧所消耗的氧量。因此：

$$kC_b = \alpha_k(c_0 - c_b) \tag{10-3}$$

于是：

$$c_b = \frac{\alpha_k}{\alpha_k + k}c_0 \tag{10-4}$$

将式(10-4)代入式(10-2)得到：

$$W_r = kc_b = \frac{k\alpha_k}{\alpha_k + k}c_0 = \frac{1}{\frac{1}{\alpha_k} + \frac{1}{k}}c_0 \tag{10-5}$$

令：

$$k_{zs} = \frac{1}{\frac{1}{\alpha_k} + \frac{1}{k}} \tag{10-6}$$

式中　k_{zs}——折算反应速率常数。

则式(10-6)可改写为：

$$W_r = k_{zs}c_0 \tag{10-7}$$

另外，传质系数 α_k 和化学反应速率常数 k 都与温度 T 有关，但温度对二者的影响不同。研究表明，$\alpha_k \propto T^{0.5}$，$k \propto \exp\left(-\frac{E_a}{RT}\right)$。因此随着温度的变化，传质系数 α_k 和化学反应速率常数 k 的相对大小将会发生变化，由此可将碳的燃烧分为 3 种情况。

(1) 动力控制区燃烧

简称动力燃烧(相应于图 10-2 中 A 区)。此时 $\alpha_k \gg k$，即 $\frac{1}{\alpha_k} \ll \frac{1}{k}$，碳燃烧时化学反应阻力远远大于扩散阻力，则式(10-7)可改写为 $W_r = kc_0$。这种情况发生在温度不高(T<1000℃)、化学反应速率很慢时。由于化学反应速率很慢，扩散至燃料表面的氧量远远超过燃烧所需的氧量，此时燃烧速率仅取决于化学反应速率，和扩散速率关系不大。故称为动力控制燃烧。燃烧速率由曲线 Ⅰ 表示。这说明在动力燃烧区内，影响燃烧速率的决定因素是化学反应动力学因素，例如可燃混合气的性质、温度、燃烧空间的压力和反应物浓度等，而与氧的扩散方面关系不大。

(2) 扩散控制区燃烧

简称扩散燃烧(相应于图 10-2 中 C 区)。此时 $\alpha_k \ll k$，即 $\frac{1}{\alpha_k} \gg \frac{1}{k}$，碳燃烧时扩散阻力远远大于化学反应阻力，则式(10-7)可改写为 $W_r = \alpha_k c_0$。这种情况发生在温度很高(T>1400℃)时。温度很高时，化学反应速率急剧增大，致使化学反应所消耗的氧量远远超过扩散至碳粒表面的氧量，燃烧速率由曲线 $Ⅱ_a$ 和 $Ⅱ_b$ 表示，其中 $Ⅱ_a$ 的传质系数 α_{ka} 大于 $Ⅱ_b$ 的传质系数 α_{kb}。这说明在扩散区中，影响燃烧速率的决定因素是扩散条件，如气流速率、气流流过的物体形状与尺寸等，而与化学动力因素关系关系不大。

(3) 过渡燃烧

燃烧处于过渡燃烧区(相应于图 10-2 中曲线 Ⅰ 和Ⅲ之间的 B 区)，此时传质系数 α_k 和化学反应速率常数 k 的数量级相当，扩散和化学反应动力学因素均不可忽略。这种情况发生在 1000℃<T<1400℃时，化学反应速率与氧的扩散速率相近，这说明在过渡区中，燃烧速率既取决于扩散因素，又取决于化学动力因素。

如前所述，不同的燃烧工况取决于燃烧时化学反应能力和扩散能力之间的关系，即取决于化学反应速率常数 k 和传质系数 α_k 之间的比例关系。因此，可以用这一比例来判断碳的燃烧工况，称为谢苗诺夫准则：

$$S_m = \frac{\alpha_k}{k} \tag{10-8}$$

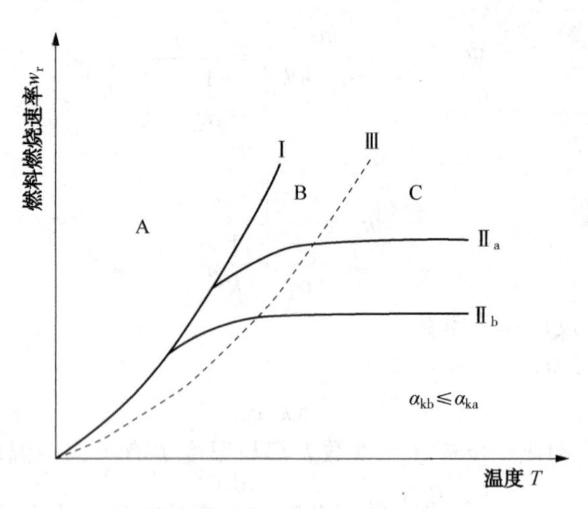

图 10-2　碳的燃烧方式划分

A—动力燃烧区；B—过渡燃烧区；C—扩散燃烧区

也可用的S_m的倒数，即$D_{a\mathrm{II}} = k/\alpha_k$，称为德姆柯勒(Damkoler)第二准则，来判断碳的燃烧工况。同时，也可以用浓度比c_b/c_0来判断，如表 10-2 所示。

表 10-2　判断燃烧区的谢苗诺夫准则 S_m和浓度准则 c_b/c_0

项　目	动力燃烧	过渡燃烧	扩散燃烧
S_m	>9.0	0.11~9	<0.11
c_b/c_0	>0.9	0.1~0.9	<0.10

为了计算碳的燃烧速率，必须先计算化学反应速率常数 k 和传质系数 α_k。根据 Arrhenius 定律：

$$k = k_0 \exp\left(-\frac{E}{RT}\right) \tag{10-9}$$

不同的焦炭由于其晶格结构和所含杂质的不同，其反应动力学参数 E 和 k_0的数值不同。因此，对不同的焦炭，要通过实验测出 E 和 k_0值，然后计算出反应速率常数 k。

由传质学可知：

$$Nu_k = \frac{\alpha_k d}{D} \tag{10-10}$$

则传质系数 α_k为：

$$\alpha_k = \frac{Nu_k D}{d} \tag{10-11}$$

式中　Nu_k——氧扩散努赛尔(Nusselt)准则数；

D——氧的扩散系数；

d——碳球直径。

研究表明，碳球燃烧时传质 Nu_k准则数与雷诺 Re 准数具有一定的关系。当 Re 很小时，氧向碳表面的扩散主要依靠分子扩散，此时近似有：

$$Nu_k = 2 \tag{10-12}$$

当 Re>100 时，可近似为：

$$Nu_k = 0.7\sqrt{Re} \tag{10-13}$$

将式(10-11)代入式(10-5)，得：

$$W_r = \frac{1}{\dfrac{d}{Nu_k D} + \dfrac{1}{k}} C_0 \tag{10-14}$$

将式(10-11)代入式(10-8)，得：

$$S_m = \frac{Nu_k D}{kd} \tag{10-15}$$

由于 $Nu_k = f(Re, Pr)$、$D = f(T, P)$、$k = k_0 \exp\left(-\dfrac{E}{RT}\right)$，因此，影响 S_m 的因素有燃烧温度 T、压力 P、气体流速 u、颗粒尺寸 d 以及燃料的反应性 E 和 k_0 值等。如果焦炭的颗粒尺寸一定，传质条件一定，则由式(10-15)知，随着温度的升高，S_m 变小，燃烧由动力控制转化为扩散控制；如果燃烧温度一定、传质条件一定，则由式(10-15)知，颗粒尺寸越小，S_m 越大，由此可见，小尺寸的燃料颗粒，必须在较高的温度下，才可能由动力控制转为扩散控制。同样，当气体和颗粒间的相对速率增加时，S_m 变大，因此增加气体和颗粒间的相对速率，加强传质时，S_m 变大，此时燃烧也须在更高的温度下才能转为扩散控制。

例如，对于煤的燃烧，当煤颗粒的直径很小时，直径为 0.1mm 的煤粉，在 1973K 时才处于扩散燃烧。一般煤粉炉的颗粒粒径为 50~100μm，煤粉炉内最高温度通常在 1873K 左右，因此煤粉炉中燃烧一般均处于动力控制燃烧或过渡燃烧，特别在燃烧中心以外燃烧室出口附近更是如此。因此，提高煤粉炉的燃烧温度可以大大加速燃烧过程。在循环流化床中，由于细颗粒较多，在密相区形成气泡、稀相区形成颗粒团，均使氧气向乳化相或颗粒团中的焦炭颗粒的扩散阻力增加，此时焦炭颗粒的燃烧局部处于扩散控制区。因此在循环流化床燃烧条件下，扩散条件是影响燃烧效率的关键因素。对于固定床的炉排炉中的燃烧，燃料的颗粒比较大，一般在 5mm 以上，而燃烧温度在炉排不同位置处不同，在炉排前后区域，温度比较低，可能在 1273K 左右，此时处于过渡燃烧区；而在燃烧比较旺盛的中间区域，温度可能超过 1473K，则处于扩散燃烧。

第三节　碳燃烧的化学反应

如前所述，碳粒燃烧是一种气固两相反应，反应在碳的吸附表面上进行。反应的产物有二氧化碳(CO_2)和一氧化碳(CO)。这些产物通过周围介质扩散出去。它们也能够重新被碳表面吸附。CO_2 可能再次与碳反应并产生 CO。在接近碳表面的气体边界层中，CO 亦可能再次燃烧并生成 CO_2。所以碳的燃烧过程中可能存在以下化学反应。

在碳表面上产生 CO_2 和 CO，可用下列反应式表示：

$$C + O_2 \longrightarrow CO_2 + 40.9 \times 10^4 kJ \tag{10-16}$$

$$2C + O_2 \longrightarrow 2CO + 24.5 \times 10^4 kJ \tag{10-17}$$

$$C + CO_2 \longrightarrow 2CO - 16.2 \times 10^4 kJ \tag{10-18}$$

在靠近碳表面的气体层中，CO 与氧相遇再次进行燃烧反应为

$$2CO + O_2 \longrightarrow 2CO_2 + 57.1 \times 10^4 kJ \tag{10-19}$$

式(10-16)和式(10-17)认为是碳与氧燃烧时的初次反应，而CO_2和CO认为都是初次反应的产物。式(10-18)和式(10-19)是初次反应产物再次与碳吸附或与氧相遇发生的反应，所以称为二次反应。二次反应的产物也是CO_2和CO。上述4个化学反应在燃烧过程中同时交叉平行进行着，是碳燃烧过程中的基本化学反应。

上述4个化学反应并不是全部可能的反应，当碳表面处有水存在时，也可能有下列反应发生：

$$C + H_2O \longrightarrow CO + H_2 \tag{10-20}$$

$$C + 2H_2O \longrightarrow CO_2 + 2H_2 \tag{10-21}$$

$$3C + 4H_2O \longrightarrow CO_2 + 4H_2 + CO \tag{10-22}$$

$$C + 2H_2 \longrightarrow CH_4 \tag{10-23}$$

在靠近碳表面的气体中，还会发生下列反应：

$$2H_2 + O_2 \longrightarrow 2H_2O \tag{10-24}$$

$$CO + H_2O \longrightarrow CO_2 + H_2 \tag{10-25}$$

由此可见，碳表面上的燃烧反应是十分复杂的。这些反应中哪些反应起主要作用，哪些反应可以忽略，这要取决于温度、压力以及气体成分等燃烧过程的具体条件。上述反应只是说明了化学反应的物料平衡和热平衡，并未说明碳的燃烧化学反应机理。下面将讨论碳燃烧的化学反应机理。

一、碳和氧的反应机理

关于碳和氧的反应，历史上存在3种理论，即：

① CO_2是初次反应产物，而燃烧反应产物中的CO为CO_2与炽热的C相互作用的二次产物；

② CO是初次反应产物，而燃烧反应产物中的CO_2为CO与O_2再次氧化生成的二次产物；

③ CO_2、CO同时是初次反应产物。

目前比较普遍接受的是第三种理论，即认为碳和氧反应首先生成碳氧络合物，碳氧络合物由于分子碰撞离解或由于热分解进一步同时产生CO_2和CO。写成化学式即是：

$$xC + 0.5yO_2 \longrightarrow C_xO_y \tag{10-26}$$

$$C_xO_y \longrightarrow mCO_2 + nCO \tag{10-27}$$

随着温度的升高，生成物中CO和CO_2的比例n/m值增大。

Mayer对碳和氧的一次反应进行了研究，结果表明：

(1) 1573K以下时碳和氧的反应机理

当温度低于1573K时，碳表面氧的分压很低，浓度很小，碳与氧是一级反应，生成物中CO和CO_2的比例为1。此时氧分子溶入碳的晶体内构成固溶络合物，碳氧络合物在氧分子的撞击下发生离解。其反应方程式为：

络合：

$$3C + 2O_2 \longrightarrow C_3O_4 \tag{10-28}$$

离解：$$C_3O_4 + C + O_2 \longrightarrow 2CO_2 + 2CO \qquad (10-29)$$

总的简化反应式为：

$$4C + 3O_2 \longrightarrow 2CO_2 + 2CO \qquad (10-30)$$

由于此时碳表面上氧的浓度很低，碳的化学反应速率用单位面积的碳晶体表面上氧的消耗速率 W_h 来表示，按照式(10-1)进行计算。

(2) 1873K 以上时碳和氧的反应机理

当温度超过 1873K 时，虽然空间的氧气体积分数增多，可以高能量碰撞碳晶体基面，但是溶解了的氧分子的解吸作用也增大了，因此在温度超过 1873K 以后，氧分子几乎不溶解于石墨晶体内。此时，氧和碳的一次反应就只能通过晶体边界的棱和顶角的化学吸附来进行。其反应方程式为：

络合：$$3C + 2O_2 \longrightarrow C_3O_4 \qquad (10-31)$$

离解：$$C_3O_4 \longrightarrow 2CO + CO_2 \qquad (10-32)$$

此时碳与氧是零级反应，生成物中 CO 和 CO_2 的比例为 2。

总的简化反应式为：

$$3C + 2O_2 \longrightarrow 2CO + CO_2 \qquad (10-33)$$

(3) 1573~1873K 时碳和氧的反应机理

当温度在 1573~1873K 时，碳和氧的反应情况，将同时有固溶络合和化学吸附两种反应机理，反应产物 CO 和 CO_2 的比例将由实际发生反应结果所决定。在此温度范围内，若气体处于常压下而碳表面的氧浓度又不很大时，其反应也接近一级反应。

二、碳和 CO_2 的反应机理

碳和 CO_2 的反应和碳与氧的反应一样，也是 CO_2 首先吸附到碳的晶体上，形成络合物，然后络合物分解成 CO，解吸而离开碳表面。研究表明，在温度低于 673K 时，CO_2 仅物理吸附在碳的表面上，没有任何化学变化。当温度超过 673K 时，CO_2 的固溶络合和化学吸附络合开始逐渐显著起来，但还不能发现有 CO 气体产生。当温度超过 973K 时，开始有少量的络合物发生热分解而产生 CO 分子，此时反应属于零级反应。当温度超过 1223K 时，反应就由零级反应转为一级反应。温度更高时，碳和 CO_2 的反应速率 W_{CO_2} 完全决定于化学吸附及其解吸作用，反应仍为一级反应，即：

$$W_{CO_2} = k_{CO_2} c_{CO_2} \qquad (10-34)$$

式中　k_{CO_2} ——碳和 CO_2 的反应速率常数，服从阿累尼乌斯定律；

c_{CO_2} ——CO_2 在碳表面处的浓度。

三、碳与水蒸气的反应

碳和水蒸气的反应是水煤气发生炉中的主要反应。高温下碳与水蒸气发生的主要反应为：

$$C + H_2O \longrightarrow CO + H_2 - 131.5 \times 10^3 kJ/mol \qquad (10-35)$$

$$C + 2H_2O \longrightarrow CO_2 + 2H_2 - 90.0 \times 10^3 kJ/mol \qquad (10-36)$$

一般认为碳与水蒸气的反应是一级反应，活化能为 37.6×10^4kJ/mol。

当反应温度升高时，正向反应进行得比较完全。在 1273K 以上则可视为不可逆反应，生成 CO 的反应速率明显地大于生成 CO_2 的反应速率。水蒸气分解反应的速率比二氧化碳还

原反应速率快些，但它们是同一数量级。

由于碳与水蒸气的反应活化能很大，因此要到温度很高时反应才会以显著的速度进行。碳与水蒸气反应的活化能比碳与 CO_2 反应的活化能大，它的反应速率也比碳与 CO_2 反应的速率大。这是因为这两个反应的快慢不仅与反应速率有关，而且与扩散速率有关。根据分子物理学，相对分子质量愈小的气体分子，其扩散系数越大。所以水蒸气的扩散系数比 CO_2 大。氢的扩散系数又远比 CO 大。于是碳与水蒸气的反应和碳与 CO_2 的反应比较，前一个反应中的反应物扩散到碳表面的速度比后一个反应来得迅速。反应产物扩散离开碳表面的速度也比后一个反应快。因此，碳粒与水蒸气反应反而比与 CO_2 反应来得快了。

以上讨论了碳与 O_2、CO_2 以及水蒸气的反应。需要指出，在上述几种反应中，只要氧气的浓度与其他气体浓度可以相比时，碳主要是与 O_2 发生反应。

四、多孔碳粒的燃烧

前面讨论的碳的燃烧过程，是假定燃烧反应只在碳粒表面上进行。实际上各种固体燃料都是多孔性的。因此碳的异相反应不仅在外表面进行，而且能在内表面进行，其内部反应的影响是不可忽视的。

当温度较低时，碳和氧只有一次反应，而且反应很慢，此时氧向碳粒孔隙内部的扩散速率，远远大于碳粒孔隙所构成的内表面上的反应速率，则内表面上各处的氧浓度都相同，且等于碳粒外表面的氧浓度 c_b。

设碳球的半径为 r，则其外表面积为 $F=4\pi r^2$。如果碳球内部单位体积所含的内表面积是 F_i，则全部内表面积为 $\frac{4}{3}\pi r^3 F_i$，碳球内外总表面积为 $4\pi r^2+\frac{4}{3}\pi r^3 F_i=4\pi r^2\left(1+\frac{1}{3}rF_i\right)=S\left(1+\frac{1}{3}rF_i\right)$。温度较低时碳球内外表面上的氧浓度都是 c_b。因此这时碳球的总反应速率为：

$$W_C = F\left(1+\frac{1}{3}rF_i\right)kc_b \tag{10-37}$$

令：

$$k' = k\left(1+\frac{1}{3}rF_i\right) \tag{10-38}$$

则 k' 为包括所对应的内外碳球表面上的总反应速率常数，于是式(10-37)可改写为：

$$W_C = Fk'c_b \tag{10-39}$$

式（10-38）表示，在内外表面上氧浓度都是 c_b 时，总反应速率常数 k' 是 k 的 $\left(1+\frac{1}{3}rF_i\right)$ 倍。

当碳球温度很高时，碳和氧的化学反应很快，以致氧向碳球内部的扩散速率，远远跟不上碳球内部化学反应的需要时，内表面上的氧浓度就几乎等于零。此时，碳球内部停止了碳和氧的一次反应；而只有碳球外表面积 F 能和氧发生反应。这样，氧在碳表面上的总异相反应质量速率就变成：

$$W_C = k'Fc_b = kFc_b \tag{10-40}$$

所以，在这种情况下，$k'=k$。

因此，当燃烧温度从低温变到高温时，碳球的总反应速率常数 k' 比 k 大的部分值，就从 $\frac{1}{3}rF_{i}k$ 降为零。由此可见，随着温度由低到高，考虑到内部反应影响后的 k' 比 k 增大的倍数必在 $\frac{1}{3}rF_{i}$ 和零之间。若用 εF_{i} 来表示增大的倍数，则有：

$$\varepsilon \leqslant \frac{1}{3}r \tag{10-41}$$

式中 ε——反应有效渗入深度。

若氧能完全渗入碳球内部，使内外表面各处的氧浓度均是 c_{b}，则此时有效渗入深度 $\varepsilon = \frac{1}{3}r$。如氧完全不能渗入碳球内部，则 $\varepsilon = 0$。因此，在一般情况下，总反应速率常数可以写成：

$$k' = k(1 + \varepsilon F_{i}) \tag{10-42}$$

研究表明，当多孔碳板很薄时，其有效渗入深度 $\varepsilon = \delta$，可认为全部体积都参与一样的反应；当多孔碳板很厚时，其有效渗入深度为：

$$\varepsilon = \sqrt{\frac{D_{C}}{kF_{i}}} \tag{10-43}$$

式中 D_{C}——多孔性物质内部扩散系数。

此时反应只在表面附近进行。

对于多孔碳球，在相对很小的碳球半径范围内，氧的有效渗入深度约为 $\varepsilon = \frac{1}{3}r_{0}$（$r_{0}$为碳球的半径），可认为全部体积都参与一样的反应；当多孔碳球很大时，其有效渗入深度为 $\varepsilon = \sqrt{\frac{D_{C}}{kF_{i}}}$。

综上，考虑内部燃烧后碳粒燃烧过程具有以下几种情况：

在温度不高时，氧气向固体碳表面扩散速率比化学反应速率大得多。因此碳粒表面的氧浓度接近于周围气流中浓度的情况下，扩散到固体碳粒内部空隙中去。这时候燃烧过程向多孔物质内部渗入的深度是决定于内部扩散速率与气孔表面上的化学反应速率之比。如果内部扩散能力很强，其扩散速率大大超过内表面的化学反应速率，则此时扩散作用就能够及时将氧气送到内表面的各部分去，因而整个体积内部都有氧气渗入，反应就在碳粒内部整个体积中进行。这时候限制燃烧过程发展的因素是化学反应能力本身，所以这种情况下的燃烧称为内部动力燃烧。

随着反应温度的升高，内表面的化学反应能力增大，这时氧气渗入的深度，随内部扩散能力与内表面的化学反应能力相互之间的变化而变化。氧气在外表面浓度接近周围气流浓度的情况下，向内渗入逐渐减少以至到零，所以此时碳粒内部只有部分内表面参加反应。燃烧过程就由内部动力燃烧逐渐开始转入了内部扩散燃烧工况。当温度升高到某一值时，必然会使内表面反应速率远远超过氧气在碳粒气孔内的扩散速率，此时氧气向内部扩散深度相对来说很浅，反应几乎集中在外表面上进行，燃烧过程开始转入到外表面区域。这种极限情况称之为内部扩散燃烧工况。

在外表面反应中，若温度还不太高时，氧气扩散到碳粒外表面的速率仍比碳粒表面的化学反应速率来得快些，此时反应面上氧气浓度仍接近于周围气流中的氧气浓度。所以这种工况就属于外部动力燃烧。这时内表面已不参加反应，反应只在外表面上进行。

若温度继续提高，由于反应速率强烈地随着温度的提高而升高，这时反应速率可以超过氧气扩散到外表面去的速率，这样燃烧过程就会转入到外部过渡燃烧工况以至最后达到外部扩散燃烧工况。

由此可知，当温度足够高时，可以认为碳与氧的反应是纯粹的表面反应。当温度不很高时才考虑碳粒内部燃烧的影响。

五、二次反应对碳粒燃烧的影响

前已指出，碳粒的燃烧过程不仅仅是简单的碳与氧的化合过程(初次反应)，而且还同时存在着 CO 的燃烧和 CO_2 的还原过程(次级反应)。这些过程同时发生势必会影响到碳的基本燃烧(氧化)过程的进展。

碳粒表面燃烧时所生成的 CO_2 是很不稳定的，当在温度很高时(一般大于 1200℃、1300℃)，刚生成的 CO_2 分子就立即与炽热表面的碳分子结合，生成两个 CO 分子。这是一个吸热的还原反应。温度越高，反应越剧烈。这个吸热反应对碳表面来说起到"冷却"作用，会影响碳的燃烧速率。但一般来说，即使考虑到这种"冷却"影响，上述反应的存在仍可促使碳燃烧过程的加速。

由还原反应所生成的 CO(包括在燃烧初期所产生的)，如果反应空间内温度较低的话(低于它的着火温度)，它可以自由地向周围介质扩散出去；如果温度较高的话，它可以在碳粒表面附近的空间中，与向碳粒表面扩散来的氧气全部或部分化合，重新形成 CO_2 并放出热量。这个放热反应的存在至少可以在某种程度上补偿上述吸热反应所引起的热量损失。它可以加热碳粒表面，提高它们的化学反应能力。但是这里需要注意到，CO 燃烧时所需要的氧气是从流向碳表面的氧气流中获取的。因此，它必然阻碍氧气向碳粒表面的扩散，减少或甚至使氧气不能直接到达碳粒表面。这种情况在过渡区，特别是在扩散燃烧区中尤其严重。因为在此时燃烧过程所受到的阻碍主要来自氧气扩散到碳粒表面的速率太慢，而不在于温度不够高。所以这时若再从本来供应迟缓的氧气流中截去一部分，甚至全部氧气，则势必会阻碍碳粒燃烧过程的发展。此外，还由于产生了对固体碳粒表面"不起作用"的 CO，它分布在碳粒燃烧面的周围，就额外地增加了氧气透过紧贴碳粒燃烧面气体层的扩散阻力。

以上种种都表明了伴同碳燃烧过程一起发生的 CO 气相燃烧反应，是阻碍整个反应进展的又一个附加因素。所以，改善碳表面附近的气体交换条件，即改善气体在碳表面的扩散作用，是强化燃烧过程很重要的措施。

可以预测，当达到某一温度后，在碳粒表面上积聚了大量的 CO。因此，氧气在通向燃烧面的途中就被 CO 所消耗掉，纯净的氧气几乎不能到达燃烧面，而且反应温度愈高，这种消耗的速率愈快。这时，碳粒燃烧过程的进展主要决定于 CO_2 的还原反应速率。原先的次级反应，CO_2 的还原，在这时却成为燃烧过程的主要反应了。这一推断从实验结果中得到了证实。

图 10-3 是直径 15 mm 电极碳粒的燃烧试验结果。从图 10-3 可以看到，当温度达到 1100~1300℃时，燃烧过程应已转入扩散燃烧区，反应速率应与温度无关，反应速率曲线应当趋近于一水平线，但实验结果却与其不同，在高温区域内该曲线又再次上升。这只能说明在此时 CO_2 的还原反应起了主要作用。

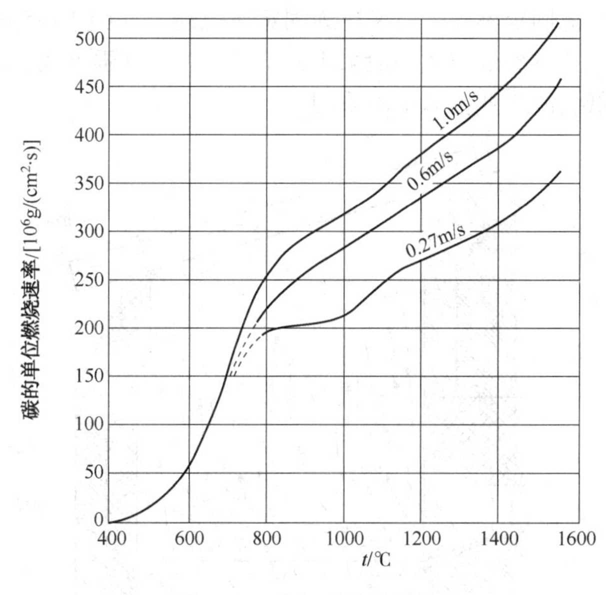

图 10-3　电极碳粒的燃烧

第四节　煤的燃烧方式

煤的燃烧方式多种多样，按照煤在燃烧过程中现象的不同，可以将其分为 4 种：层状燃烧、粉煤燃烧、沸腾燃烧和旋风燃烧。

一、层燃式燃烧

层燃式燃烧是将燃料块置于固定的或移动的炉篦上面，空气通过炉篦下方篦孔穿过燃料层并使其燃烧，生成的高温烟气离开燃料层进入炉膛。

根据燃料和空气供给方式的不同，层燃式燃烧可分为逆流式、顺流式和交叉式 3 种，如图 10-4 所示。

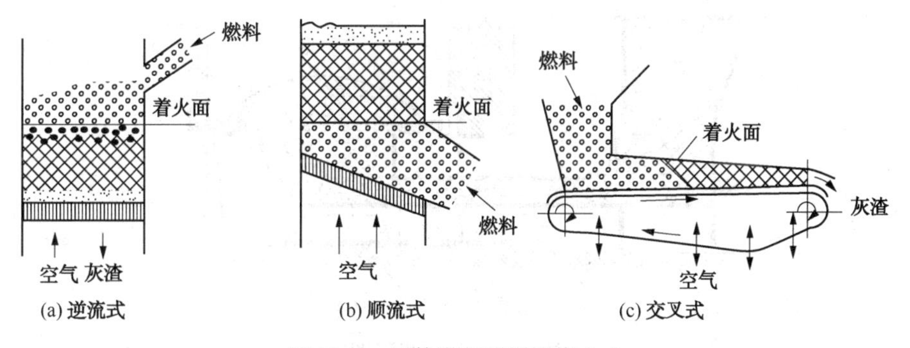

图 10-4　固体燃料层燃燃烧方式

图 10-4(a)为逆流式层燃燃烧方式。燃料从炉室上方投入，空气自燃料层下方向上输入，因而燃料的投入方向与空气(一次风)的输入方向相反。由于新投入的燃料是直接加在炽热的燃烬焦炭层上，直接受到下面炽热火床的加热，同时又受到炉室中高温烟气及炉墙给予的辐射热，双面引燃，所以燃料着火条件优越，适合于任何煤种，特别适用于劣质燃料。

在这种燃烧方式中，炉篦固定不动，故又称为固定床燃烧。如图 10-5 所示的手烧炉的燃烧方式就属于这一类。但这种燃烧方式一般采用人工操作，劳动强度大，同时运行中又会形成各种损失，燃烧效率低，故工业上基本不采用。

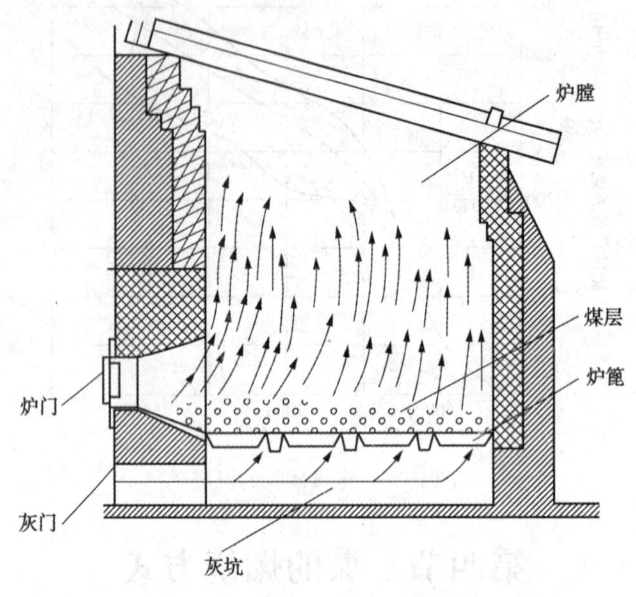

图 10-5　手烧炉简图

图 10-4(b)所示是顺流式层燃燃烧的工作示意。燃料的移动方向与一次空气的供给方向相同，燃料与空气同时从炉室下方加入，新燃料位于燃烧区下面。新燃料的下面为冷空气，上表面为燃烧区，只是单面受热，所以新燃料的预热着火主要是接受燃烧区的导热和热辐射，则它的着火热力条件非常不利。因此，不宜燃用水分高、挥发分少、灰分多而焦结性很强的燃料。

这种燃烧方式对固体燃料的颗粒大小也有要求，一般希望颗粒在 3~20mm。颗粒太大，影响着火；太小易造成不完全燃烧损失。图 10-6 为下饲式炉(绞煤机)的燃烧方式就属于这一类。

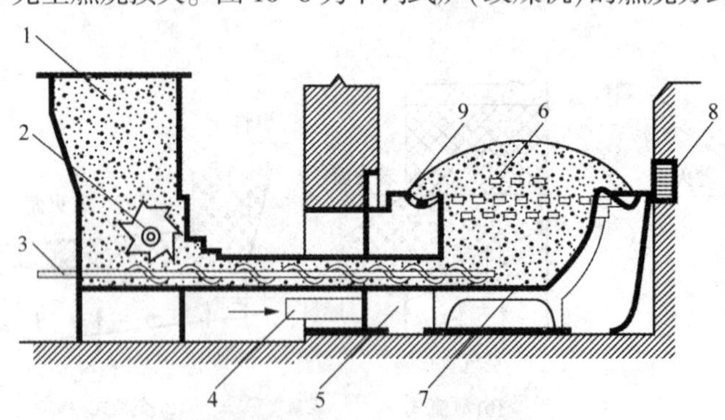

图 10-6　绞煤机简图

1—煤斗；2—搅拌器；3—绞龙；4—风管；5—风箱；6—风眼；7—煤槽；8—水套；9—渣板

图 10-4(c)示出的是交叉式层燃燃烧方式，图 10-7 为链条炉的燃烧方式属于这一类。燃料从煤斗下来落在缓慢移动的炉排上，随炉排一起运动，燃料与炉排相对静止。空气则从炉排的下方自下而上送入，所以燃料的供给与空气的输入是相交叉的。随着炉排的移动，新燃料经过不同的阶段最后变为灰渣排出。在新燃料区，由炉外运进炉膛的新煤依次地被干

燥、预热，O_1K 线之后开始析出挥发分，析出的挥发分与由炉排下方流入的空气在炉膛中混合燃烧。O_2L 线之后，进入焦炭燃烧区，该区又分为氧化区和还原区。在氧化区，焦炭首先与炉排下方供入的空气发生氧化反应，生成 CO_2，O_2 被迅速耗尽。燃烧产物上升进入还原区，产物中的 CO_2 和 H_2O 与炽热的焦炭发生还原反应，生成的 CO 和 H_2 升入炉膛中继续燃烧，此过程一直延伸到炉排尽头，最后是燃尽区。在燃尽区，形成的灰渣随炉排向后移动而被排出，只有很少一部分未燃尽的碳颗粒在该区域燃烧。以上各阶段都同时发生，燃烧后的高温烟气不直接通过新燃料层，新燃料层也不直接与燃烧着的炽热焦炭层接触，所以新燃料的预热着火的热准备阶段所需热量主要依靠炉膛中火焰和高温砖砌物的辐射热，为单面受热，着火条件较差。因此，燃料的加热和点燃是从燃料层表面开始的(即上部着火)，然后逐渐向下传播。由于燃料层随着炉排向后移动，所以燃料层中燃烧过程的各个阶段的分界面都是向后倾斜。

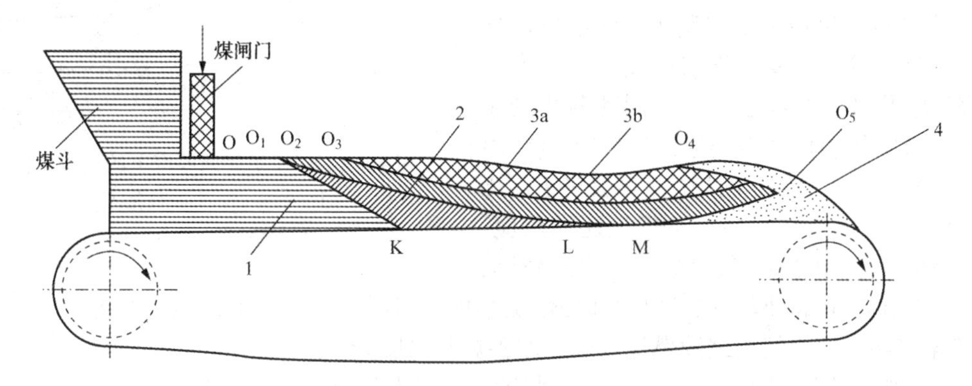

图 10-7　链条炉排上煤层燃烧阶段的分布

1—新燃料区；2—析出挥发分区；3—焦炭燃烧区(3a 为氧化区，3b 为还原区)；4—燃尽区

当然层燃炉还有其他类型，如往复推饲炉、振动炉排炉等，这里不再详细介绍。有兴趣的读者可查阅相关资料。

无论哪种层燃炉，其燃烧的基本原理都是一样的。层燃炉中，煤的燃烧工程要经历如前所述的 4 个阶段：预热干燥，热解及挥发分析出，形成焦炭，挥发分和焦炭的燃烧和燃尽阶段。其中煤的燃烧反应速率主要决定于焦炭的燃烧速率，而焦炭的燃烧速率则决定于焦炭本身的化学反应活性、氧气供给情况以及温度。不同煤形成的焦炭的化学反应能力不同，一般地，含挥发分高的煤，挥发分析出后所形成的焦炭比较疏松，化学反应能力也比较强。影响化学反应能力的主要因素是温度，温度升高，焦炭的化学反应能力显著加强。焦炭颗粒直径越小，氧气越容易扩散到焦炭表面。对于同样大小的焦炭，气流和焦炭之间的相对速率越大，氧气扩散到焦炭表面的能力越强。而温度既是燃烧反应的条件，又是燃烧反应的结果，与受热面的吸热状况有关。

若化学反应能力大大超过扩散能力，氧气只要扩散到焦炭表面，立即就能和焦炭化合，燃烧速率取决于扩散能力，而提高化学反应能力则对燃烧速率影响不大，此时处于扩散控制燃烧状态。而当扩散能力大大超过化学反应能力，焦炭表面的氧气很充分，则燃烧速率取决于化学反应能力，处于动力控制燃烧状态。当化学反应能力和扩散能力相差不大，燃烧速率既与化学反应能力有关，也和扩散能力有关时，处于过渡控制燃烧状态。

在层燃中，温度比较高，化学反应能力比较强，而煤粒较大，扩散能力较弱，一般属扩散燃烧。因此，为了提高层燃炉中煤的燃烧速率，主要措施是加强通风，提高空气通过煤层的速率，从而提高扩散能力。而过分提高煤层温度对强化燃烧的作用不大。对于炉膛中烟气携带的含碳颗粒，其温度一般较煤层温度低，化学反应能力较弱，颗粒的粒径较小，扩散能力较强，因此一般属于动力燃烧或过渡燃烧。所以适当提高炉膛温度是强化炉膛中飞灰燃尽的重要因素。

层燃炉的燃烧过程，可以用图 10-8 中所给出的沿煤层厚度方向上气体成分的变化曲线来说明。从图 10-8 可以看出，在氧化区中，碳的燃烧除了产生 CO_2 以外，还产生少量的 CO。在氧化区末端，氧气浓度已趋于零，CO_2 的浓度达到最大，而且燃烧温度也最高。实验证明，氧化区的厚度为煤块直径的 3~4 倍。当煤层厚度大于氧化区厚度时，在氧化区之上将出现一个还原区，氧化生成的 CO_2 部分被 C 还原成 CO。因为是吸热反应，所以随着 CO 浓度的增大，气体温度逐渐下降。煤层厚度不同，发生的燃烧反应及其它产物也不同，因此就出现了两种不同的层状燃烧即“薄煤层”燃烧法和“厚煤层”燃烧法。薄煤层燃烧法中，煤层对于烟煤只有 100~150mm，在煤层中不发生还原反应。厚煤层燃烧法也叫做半煤气燃烧法，煤层较厚，对烟煤有 200~400mm 厚，在煤层中部分燃烧产物得到还原，使煤层的燃烧产物中含有一些 CO，流至煤层上部空间中继续燃烧放热，改善炉膛温度分布。

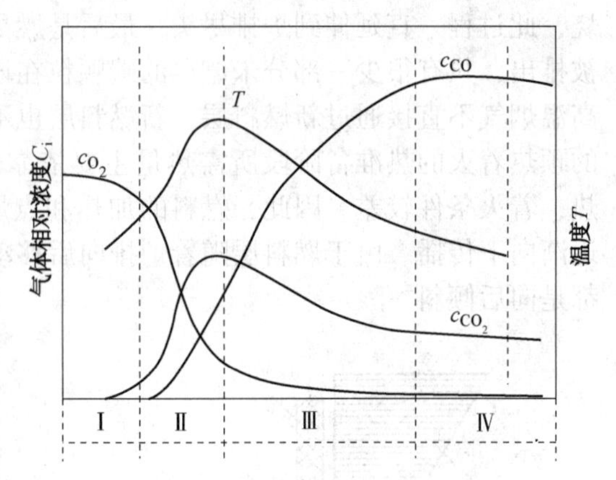

图 10-8　层燃炉煤层厚度上的气体变化

Ⅰ—燃尽区；Ⅱ—氧化区；

Ⅲ—还原区；Ⅳ—挥发分析出区

层燃式燃烧广泛用于小型和中型动力装置中，具有以下的特点：能获得最大的热密度，即在单位体积的燃烧室内，同时存在于炉膛中的燃料量最大；在防止燃料粉末飞失的条件下，可能大大增加鼓风；热惰性大，对燃料供给与鼓风之间的偏离敏感性差，燃烧过程比较稳定，而且当锅炉尺寸越大和燃料量越多时越稳定；但其不能用于大型动力装置，同时还不能完全机械化和自动化；煤的颗粒粒径一般在 5~50mm 范围内。

二、粉煤燃烧

粉煤燃烧又称悬浮燃烧，是将煤先磨成细粉，然后随空气流在炉膛内呈悬浮状态进行燃烧。如图 10-9 所示。煤粉锅炉的燃烧方式就是这种形式。

如图 10-10 所示，原煤经过磨煤机磨制成一定细度(20~500μm)的煤粉，由空气送入锅

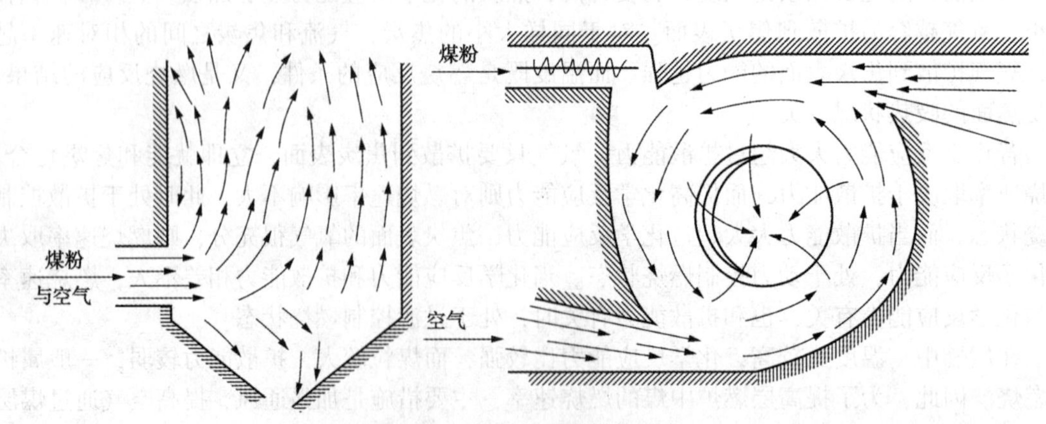

图 10-9　煤粉炉悬浮燃烧示意

炉的炉膛燃烧。由煤仓落下的煤经给煤机送入磨煤机磨制成煤粉。煤在磨制过程中用热空气干燥和输送。送风机将冷空气送入锅炉尾部的空气预热器，冷空气吸收烟气的热量成为热空气。热空气一部分经送粉风机被输送到磨煤机，干燥和输送煤粉，另一部分送入燃烧器作为燃烧用的空气。

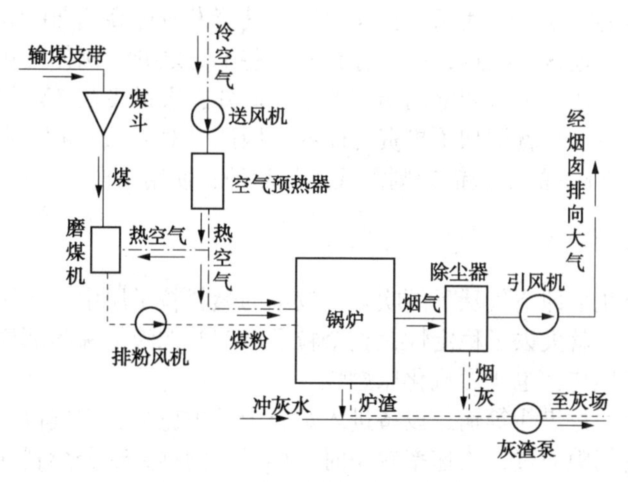

图 10-10　煤粉锅炉工作过程示意

煤粉的点燃过程是将一次风气流和高温炽热的烟气混合，同时接受燃烧室的辐射热，使煤粉空气混合物的温度升高到煤粉着火温度，发生着火。煤粉气流燃烧正常时，一般在离燃烧器喷口 0.3~0.5m 处开始着火。在离喷口 1~2m 的距离内，大部分挥发分已经析出和燃烧，但是焦炭的燃烧常要延续10~20m 或更远的距离，有一个较长的燃尽过程。图 10-11 是一台 200MW 燃烧无烟煤的煤粉炉，测得的沿火焰长度的温度 T_F 和燃尽分数 a 的变化。由图 10-11 可见，煤粉气流的温度在离喷口约 4m 处很快上升到最高值。如果是燃烧烟煤，则此处挥发分已接近全部燃烧完，而且焦炭燃尽分数也达到 80%以上。如果煤粉火焰在燃烧室中的全部长度是 28m，则继续燃烧使总燃尽分数达到 97%，约需 16 m 的火焰长度；此后约 8m 的火焰行程对燃尽分数的提高不到 1%。可见，无烟煤焦炭粒的燃尽速率很慢，整个煤粉气流的燃尽时间为 1~2 s，要比着火时间(约 0.01 s)长得多。当烟气离开燃烧室出口进入对流受热面后，烟气温度迅速下降，并且氧气浓度也很低，此时未燃尽的焦炭粒停止燃烧形成了机械不完全燃烧热损失。

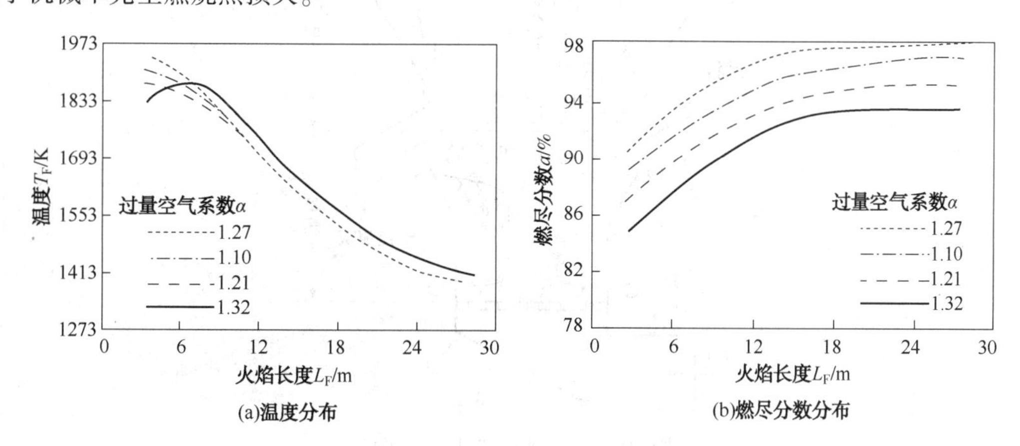

(a)温度分布　(b)燃尽分数分布

图 10-11　煤粉火焰温度分布和燃尽分数分布

在粉煤燃烧中，由于燃料已磨成极细粉末，直径可在20~500μm，它与空气的接触面积大大增加，使燃烧进行剧烈，煤粉炉燃烧效率高，炉膛内温度很高。因此，能有效燃烧各种煤种，包括一些难以燃烧的煤种，如灰分、水分多的劣质煤和含挥发物少的难以燃烧的无烟煤屑等。此外，它还可实现操作运行全部机械化与自动化，同时单机容量可做得很大，适合于大型动力装置发展的需要。现代超大型煤粉锅炉其蒸发量可高达2000t/h以上。

煤粉燃烧虽然有上述这些优点，但也存在着一些不足之处，例如飞灰量较高，金属受热面易遭磨损；受热面积灰、炉膛四壁的结渣严重；此外，大量飞灰随烟气逸出污染环境。另外还必须增加制粉设备。这就增加了投资与能耗。因此，对于35t/h以下的小型锅炉一般不宜采用，而对于35~75t/h的中型锅炉则需视燃料品种、使用场合等具体条件而定。

三、沸腾式燃烧

用较高速率把氧化剂即空气从下面吹入比较细的燃料粒子层中，当风速达到某一临界值时，粒子层的全部颗粒就失去了稳定性，整个粒子层就好像液体沸腾那样，产生强烈的相对运动，故称为沸腾式燃烧，也叫做流化床燃烧。

经过制备的燃料通过煤斗等输送设备进入炉膛中的炉篦上，空气以一定的速率从炉篦下方引入。风从燃料的间隙通过，当速率较小时，燃料层的绝大部分燃料在炉篦上是静止不动的。如果将风速增大，达到某一临界速率时，自由放置在炉篦上的料层颗粒就会失去稳定性，产生强烈的相对运动，在料层中部的颗粒向上浮升，而靠近炉壁的颗粒往下降落，整个料层中的燃料颗粒就像煮粥时米粒在沸腾着的水中运动一样，在一定深度范围内上下自由翻滚。因此，我们说此时固态燃料颗粒被气流“流态化”了。这种状态就称为“流化态”或“流化床”，也有称为“沸腾床”。若在此状态下燃烧就称为“沸腾式燃烧”或“流化床燃烧”。

图10-12示出了沸腾炉的结构原理。空气从进风管送进风室后，经布风板的分配而均匀地进入锅炉的下半部——沸腾段。气体在沸腾段中基本向上流动，直至流出沸腾段，流过整个炉膛。燃料从进料口送入沸腾段。由于沸腾炉一般燃用粒径在8mm以下的煤末，这种燃料的颗粒直径的范围较宽，燃料进入沸腾段以后，一部分细粉(通常是颗粒直径在2mm以下者)被气流吹出沸腾段，进入沸腾段以上的悬浮段，并在那里进行悬浮燃烧。其余绝大部

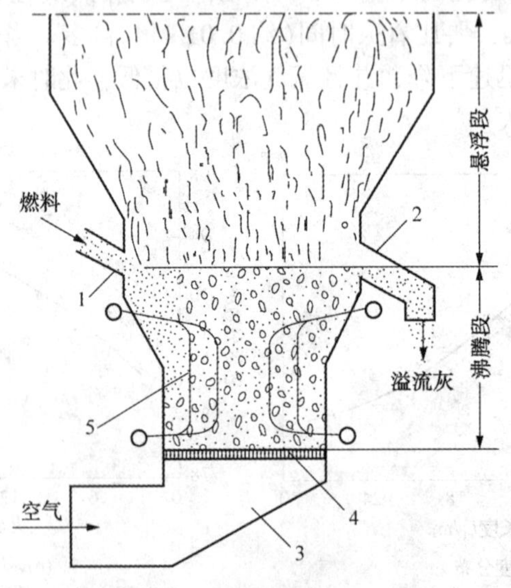

图10-12　沸腾式燃烧示意图

1—进料口；2—溢流口；3—风室；4—布风板；5—埋管

分燃料颗粒在沸腾运动过程中完成燃烧。燃尽的灰渣从溢流口溢出。上述的沸腾段是燃料发生着火和燃烧的主要区域，此区域颗粒浓度较大，也称为沸腾炉的密相区。而悬浮段内的颗粒浓度较小，又称为稀相区。

沸腾燃烧最大的优点是燃料颗粒和空气获得了强烈搅混，并延长了燃料颗粒在炉内的停留时间。这样，在沸腾床内就具有一定的高温、良好的混合、又有足够的燃烧时间，保证燃烧过程的稳定、强烈、迅速且又较完全。特别是在运行时，炉内充满了炽热的燃料颗粒，相对于炉内稠密的炽热颗粒，新加入的燃料数量相对较少。因此，易于迅速散播到整个床层，同时与高温炽热颗粒相撞，表面上的灰壳层可被撞掉，使其可燃质终能接触到外界空气。故对沸腾式燃烧来说，不论优质煤、劣质煤、甚至煤矸石和油页岩都能很好地燃烧，只不过添加量有所不同。此外，沸腾燃烧的燃烧温度在 850~1000℃，炉温较低，可减少或抑制氮氧化物(NO_x)的产生，这对改善环境污染是有利的。

沸腾燃烧方式的缺点是飞灰损失很大。大量的灰分和未燃尽的细颗粒随烟气一起逸出，造成机械不完全损失，一般在 30%左右，降低了锅炉效率，同时还污染了环境。为了减少损失及保护环境就必须安装除尘器捕集飞灰使其返回炉内继续燃烧。由此循环流化床的出现，解决了该问题。

图 10-13 为循环流化床锅炉的工作过程示意图，煤被破碎到一定粒径(8~10mm 以下，大部分为 0.2~3mm 的碎屑)后由给煤机送入炉膛。同时，脱硫剂石灰石也由给料机送入炉膛，与炉内炽热沸腾的物料混合。经过预热的一次风(流化风)通过风室由炉膛底部穿过布风板送入炉膛，使炉膛内的颗粒处于快速流化状态。燃料在充满整个炉膛的惰性床中燃烧，细小的颗粒被气流携带飞出炉膛，由飞灰分离收集装置加以分离和收集，然后再通过与分离器相通的回料管和返料器送回炉膛循环燃烧。燃料在炉膛内完成燃烧过程，炽热颗粒和高温烟气通过炉膛受热面和外置换热器完成向工质的传热过程。烟气和未能被分离器捕集的细小颗粒进入尾部烟道，继续与尾部受热面进行对流换热，最后经除尘器处理后排出锅炉。

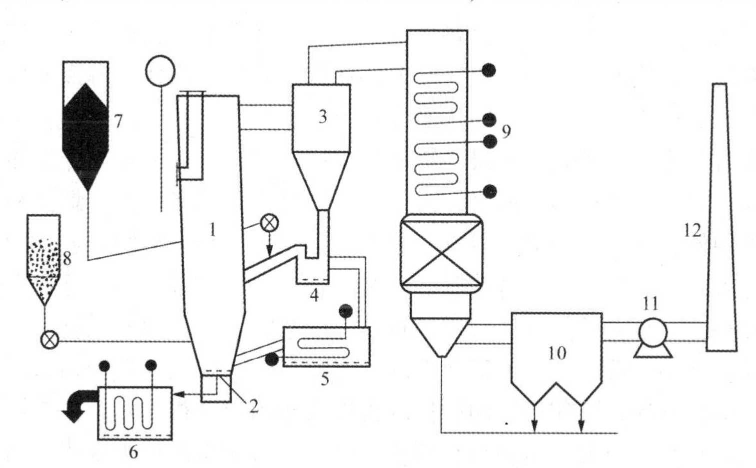

图 10-13　循环流化床锅炉工作过程示意图

1—炉膛；2—布风板；3—分离器；4—返料器；5—外置式换热器；
6—底渣冷却器；7—煤仓；8—石灰石仓；9—尾部受热面；10—除尘器；11—引风机；12—烟囱

循环流化床大量固体颗粒的循环，以及更为合理的热量释放分布，使沿床高温度分布趋于均匀，不再需要在密相区设置埋管。而且循环流化床采用了将从燃烧室逸出的固体颗粒收集并再循环的措施，通过特定的气-固流动形态，有效延长了燃料颗粒在燃烧室中的停留时间，增强了床内的气固混合，提高了燃烧效率和脱硫剂的利用效率。循环流化床具有较高的燃烧强度，并且由于稀相区的固体颗粒悬浮浓度比沸腾床得到了提高，增强了稀相区受热面的传热系数，提高了燃烧室的使用效率，因此更易于大型化。

下面对循环流化床中的煤颗粒的燃烧过程进行简单介绍。送入流化床中的煤颗粒将依次经历干燥和加热、挥发分析出和燃烧、膨胀和一次碎裂、焦炭燃烧和二次碎裂、磨损等过程。由于燃料量只占床料质量的极小部分，为2%~5%，因此当新鲜煤颗粒进入燃烧室后，立即被不可燃的大量高温物料所包围，以 $1\times(10^3\sim10^4)$ K/s 的速率升温，迅速加热至接近床温。随着高温物料的加热，煤颗粒逐步开始析出挥发分。挥发分的第一个稳定析出阶段发生在温度773~873K，第二个稳定析出阶段则在温度1073~1173K。挥发分的产量和构成受到加热速率、初始温度、最终温度、最终温度下的停留时间、煤种和粒度分布、挥发分析出时的压力等许多因素的影响。煤颗粒在挥发分析出过程的693~773K经历了一个塑性相，煤中的小孔被破坏，因此在挥发分开始析出时，颗粒的表面积最小。此后随着煤颗粒内部气相物质的析出，煤颗粒膨胀。有时，煤颗粒中析出的挥发分会在煤粒中形成很高的压力而使煤颗粒产生碎裂，这种现象就称为一次碎裂。经过一次碎裂，母体颗粒分裂成为数片较小尺寸的碎片。

另一方面，煤颗粒在进入燃烧室后，一边被热烟气和热物料加热，使得挥发分析出和燃烧，一边还随其他物料一起在炉内流动。对单颗粒而言，其运动轨迹是无规则的，其析出的挥发分在燃烧室内不同位置上的量也是无规则的。但是以统计的方法从宏观上来分析燃料的挥发分析出规律，可以看出挥发分在沿燃烧室高度方向上的浓度分布与床内物料的分布和流动有一定的关系。由于挥发分的燃烧受到氧的扩散速率的控制，燃烧室内的氧浓度分布，特别是悬浮段的氧浓度分布直接影响了挥发分燃尽程度及热量释放的位置，而氧在炉内的分布和扩散取决于床内气固混合情况，因此挥发分的燃烧也与床内的物料分布和流动有关。通过研究发现，挥发分通常比较容易在燃烧室上部燃烧，一般在燃烧室上部的浓度分布较高，燃烧份额较大。因此，对于高挥发分的燃料来说，其在燃烧室上部释放的热量较多；而对于低挥发分的燃料来说，其热量较多地在燃烧室下部释放。要想准确地了解挥发分在燃烧室内的燃烧份额的分配，仍需要进一步地研究挥发分析出和燃烧规律。

挥发分析出后是焦炭的燃烧。焦炭的燃烧过程比较复杂。因为焦炭颗粒的粒度不同，其燃烧的工况不同。对于大颗粒焦炭而言，由于颗粒本身的终端速度大，烟气和颗粒之间的滑移速度大，使得颗粒表面的气体边界层薄，扩散阻力小，因此燃烧反应受化学反应速率控制，颗粒粒径越大，反应越趋于动力控制；而对细颗粒焦炭而言，其本身较小的终端速度使得气固滑移速度小，颗粒表面的气体边界层较厚，扩散阻力大，因而燃烧反应受氧的扩散速率控制，颗粒粒径越小，反应越趋于扩散控制。研究表明一般认为在密相床内，焦炭燃烧受到动力控制和扩散控制的共同作用，两种控制机理的作用程度相当。而在燃烧室上部的稀相段内，情况就比较复杂，因为焦炭颗粒在稀相区的流动行为与煤粉炉内的运动行为有很大差异。在煤粉炉内，燃烧室温度高，燃料本身的燃烧反应快；细颗粒处于气力输送状态，扩散阻力大，所以燃烧反应为扩散燃烧。而在流化床的悬浮段内，燃烧室温度相对比较低，燃料的燃烧反应速率较低；同时细颗粒会产生团聚而形成较大尺寸的颗粒团，因而加大了滑移速度，减薄了颗粒团表面的气体边界层，从而减小了气体向颗粒团的扩散阻力，而颗粒团中可燃的焦炭颗粒比较少，因此，从理论上说，流化床悬浮段内的焦炭燃烧与煤粉炉相比应该是趋于动力控制的。但是，如果颗粒团所在的气体排放中本身氧气浓度不高，则也可能是处于扩散控制的燃烧状态。因此，悬浮段的焦炭燃烧也是非常复杂的。

四、旋风式燃烧

先将固体燃料经磨煤机研磨成细粒，燃料和空气以高达 100~200m/s 的速度沿切线方向喷入圆筒状燃烧室，形成强烈的旋转气流。然后与空气混合并随着空气流喷燃器喷出，燃料颗粒在强烈旋转气流中与空气紧密接触、良好混合，并迅速着火燃烧。

从图 10-14 可以看出：颗粒燃料和一次空气由燃烧室一端圆形喷燃器或送煤器送入，大量的二次空气则沿切线方向高速进入，造成强烈的回旋运动。气流旋转运动所产生的离心力，使燃料颗粒紧贴圆筒壁上的熔化灰渣层回旋，直到燃烧完毕。燃烧生成的气体则由另一端中央孔口流出，流出的烟气只能携带 10μm 以下的微粒，即完全燃烧后的剩余灰粒。所以它的燃烧特征是：燃料颗粒在炉膛被高速气流携带着旋转，造成强烈的回旋，同时气化和燃烧。

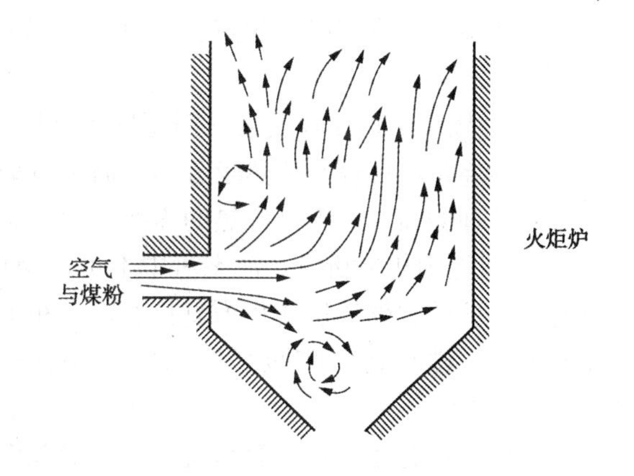

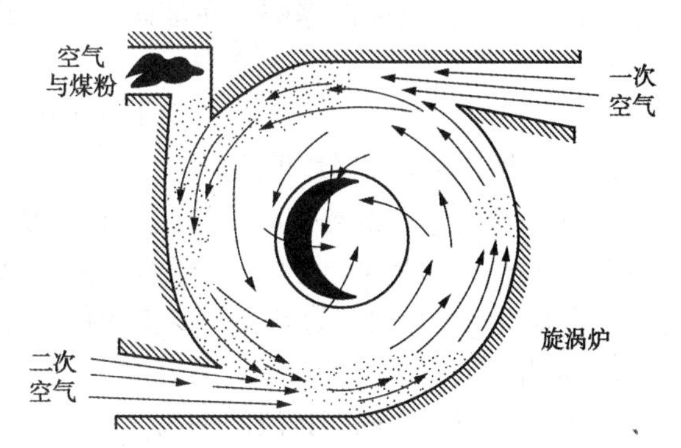

图 10-14　固体燃料的旋风式燃烧

在层燃燃烧中不宜燃用含颗粒过细的燃料，而在煤粉炉中则因燃料停留时间很短，为使燃料能够完全燃烧，必须将燃料磨成极细的粉末(挥发成分较少的燃料，粉粒直径不应超过 100μm；易燃煤种不应超过 0.5mm)。因此，天然碎末以及颗粒较粗的燃料就不能直接用于煤粉炉内，而需经过加工研磨。旋风燃烧方式就为直接燃烧这种燃料提供了一个有效的途径。它可以燃用粗煤粉或颗粒较大的煤粒或煤末，真直径可为 5~6mm 或更大(数量不超过 5%~10%)，介于层燃炉与煤粉炉燃用煤粒尺寸之间。颗粒愈大，其在旋风炉中循环的次数就愈多，停留时间亦愈长。所以旋风炉是介于层燃炉与煤粉炉之间的一种锅炉，它在形式上借用了火炬式悬浮燃烧的方法，使燃料颗粒随气流回旋在炉膛空间中燃烧；但燃料颗粒在炉内流动时却又保留着层燃燃烧的重要特性，即不同颗粒大小的燃料在炉内按其燃烧所需的时间而逗留。

在旋风炉的四周水冷壁上都敷有绝热材料，加上气流的旋转又很强烈，所以混合情况非常良好。因此，旋风炉中燃烧过程较一般煤粉炉强烈得多，其容积热强度大约为固态除渣炉的 30 倍，炉膛温度相当高，可达 1800℃以上。正因较高的炉膛温度，煤粉燃烧后的灰渣呈液态，属于液体排渣炉的一种。

(1) 旋风炉主要优点

① 由于旋风炉燃烧温度高，燃烧完全，化学不完全燃烧热损失和机械不完全燃烧热损失较小。因而锅炉热效率高于一般煤粉炉。

② 旋风炉燃烧中，由于熔渣段中燃烧温度高，煤粉气流着火和燃烧的稳定性较好，对

各种低挥发分和高灰分的煤都能适应。

③ 燃烧室容积热负荷高，旋风燃烧整个燃烧室的容积热负荷比一般煤粉炉大 20% ~ 30%，因而可以减小燃烧室容积，节省钢材。

④ 熔渣段具有较高的捕渣率，因而可以减轻烟气中灰粒对受热面的磨损，有利于提高对流受热面的烟速，以增强传热，节省受热面。

⑤ 液态渣可以综合利用。液态渣粒化冷却后成玻璃状，是矿渣棉和其他建筑材料。

(2) 旋风炉主要缺点

虽然旋风炉具有以上优点，但其也有缺点，限制了其技术的发展。旋风炉的的主要缺点为：

① 燃烧室结构比较复杂。固态排渣煤粉炉的燃烧室将传热和燃烧在同一空间中进行，W 形火焰燃烧是将燃烧与传热半分离，而旋风炉将燃烧与传热完全分离，燃烧段的受热面仅仅是结构处理的需要，不是传热的需要，因而其利用率不高，增加了初期投资。

② 渣池中析铁析氢。液态渣中不可避免地含有少量未燃尽碳；煤所含的灰分中一般均含有一定的铁，燃烧后转化为氧化亚铁；在炉底渣池中的液态渣流出进入粒化水箱以前，处于高温下，碳与氧化亚铁将发生还原反应而析出液态的铁：

$$FeO + C \longrightarrow Fe + CO$$

这时，熔化了的铁水容易侵入炉底缝隙而损坏炉底结构；产生 CO 将对此区域暴露的水冷壁管产生高温腐蚀而爆破。在液态渣流入粒化水箱时，析出的铁水遇到水时，会还原出氢气：

$$Fe+H_2O \longrightarrow FeO+H_2$$

偶尔会出现氢气爆炸事故。

③ 高温腐蚀。液态排渣煤粉燃烧的高温会使燃料中各种成分的含硫化合物在燃烧过程中形成复盐。复盐蒸气随着烟气进入对流受热面后，会沉积在高温受热面上，经过一定的时间，会发生水冷壁管、过热器及其支撑件的外部腐蚀。

④ 由于液态排渣煤粉燃烧是在高温下运行，尽管整体过量空气系数略微低一点，但是其 NO_x 的生成量比固态排渣炉的高。

旋风炉由于其 NO_x 排放问题，其技术受到了挑战，在我国只是在很有限的燃料条件下得到应用，主要是小容量自备电厂中采用，一般容量不超过 220t/h。

第五节　固体燃料燃烧器

如前所述，煤的燃烧方式多种多样，如层燃燃烧、煤粉燃烧、沸腾燃烧、旋风燃烧等。除了部分燃烧装置能够称为燃烧器之外，大部分只能称为燃烧装置。能够称为燃烧器的就只有燃烧煤粉的煤粉燃烧器。煤粉的燃烧装置有煤粉燃烧器、旋风燃烧室和沸腾燃烧室等，其中煤粉燃烧器是将煤粉和空气的混合物像流体燃料一样喷入炉膛燃烧。旋风燃烧和沸腾燃烧则使煤粉以流态化的方式在专门的燃烧室内燃烧。燃烧器是煤粉锅炉的主要燃烧设备，其作用是保证燃料和燃烧用空气在进入炉膛后能充分混合、及时着火和稳定燃烧。

进入燃烧器的空气按作用不同，可分为 3 种，即一次风、二次风和三次风。一次风的功能主要是输送煤粉，约占燃烧所需总风量的 15% ~30%。煤粉空气混合物通过燃烧器的一次风喷口喷入燃烧室燃烧。一次风只能满足燃煤中挥发分的燃烧需要。其余固定碳部分的燃烧，需要更多的空气量，这部分空气称为二次风。所以二次风的作用是补充煤粉继续燃烧需要的空气，与一次风配合加强对煤粉气流的扰动、混合。当煤粉制备系统采用中间储仓式热风送粉时，在磨煤机内干燥原煤后排出的乏气，其中含有 10% ~15%的细煤粉，将这股乏气由单独的喷口送入炉膛，称为三次风。

性能良好的燃烧器应该做到：能使煤粉气流稳定地着火；着火以后，一次、二次风能及时而合理混合，确保较高的燃烧效率；火焰在炉内的充满程度好，且不会冲墙贴壁，避免结渣；有较好的燃料适应性和负荷调节范围；阻力较小；能减少 NO_x 的生成，减少对环境的污染。

煤粉燃烧器按其出口气流特性可分为直流燃烧器和旋流燃烧器两大类。直流燃烧器的出口气流为直流射流或直流射流组；旋流燃烧器的出口气流为旋转射流。

一、旋流式煤粉燃烧器

旋流燃烧器是指总的出口气流为一股绕燃烧器轴线旋转的射流的一类燃烧器。在旋流燃烧器中，携带煤粉的一次风和不携带煤粉的二次风分别用不同的管道与燃烧器连接，一次、二次风的通道是隔开的。二次风射流都是旋转射流，一次风射流可以是旋转射流，也可以是不旋转的直流射流。

1. 双蜗壳旋流燃烧器

图 10-15 为双蜗壳旋流燃烧器，这种燃烧器的一次、二次风都是通过各自的蜗壳而形成旋转射流的。

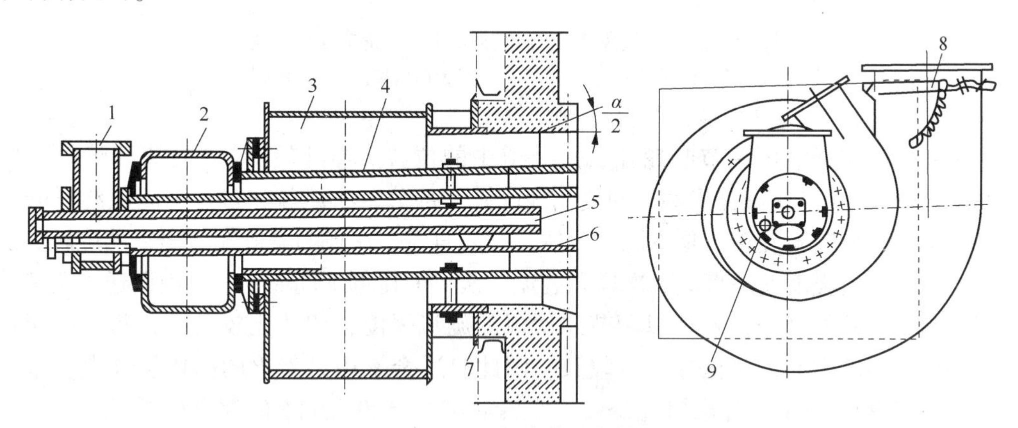

图 10-15　双蜗壳旋流燃烧器

1—中心风管；2—一次风蜗壳；3—二次风蜗壳；4—一次风通道；5—油喷嘴装设管；
6—一次风内套管；7—连接法兰；8—舌形挡板；9—火焰检测器安装管

双蜗壳旋流燃烧器的一次、二次风旋转的方向通常是相同的，因为这有利于气流的混合。燃烧器中心装有一根中心管，可以装置点火用的重油喷嘴。在一次、二次风蜗壳的入口处装有舌形挡板，可以调节气流的旋流强度。

这种燃烧器由于出口气流前期混合很强烈，且其结构简单，对于燃用挥发分较高的烟煤和褐煤有良好的效果，也能用于燃烧贫煤，所以我国的小型煤粉炉常采用它。但这种燃烧器的舌形挡板调节性能不很好，调节幅度不大，故对燃料的适应范围不广；同时其阻力较大，特别是一次风阻力大，不宜用于直吹式制粉系统；燃烧器出口处的气流速度和煤粉浓度分布都不很均匀，所以在燃用低挥发分煤的现代大、中型锅炉就很少采用。

2. 导向叶片式旋流燃烧器

(1) 轴向叶片式旋流燃烧器

利用轴向叶片使气流产生旋转的燃烧器称为轴向叶片式旋流燃烧器。这种燃烧器的二次风是通过轴向叶片的导向，形成旋转气流进入炉膛的。燃烧器中的轴向叶片可以是固定的，也可以是移动可调的。而一次风也有不旋转的和旋转的两种，因而有不同的结构。图 10-16 所示是一次风不旋转，在出口处装有扩流锥(也有另一种不装扩流锥的)，二次风通过轴向可动叶轮形成旋转气流的轴向可动叶轮旋流式燃烧器。这种燃烧器的轴向叶轮是可调的。

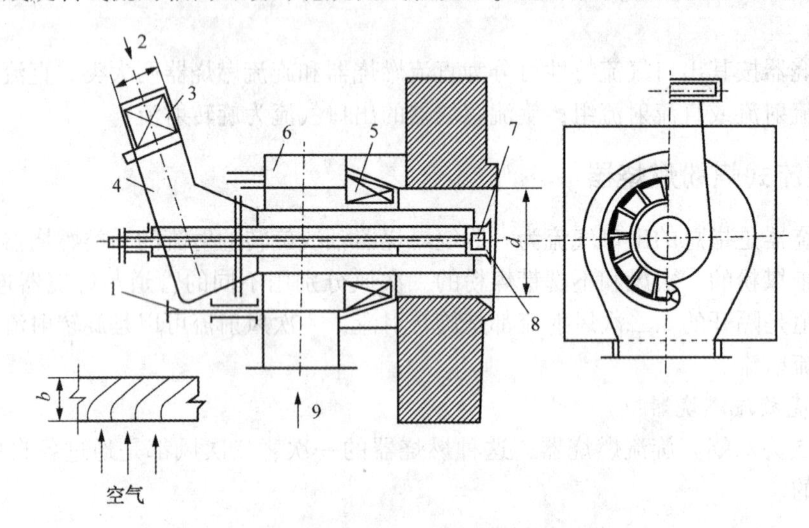

图 10-16　一次风不旋转的轴向可动叶轮旋流燃烧器

1—拉杆；2—一次风进口；3—一次风舌形挡板；4—一次风管；
6—二次风壳；7—喷油嘴；8—扩流锥；9—二次风进口

沿轴向移动拉杆便可调节叶轮在二次风道中的位置。当叶轮退出(向离开炉膛方向移动)时，叶轮和二次风的圆锥形通道间便出现间隙，部分二次风就通过这个间隙绕过叶轮直接旁路流出，因而它不旋转，是直流二次风。这股直流二次风与经叶轮流出来的旋转二次风混合，形成的旋流强度就随直流二次风和旋流二次风的比例不同而变化。因而通过调节叶轮的位置，改变间隙的大小，就可以调节二次风的旋流强度，调节比较灵活，调节性能也较好。这种燃烧器的中心回流区较小、较长，因此只适合燃用易着火的高挥发分燃料。在我国，主要用来燃用 挥发分含量超过 25%、发热量高于 16800kJ/kg 的烟煤和褐煤。

(2) 切向叶片式旋流燃烧器

通过切向叶片来实现气流的旋转的称为切向叶片式旋流燃烧器，燃烧器的一次风也有旋转和不旋转两种，二次风则通过可动的切向叶片，变成旋转气流送入炉膛。如图 10-17，这种燃烧器的二次风道中装有 8 片(一般可为 8~16 片)可动叶片，改变叶片的角度，可使二次风产生不同的旋流强度，以改变高温烟气回流区的大小，这种燃烧器的阻力较小，为使一次风能形成回流区，常在一次风出口中装有一个多层盘式稳焰器，如图 10-17(b)所示。多层盘式稳焰器的锥角为 75°，气流通过时可在其后形成中心回流区，固定各层锥形圈的固定板，每隔 120°装置一片，相邻锥形圈的定位板可以略有倾斜，并错开布置，使通过的一次风轻度旋转。锥形圈还有利于把已着火的煤粉按希望的方向送往外圈的二次风中去，以加速一、二次风的混合。这种稳焰器可以前后移动，以调节中心回流区的形状和大小。这种切向可动叶片旋流燃烧器，一般只适合于燃用挥发分含量超过 25%的烟煤。

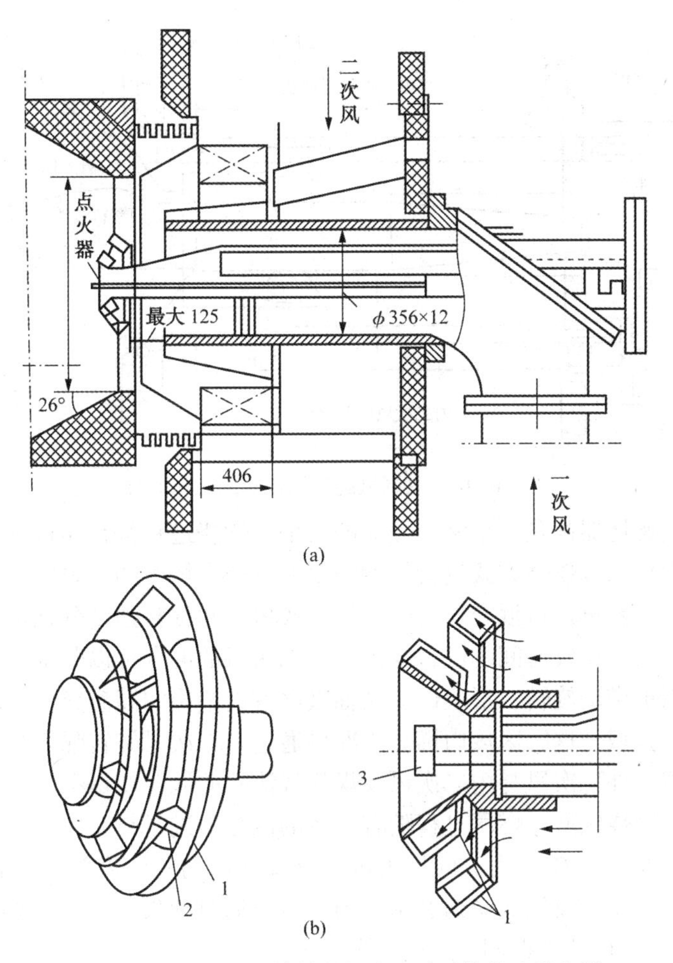

图 10-17　一次风不旋转的切向可动叶轮旋流燃烧器

1—锥形圈；2—定位板；3—油喷嘴

(3) 双调风旋流燃烧器

图 10-18 为双调风旋流燃烧器的工作原理。本质上来说，它是一种分级燃烧技术在旋流燃烧器中的具体应用。燃烧器的轴心线上是一个断面为圆形、类同文丘里管的煤粉气流是通道，煤粉气流是以直流射流的形式进入炉膛。燃烧器出口的二次风被分成内外两股，外边的一股称为外二次风，另一股称为内二次风。二次风风室中的热空气通过设置于一次煤粉气流通道外缘环形通道上的内二次风调节挡板以及内二次风导向叶片、环形通道口进入炉膛。前者用以调节内二次风的流量，后者使内二次风获得旋转动量，其大小可通过导向叶片来调节。靠近燃烧器出口位置的外二次风道使风室内的热空气通过位于内二次风通道外缘的切向外二次风调节挡板，经 90°的转向与内二次风平行地进入炉膛。外二次风调节挡板是切向的，使外二次风在流动过程中获得旋转气流。通过改变切向挡板的角度可改变外二次风的出口旋转强度，也可改变内外二次风量间的相对比例。双调风式旋流燃烧器就是指内、外二次风均为可调。调节内外二次风的挡板和导向叶片，就可改变内、外二次风的流量比、旋转强度，内、外二次风间、二次风与煤粉气流间以及与已着火焰锋间的混合，从而调节着火与火焰的形状。关小内二次风导向叶片角和外二次风的切向挡板角，二次风的旋转强度增大，火焰的扩张角增大，其中尤以内二次风的影响为大。

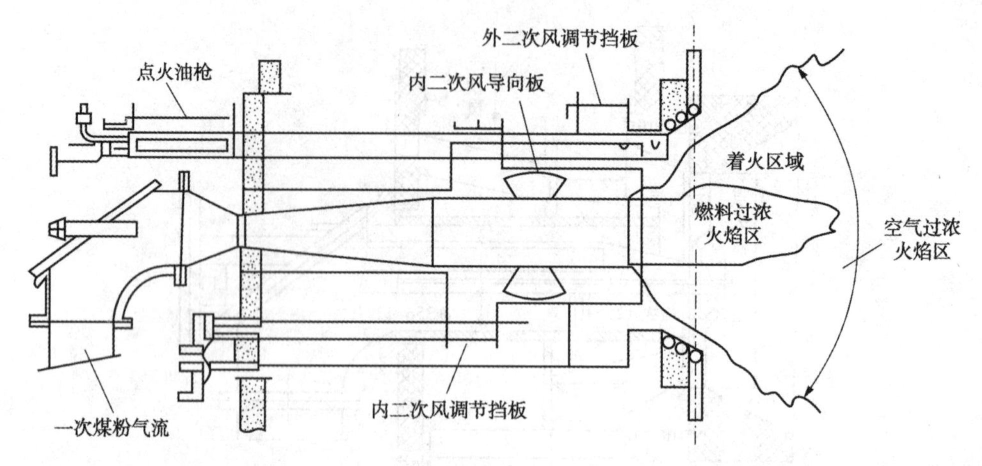

图 10-18　双调风旋流燃烧器的工作原理

由于每个旋流燃烧器都是一个基本独立的火焰，燃烧过程都在靠近燃烧器出口的区域基本完成，为使过程按二段燃烧方式进行，就需要在每个燃烧器的火焰区域都形成燃料过浓和过稀的区域，然后两者再进行混合。将二次风分成风量和旋转强度分别可调的二股，其目的即在于使内二次风与煤粉气流间的混合与内、外二次风的混合可以分别控制。煤粉气流因与内二次风的混合而被带动旋转，形成回流区抽吸已着火焰锋的高温介质，构成一个燃料浓度高的内部着火燃烧区域，这一区域内燃烧工况可通过内二次风旋转强度和风量，亦即内二次风的挡板开度调节。外二次风与内二次风及煤粉气流间的混合使得在内部燃烧区域的外缘构成一个燃料过稀的燃烧区域，燃尽过程随着二者的混合而进行与完成。混合过程也可通过挡板开度进行控制。NO_x与 SO_x的生成同样因内部燃烧区内的氧浓度低而受到遏制，也因外部燃烧过稀区域中温度相对较低而受到遏制。同样也是通过使发生 NO_x的两个主要因素(氧浓度及温度)不同时具备而达到遏制的目的。

二、直流式煤粉燃烧器

直流式煤粉燃烧器一般由沿高度排列的若干组一、二次风喷口组成，一、二次风都是不旋转的直流射流。

直流式煤粉燃烧器按一、二次风喷口的布置方式不同，可分为均级配风和分级配风和侧二次风等类型。此外还有周界风、夹心风、中心十字风等。图 10-19 为直流式煤粉燃烧器典型的布置方式。

1. 均等配风直流式燃烧器

如图 10-19(d)、(e)所示，在均等配风直流式燃烧器中，一、二次风喷口通常交替间隔布置，相邻两个喷口之间的中心间距较小。因此，这种燃烧器的煤粉气流和二次风混合较快，适宜于燃用烟煤和褐煤。对于挥发分较高的贫煤，若采用热风送粉，则也可应用这种燃烧器。因一次风携带的煤粉比较容易着火，故希望一次风中的煤粉在着火后能够迅速地与相邻二次风喷口射出的热空气混合。这样，在火焰根部就不会因为缺乏空气而燃烧不完全，也不会导致燃烧速度降低。因此，沿高度方向相间布置的二次风喷口的风量分配就接近均匀。

2. 分级配风直流式燃烧器

分级配风直流式燃烧器适宜于燃烧着火比较困难的煤，例如无烟煤、劣质烟煤或挥发分较低的贫煤。这种燃烧器的特点是：一次风喷口集中布置，一、二次风喷口之间的中心间距

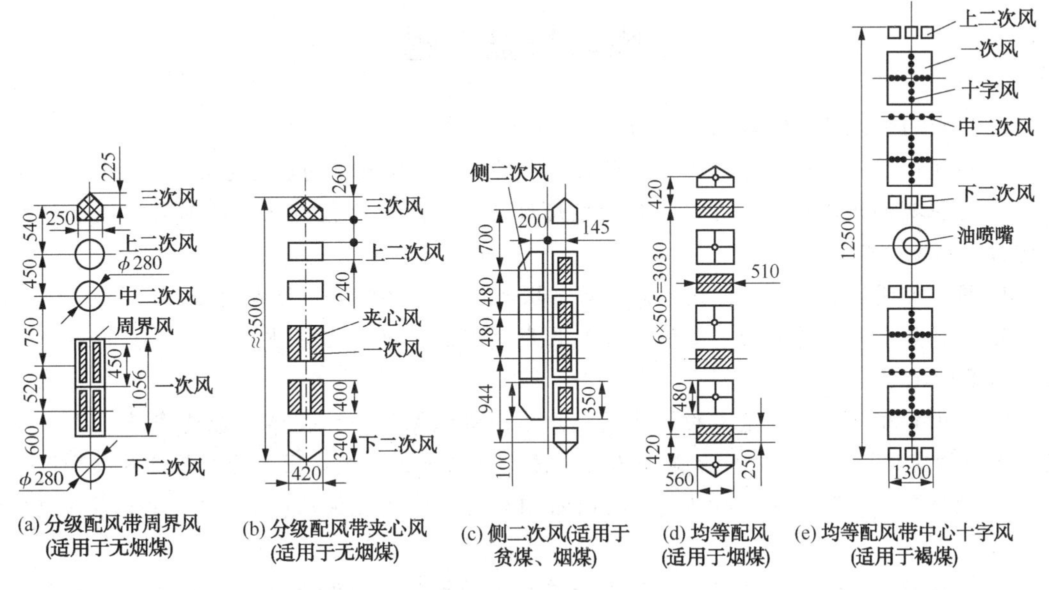

图 10-19　直流式煤粉燃烧器类型(单位：mm)

较大，如图 10-19(a)、(b)所示。由于此时煤粉气流着火比较困难，若一、二次风混合过早，会使火焰温度降低，引起着火不稳定。为了维持煤粉气流的稳定着火，希望推迟煤粉气流与二次风的混合。因此，该燃烧器采用分级配风，即将二次风分为先后两批送入着火后的煤粉气流中。分级配风的目的是：在燃烧过程不同时期的各个阶段，按照需要送入适量空气，以保证煤粉气流稳定着火、完全燃烧。此外，一次风喷口集中布置的优点是：可使着火区保持较高的煤粉浓度，减少着火热；燃烧放热比较集中，使着火区保持高温燃烧状态；煤粉气流刚性增强，不易发生偏斜贴墙；一次风卷吸高温烟气的能力增强。

3. 带侧二次风的直流式燃烧器

图 10-19(c)所示为带侧二次风的直流式煤粉燃烧器。它的特性介于上述两种燃烧器之间，适宜于燃烧挥发分较低的贫煤或灰熔点较低的劣质烟煤。它的一次风喷口相对地集中排成一列，而二次风喷口则并列布置在一次风喷口的外侧。集中布置的一次风喷口处于炉内旋转气流的内侧，有利于卷吸高温烟气从而可使着火稳定。在一次风着火面的另一侧为速度较高的二次风(侧二次风)，当气流向水冷壁弯曲贴近时，由于有这一层二次风将高温火焰与水冷壁隔开，并在水冷壁附近形成氧化气氛，提高此处的灰熔点而防止水冷壁结渣。因此，带侧二次风的直流式煤粉燃烧器也常用于燃烧灰熔点低的烟煤，以解决燃烧器区域水冷壁的结渣问题。

在一次风喷口周界或中部设置少量二次风，即分别构成周界风燃烧器及夹心风燃烧器，如图 10-19(a)和(b)所示。它们除具有分级配风燃烧器的基本特点外，周界风还具有冷却一次风喷口和防止煤粉从一次风中分离出来的作用；夹心风速度高，具有引射作用，可增强一次风刚性。两者均为辅助风，可在煤粉气流着火后及时补充一部分 O_2。

在一次风喷口中还可设置十字形二次风，称为中心十字风，如图 10-19(e)所示。中心十字风冷却保护一次风喷口，具有分隔一次风、防上风粉不均匀的作用。

练习与思考题

1. 煤粒的燃烧过程？碳粒燃烧的5个阶段？

2. 为强化固体燃料燃烧工程上常用的技术措施？固体燃料的燃烧方式？

3. 根据碳的燃烧特点，可以将碳的燃烧过程分为哪几个控制区，在不同的燃烧控制区如何强化燃烧过程？

4. 简要说明煤的4种燃烧设备层燃炉、煤粉炉、流化床炉、旋风炉在燃烧方面的特点。

5. 煤种焦炭的质量大约占多少比例？焦炭的发热量大约占多少比例？焦炭的燃烧时间大约占多少比例？

6. 写出异相化学反应速率的计算式，并结合图线探讨异相化学反应速率随温率和质量交换系数的变化规律。说明什么是动力燃烧区？什么是扩散燃烧区？什么是过渡燃烧区？

7. 颗粒直径、温度和颗粒与气流之间的相对速度对燃烧区域(动力区、扩散区)的影响是什么？

8. 简述碳球燃烧的两种机理。碳燃烧过程中的氧化反应和气化反应是什么？图示这两种反应的反应速率常数 k 随温度变化的规律。

9. 焦炭的内孔隙在什么条件下对燃烧有促进作用，而在什么情况下则无促进作用？为什么？

10. 一块灼热的木炭在空气中仍然可以继续燃烧，而一块灼热的煤在空气中则渐渐熄灭，为什么？

第十一章　燃烧节能环保技术

第一节　燃烧过程中硫氧化物生成机理及控制技术

含硫燃料在燃烧过程中，所有的可燃硫都会在受热过程中释放出来，在氧化气氛中，所有的可燃硫均会被氧化而生成 SO_2，而在燃烧的高温条件下存在氧原子或在受热面上有催化剂时，一部分 SO_2 会转化成 SO_3。通常，生成的 SO_3 只占 SO_2 的 0.5% ~2%左右，相当于 1% ~2%的燃料中硫成分以 SO_3 的形式排放出来。此外，烟气中的水分会和 SO_3 反应生成硫酸（H_2SO_4）气体。硫酸气体在温度降低时会变成硫酸雾，而硫酸雾凝结在金属表面上会产生强烈的腐蚀作用。排入大气中的 SO_2，由于大气中金属飘尘的触媒作用而被氧化生成 SO_3，大气中的 SO_3 遇水就会形成硫酸雾。烟气中的粉尘吸收硫酸而变成酸性尘，硫酸雾或酸性尘被雨水淋落就变成了酸雨。以上燃料燃烧过程可能产生的硫氧化物，如 SO_2、SO_3 硫酸雾、酸性尘和酸雨等，不仅造成大气污染，而且会引起燃烧设备的腐蚀，燃烧过程中生成的硫氧化物还可能影响氮氧化物的形成，因此，了解燃料燃烧过程中硫的氧化及 SO_x 的生成过程，不仅有助于寻求控制 SO_x 排放的方法，而且对了解它们对其他污染物如 NO_x 的生成和控制的影响，以及各种污染物之间生成条件的相互关系也很重要。

一、燃烧过程中硫氧化物形成机理

1. 常规燃料中硫存在的形式

（1）固体燃料（煤）

煤中的硫可分为 4 种形态，即黄铁矿硫（FeS_2）、硫酸盐（$CaSO_4$，$FeSO_4$）、有机硫（硫化物、硫醇、硫醚二硫化有机物）及元素硫。其中，黄铁矿硫、有机硫及元素硫是可燃硫，可燃硫占煤中硫成分 90%以上。硫酸盐硫是不可燃硫，占煤中硫成分的 5%~10%，是煤的灰分的组成部分。

（2）液体燃料（原油）

原油中含硫量一般为 0.1%~0.7%，以有机硫为主，占总含硫量的 80%~90%，主要存在于重馏分中。另外，原油中的硫还以 H_2S、单质硫的形式存在。

（3）气体燃料

气体燃料中的硫分 95%（质量分数）左右是无机硫，主要以 H_2S 形式存在，少量的有机硫包括二硫化碳（CS_2）、硫氧化碳（COS）、硫醇（CH_3SH）类、噻吩（C_4H_4S）、硫醚（CH_2SCH_3）等。

2. 硫氧化物形成机理

（1）黄铁矿硫的氧化

在氧化性气氛下，黄铁矿硫（FeS_2）直接氧化生成 SO_2：

$$4FeS_2 + 11O_2 \longrightarrow 2Fe_2O_3 + 8SO_2 \tag{11-1}$$

在还原性气氛中，例如在煤粉炉富燃料燃烧区中，将会分解为FeS：

$$FeS_2 \longrightarrow FeS + 1/2S_2(\text{气体}) \quad (11-2)$$

$$FeS_2 + H_2 \longrightarrow FeS + H_2S \quad (11-3)$$

$$FeS_2 + CO \longrightarrow FeS + COS \quad (11-4)$$

FeS的再分解则需要更高的温度：

$$FeS \longrightarrow Fe + 1/2S_2 \quad (11-5)$$

$$FeS + H_2 \longrightarrow Fe + H_2S \quad (11-6)$$

$$FeS + CO \longrightarrow Fe + COS \quad (11-7)$$

此外，在富燃料燃烧时，除SO_2外，还会产生一些其它的硫氧化物。例如，一氧化硫SO及二聚物$(SO)_2$，还有少量一氧化物S_2O。由于它们的反应能力强，因此仅在各种氧化反应中以中间体形式出现。

(2) 有机硫的氧化

有机硫在煤中是均匀分布的，其主要形式是硫茂（噻吩），约占有机硫的60%，它是煤中最普通的含硫有机结构。其他的有机硫的形式是硫醇（R—SH）、二氧化物（R—SS—R）和硫醚（R—S—R）。低硫煤中主要是有机硫，约为有机硫的8倍；高硫煤中主要是无机硫，约为有机硫的3倍。

煤在加热热解释放出挥发分时，硫侧链（—SH）和环硫链（—S—）由于结合较弱，因此硫醇、硫化物等在低温（<450℃）时首先分解，产生最早的挥发硫。硫茂的结构比较稳定，要到930℃时才开始分解析出。在氧化气氛下，它们全部氧化生成SO_2，硫醇RSH氧化反应最终生成SO_2和烃基R：

$$RSH + O_2 \longrightarrow RS + HO_2 \quad (11-8)$$

$$RS + O_2 \longrightarrow R + SO_2 \quad (11-9)$$

在富燃料燃烧的还原性气氛下，有机硫会转化成H_2S或COS。

(3) SO的氧化

在还原性气氛中所产生的SO在遇到氧气时，会发生下列反应：

$$SO + O_2 \longrightarrow SO_2 + O \quad (11-10)$$

$$SO + O \longrightarrow SO_2 \quad (11-11)$$

在各种硫化物的燃烧过程中，式(11-10)和式(11-11)的反应都是一种重要的反应中间过程，由于反应使燃烧产生一种浅蓝色的火焰，因此燃烧时产生浅蓝色火焰也是燃料含硫的一种特征。

(4) 元素硫的氧化

所有硫化物的火焰中都曾发现元素硫，对纯硫蒸气及其氧化过程研究表明，这些硫蒸气分子是聚合的，其分子式为S_8，其氧化反应具有链锁反应的特点：

$$S_8 \longrightarrow S_7 + S \quad (11-12)$$

$$S + O_2 \longrightarrow SO + O \quad (11-13)$$

$$S_8 + O \longrightarrow SO + S + S_6 \quad (11-14)$$

式(11-13)和式(11-14)反应产生的SO在氧化性气氛中就会进行式(11-10)和式(11-11)的反应而产生SO_2。

(5) H_2S的氧化

煤中的可燃硫在还原性气氛中均生成 H_2S，H_2S 在遇到氧时就会燃烧生成 SO_2 和 H_2O：

$$2H_2S + 3O_2 \longrightarrow 2SO_2 + 2H_2O \tag{11-15}$$

上式的反应，实际上是由下面的链锁反应组成的：

$$H_2S + O \longrightarrow SO + H_2 \tag{11-16}$$

$$SO + O_2 \longrightarrow SO_2 + O \tag{11-17}$$

$$H_2S + O \longrightarrow OH + SH \tag{11-18}$$

$$H_2 + O \longrightarrow OH + H \tag{11-19}$$

$$H + O_2 \longrightarrow OH + O \tag{11-20}$$

$$H_2 + OH \longrightarrow H_2O + H \tag{11-21}$$

上述反应中，当 SO 浓度减少、OH 的浓度达到最大值时，SO_2 达到其最终浓度，这是反应的第一阶段，此后，H_2 的浓度不断增加，使生成的 H_2O 浓度上升，最后使全部 H_2S 氧化生成 SO_2 和 H_2O。

(6) CS_2 和 COS 的氧化

CS_2 的氧化反应是由下面一系列链锁反应组成的，而 COS(硫氧化碳)则是 CS_2 火焰中的一种中间体，此外，可燃硫在还原性气氛中也会还原成 COS，如下式所示：

$$CS_2 + O_2 \longrightarrow CS + SO_2 \tag{11-22}$$

$$CS + O_2 \longrightarrow CO + SO \tag{11-23}$$

$$SO + O_2 \longrightarrow SO_2 + O \tag{11-24}$$

$$O + CS_2 \longrightarrow CS + SO \tag{11-25}$$

$$CS + O \longrightarrow CO + S \tag{11-26}$$

$$O + CS_2 \longrightarrow COS + S \tag{11-27}$$

$$S + O_2 \longrightarrow SO + O \tag{11-28}$$

COS 的氧化反应，则是首先由光解诱发的下列连锁反应：

$$COS + hr \longrightarrow CO + S \tag{11-29}$$

$$S + O_2 \longrightarrow SO + O \tag{11-30}$$

$$O + COS \longrightarrow CO + SO \tag{11-31}$$

$$SO + O_2 \longrightarrow SO_2 + O \tag{11-32}$$

$$CO + 1/2O_2 \longrightarrow CO_2 \tag{11-33}$$

式(11-29)中 hr 为反应焓变，由上列的反应可见，COS 的氧化反应过程实际上包括了生成 SO_2 的反应和 CO 燃烧生成 CO_2 的反应，与 CS_2 相比，COS 的氧化反应通常较慢。

二、硫氧化物控制技术

硫氧化物是大气污染的主要物质，我国每年 SO_2 的排放量约为 24Mt，给国家和人民造成巨大经济损失。所以硫氧化物的控制和治理技术，就显得十分重要。硫氧化物的控制技术种类繁多，本书对其介绍如下。

1. 湿法脱硫技术

(1) 石灰石/石灰-石膏法

石灰石/石灰-石膏法是目前应用广泛的一种脱硫技术，其原理就是采用石灰石/石灰粉制成浆液作为脱硫吸收剂，与进入吸收塔的 SO_2烟气混合反应，烟气中的 SO_2最终反应生成 $CaSO_3$和石膏，工艺流程见图 11-1。此法开发最早，技术上较成熟，并已积累了不少设计制造和运行经验。

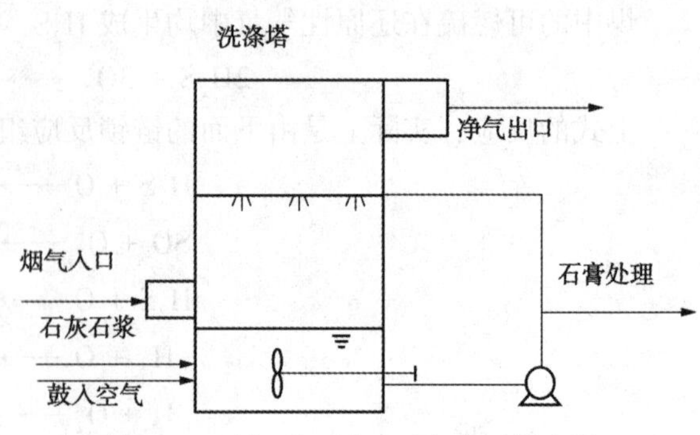

图 11-1　石灰石/石灰-石膏法工艺流程

石灰石/石灰-石膏法其主要优点是：脱硫效率高，适应煤种广，吸收剂利用率高(可大于 90%)，设备运转率高(可大于 90%)，工作的可靠性很高，脱硫剂来源丰富而廉价。它也存在着比较明显的缺点：初期投资费用高，运行费用高，占地面积大，系统管理操作也很复杂，磨损腐蚀结垢现象较为严重，副产物石膏销路问题很难处理，废水较难处理。

(2)氨法

氨法的原理是采用 25%~30%的氨水作为脱硫吸收剂，与进入吸收塔的 SO_2烟气混合反应，生成亚硫酸铵，经与鼓入的强制氧化空气进行氧化反应，生成硫酸铵溶液，经结晶、脱水、干燥后即制得化学肥料硫酸铵。工艺流程见图 11-2。

该法的优点是氨水与 SO_2的反应速率很快，无论烟气中的 SO_2浓度的高低，均可达到很高的脱硫效率(95%以上)，吸收剂溶解浓度高，不会造成设备的结垢和堵塞，同时也不需要吸收剂再循环系统，系统简单，稳定性高，其投资费用低，氨法工艺无废水和废渣排放。缺点主要有吸收剂氨水价格高，如果副产品销售收入不能抵消大部分吸收剂费用，则不能应用氨法工艺。

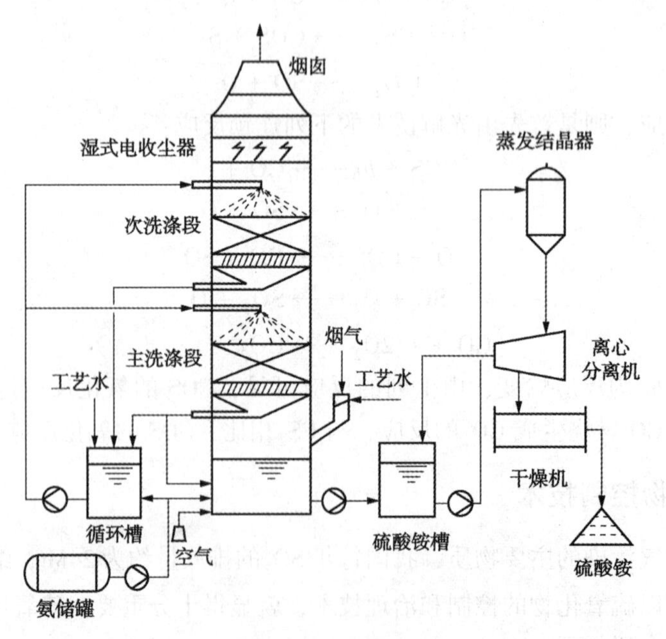

图 11-2　氨法(AMASOX 法)工艺流程

(3) 双碱法

双碱法原理是利用碳酸钠和氢氧化钠作为脱硫剂，脱硫剂在吸收塔中与 SO_2反应生成亚硫酸钠和亚硫酸氢钠，再用石灰浆（或石灰石）再生反应。

双碱法的优点在于生成固体的反应不在吸收塔中进行，这样避免了塔的堵塞和磨损，提高了运行的可靠性，降低了操作费用，同时提高了脱硫效率。它的缺点主要是多了一道工序，增加了投资。

（4）氧化镁法

氧化镁法在美国的脱硫工艺系统较常见，工艺原理是利用 $MgSO_3$ 和 $Mg(OH)_2$ 的浆液与预处理之后的 SO_2 烟气在吸收塔内反应生成 $MgSO_3$（部分被氧化成 $MgSO_4$）。$MgSO_3$ 和 $MgSO_4$ 沉降下来都呈现水合结晶态，固液分离后的 $MgSO_3$ 和 Mg_2SO_4 经再生反应生成氧化镁，再生的氧化镁与增加的氧化镁水熟化生成 $Mg(OH)_2$，循环到吸收塔内。$MgSO_3$ 在煅烧中经 833℃高温分解，$MgSO_4$ 则以碳还原，煅烧出来的 SO_2 气体经除尘后制酸或制硫。

MgO 法比较复杂，费用也较高，但有发展前景，脱硫率较高（一般在 90%以上），有很大的溶解度，因此不会出现结垢现象。MgO 法约占美国脱硫工艺的 5%。

（5）亚硫酸钠循环吸收法（W-L 法）

W-L 法是美国 Davy-Mckee 公司 20 世纪 60 年代末开发的。其原理是利用亚硫酸钠在吸收塔内与 SO_2 反应生成亚硫酸氢钠，然后将亚硫酸氢钠分解成亚硫酸钠浓度很高的气体。亚硫酸钠、高浓度的 SO_2 用于制酸，W-L 法就是在亚硫酸钠溶液的吸收再生循环过程将烟气中的 SO_2 脱除的。

W-L 法的优点是：脱硫效率高（常大于 97%），变废为宝（得到的 SO_2 制酸），脱硫负荷可以在较大的范围内变化，系统可靠性和利用率高，适合于高硫煤，尽可能回收硫的副产品。W-L 法也有两个明显的缺点：一个是废气中的氧使一部分 Na_2SO_3 氧化成 Na_2SO_4，消耗一定量的碱，所以在生产当中必须补充 NaOH，另一个是排放的 Na_2SO_4 中的 Na_2SO_3 必须深加工，否则会造成二次污染。

（6）海水脱硫

天然的海水含有大量的可溶性盐，其主要是氯化物和硫酸盐，也含有一定量的碳酸盐。海水呈碱性，自然碱度大约为 1.2~2.5mmol/L，则使得天然海水具有一定的 SO_2 吸收能力。原理是利用海水与烟气在吸收塔内反应脱除 SO_2。

海水脱硫的工艺特点：投资少，运行费用低，工艺简单，无需脱硫剂的制备，系统可靠利用率高（可达 100%），脱硫效率高（可达 90%以上），无废物排放，易于管理。但只能适用于燃煤含硫量小于 1.5%的中低硫煤，该工艺是否给海洋造成污染难以评估，该法只能适用于海边电厂。

2. 干法脱硫

（1）炉内喷钙尾部增湿活化法（LIFAC 法）

LIFAC 法由芬兰 IVO 公司和 TAMPELLA 公司联合开发，是在炉内喷石灰石粉末，脱除部分 SO_2。为了提高脱硫率，在炉后尾部烟道增加了一个活化器，继续进行脱硫反应，最终可使整个工艺脱硫率达到 60%~85%。

LIFAC 工艺的主要优点是耗电量小，占地面积小，工艺简单，投资明显低于湿法和喷雾干燥法，同时维修方便，比较适合中小容量机组和老电厂的改造。主要缺点是脱硫率低，要求有高的钙硫比，不适合用于含硫分高的煤种，烟气中的碱性钙使得静电除尘器的烟气击穿电压下降，从而使除尘效率下降，石灰石的分解要吸收热量，及送入的冷空气的加入也会使锅炉的热效率减低，此外磨损问题、灰熔点降低的问题都需要进行分析研究。

（2）荷电干式吸收剂喷射脱硫法（CDSI）

CDSI 的脱硫原理是：脱硫剂熟石灰以高速通过静电晕充电区，使脱硫剂得到强大的负电荷后，在吸收塔内通过喷射系统喷射到烟气中，由于脱硫剂都带同一种电荷而相互排斥，很快在烟气中扩散，并形成均匀的悬浮状态，使每个脱硫剂颗粒表面充分暴露在烟气中，增加了 SO_2反应的机会。同时由于脱硫剂表面的电荷增强了其活性，缩短了与 SO_2的反应时间，提高了脱硫率。

该方法对亚微米小颗粒粉尘的去除也很有效。因为带电的脱硫剂颗粒把小颗粒吸附在身边的表面，形成了较大的颗粒，提高了粉尘的平均粒径，也就提高了亚微米颗粒的去除率。

CDSI 系统的优点在于投资小、收效大、脱硫工艺简单有效，可靠性强，整个装置占地面积小，不仅可用于新建锅炉的脱硫，而且更适合对现有锅炉的技术改造，CDSI 是纯干法脱硫，不会造成二次污染，反应生成物将与烟尘一起被除尘设备除去运出厂外。其缺点是对脱硫剂要求过高，限制了其推广。

（3）炉内喷钙循环流化床反应器技术

炉内喷钙循环流化床反应器技术是由德国 Simmering Graz Pauker/Lurgi GmbH 公司开发的。

该技术的脱硫原理是在炉膛适当部位喷入石灰石粉末，起到部分固硫的作用，在尾部烟道电除尘器前装上循环流化床反应器，这样炉内未反应完的氧化钙随飞灰输送到循环流化床反应器内，在反应器内大颗粒的氧化钙被气体湍流破碎，为与 SO_2反应提供更大的表面积，从而提高了脱硫率。该类技术将循环流化床引入烟气脱硫中来，具有开创性，目前其工艺脱硫率可达 90%以上。

3. 半干法

（1）旋转喷雾干燥法（SDA）

SDA 法是由美国 JOY 公司和丹麦 NIRO 公司联合开发研制出来的工艺。它是利用喷雾干燥的原理，在吸收剂喷入吸收塔之后，一方面吸收剂与烟气中的 SO_2发生化学反应生成固体灰渣，另一方面烟气将热量传递给吸收剂使之不断干燥，所以完成脱硫反应后的废渣以干态亚硫酸钙与硫酸钙排出。

该法有以下的特点：吸收塔出来的物料是干的，与湿法相比省去庞大的废料后处理系统，使工艺流程简化，投资明显降低，能量与水消耗量比湿法要低，基本上不存在结垢、堵塞、腐蚀等问题，占地面积小，约为湿法的 1/2。系统可靠性大，但对系统控制要求较高，脱硫率略低于湿法。

（2）CFB 循环流化床烟气脱硫工艺

CFB 循环流化床烟气脱硫技术是以石灰浆作为脱硫剂，锅炉烟气从循环流化床底部进入反应塔，在反应塔内与石灰浆进行反应，除去烟气中的 SO_2气体。脱硫剂颗粒由分离器排出后返回塔再次参加反应，反应完全的脱硫剂颗粒从反应塔底部排出。

CFB 循环流化床烟气脱硫工艺特点是脱硫率较高，在循环床内可以保证将烟气中的 SO_2含量降低到环保要求，工艺简单、运行可靠、可用率高，结构紧凑，设备效率高，设备基本上不存在腐蚀问题，运行操作简单，可在 30%~100%负荷下稳定运行。

第二节　燃烧过程中氮氧化物生成机理及控制技术

氮氧化物是大气中主要的气态污染物之一，包括多种化合物，如氧化亚氮（N_2O）、一氧化氮(NO)、二氧化氮(NO_2)、三氧化二氮(N_2O_3)、四氧化二氮(N_2O_4)和五氧化二氮(N_2O_5)等。其中N_2O_3、N_2O_4、N_2O_5很不稳定，常温下很容易转化成NO和NO_2。大气中含量较高的氮氧化物主要包括N_2O、NO和NO_2。其中NO和NO_2是大气中主要的氮氧化物。

人类活动产生的氮氧化物主要来源于燃烧过程，可分为固定源和移动源。固定源指来自工业生产的燃料燃烧，还有部分来自硝酸生产、硝化过程、炸药生产和金属表面硝酸处理等过程的排放，移动源指交通运输燃料燃烧的排放。根据美国环保局(EPA)文献估计，人类产生的NO_x有99%来自于燃烧，固定源和移动源各占一半，从燃烧系统排出的NO_x有95%以上是NO，其余主要是NO_2。

一、燃烧过程中氮氧化物生成机理

燃烧过程产生的NO_x主要有NO和NO_2，另外还有少量N_2O，在煤的燃烧过程中，NO_x的生成量与燃烧方式，特别是燃烧温度和过量空气系数等密切相关。按生成机理分类，燃烧形成的NO_x可分为燃料型、热力型、快速型3种。

1. 燃料型

燃料型NO_x是燃料中所含有的氮元素，在燃烧过程中与空气中的氧结合后生成的氮氧化物。显然，燃料型氮氧化物与热力型氮氧化物不同，它的氮元素来源于燃料，而不是空气中的氮。

由于燃料的燃烧过程中与诸如燃料特性、燃料结构、燃料中的氮受热分解后在挥发分和炭中的比例、成分和分布等诸多因素有关，而且大量的反应过程还与燃烧条件如温度和氧及各种成分的浓度等密切相关，因此目前对燃料型氮氧化物的生成机理还没有完全搞清楚。例如煤中的氮一般以氮原子的形态与各种碳氢化合物结合，形成环状或链状化合物。燃烧时，空气中的氧与氮原子反应生成NO，NO在大气中被氧化为毒性更大的NO_2。这种燃料中NO_2经热分解和氧化反应而生成的成为燃料型NO_x，煤燃烧产生的NO_x中，75%~95%是燃料型NO_x。

2. 热力型

热力型NO_x是指空气中的N_2与O_2在高温条件下反应生成NO_x。其生成机理是由捷里道维奇提出的，故又被称为捷里道维奇机理。温度对热力型NO_x的生成具有决定性作用。随着温度的升高，热力型的NO_x生成速率迅速增大。以煤粉炉为例，在燃烧温度为1350℃时，几乎百分之百生成燃料型NO_x，但是当温度升高至时1600℃时，热力型NO_x可占炉内NO_x总量的25%~35%。除了反应温度外，热力型NO_x的生成还与N_2浓度及停留时间有关。

3. 快速型

快速型NO_x主要是指燃料中碳氢化合物在燃料浓度较高的区域燃烧时所产生的烃与燃烧空气中的N_2发生反应，形成的CH和HCN等化合物，继续被氧化而生成的NO_x。在燃煤锅炉中，快速型NO_x生成量很少。

除了上述关于3类NO_x生成机理及各自特点之外，作为氮元素与氧元素结合的产物，这3类氮氧化物还具有一些共同的特点，即3类氮氧化物的生成均与反应时氧浓度关系密切，氧浓度的变化将直接影响氮氧化物的生成。

二、氮氧化物的控制技术

随着我国经济的飞速发展，环境问题越来越突出，尤其是前些年粗放式的发展方式对环境产生了很大的污染。同时氮氧化物的排放量和对空气的污染近几年逐年加重，引起了业界的关注。对氮氧化物进行控制有3种，即燃烧前的处理、燃烧技术的改进和燃烧后的处理。

1. 燃烧前的氮氧化物控制技术

在氮氧化物生成过程中，主要是通过改变氮氧化物生成反应条件来实现对氮氧化物生成的控制，如改变反应温度、反应环境氧化还原性等。这类技术目前使用较为成功和普遍的有分级燃烧(包括空气分级和燃料分级)技术、烟气再循环技术及低过量空气技术等。除了这些技术之外，还有一些新兴的技术被开发出来，如水煤浆燃烧技术、O_2/CO_2燃烧技术和化学链燃烧技术等无氮燃烧技术等，虽然现在还没有得到普遍应用，但对固定源氮氧化物控制技术的发展起到了积极的促进作用。

这些控制技术的成功使用，大大降低了氮氧化物的生成与排放，改善了大气环境的质量。为了最大限度地减少氮氧化物的生成，这些氮氧化物控制技术还被设计到固定源燃烧过程中所使用的燃烧器上，被称为低NO_x燃烧器，使固定源在燃烧过程开始之初便可以抑制氮氧化物的生成，最终控制氮氧化物的排放。

2. 燃烧中的氮氧化物控制技术

燃烧过程控制指通过各种技术手段，控制燃烧过程中NO_x的生成反应。从NO_x燃烧成因可知，NO_x的生成主要与燃烧火焰的温度、燃烧气体中氧的浓度、燃烧气体在高温下的滞留时间及燃料中的含氮量等因素有关。因此，能通过燃烧技术控制NO_x，主要有以下控制方法。

(1) 低NO_x燃烧技术

① 低过量空气系数燃烧技术。指空气量在满足使得燃料完全燃烧所需的空气量的同时，又不会因为氧气超过所需值而产生的燃料中的氮被氧化的现象。要求整个过程在燃烧过程中采用低过量空气系数，可以减少NO_x排放，但如果燃烧过程中的O_2浓度太低，会导致CO浓度大量增加，造成燃烧效率降低。因此在设计与实际燃烧运行过程中需要选择适当的过量空气系数。

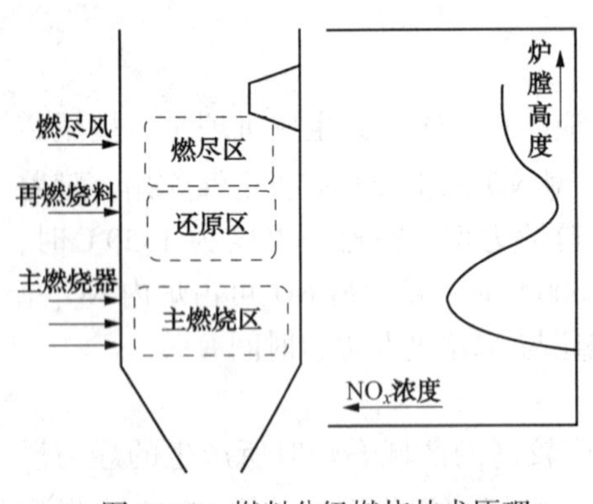

图11-3　燃料分级燃烧技术原理

② 空气分级燃烧技术。指通过控制空气与煤粉混合的过程，将燃烧所需空气逐级送入燃烧火焰中，据此使得煤粉颗粒在燃烧初期的低氧燃烧，以达到降低NO_x排放的目的。其技术是在第一阶段燃烧区内供入理论空气量80%左右的空气，以使过量空气系数$\alpha<1$，从而降低燃烧区内的燃烧速度和温度水平，抑制NO_x的生成，第二阶段再供入其余的空气，使第一阶段产生的烟气在该燃烧区内过量空气系数$\alpha>1$的条件下完成燃烧。空气分级燃烧技术可降低NO_x排放量在15%~30%。如前所述如图8-74所示的空气两段供给燃烧器就是采用的这种燃烧技术。

③ 燃料分级燃烧技术。该技术将燃料分为主燃烧区、再燃还原区和燃尽区3个区域。如图11-3所示，把80%~85%的燃料送入主燃烧区，其余15%~20%的燃料送入再燃还原区，在$\alpha<1$的条件下燃烧，形成还原气氛，使主燃烧区内生成的NO_x在再燃还原区内被还原成N_2，从而达到减少NO_x排放的目的。在燃尽区，通入少量空气使未燃烧完全的燃料完全燃烧。

④ 烟气再循环燃烧技术。在锅炉尾部排放之前抽取烟气，掺入一次风或者二次风，循环参加炉膛的燃烧，可以降低氧气浓度，降低燃烧温度，可抑制NO_x的生成。炉内燃烧温度

越高，烟气再循环率越高，对 NO_x 降低率的影响越大。但是，随着再循环烟气量的增加，燃烧会趋于不稳定，未完全燃烧损失也会增加。经验表明，一般电厂的烟气再循环率可以达到10%~20%。如果烟气再循环率达到15%，可以降低 NO_x 排放率为25%。

⑤ 低 NO_x 燃烧器。低 NO_x 燃烧器就是利用上述的燃烧技术做成的燃烧器。低 NO_x 燃烧器可以分为空气分级低 NO_x 燃烧器与燃料分级低 NO_x 燃烧器。空气分级低 NO_x 燃烧器一般是将燃烧过程分为喷口附近的富燃烧区和后部的富空气区。在喷口附近形成还原性气氛，抑制 NO_x 生成，而在后部空气助燃使燃料完全燃烧，提高燃烧效率。燃料分级低 NO_x 燃烧器与空气低 NO_x 燃烧器相似，喷口附近空气聚集，过量空气系数提高，形成大量 NO_x，燃料充分燃烧，在后部缺氧燃烧，促使 NO_x 被还原，一般在燃烧区域后部还需要通入三次风，保证燃料的完全燃烧。

（2）流化床燃烧

流化床与传统锅炉燃烧方式不同，可以在90℃左右实现稳定燃烧，通过低温条件控制 NO_x 生成，如果辅以分级燃烧技术可以最大限度地实现抑制 NO_x 产生，在一般情况下 NO_x 的生成量仅为煤粉燃烧的1/3~1/4。

（3）富氧燃烧和全氧燃烧

富氧燃烧是用比通常空气（含氧21%）含氧浓度高的富氧空气进行燃烧，可加快燃烧速度，降低燃料的燃点温度和减少燃尽时间，降低过量空气系数。全氧燃烧技术是以氧气为助燃介质，可以有效避免利用空气助燃时有大量 N_2 引入的情况。富氧燃烧或全氧燃烧技术结合稀释燃烧、烟气循环技术等，一方面可以节约大量能源，避免在燃烧中对无用的 N_2 进行不必要的加热。另一方面，也可以有效减少 NO_x 的形成与排放。

3. 燃烧后 NO_x 控制技术

即把已经生成的 NO_x 通过某种手段还原为 N_2 或以硝酸盐或亚硝酸盐的形式降低 NO_x 的排放量。主要指烟气脱硝净化技术，按治理工艺分为湿法脱硝和干法脱硝。

（1）湿法烟气脱硝技术

采用水或NaOH、$NH_3 \cdot H_2O$、$Ca(OH)_2$ 等碱性溶液对 NO_x 进行化学吸收。可采取吸收还原法、氧化吸收法和络合吸收法等提高吸收效率。吸收还原法是利用还原剂如 NH_4HSO_3、$(NH_4)_2SO_4$ 等将 NO_x 还原为 N_2。氧化吸收法是先将NO部分氧化为 NO_2，之后用碱液吸收。络合吸收法是利用液相络合剂同NO反应，生成的络合物在加热时会重新放出NO，从而使NO得以实现富集回收。

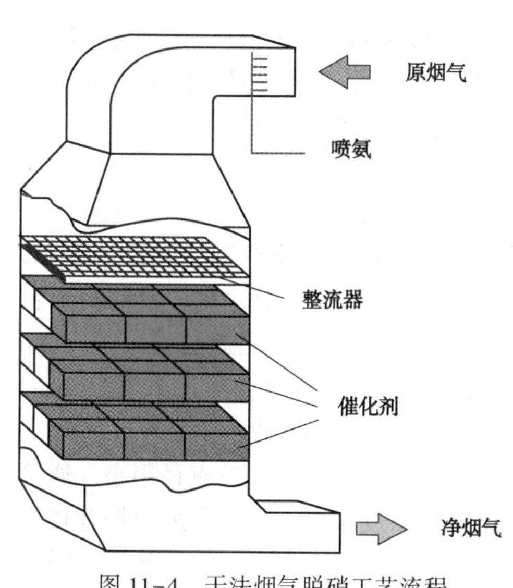

图11-4　干法烟气脱硝工艺流程

（2）干法烟气脱硝技术

干法烟气脱硝一般是向炉内（炉膛或尾部受热面）喷射还原剂，将 NO_x 还原为 N_2。一般有氨选择性催化还原法和选择性非催化还原法两大类。

① 选择性催化还原法（SCR）。其原理是利用 NH_3 和催化剂（铁、钒、铬、钴或钼等碱金属）在温度为200~450℃时将 NO_x 还原为 N_2。工艺流程如图11-4所示。由于 NH_3 具有选择性，只与 NO_x 发生反应，基本不与 O_2 反应。该法是目前世界上应用最

多、成熟有效的一种技术，效率可高达80%～90%，NO_x浓度可低至100mg/m³(标准状态)左右。根据中国电力企业联合会统计，至2014年，已经采用脱硝措施的机组中，90%以上采用了SCR脱硝技术。

催化剂的活性、用量及NH_3与废气中的NO_x的比率等因素决定了选择性催化还原法脱氮性能的好坏。在适宜的条件下，NO_x的脱除率可达90%。在有H_2存在且在低温范围内有氧气存在的情况下，也可以在很大程度上提高催化剂的催化活性。

②选择性非催化还原法(SNR)。选择性非催化还原方法一般采用炉内喷氨(NH_3)、尿素[$CO(NH_2)_2$]，或氢氨酸$(HCNO)_3$作为还原剂，还原NO，其原理与前述的SCR方法相同，所不同的是不用催化剂，还原剂的喷入点一般处于高温区。该方法由于不用催化剂，故设备和运行费用较少，但还原剂消耗量较大，并要保证反应温度和停留时间，其脱硝率比SCR法较低一些，为50%～80%。

(3) 等离子体法

其原理是利用高能电子和活性基团，将SO_2和NO_x氧化为SO_3和NO_2，然后与NH_3反应生成$(NH_4)_2SO_4$和NH_4NO_3而得以脱除。该技术可实现烟气同步脱硫脱硝，去除SO_2总效率通常超过95%，去除NO_x的效率可达到80%～85%。

(4) 吸附法

利用吸附剂的微孔结构和较大的比表面积对烟气中的SO_2和NO_x进行吸附，其吸附量随着温度或压力的变化而变化。常见的吸附剂有活性炭、含氨泥煤等。

(5) 催化分解法

理论条件下，活化能为364kJ/mol时，NO直接分解成N_2和O_2。该法必须有合适的催化剂降低活化能，才能分解反应。目前相关的催化剂主要有金属氧化物、贵金属、铁矿型复合氧化物及金属离子交换的分子筛等。

第三节　燃烧过程中炭黑生成机理及控制技术

煤的挥发分在不完全燃烧或者高温热解时转化成炭黑(soot)，炭黑是气态过程的产物，它的形成条件是变化的，并且依赖于很多因素。炭黑包含很多重金属(铅、砷、硒、铬)和有机污染物(如多环芳香烃)，与人类很多急慢性疾病有关联关系，因而对炭黑的研究主要着眼于降低炭黑颗粒的排放，提高燃烧效率，减少炭黑颗粒对人类的危害。

一、燃烧过程中炭黑生成机理

通常情况下，燃烧系统中炭黑前驱物的生成温度在1100K以上。炭黑颗粒通常包括1%的氢(质量分数)，在原子的基础上，经验化学式可表示为C_8H，火焰中后期形成的炭黑颗粒与早期形成的颗粒相比有更多的氢，显示更高的活性。早期形成的炭黑质量是以10^6 amu(原子质量单位)，直径是30～50nm，密度是1.8～2g/cm³。炭黑颗粒直径通常小于2.5μm，它被美国环保局指定为PM2.5(空气动力学直径小于2.5μm的颗粒物)的主要成分。

在煤燃烧火焰中，炭黑有很强的辐射能力。虽然在燃烧系统中炭黑颗粒直径很小，通常大约0.1～3μm，质量比其它固体颗粒(焦炭、灰)小得多。浓度很低，但是炭黑颗粒有较大的总表面积，大约为100m²/g，炭黑的辐射占实际燃烧炉辐射的10%，使火焰温度降低50～100K。

燃烧是复杂的物理、化学反应过程。以煤为例，如图 11-5 所示，高温分解是煤粒反应的第一步，初始分解产物包括轻质气体、焦炭和焦油，其中焦油是重碳氢化合物的混合物，焦油在高温时是气态。在燃烧系统中，挥发分在高温下会发生二级反应，在氧充足的情况下，初始高温分解产物与氧反应生成 CO、CO_2和 H_2O，反之，初始高温分解产物就会裂解、聚合，炭黑就是这种二级反应的产物之一。在热解的早期阶段，焦油分子形成炭黑颗粒的主要结构，之后来自 CO、CH_4和 H_2等轻质气体与焦油进行二级反应，炭黑粒子的质量增大。煤焦油与气态烃燃料相比，分子更大，有更多的化学变化。

初始炭黑颗粒的生成经历形核、表面生长和凝聚 3 个阶段，初始炭黑颗粒继续经过聚集和群聚 2 个过程，生长为成熟的炭黑颗粒。形核时，浓缩态物质来源于燃料分子、氧化剂和挥发分，这种混合物包括多种未饱和烃，尤其是乙炔和 PAH，初颗粒形成后，随着颗粒表面的增长，单位体积内的炭黑质量增加，表面增长包括一些气态物质(主要是乙炔)的吸附，由于颗粒的碰撞和黏合，凝聚也可以促进颗粒的增长，在凝聚过程中，虽然颗粒数减少了，但是炭黑体积分数并没有变化，在随后的增长过程中，颗粒不再碰撞和黏合，而是以链的形式聚集在一起，聚集物会缠绕结合在一起，群聚生成炭黑。

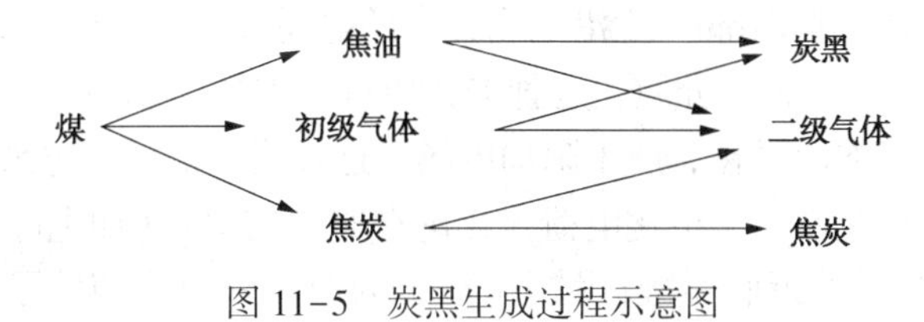

图 11-5　炭黑生成过程示意图

应用于燃煤系统的炭黑生成模型很少，研究包括气态烃燃烧的炭黑生成模型很有必要。炭黑生成模型分 3 类，即纯经验模型、半经验模型和详细模型。

纯经验模型炭黑生成量是火焰温度、碳氢比、碳原子个数的函数，受现场工程师经验的影响较大。

半经验模型是把炭黑生成的物理化学反应与实验数据相结合的模型。用炭黑质量守恒方程，预测煤燃烧过程中炭黑的体积分数。炭黑的体积分数方程，与煤燃烧的其它守恒方程联立，通过计算得到炭黑的生成量，计算结果与实验结果吻合。

详细模型依靠经验输入的炭黑形核、炭黑增长、氧化速率模型只能在特定的条件下应用，为了扩展模型的适用范围，详细模型得到了发展。使用详细化学模型，模拟炭黑形成和颗粒的增长，有 242 个化学反应，包括详细气体氧化和简单炭黑形核、表面增长、颗粒凝结过程的描述。由于煤燃烧系统的复杂性，用详细模型来预测炭黑生成有很大困难。

二、炭黑控制技术

我国对颗粒物的排放控制主要靠安装除尘装置对粉尘进行捕集，常用的除尘器包括重力沉降室、惯性除尘器、旋风除尘器、电除尘器、布袋除尘器、洗涤式除尘器等。其中燃煤烟气多使用高压静电除尘器和袋式除尘器收集烟气中的飞灰。对于粒径 0.1~1.0μm 的亚微米颗粒来说，仍有高达 15%的颗粒会排入大气，布袋除尘主要是采用滤袋过滤的方法脱除烟气中的粉尘，理论上适用于脱除粒径 0.1μm 的粉尘，但是滤袋的成本也就越高，系统阻力也越大，运行费用就越高。

随着人们对 PM2.5 危害性的认识，国内严格的控制法规出台，国内外提出了很多新的除尘方式来应对超细颗粒污染物的捕集。

1. 静电+布袋除尘器

静电除尘器后的烟气中颗粒已经很少，加上由于这些颗粒都带有相同电荷 而相互排斥。能在滤袋表面形成更多孔隙和凝并的颗粒层。从而过滤阻力较小，表面清灰容易，脉冲清灰时间增加，能耗降低，并且颗粒带电又增强了粉尘层和纤维层对细颗粒的作用，其机理类似于电场增强颗粒层除尘器，适应更广泛性质 的尘粒。另外，鉴于静电除尘器除去了大部分的颗粒，可在静电除尘器后喷入吸收剂脱除 SO_2、Hg 等污染物。然后吸收剂进行多次循环利用，可以提高协同脱除效率和吸收剂使用率。

2. 凝并技术去除超细颗粒物

超细颗粒物的凝并技术主要有：声凝并、电凝并、磁凝并、热凝并、湍流边界层凝并、光凝并和化学凝并。其中最为常用的是电凝并。

电凝并是通过增加细微颗粒的荷电能力，促进微细颗粒以电泳方式到达飞灰颗粒表面的数量。从而增加颗粒间的凝并效应。在外电场中，微粒内的正负电荷受到电场力的排斥，吸引而作相对位移，尽管位移是分子尺寸的，但相邻分子的积累效应就在微粒两侧表面分别聚集有等量的正负束缚电荷，并在微粒内部产 生沿电场方向的电偶极矩，电场对微粒的这种作用即为电极化作用。微粒荷电后成为一种电介质，这种电介质进入电晕电场后，在场强的作用下，其原子或分子发生位移极化或取向极化，产生附加电场。这种附加电场反过来又进一步改善其极化程序。微粒在电场中被极化而产生极化电荷，无论在非均匀电场(如电除尘器的电晕板附近)，或在均匀电场(如电除尘器的近收尘极区域)，粒子的偶极效应将使粒子沿着电力线移动，在很短的时间内就会使许多粒子沿电场方向凝结在一起，形成灰珠串型(亦称链式结构)的粒子集合体。因此，只要有电场的存在，粒子就会极化，就会有凝并现象发生 。而且这种粒子的偶极效应不仅发生在电场空间，形成空间凝并，即使在电除尘器的收尘极板上，已释放电荷的粒子间仍由于极化作用的存在而凝并在一起。电凝并理论与实验研究的核心是确定 电凝并速率、电凝并系数的大小，其研究目的是尽可能地提高微细尘粒的电凝并速率，使微细尘粒在较短的时间内尽可能地凝并而增大粒径，从而有利于被捕集。

第四节　蓄热燃烧技术

蓄热式高温空气燃烧技术简称为 HTAC 技术，亦称为无焰燃烧技术。其基本思想是让燃料在高温低氧浓度气氛中燃烧。它包含两项基本技术措施：一项是采用温度效率高达 95%、热回收率达 80%以上的蓄热式换热装置，极大限度回收燃烧产物中的显热，用于预热助燃空气，获得温度为 800~1000℃，甚至更高的高温助燃空气；另一项是采取燃料分级燃烧和高速气流卷吸炉内燃烧产物，稀释反应区的氧浓度，获得浓度为 3%~15%(体积)的低氧气氛。

燃料在这种高温低氧气氛中，首先进行诸如裂解等重组过程，造成与传统燃烧过程完全不同的热力学条件，在与贫氧气体作延缓状燃烧下释出热能，不再存在传统燃烧过程中出现的局部高温高氧区。这种燃烧是一种动态反应，不具有静态火焰。它具有高效节能和超低 NO_x 排放等多种优点。蓄热式高温空气燃烧技术自问世起，立刻受到了日本、美国、瑞典、荷兰、英国、德国、意大利等发达国家的高度重视，其在加热工业中的应用得到迅速推广，取得了较大的节能环保效益。

一、蓄热燃烧技术的发展历程

蓄热式燃烧方式是一种古老的形式，很早就在平炉和高炉上应用。而蓄热式烧嘴则最早是由英国的 Hot Work 与 British Gas 公司合作，于 20 世纪 80 年代初研制成功的。当初应用在小型玻璃熔窑上，被称为 RCB 型烧嘴，英文名称为 Regenerative Ceramic Burner。由于它能够使烟气余热利用达到接近极限水平，节能效益巨大，因此在美国、英国等国家得以广泛推广应用。

1984 年英国的 Avesta Sheffield 公司用于不锈钢退火炉加热段的一侧炉墙上安装了 9 对，其效果是产量由 30t/h 增加到 45t/h，单耗为 1.05GJ/t，虽然是单侧供热，带钢温度差仅为 ±5℃。

1988 年英国的 Rotherham Engineering Steels 公司在产量 175 t/h 的大方坯步进梁式炉上装了 32 对 RCB 烧嘴，取代了原来的全部烧嘴，600℃热装时单耗为 0.7GJ/t，炉内温度差为 ±5℃。

日本从 1985 年开始了蓄热燃烧技术的研究。他们没有以陶瓷小球作蓄热体，而是采用了压力损失小、比表面积比小球大 4~5 倍的陶瓷蜂窝体，减少了蓄热体的体积和质量。

1993 年，日本东京煤气公司在引进此项技术后作了改进，将蓄热器和烧嘴组成一体并采用两阶段燃烧以降低 NO_x 值，其生产的蓄热式烧嘴称 FDI 型。开始用于步进梁式炉、锻造炉、罩式炉以及钢包烘烤器等工业炉上。

日本 NKK 公司于 1996 年在 230t/h 热轧板坯加热炉(福山厂)上全面采用了蓄热式燃烧技术，使用的是以高效蜂窝状陶瓷体作蓄热体的热回收装置和喷出装置一体化的紧凑型蓄热式烧嘴，烧嘴每 30s 切换一次。投产后，炉内氧浓度降低、NO_x 大幅度减少，炉内温度均匀，效率提高。

在中国，早期的蓄热式燃烧技术应用于钢铁冶金行业中的炼钢平炉和初轧均热炉上。然而，由于当时所采用的蓄热体单位比表面积小，蓄热室结构庞大，换向阀安全性能差、造价高，高温火焰温度集中，技术复杂等诸多原因，导致了其难以在其他加热炉和热处理炉上使用。

20 世纪 80 年代后期，我国开始了陶瓷小球蓄热体蓄热式燃烧技术的研究和应用。当时，结合我国广泛使用低热值燃料，特别是大量高炉煤气被放散的实际情况，我国的热工研究者开发出了适合我国国情的独具特色的蓄热式高温燃烧技术软硬件系统，并逐步应用于均热炉、车底式退火炉、加热炉等各种工业炉窑上。

二、蓄热燃烧技术的原理及工作过程

蓄热式燃烧系统主要由以下几个部分组成：换向阀及控制机构 、蓄热室及蓄热体、高温气体通道和喷口、空煤气供给系统和排烟系统。

如图 11-6 所示，当常温空气由换向阀切换进入蓄热室后，在经过蓄热室(陶瓷球或蜂窝体等)时被加热，在极短时间内常温空气被加热到接近炉膛温度(一般比炉膛温度低 50~100℃)，高温热空气进入炉膛后，抽引周围炉内的气体形成一股含氧量大大低于 21%的稀薄贫氧高温气流，同时往稀薄高温空气附近注入燃料(燃油或燃气)，这样燃料在贫氧(2%~20%)状态下实现燃烧；与此同时炉膛内燃烧后的烟气经过另一个蓄热室排入大气，炉膛内高温热烟气通过蓄热体时将显热储存在蓄热体内，然后以 150~200℃的低温烟气经过换向阀排出。工作温度不高的换向阀以一定的频率进行切换，使两个蓄热体处于蓄热与放热交替工作状态，常用的切换周期为30~200s。蓄热式高温空气燃烧技术的诞生使得工业炉炉膛内温度分布均匀化问题、炉膛内温度的自动控制手段问题、炉膛内强化传热问题、炉膛内火焰燃烧范围的扩展问题、炉膛内火焰燃烧机理的改变等问题有了新的解决措施。

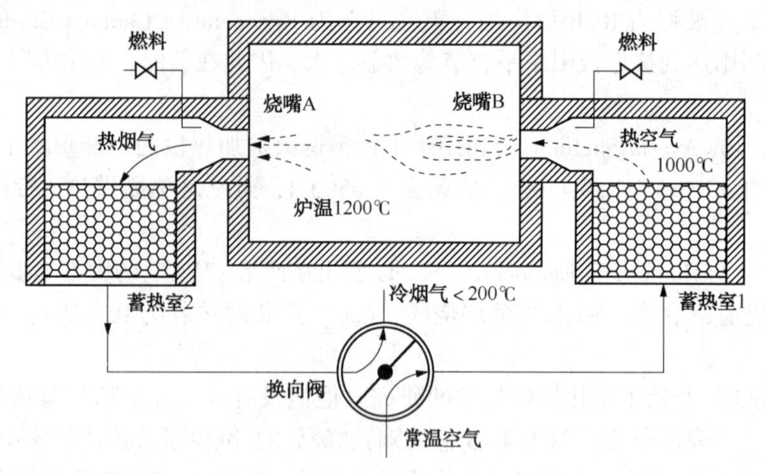

图11-6　蓄热加热炉结构示意图

三、蓄热燃烧技术的特点

① 节能潜力巨大，节能幅度可达30%~70%。

② 避免了传统燃烧方式高温火焰过分集中的缺点，扩展了火焰燃烧区域，火焰的边界几乎扩展到炉膛的边界，从而使得炉膛内温度均匀度大幅提高，一方面提高了产品的质量，另一方面延长了炉膛寿命。

③ 炉膛的平均温度增加，加强了炉内传热，导致在相同产量情况下，工业炉和锅炉炉膛尺寸可以缩小10%~50%。对于相同尺寸的锅炉，改造后产品的产量可以提高10%以上，大大降低了设备的造价。

④ 由于火焰不是在燃烧器中产生的，是在炉膛空间内才开始逐渐燃烧，因而可降低噪音。

⑤ 用传统的节能燃烧技术，助燃空气预热温度越高，烟气中的NO_x含量越大。采用蓄热式高温空气燃烧技术，在助燃空气预热到1000℃的情况下，炉内NO_x生成量反而大大减少。

⑥ 炉膛内为贫氧燃烧，使冶金工业炉内的钢坯氧化烧损减少。

⑦ 炉膛内为贫氧燃烧，有利于炉膛内产生还原火焰，可以满足某些特殊工业炉的工艺需要。

⑧ 低热值的燃料(如高炉煤气、发生炉煤气、低热值的固体燃料、低热值的液体燃料等)借助高温预热的空气可获得更高的燃烧温度，扩展了低热值燃料的应用范围。

第五节　催化燃烧技术

催化燃烧是借助催化剂在低温(200~400℃)下，实现对有机物的完全氧化，因此，能耗少，操作简便，安全，净化效率高，在有机废气特别是回收价值不大的有机废气净化方面，比如化工、喷漆、绝缘材料、漆包线、涂料生产等行业应用较广。

一、催化燃烧的原理与装置

催化剂是一种能提高化学反应速率，控制反应方向，在反应前后本身的化学性质不发生改变的物质。催化作用的机理是一个很复杂的问题，在一个化学反应过程中，催化剂的加入并不能改变原有的化学平衡，所改变的仅是化学反应速率，而在反应前后，催化剂本身的性质并不发生变化。实际上，催化剂本身参加了反应，正是由于它的参加，使反应改变了原有的途径，使反应的活化能降低，从而加速了反应速率。例如反应 $A+B \rightarrow C$ 是通过中间活性结合物(AB)过渡而成的，即：

$$A+B \longrightarrow [AB] \longrightarrow C \tag{11-34}$$

其反应速率较慢，当加入催化剂 K 后，反应从一条很容易进行的途径实现：

$$A+B+2K \longrightarrow [AK]+[BK] \longrightarrow [CK]+K \longrightarrow C+2K \tag{11-35}$$

中间不再需要[AB]向 C 的过渡，从而加快了反应速率，而催化剂并未改变性质。

催化燃烧的工艺组成对于不同的排放场合和不同的废气有不同的工艺流程，但不论采取哪种工艺流程，都由如下工艺单元组成。

① 废气预处理。为了避免催化剂床层的堵塞和催化剂中毒，废气在进入床层之前必须进行预处理，以除去废气中的粉尘、液滴及催化剂的毒物。

② 预热装置。预热装置包括废气预热装置和催化剂燃烧器预热装置。因为催化剂都有一个催化活性温度，对催化燃烧来说称催化剂起燃温度，必须使废气和床层的温度达到起燃温度才能进行催化燃烧，因此，必须设置预热装置。但对于排出的废气本身温度就较高的场合，如漆包线、绝缘材料、烤漆等烘干排气，温度可达 300℃以上，则不必设置预热装置。

预热装置加热后的热气可采用换热器和床层内布管的方式。预热器的热源可采用烟道气或电加热，目前采用电加热较多。当催化反应开始后，可尽量以回收的反应热来预热废气。在反应热较大的场合，还应设置废热回收装置，以节约能源。预热废气的热源温度一般都超过催化剂的活性温度。为保护催化剂，加热装置应与催化燃烧装置保持一定距离，这样还能使废气温度分布均匀。

从需要预热这一点出发，催化燃烧法最适用于连续排气的净化，若间歇排气，不仅每次预热需要耗能，反应热也无法回收利用，会造成很大的能源浪费，在设计和选择时应注意这一点。

③ 催化燃烧装置一般采用固定床催化反应器。反应器的设计按规范进行，应便于操作，维修方便，便于装卸催化剂。

在进行催化燃烧的工艺设计时，应根据具体情况，对于处理气量较大的场合，设计成分建式流程，即预热器、反应器独立装设，其间用管道连接。对于处理气量小的场合，可采用催化焚烧炉，把预热与反应组合在一起，但要注意预热段与反应段间的距离。

在有机物废气的催化燃烧中，所要处理的有机物废气在高温下与空气混合易引起爆炸，安全问题十分重要。因而，一方面必须控制有机物与空气的混合比，使之在爆炸下限；另一方面，催化燃烧系统应设监测报警装置和有防爆措施。

二、催化燃烧用催化剂

有机物催化燃烧的催化剂分为贵金属(以铂、钯为主)和贱金属催化剂。贵金属为活性组分的催化剂分为全金属催化剂和以氧化铝为载体的催化剂。全金属催化剂是以镍或镍铬合金为载体，将载体做成带、片、丸、丝等形状，采用化学镀或电镀的方法，将铂、钯等贵金属沉积其上，然后做成便于装卸的催化剂构件。由氧化铝作载体的贵金属催化剂，一般是以陶瓷结构作为支架，在陶瓷结构上涂覆一层仅有0.13mm的α-氧化铝薄层，而活性组分铂、钯就以微晶状态沉积或分散在多孔的氧化铝薄层中。

但由于贵金属催化剂价格昂贵，资源少，多年来人们特别注重新型的、价格较为便宜的催化剂的开发研究，我国是世界上稀土资源最多的国家，我国的科技工作者研究开发了不少稀土催化剂，有些性能也较好。

在催化剂使用过程中，由于体系中存在少量杂质，可使催化剂的活性和选择性减小或者消失，这种现象叫催化剂中毒。这些能使催化剂中毒的物质称之为催化剂毒物，这些毒物在反应过程中或强吸附在活性中心上，或与活性中心起化学作用而变为别的物质，使活性中心失活。毒物通常是反应原料中带来的杂质，或者是催化剂本身的某些杂质，另外，反应产物或副产物本身也可能对催化剂毒化，一般所指的是硫化物，如H_2S、硫氧化碳、RSH等，及含氧化合物，如H_2O、CO_2、O_2，以及含磷、砷、卤素化合物、重金属化合物等。

毒物不单单是对催化剂来说的，而且还针对这个催化剂所催化的反应，也就是说，对某一催化剂，只有联系到它所催化的反应时，才能清楚什么物质是毒物。即使同一种催化剂，一种物质可能毒化某一反应而不影响另一反应。

按毒物与催化剂表面作用的程度可分为暂时性中毒和永久性中毒。暂时性中毒亦称可逆中毒，催化剂表面所吸附的毒物可用解吸的办法驱逐，使催化剂恢复活性，然而这种可再生性一般也不能使催化剂恢复到中毒前的水平。永久性中毒称不可逆中毒，这时，毒物与催化剂活性中心生成了结合力很强的物质，不能用一般方法将它去除或根本无法去除。催化剂的老化主要是由于热稳定性与机械稳定性决定的，例如低熔点活性组分的流失或升华，会大大降低催化剂的活性。催化剂的工作温度对催化剂的老化影响很大，温度选择和控制不好，会使催化剂半熔或烧结，从而导致催化剂表面积的下降而降低活性。另外，内部杂质向表面的迁移，冷热应力交替所造成的机械性粉末被气流带走。所有这些，都会加速催化剂的老化，而其中最主要的是温度的影响，工作温度越高，老化速度越快。因此，在催化剂的活性温度范围内选择合适的反应温度将有助于延长催化剂的寿命。但是，过低的反应温度也是不可取的，会降低反应速率。

为了提高催化剂的热稳定性，常常选择合适的耐高温的载体来提高活性组分的分散度，可防止其颗粒变大而烧结，例如以纯铜作催化剂时，在200℃即失去活性，但如果采用共沉积法将Cu载于Cr_2O_3载体上，就能在较高的温度下保持其活性。

练习与思考题

1. 按生成机理分类，燃烧形成的NO_x可分为燃料型、热力型、快速型3种。试分别阐述这3种NO_x的物理概念，并对它们的生成机理进行比较。

2. 试说明温度、过量空气系数、氧气浓度等对NO_x生成过程的影响。

3. 试列举目前燃烧设备上降低 NO_x 生成量的燃烧技术。

4. 试列举目前燃烧设备上降低 SO_x 生成量的技术措施。

5. 什么是炭黑？燃烧过程中的炭黑有哪几种类型？炭黑对环境和人类有何危害？

6. 试分析气体扩散火焰中影响炭黑生成的各种因素，并提出防止和降低扩散火焰炭黑生成的有效措施。

7. 液体燃料燃烧时可能会在燃烧器的壁面或燃烧器口产生积炭，试论述积炭与燃烧器内的炭黑生成有何异同。

8. 简要说明蓄热燃烧技术的特点。

参考文献

[1] 汪军，马其良，张振东．工程燃烧学[M]. 北京：中国电力出版社，2008.
[2] 杨肖曦．工程燃烧原理[M]. 东营：中国石油大学出版社，2008.
[3] 岑可法，姚强，骆仲泱，等．燃烧理论与污染控制[M]. 北京：机械工业出版社，2004.
[4] 徐通模，惠世恩．燃烧学[M]. 北京：机械工业出版社，2010.
[5] 潘亮．富氧燃烧火焰特性与热工特性的试验研究[D]. 长春：吉林大学，2007.
[6] 闫云飞，张磊，张力，等．氧气浓度对劣质煤掺混生活污泥燃烧特性的影响[J]. 燃料化学学报，2013，41(4)：430-435.
[7] 夏璐．富氧燃煤锅炉热力计算与燃烧气组分优化研究[D]. 上海：上海交通大学，2013.
[8] 米翠丽．富氧燃煤锅炉设计研究及其技术经济性分析[D]. 北京：华北电力大学，2010.
[9] Buhre B J P, Elliott L K, Sheng C D, et al. Oxy-fuel combustion technology for coal-fired power generation [J]. Progress in Energy and Combustion Science, 2005, 31(4): 283-307
[10] Hjartstam S, Andersson K, Johnsson F, et al. Lignite-fired oxy-fuel flames[J]. Combustion Characteristics of Fuel, 2009, 88(11): 2216-2224
[11] 王文堂．石油和化工典型节能改造案例[M]. 北京：化学工业出版社，2008.
[12] 姚强，李水清，王宇．燃烧学导论：概念与应用[M]. 北京：清华大学出版社，2009.
[13] 周强泰．锅炉原理(第二版).[M]. 北京：中国电力出版社，2009.
[14] 车得福，庄正宁，李军，等．锅炉[M]2 版．西安：西安交通大学出版社，2008.
[15] 吉效科．油田设备节能技术[M]. 北京：中国石化出版社，2011.
[16] 金有海，刘仁恒．石油化工过程与设备概论[M]. 北京：中国石化出版社，2008.
[17] 赵伶伶，周强泰．锅炉课程设计[M]. 北京：中国电力出版社，2013.
[18] 李加护，闫顺林，刘彦丰．锅炉课程设计指导书[M]. 北京：中国电力出版社，2007.
[19] 工业锅炉设计计算标准方法[M]. 北京：中国标准出版社，2003.
[20] 武占．油田注汽锅炉[M]. 上海：上海交通大学出版社，2008.
[21] 贾鸿翔．锅炉机组热力计算标准方法[M]. 北京：机械工业出版社，1976.
[22] 罗必雄．大型循环流化床锅炉机组工艺设计[M]. 北京：中国电力出版社，2010.
[23] 朱国桢，徐洋．循环流化床锅炉设计与计算[M]. 北京：清华大学出版社，2004.
[24] 李之光，梁耀东，牛全正，等．工业锅炉现代设计与开发[M]. 北京：中国标准出版社，2011.
[25] 赵钦新，惠世恩．燃油燃气锅炉[M]. 西安：西安交通大学出版社，2000.
[26]《燃油燃气锅炉房设计手册》编写组．燃油燃气锅炉房设计手册[M]2 版．北京：机械工业出版社，2013.
[27] 罗国民．蓄热式高温空气燃烧技术[M]. 北京：冶金工业出版社，2011.
[28] 王华．高性能复合相变蓄热材料的制备与蓄热燃烧技术[M]. 北京：冶金工业出版社，2006.
[29] Hong S K, Noh D S, Yang J B. Experimental study of honeycomb regenerator system for oxy-fuel combustion [J]. Journal of Mechanical Science and Technology, 2013, 27 (4): 1151-1154.
[30] Lille S, Blasiak W, Jewartowski M. Experimental study of the fuel jet combustion in high temperature and low oxygen content exhaust gases [J]. Energy, 2005, 30: 373-384.
[31] Yang W H, Blasiak W. Numerical study of fuel temperature in influence on single gas combustion in highly preheated and oxygen deficient air [J]. Energy, 2005, 30: 385-398.
[32] Gupta A, Bolz S, Hasegawa T. Effect of air preheat temperature and oxygen coneentration on flame structure and emission [J]. ASMM Journal of Energy Resource Technology, 1999; 9: 209-216.
[33] Yuan J, Naruse I. Effect of air dilution on highly preheated air combustion in a regeneiative furnace [J]. Energy and Fuels, 1999, 13: 99-104.

[34] Wilk R, Misztal T, Szle K A, et al. Investigation of the NO emission during high temperature air combustion (HTAC) of Light oil[C]//Proceedings of XIII International Symposium on Combustion. Chicago: University of Illinois, 2004: 25-30.

[35] Ristic D, Berger R, Scheffknecht G, et al. Experimental study on flameless oxidation of pulverised coal under air staging conditions[C]//15th Member Conference, Pisa, 2007: 1-15.

[36] 中国环境保护部. 催化燃烧法工业有机废气治理工程技术规范[M]. 北京: 中国环境出版社, 2013.

[37] 张世红. 天然气催化燃烧炉中燃烧机理和应用[M]. 北京: 科学出版社, 2008.